武器装备大环境观

The New Viewpoints of Environment for Weapon System

宋太亮　主编

国防工业出版社

·北京·

内 容 简 介

本书主要包括环境和环境效应的基本概念、武器装备大环境观工程实现、环境和环境适应性要求论证、装备环境适应性设计、装备环境试验方法、装备环境试验设施建设、贴近实战试验环境条件建设、电波环境观测与应用、装备面临的复杂电磁环境、装备环境数据资源建设、自然环境腐蚀影响及损失、绿色武器装备建设和环境武器发展趋势等内容。

本书可供装备管理机关及装备论证、研制、生产、试验、部署、使用、保障部门和单位管理人员与工程技术人员阅读,也可作为高等院校研究生、本科生的教学用书,对民用产品的研制、生产和服务部门也有较好的借鉴和参考作用。

图书在版编目(CIP)数据

武器装备大环境观 / 宋太亮主编 . —北京:国防
工业出版社,2016.11
ISBN 978 - 7 - 118 - 11126 - 2

Ⅰ.①武… Ⅱ.①宋… Ⅲ.①武器装备—研究—世界
Ⅳ.①E92 - 49

中国版本图书馆 CIP 数据核字(2016)第 269683 号

※

国防工业出版社 出版发行

(北京市海淀区紫竹院南路23号 邮政编码100048)
三河市众誉天成印务有限公司印刷
新华书店经售

*

开本710×1000 1/16 印张29½ 字数545千字
2016年11月第1版第1次印刷 印数1—2000册 定价96.00元

(本书如有印装错误,我社负责调换)

国防书店:(010)88540777   发行邮购:(010)88540776
发行传真:(010)88540755   发行业务:(010)88540717

序

　　现代战争是基于信息系统的一体化联合作战,是体系对体系的对抗,要求组成体系的武器装备不仅具有先进的战术技术性能,同时要求武器装备之间必须实现互通互联,必须具有广泛的实战适用性,因此要求参战的武器能在实战环境条件下性能得以表现和经受考验。因此,要想考核武器装备的战术技术性能和实战适用性,必须构建贴近实战的武器装备试验鉴定环境体系,建立贴近实战的试验环境条件。

　　国内外大量实践表明:武器装备在演习、试验、使用与保障中发生故障或者性能退化,绝大多数都可归因于或者追溯到所经受的多种复杂环境因素的综合影响,是多种复杂作战环境因素、载荷与应力、人因等因素共同交互作用的结果。但实际的研制过程很难做到多环境因素的实战考核。由于武器装备发展过程中对各种环境因素考虑不全、考核不严格所造成的性能下降、故障多发、人员伤亡、经济损失是非常巨大的,而且有越来越大的趋势。根据美国国防部相关报道,仅仅由于环境腐蚀这一项所造成的武器装备的直接经济损失每年就高达 200 多亿美元。

　　随着我国安全环境发生变化和经济发展不断扩展,武器装备所经历的环境因素、范围、强度、影响等都在不断扩大增强。因此,发展武器装备时,不仅要考虑近海环境,还要考虑远洋环境;不仅要考虑周边浅海环境,还要考虑大洋深海环境;不仅要考虑低空环境,还要考虑太空环境;不仅要考虑简单的自然环境,还要考虑复杂的电磁环境、网络环境、大数据环境;不仅要考虑单个环境因素对武器装备的影响,还要考虑核生化及多个环境因素共同交互作用的综合影响,等等。这些全面、复杂、严酷的环境作者统称之为"大环境",而赋予武器装备具备这种耐受环境下的性能和执行任务的能力所开展的管理和技术活动,称之为"大环境工程"。如何认识这些环境,掌握这些环境的变化规律和作用机理,并采取相应的设计和保证措施,使装备免受或者减轻环境对其能力发挥产生的不利影响,是当前武器装备发展中所面临的一项重大理论与实践课题。应该指出,与装备其他特性的实践表明一样,武器装备所具备的这些环境特性需要在论证早期提出,在设计中赋予,在制造中保证,在试验中考核,在使用中实现。但早期是最为关键的，是重点，越早越好，必须从论证阶段重视，从设计源头抓起，严密组织考核。

本书适应信息化条件下联合作战发展需求，结合国内外武器装备建设的实践，瞄准基于信息系统的一体化联合作战能力建设和确保武器装备实战适用性，重点阐述了武器装备建设面临的"大环境"，以及环境因素对武器装备作战使用的影响，提出了贴近实战试验环境条件建设的总体思路和保证装备实战适用性的工程途径，对装备环境试验设施建设、贴近实战环境试验条件建设、电波环境观测与应用、装备面临的复杂电磁环境、装备环境数据资源建设进行了系统研究，同时介绍了美军提高环境适应性的经验做法，对绿色武器装备发展、环境武器发展等内容也作了前沿性探讨。

本书内容具有前瞻性、引导性和实用性，时代特色鲜明。本书较好地满足了当前联合作战指挥体系构建、训练保障、武器装备能力建设等关于环境工程理论、技术以及人才培养等方面之急需。

要求承制单位在武器装备设计中，系统全面地考虑未来武器装备全寿命过程中将有可能遭遇的所有环境，是一项非常困难的工作。要求试验鉴定单位按照实战环境全面考核武器装备的适用性同样是一项难事。但是，为了确保武器装备能够应对未来各种严酷环境的挑战，需要按照武器装备大环境观的理念、工程技术和方法途径，全面加强武器装备大环境工程理论研究和工程实践。

作者通过前期技术基础课题研究写出这本专著。可以相信，它的出版对于进一步推动武器装备大环境工程理论与实践，在武器装备论证研制和实战训练中加入全面的环境因素，培养新型武器装备建设环境专业人才等方面，定能起到积极有益的作用。同时，更希望本书的出版能起到抛砖引玉的作用，期待有更多的专家学者参与进来，加强研究和实践，共同推进武器装备大环境工程学科发展。

孔繁柯

2016 年 6 月

前　言

国内外大量工程实践表明，武器装备交付部队后出现性能退化或者发生故障，大多是由多种因素共同交互作用的结果，这些因素包括各种环境条件、载荷应力、网络信息、保障条件等。因此，虽然有些武器装备通过了定型机构组织的试验鉴定，达到了战术技术性能指标要求，但是故障发生概率还是比较高的，这些问题长期困扰着各国军队，由于环境适应性差而造成武器装备难以形成战斗力的例子有很多。环境适应性差的装备常常会导致意想不到的事故，造成巨大的军事和经济损失。环境因素事实上已成为制约装备性能发挥、影响战争进程甚至决定战争胜负的重要因素。

现有武器装备发展模式，有些型号项目在试验定型时只考核了战术技术性能指标要求，武器装备易于使用、好维修、好保障、耐环境的作战使用性能指标没有得到充分考核，而且试验鉴定时的环境条件也不是装备实际作战、训练时的严酷环境。换言之，试验鉴定时考虑的环境因素相对比较简单单一、环境严酷度不高，同时保障条件由于工业部门的帮助也比部队实际的使用和保障条件要好一些。等装备实际部署到作战部队，往往环境条件比较恶劣，而且保障条件也可能不够充分。这就是装备交付部队后故障多发，甚至迟迟不能形成战斗力和保障力的主要原因之一。

环境对装备的影响程度随着装备技术进步和作战样式的发展而不断发展变化。如冷兵器和热兵器时代与机械化兵器时代和信息化高技术装备时代相比，环境对装备的影响程度就显著不同。现代战争是体系对体系的对抗，武器装备的作战使用环境正从近海向深远海，从地面向高空、邻近空间、太空、网络、信息以及特殊异常环境不断拓展，武器装备正面临着各种越来越复杂和严酷环境的考验。新型武器装备多功能和高性能指标导致装备复杂性大大增加，武器装备部署和作战的空域、地域、海域越来越宽，从而使其经受的自然环境和平台环境要求越来越高，导致对其环境适应性设计要求不断提高。

目前，我国周边面临严峻的安全形势，这就要求武器装备必须能够在我国本土、海外、太空等复杂严酷的环境中可靠地使用，例如：要满足海外护航、维权与维和行动需要，深空与深海探测需要，等等，装备需要经受长时间、远距离、跨海域、高强度、大突变等严酷环境的考验。因而对武器装备的实战环境适应性应当提出更高、更新的要求,对装备研制工作提出了新的更大的挑战。

本书从基于信息系统的一体化联合作战能力建设出发,立足国内外武器装备发展实践,重点阐述了武器装备发展面临的"大环境"以及环境因素对武器装备作战使用的影响,提出了保证武器装备实战适用性的工程途径,研究提出了贴近实战试验环境条件建设的总体思路,对绿色武器装备发展、环境武器发展趋势等内容作了前沿性探讨,同时介绍了美军提高环境适应性的经验做法。

全书共分14章。

第1章 从联合作战特点和作战任务需求出发,介绍了武器装备作战能力形成的主要过程和影响因素,介绍了环境条件的内容、量化分级及水平确定方法。

第2章 介绍了武器装备建设面临的环境挑战、武器装备环境和环境工程的基本概念。

第3章 介绍了树立装备发展大环境观的必要性和需求分析,介绍了大环境和大环境工程的基本概念、主要内容和发展趋势等内容。

第4章 介绍了环境要求和环境适应性要求的内容以及要求的确定方法等内容。

第5章 介绍了装备环境适应性设计准则和环境适应性设计、预计等内容。

第6章 介绍了自然环境试验方法、实验室试验方法和使用试验方法。

第7章 介绍了装备研制期间环境试验现有设施现状、手段、应用等内容。

第8章 介绍了实战环境、实战环境试验的定义和内涵、贴近实战环境试验、贴近实战环境试验场地建设及建设示例等内容。

第9章 介绍了电波环境的内容和内涵、电波环境观测的目的和意义、电波环境观测与研究进展,以及电波环境观测未来展望等内容。

第10章 介绍了复杂电磁环境的基本概念、国内外发展现状及发展对策与建议等内容。

第11章 介绍了环境数据资源建设的内容和应用。

第12章 介绍环境对装备作战使用的影响、对功能和性能发挥的约束,以及造成的经济损失。

第13章 介绍绿色装备基本概念、国内外现状,绿色装备研制和采购、装备绿色保障、绿色装备发展认证等内容。

第14章 介绍环境武器的基本概念,以及国外几种环境武器发展现状。

本书包括几个附录,内容为国外武器装备环境工程发展历程、世界和分地区气候极值、环境条件对武器装备或作战人员的影响、外军装备环境腐蚀交流平台、美军环境技术计划项目、军事行动对环境的影响、军事环境安全、美军军事环境管理、环境问题与美国国家安全战略、美军 AR 70 – 38 和 MIL – HDBK – 310 的比较、国外环境试验标准体系、英国装备环境工程标准发展历程、美军基于模拟仿真的加速腐蚀系统简介等。

全书由宋太亮主编。参加编写的有:第 1 章~第 3 章,宋太亮;第 4 章,文邦伟、宋太亮;第 5 章,蔡健平;第 6 章,蔡健平、宋太亮;第 7 章,朱蕾;第 8 章,宋太亮、王艳艳;第 9 章;刘玉梅;第 10 章,王伟科;第 11 章,宋太亮、朱蕾;第 12 章,文邦伟;第 13 章,周红;第 14 章,文邦伟;附录,文邦伟、朱蕾等。

本书是在前期装备技术基础科研课题研究成果的基础上完成的。在课题研究和本书出版过程中得到了各级领导和专家的大力支持和悉心指导,在此表示诚挚感谢。作者参阅和部分引用了国内外许多专家学者的论文和著作,因数量多,未能一一列举,在此对原作者表示深深的感谢。

作者
2016 年 6 月

目　　录

第1章　遂行联合作战任务的条件

联合作战是未来最基本的作战形式。联合作战正在由信息化条件下的联合作战，逐步向一体化联合作战发展。这种发展趋势，使得参与作战的要素更加全面复杂，所面临的各种条件也更加严酷。联合作战条件下，要求作战能力更强，但考虑的要素和影响更多、更复杂，如果这些要素和影响因素考虑不周，或者协调存在问题，作战能力的形成将大打折扣。

世界各国对作战要素的考虑有所不同。根据2011年版《中国人民解放军军语》定义，作战要素是指构成作战单元或某一作战系统的必要因素，通常包括指挥控制、侦察情报、火力打击、信息对抗，以及机动、防护和保障等要素。从这个定义可以看出，这些作战要素构成了某一方面的能力，并不是战斗力的全部。按照《中国人民解放军军语》定义，战斗力是指武器力量遂行作战任务的能力，由人、武器装备和人与武器装备的结合等基本要素构成。其强弱取决于人员和武器装备的数质量、体制编制的科学化程度、组织指挥和管理的水平、各种保障的能力、军事理论和训练状况等。2015年改革后的新的军委编制体制，应该说比较好地体现了这些要素。中央军委新成立的十五个部门中的至少七个部门，应该说与联合作战都有一定的关系，包括联合参谋部、政治工作部、后勤保障部、装备发展部、训练管理部、科技委和国防动员部等。但是，这些部门如何相互配合形成合力，则又是另一个方面的问题

美军联合能力集成与开发系统（JCIDS）提供了涉及条令、机构、训练、装备、领导和教育、人员及设施（DOTMLPF）等因素，提出提升作战能力的各种解决方案[1]。也就是从条令、机构、训练、装备、领导和教育、人员及设施等方面考虑与作战目标要求的差距，提出解决方案，包括装备解决方案和非装备解决方案。2013年，在DOTMLPF的基础上增加了政策（P），即DOTMLPF－P，突显了政策指引的重要性。北约（NATO）在美军考虑因素的基础上，增加互用性（I），即DOTMLPF－I，突显了互通互联互操作（互用性）的重要性，因为北约各种武器系统庞杂，加大了联合的难度，因此，需要更加重视互用性问题。

国内外联合作战能力建设的核心是围绕"作战任务"进行的，而执行作战任务是有条件的，这个条件就是遂行作战任务的条件。所谓"条件"是指影响任务执行的环境变量，是一个单位、系统或者个人预期将置身其中的作战环境

或者情况的变量,而这些变量可能会影响任务的完成,这些条件不仅包括自然环境条件,还包括作战环境条件、技术保障条件和后勤保障条件等。有些条件旨在帮助描述战区(例如,东道国的支援);有些条件描述直接联合作战的区域(例如,海上优势);还有些则描述战场条件(例如,沿海地区的地貌)。当特定的条件与联合作战任务相联系时,这些条件有助于分析所指派任务的差异和相似之处,也能更准确地评价作战能力。

2014 年 4 月 15 日,习近平总书记在中央召开的第一次国家安全委员会会议上,站在时代的高度,纵观世界大变局,结合我国国家安全面临的新情况、新问题,高屋建瓴地提出了我国新时期的总体国家安全观。总体国家安全观,涉及国家政治安全、国土安全、军事安全、经济安全、文化安全、社会安全、科技安全、信息安全、生态安全、资源安全、核安全等 11 个领域。保卫这 11 个领域的安全,必须动员国家的所有资源和力量。中国人民解放军是一支强有力的武器力量,因而这支武器力量所使用的武器装备就非常关键。为履行好保卫国家安全的使命,武器装备所面临的环境条件将发生重大的变化,将更加全面宽广,更加复杂、严酷、多变,更加不可预测。因此,在发展新一代武器装备时,必须充分考虑所有这些环境条件,使其适应未来所遇到的各种环境的影响和挑战,这就是本书研究问题的出发点和落脚点。

1.1 联合作战特点

随着新技术,特别是信息技术在武器装备及战争中的广泛应用,作战形态和作战样式一直在发生深刻的和革命性的变化,出现了一系列新的作战形态和作战样式,诸如联合作战、信息化条件下联合作战、体系作战、一体化联合作战以及网络作战等。这些不同的提法本质上都属于信息化条件下联合作战的范畴,我们需要从联合作战需求和保障需求出发,为满足其作战任务需求提供支持。《中国人民解放军军语》中对联合作战和一体化联合作战的定义为:

联合作战:两个以上军兵种或两支以上军队的作战力量,在联合指挥机构统一指挥下共同实施的作战。

一体化联合作战:依托网络化信息系统,使用信息化武器装备及相应作战方法,在陆、海、空、天和网络电磁等空间及认知领域进行整体联合的作战。一体化联合作战是未来作战的主要形式。

美国目前实施的就是由陆、海、空配合作战发展为陆、海、空、天、电磁五维一体的联合作战。一体化联合作战实质上是体系对体系的对抗(图 1 - 1)。

一体化联合作战,通过建立"超联合"的一体化作战部队,军队组织的编制将打破传统的陆、海、空等军种体制,按照侦察监视、指挥控制、精确打击和支援保障四大作战功能,建成四个子系统,即探测预警子系统、指挥控制子系统、精确打击与杀伤子系统和支援保障子系统。这四个子系统的功能紧密衔接,有机联系,构成一个大的一体化作战系统。

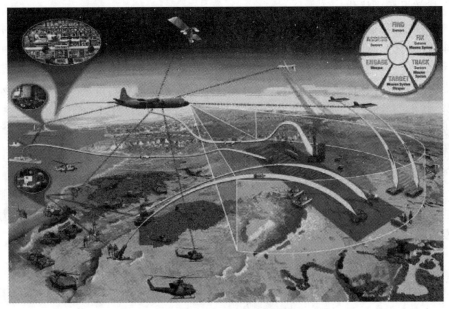

图 1 - 1 联合作战方案示意图

一体化联合作战实质上是信息化条件下的联合作战,也可称为信息化战争,最突出的变化是战场结构不同了,复杂电磁环境从传统战场环境要素中脱颖而出,居于主导战局胜负的重要地位。当代战场,电磁波已经成为信息获取的重要媒介和最佳载体,电子信息技术已成为武器装备发展的支柱:电子信息技术含量在飞机中已达50%(在 B - 2 飞机中高达60%);在舰船中达25%～30%;在火炮和坦克中达30%;在空间武器中甚至高达65%～70%。联合作战、体系对抗、精确打击所依赖的信息获取、传递、控制、干扰等,绝大部分要通过电磁波这个媒介完成。

作战行动对电磁活动的依赖性越强,制电磁权的较量便越激烈,电磁活动空间在战场构成中的地位也越突出。电磁对抗作为信息化作战的标志性行动,从根本上决定着战场主动权的得失。电磁环境对联合作战具有决定性影响力,全面提高应对复杂电磁环境的能力是我军当前武器装备建设的重大

3

课题。

　　一体化联合作战是信息化条件下的基本作战形式,一体化联合作战能力是信息化条件下完成各类作战任务中共有的基础性能力,简单地说,就是多军兵种作战力量在多维作战空间的实时整体联动作战能力。其实质是以无缝链接的信息系统为纽带,实现作战力量紧密融合、作战行动协调一致、作战功能有效互补、作战效果最大优化。

　　体系作战能力是一体化作战能力的本质揭示,一体化联合作战能力是体系作战能力的外在形式。不同之处表现在:一体化联合作战能力侧重于从参战军兵种角度划分,特指遂行联合作战这种作战形式的能力,强调各种力量在同一行动中既要发挥各自优势,更要高度协同;体系作战能力则侧重从时代特征上划分,特指信息时代作战能力的基本形态,强调各作战分系统在网络化信息系统的支撑下,实现作战功能的互补融合和作战效果的整体涌现。体系作战能力的总体目标是情报预警、指挥控制、力量运用、保障综合的一体化,实现作战效果最优化。

　　对于我军而言,在信息化水平不断提升的大背景下,加强部队信息化条件下的整体作战能力建设,就是要以诸军兵种一体化联合作战能力需求为牵引,大力发展基于信息系统的体系作战能力,进而促进一体联合作战水平的提升。

　　信息化条件下联合作战的特点可简述如下:

　　(1) 多军兵种装备功能互补、紧密融合运用;

　　(2) 海陆空天电多维战场空间扩大;

　　(3) 网络化信息系统高度发展,保证了战场、感知、打击、防卫与保障有效协同;

　　(4) 作战方式适应战场改变,适时变更战法、编组和局部任务要求,以求最优作战效果;

　　(5) 保障装备和机构随同参战分队适时重组,强调具备及时互用和精确的保障能力。

　　武器装备建设必须根据未来作战任务需求探讨"一体化联合作战能力"最大化的标准,确定应发展的武器装备发展项目,按照装备发展项目的作战使用要求、保障需求,以形成装备作战和保证能力为最终目的而进行工作。

1.2　联合作战任务

　　武器装备研发的目的是为了执行作战任务。联合作战任务按作战规模可分为战略任务(国外称使命)、战役任务(国外也称军事行动)和战斗任务。这些任务是相互关联(图1-2)、由不同作战组织机构执行的。

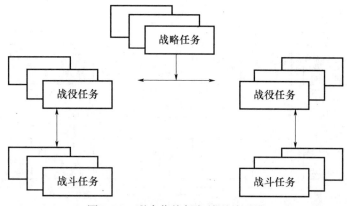

图1-2　联合作战任务关联关系图

战略任务是具有全局性、方向性和关键性的作战任务。战役任务支持战略任务,是战略集团在本战区内执行的作战任务。战斗任务支持战役任务,是战术兵团或作战单元在战役范围内或单独战斗行动中所承担的作战任务。

按作战类型分为进攻作战任务和防御作战任务。两种划分的任务还可以组合,如战略进攻或防御任务,以及进攻或防御战役任务等。

作战规模依据对战争形势影响的大小,投入联合作战部队兵力、装备类型数量、战区空间以及作战时间等而确定。进攻任务包括歼灭对方兵力,摧毁对方要害据点(指挥中心、核基地、交通枢纽和信息系统中心等),夺取陆海空重要地域等。防御任务包括扼守阵地、杀伤消耗对方兵力等。

任务由战略、战役、战斗各级作战指挥机构根据上级意图、敌情、战斗条令、战区自然环境和政治经济社会条件、部队作战和保障能力、预定目标及战场准备等多种因素予以确定,并逐级下达命令。

1.2.1　联合作战任务清单

美军以未来联合作战需求为依据,制定了一套《通用联合作战任务清单(UJTL)》(以下简称《清单》)[2-4],将联合作战各级所有任务分类规范化,形成了联合作战任务体系和共同语言。《清单》包括三大主要内容:任务的功能、执行任务的环境变量(即条件)和执行任务衡量的标准(即评价完成任务的度量)。《清单》为联合部队指挥官作战保障、作战预案规划、作战组织和执行以及训练等各类人员执行不同军事行动交流任务需求提供共同语言和通用的基准系统。

美军联合作战任务清单的结构如图1-3所示。它具有如下特点:

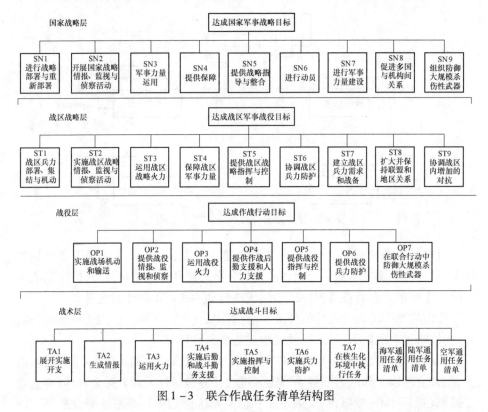

图1-3 联合作战任务清单结构图

(1) 联合作战任务清单描述了美军武装力量各个层次的作战使命、作战条件和完成任务的标准,实际上也说明了联合作战机构当前和潜在的作战能力。例如"SN3.3 使用国家战略火力""ST1.6.2 夺取并保持战区空中优势"和"OT1.2.5 实施联合战区内进攻作战"均可作为不同层次的作战任务要求和准备作战的能力需求。其中的标准既衡量任务完成的程度,也可作为联合作战能力的评价,还可以为改进部队作战条令、训练、保障及指挥、后勤供应等方面提供重要依据。

(2) 《清单》分三个层次:战略层(国家战略和战区战略)、战役层和战术层。对战略层的使命、战役层的军事行动和战术层的任务分层次按联合作战需求制定规范的任务(Task)。上下层任务多数都有相互关联和对应关系。例如,部署问题的SA1、ST1、OP1和TA1都是相关联的。三个层次中每一项作战使命、行动和战斗目标都有详细的编号(图1-3)。

(3) 任务和环境条件密切相关。《清单》将环境条件分为三类:物理环境条件、军事环境条件和民事环境条件,并把这些环境称为"条件"。也就是说任务是在某些环境条件下进行的。当任务一旦选定,作为任务指挥官就必须考虑那些条件。也就是选定的条件必须对任务执行产生影响,否则条件就是没有实际意义的。

图1-4所示为联合作战环境条件的组成。

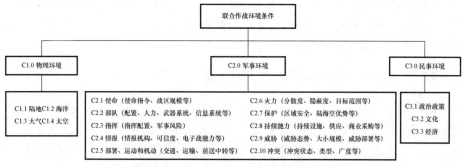

图1-4　联合作战环境条件组成

上述每一个条件都有简明的定义,都有详细的说明,提供使用者确定任务是在某一具体条件下实施的。例如,大气包括气候(温度、气压、风速、风向、降水、海拔、能见度、大气层核生化效应、空间利用率等)和太空(太空轨道密度类型、太阳和地磁活动、高能粒子等)。特别是军事环境对作战能力的确定具有广泛深刻的作用。条件的编号为 C_i, i 表示第 i 类环境因素。

(4)《清单》为每项使命、军事行动和任务制定了反映其功能和作用的说明并拟定人们对任务理解的衡量尺度和执行任务的标准,也就是可接受的程度,或必须达到的水平。衡量尺度与标准相结合构成了任务的指标,指标通常为任务执行的最低可接受值,指标的编号为 M。一项联合任务可以有一个或多个衡量尺度和标准。同一任务不同环境其衡量尺度和标准就不同,联合作战指挥官必须善于理解任务要求达到的程度,选择不同的衡量尺度与标准。例如,OP4.3"提供联合作战区内装备维修要求"这项军事行动需要在规定时间 M 小时内获得更换所用零配件,如果当时条件突变为"C2.9.5.1侵略者压倒性威胁包围我方",这就不能在战区内维修装备,而需要考虑"OP4.4.1.1为战区直接空投行动",以完成任务。

(5)联合作战任务清单是通用的,不可能无所不包,也不可能固定不变。各军兵种和战役以下层次的指挥机构,可根据上级机构指定的或者超前预期的使命和任务要求,按通用清单规定的语言和内容结合自己执行任务的特点,编制自己的《联合使命基本任务清单》(JMETL)。所谓基本任务是指那些对于完成上级联合指挥机构指定的使命绝对必要的、不可缺失的或完成使命极为关键的任务。美国陆军曾规定的使命基本任务有下列几个方面[3]:实现安全环境,迅速应对危险,陆军动员,实施强制性军事行动,控制国土军事行动,对军事管理机构提供支援等。

总之,《通用联合作战任务清单》中制定美军军事联合作战军事需求能力重要基础,也是联合作战任务从战略层开始到下属层次科学的、可执行的指导性文件,并对信息系统结构设计提供指导。对我国来说可以从中对装备建设及其保障系统的建立得到有益的启示。

1.2.2　联合作战军事需求制定过程

战争的军事需求主要是作战能力,即战斗力,它的实质是追求完成作战任务达到预期的目的。因此,作战任务成为需求的基本依据。美军多年来为适应联合作战的军事需求经历了单项功能需求改变为联合能力需求,从各军种分散单项提出能力需求到"联合能力集成与开发系统(JCIDS)"的形成。图1-5所示为联合能力集成开展系统过程的概要图。[1]

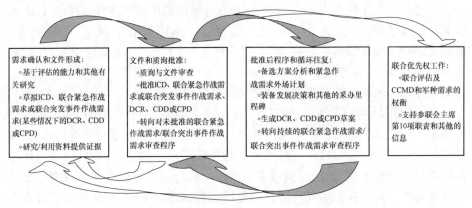

图1-5　联合能力集成与开展系统过程概述

ICD-初始能力文件;DCR-DOTMLPF更改;DOTMLPF-条令、机构、训练、
装备、领导、人员、保障;CDD-能力开发文件;CPD-能力生产文件。

从图1-5说明可知联合能力需求的制定过程是一个比较复杂的反复迭代过程,其目的是对能力需求文件的形成、审查、批准和优先权决策制定规范性的工作。其中初始能力文件(ICD)最为重要,因为它是驱动采办早期活动的主要依据,而早期采办活动又是使相关的具体装备和非装备能力解决方案能力需要文件贴近实现现代化的必由之路。然后这些现代化的能力需求文件又驱动装备的研发、采购和作战行动使之满足能力需求和弥补能力差距。

为此,美军从上到下设置了科学的组织机构,制定各层次机构职责和任务以求达到联合能力要求。如参联会主席为首的联合需求监督委员会(JROC),它是负责能力集成与开发需求方面最具权威的决策机构,其成员均为军方高层人士,包括参联会副主席兼任国防采办委员会副主席,各军兵种副参谋长或作战部长,负责采办、技术与后勤的国防部副部长等。这种组织结构,有助于需求部门与采办部门的协同工作。这些机构负责军事需求的管理鉴定、评估、批准备选方案以及确定诸多方案优先顺序的工作,并支持相应采办项目的审查。其下各军种都设有相应机构。在研究分析过程中要组织联合作战体系中有关军种和工业部门以及相关专家参与。

联合能力集成与开发系统执行基于能力评估的方法,利用并协调上述参与的机构人员的专业知识来确定现有能力的改进、新的能力需求与开发,根据预期效果所需的能力要求将基于能力的需求开发形成五种类型的文件,即"联合能力文件""初始能力文件(ICD)"[5]"能力开发文件(CDD)"[6]"能力生产文件(CPD)"[7]和"联合条令、机构、训练、装备、领导和教育、人员及设施更改建议(DOTMLPF)"。其中联合能力文件是能力评定分析的综合性文件,用于联合作战集成体系结构中多军种共同的任务领域和规定的一系列任务,确定能力差距/缺陷,并为后续各参与方"功能方案分析"分配职责。如只有单军种作战则需要制定"军种能力文件",二者性质相似。联合能力文件作为"初始能力文件"或者"联合条令、机构、训练、装备、领导和教育、人员及设施更改建议"的基线,不能用于"能力开发文件"和"能力生产文件"的制定。当联合作战方案发生变化时,此文件需要及时更新。

联合能力集成与开发系统的基本分析过程如图 1-6 所示。

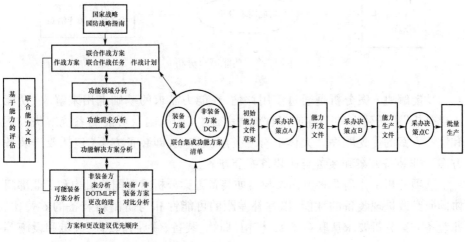

图 1-6 联合能力集成与开发系统分析过程

联合能力需求分析是在装备立项前进行的一项重要工作,为立项符合任务能力需求的必要性与可能性奠定基础,其中包括三个分析:功能领域分析、功能需求分析和功能解决方案分析。

功能领域分析(FAA)是一项联合性活动(图1-7),由联合作战军兵种、装备和工业部门、训练和后勤保障以及专家组成的专门机构,根据国家战略规划和联合作战体系与高层条令条例,在为达成某项军事目标的领域内,对作战方案、现有能力及资源、作战想定能力要求以及敌方能力情报评估作出系统分析。确认为获得理想的军事行动效果所应有的一组全面的能力需求,包括任务、环境条件和指标。

图1-7　功能领域分析

功能需求分析是在功能领域分析输出的基础上,按照规定的任务和标准,结合作战演习的经验教训,对利用已有的联合能力来完成"功能领域分析"所列任务的能力进行对比评估,确定需要解决的相关领域能力差距/冗余清单和优先解决的顺序清单。图1-8给出了功能需求分析的简单过程。

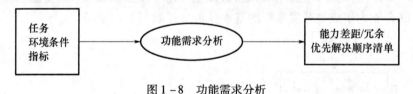

图1-8　功能需求分析

功能解决方案分析是通过使用评估,在能力需求的基础上用来解决"功能需求分析"中所列出的一种或多种能力差距/冗余问题及可能的系统解决方案和这些方案的优先顺序。大体上有三类解决方案,即装备方案(包括改进装备方案)、非装备方案和装备与非装备综合方案。

这项分析工作需要多方面参与。如装备方案分析需要国防机构和工业部门协同研究改进现装备的性能,以弥补差距的可能性和与研制新装备的效费比。非装备方案分析要求从联合条令、机构、训练、装备、领导和教育、人员和设施等领域采取更改措施,这要涉及上述八类或更多工作单位跨部门协调。联合作战任务复杂,一般也可能采用综合方案解决。图1-9给出了功能解决分析的简单过程。

上述分析结果作为"初始开发能力文件"中提出装备方案和/或条令、机构、训练、装备、领导和教育、人员和设施更改的基础。

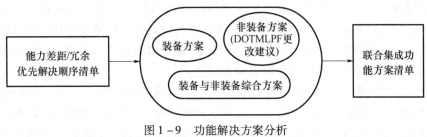

图1-9 功能解决方案分析

1.3 环境条件的量化分级

本章所指的环境条件是作战环境条件。从联合作战的角度出发,需要考虑物理环境、军事环境和民事环境。如图1-6和图1-7所示,从联合作战角度出发,为了确保装备形成高的联合作战能力,由联合作战军兵种、装备和工业部门、训练和后勤保障以及专家组成的专门能力需求分析机构(我国称为装备论证单位),根据国家战略规划和联合作战体系与高层条令条例,在为达成某项军事目标的领域内,对作战方案、现有能力及资源、作战想定能力要求以及敌方能力情报评估作出系统分析。确认为获得理想的军事行动效果所应有的一组全面的能力需求清单,每一清单中都包括任务、环境条件和指标。

这里的任务就是将要发展的装备使命任务。关于这方面,我国在装备立项综合论证和研制总要求中,有这一部分内容,但由于保密问题,作为承制单位的一名基层设计人员、生产人员、试验人员通常情况下是不清楚的,甚至是看不到的。但是,这个问题可以通过考虑环境条件进行弥补,即要把所研制装备在整个生命周期中所遇到的所有环境条件描述清楚,这方面我们也存在一定的差距,可能只规定一些简单的自然环境,而且范围相对比较窄,主要是过去武器装备活动的范围相对比较窄。例如,如果研制时,军方提出的需求是研制一种只在近海活动的船只,那么环境条件就不会考虑深海、远海的环境条件;如果想研制一种在世界任何海区、任何季节都能够使用的舰船,那么就要考虑全球的气候环境。当然,在这种情况下,研制经费可能会高一些,研制周期可能会更长一些,而实际情况可能会差别很大。

1.3.1 作战任务执行能力水平的度量

关于任务清单的第三部分要素,即指标问题。指标包括了衡量尺度与标准。可执行任务的衡量尺度与标准构成了完成任务的指标。这种指标描述为:在一组特定条件下,一个联合作战单位或者部队在执行联合任务时必须达到的能力水平。联合部队司令员使用衡量尺度和标准来设定基于作战使命任务需求的任务指标。评估这些指标,一旦与条件相联系,就可以为军事行动以及训练活动的计划制定、实施以及评估提供重要参考依据。

衡量尺度实际上可理解为参数,即衡量任务实施的参数。单位也可以称为量纲,参数的数值可以称为指标。这两个方面的结合,可以反映出从不同侧面执行任务的能力水平。标准应能反映任务执行的关键方面。每项任务都有多个可观察的执行方面,并且每个方面都有一个具体说明可以接受的执行程度的标准。通常情况下,大多数任务都可从以下几个方面进行衡量:启动或完成任务所需要的时间(即反应时间)、任务进展的速度(如移动速度)、任务完成或者成功的总体程度(如正确识别目标的百分比和命中率)、从能力(如发射距离)角度衡量的偏差大小(如火力接近目标的程度)、杀伤力(如一次命中的杀伤率)或成效(如正确发送文电的百分比)。在指挥官的指示和作战方案中,应该能够找到任务执行的这些关键要素。

下面以执行某一保障任务为例,说明任务、衡量尺度和标准清单(表1-1)之间的关系。任务名称:提供联合作战区内的装备维护。任务内容:为修理和替换物资在后方地域建立机构设施,并制定关于装备维修和后送的规定,以支援在战役或者战役性作战行动中的作战部队。该任务包括集中提供维护勤务(包括后送战斗损坏物资、战损评估和修理),还包括为部队保持或者恢复物资高度准备状态而提供四级补给,也包括制定修理、更换和后送规定(需要说明的是,管理联合作战区域内的后勤保障任务也属于该任务的范畴,包括提供维护勤务和四类补给保障以支援实施战役和战役性的作战部队,以及通过提供输送和支援勤务进行补给域内的常规维护等)。

表1-1 提供联合作战区内的装备维护任务、衡量尺度与标准清单

M1	天数	(接到预先号令后)制定维护方案和政策
M2	小时	(接到预先号令后)维护设施到达联合作战区后方地域并可供使用所需的时间
M3	百分比	收集、分类及适当处理的敌方物资
M4	百分比	损坏装备经过修复的比例
M5	百分比	成功予以修理的装备故障

M6	百分比	在适当的水平上得到修理并运送到上级单位的装备
M7	百分比	作战计划内容包含修复物资的收集、分类及处理的比例
M8	百分比	作战计划内容包含敌方物资的收集、分类及处理的比例
M9	百分比	在实施前完成的支援政策和程序
M10	小时	获取用于修理的零部件
M11	小时	获得更换所用的零部件
M12	小时	修理装备
M13	小时	获得用于更换的装备
M14	是/否	在写入简单操作说明所规定的时限内维修完毕的装备
M15	百分比	维护渠道供给的主要零部件

根据表 1-1 中的数据,既可以对保障工作进行评价,也可以对装备的维修性进行要求,还可以对所需要的保障资源、所开展的保障工作进行早期规划。

1.3.2 环境条件的量化与分级

根据作战任务需求,作战需求分析部门需要列出任务能力需求清单,根据执行任务过程中可能遇到的环境条件,对环境条件进行分析,然后根据环境数据标准,确定执行任务的实际环境。

图 1-4 列出了联合作战条件的组成。需要对三类环境条件进行细化分解,形成环境条件分解结构。图 1-10 给出了部分环境条件的示例。完整的环境条件分解结构及其量化分级,可以参考关于环境条件分级的做法[2]。

C1.0 物理环境
  C1.1 陆地
    C1.1.1 地形
      C1.1.1.1 地形地貌
      C1.1.1.2 地形海拔高度
      C1.1.1.3 地形坡度
      C1.1.1.4 地形坚硬度
      C1.1.1.5 地形静摩擦力
      C1.1.1.6 植被
      C1.1.1.7 地形起伏特征
    C1.1.2 地理特征
      ……
  C2.0 军事环境

C2.1 使命

C2.1.1 使命指令

C2.1.1.1 指挥水平

C2.1.1.2 预先存在安排

C2.1.1.3 使命类型

C2.1.1.4 作战规则,交战规则

C2.1.1.5 部队地位协定,驻军地位协定

C2.1.1.6 为其他国家承担的军事义务

C1.1.1.7 其他国家所承担的军事义务

C2.1.2 法律状态

……

C3.0 民事环境

C3.1 政治方针

C3.1.1 国内政治支持

C3.1.1.1 国内公众支持

C3.1.1.2 国会支持

C3.1.1.3 跨部门/机构关系

C3.1.1.4 法律

C3.1.1.5 媒体关系

C3.1.2 国际政治

……

图1-10 环境条件分解结构(局部示例)

为了区分各环境条件的影响程度或者严酷程度,需要对每一具体下层的环境条件进行量化分级。图1-11给出了部分环境条件的分级示例。

C1.0 物理环境:包括那些自然环境因素和经过文明改造后自然领域内的其他因素。

C1.1 陆地:某一陆地区域的物理特征,包括天然的和人工的。描述:发达(都市);中等发达(郊区和乡村);未开发(天然状态)。

C1.1.1 地形:陆地区域的基本特征。描述:山地;山麓地带;草原(彭巴斯大草原、南美大草原、热带草原和热带稀草地、疏林草原);三角洲(江河、湖泊区);沙漠;丛林;寒带。

C1.1.1.1 地形地貌:从某一基点(相邻的山谷或者高原)起算,相对周围地区的地形直接高度。描述:高地(大于500英尺);中等高地(100~500英尺);低地(10~100英尺);极低地(小于10英尺)。

C1.1.1.2 地形海拔高度:从海平面算起的地形绝对高度。描述:极高(大于10000英尺);高(6000~10000英尺);中等高(3000~6000英尺);中等低(1000~3000英尺);低(500~1000英尺);极低(小于500英尺)。

C1.1.1.3 地形坡度:某一陆地区域的平均陡度或者坡度。描述:陡峭(大于10%);中等(3%~10%);平缓(小于3%)。

C1.1.1.4 地形坚硬度:地形承重的能力。描述:极好(人工铺设的);好(硬结场面);中等(干燥或结冰后的坚硬地面);差(海绵状的土壤,松软的沙地,深雪)。

14

C1.1.1.5 地形静摩擦力:地形控制运动保持足够静摩擦力的能力。描述:好(湿或干);中等(当干燥时好);差(沙地、泥浆地、冰原地)。

C1.1.1.6 植被:植物、树木和灌木。描述:丛林(热带雨林、树木遮盖的);密林(森林);轻度绿地(草地、平原);稀疏绿地(高山植物、半沙漠化的);不毛之地(极地、沙漠)。

C1.1.1.7 地形起伏特征:邻近地区的特殊地形特征。描述:高度突起(山脉、台地、小尖山);低度突起(小山);低度凹陷(沟、沟壑、溪谷);高度凹陷(深谷、谷地)。

C1.1.2 地理特征:与地球表面相关的特征。描述:稳定、不稳定的。

图 1-11 部分环境条件的分级示例

为了在装备论证时提出装备未来可能遇到的各种环境条件要求,进而提出设计时参照的环境条件要求和进行环境试验时的环境条件要求,需要查询武器装备活动领域的气候数据手册,获取武器装备作战对抗时可能遭遇的恶劣环境,同时需要根据气候和对抗环境条件,导出平台环境条件,也就是机内运行可能遇到的环境条件。

关于气候环境,我国为此制定了国家军用标准 GJB1172《军用设备气候极值》[8],该标准是一个系列标准,各分标准(共有 18 个分标准:一个总则,17 个环境因素)列出了我国各观测站观测到的气候因素的数值极值。这份标准制定于1991 年,20 余年过去了,全国环境因素及其极值发生了很大变化,如果再按照这个标准提出环境条件要求,肯定不能满足严酷环境条件的要求,进入实战化状态后,装备就有可能发生未预期故障。因为,未来我国武器装备将来活动的区域将不断扩大,急需掌握全球的气候环境数据。与此同时,需要预计武器装备在对抗条件下的环境,特别是电磁环境,这种环境条件对于电子产品影响比较大,比如雷达的观测距离和清晰度,就受电磁干扰的影响。因此,在关注气候环境的同时,还需要关注复杂电磁环境,当然电磁环境也包括在自然环境之中,但战时人为制造的电磁环境,属于诱发环境的范畴。

美军这方面做了大量的工作,1997 年颁布了供军事装备开发用的全球气候数据手册 MIL-HDBK-310[9]。这个手册我们可以直接等效采用,建议有关部门尽快将其转换为国家军用标准。通过查找该手册,就可以根据前面确定的装备使用区域,确定环境因素和条件的具体数值。利用这个数值就可以推导出设计时所使用的环境因素值和试验用的环境剖面、环境条件极值。图 1-12 给出了环境要求确定流程图(其中也表明了环境因素数值与标准之间的关系)。

美军及欧洲某些国家比较重视作战环境的研究,制定了作战行动的环境指南[10]。通过实施指南,可以最大限度减少环境对军事行动的影响,保护部署兵力的健康和安全。

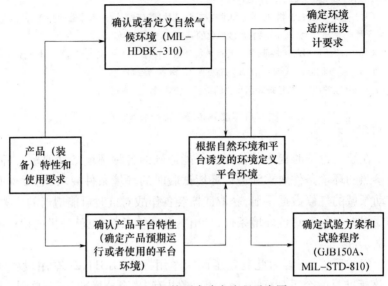

图 1 - 12　环境要求确定流程示意图

作为装备设计单位,要求掌握装备使用的全部环境,就是此处所研究的环境条件,包括气候环境、军事环境和民事环境,可以称为"大环境"。根据装备的实际作战使用情况,需要根据装备面临的大环境,对装备实际面临的环境条件进行剪裁。大环境就要考虑装备作战使用的地理位置、国家地区,操作和维修保障的运行环境,语言和文化等方面。对某个给定系统及其整个寿命周期的环境要求可能会随其作战使用的地域变化而变化。

1.3.3　贴近实战环境条件的确定

从 2013 年启动的国防和军队改革,就是为了实现党在新形势下的强军目标,即建设一支"听党指挥、能打胜仗、作风优良"的人民军队。习主席指出,"强调战斗力标准,是有效履行我军根本职能的要求,也是提高军队建设质量和效益的要求","我们要始终坚持用打赢的标准搞建设,坚持把提高战斗力作为全军各项建设的出发点和落脚点,坚持用是否有利于提高战斗力来衡量和检验各项工作。"武器装备是保打赢的重要物质基础,装备建设必须坚持战斗力标准。

在战斗力标准指引下,评价装备质量好坏的标准,就要看装备在实战化条件下,与强敌对抗条件下,战胜对手的能力,也就是用能力衡量质量的好坏。这个能力除了人的因素、保障条件等因素外,装备因素一直是战争制胜的关键因素之一,当然人与装备的结合也是至关重要的。在这里,无论对于联合作战,还是装备建设,实战化环境条件是必须要考虑的首要问题,离开实战化环境条件,任何指标的高低都会失去实际意义。因为前面已经介绍了,评价或者考核指标的环境条件,决定了实际达到的能力水平。

因此,实战化、与强敌对抗条件下的环境条件,也就是需要研究的大环境,应当坚持如下原则:

(1)全面。联合作战、强敌对抗条件下,影响因素多,包括全空域、全地域、全频域、全时域的环境。不仅要考虑从地下、大洋深海底部、地表、建筑物,到对流层、临近空间、电离层直到宇宙空间环境,还要考虑网络环境;不仅要考虑从平原、山地、丛林、沙漠、海洋到极地、高原极寒地区、高密集城区环境,还要考虑电磁、频谱环境;同时还需要考虑整个装备寿命期中将遇到的所有环境,包括使用、运输、保障、保密、维修等所有使用与保障情况下的环境。

(2)联合。联合作战是未来战争的主要模式,联合作战需要联合指挥、联合行动、联合保障,在这种条件下的环境,必然是联合环境,是体系对体系的对抗,而不是单兵作战。在这种条件下,就需要考虑装备与装备之间的协调、干扰等问题。要突出联合作战,着力构建出逼真的联合战场环境,确保被试装备能在近似实战条件下进行深度试验鉴定,进而把装备的实战性能、体系能力测试出来,确保交付后形成联合作战能力。

(3)严酷。实战化、强敌对抗条件下的联合作战,环境条件更加严酷。在这种条件下,需要考虑相互的通信压制、干扰,需要考虑战损等条件下的保障工作。同时,受全球气候变化和太阳活动的影响,极端气候一再突破,装备将经历更加严格的环境考验,在这种情况下需要考虑环境因素叠加的影响。

(4)复杂。实战化、强敌对抗条件下的联合作战,环境因素更加全面,相互影响关系更加复杂。过去简单的少数环境因素相互影响的规律将被打破,装备将会出现新的故障模式,在这种情况下,需要考虑多种环境因素对装备作战性能发挥的交互影响。复杂环境包括复杂电磁、复杂地形、复杂气象等极限环境,在这些复杂环境条件下,要摸清装备的性能底数,找出各类性能指标的上限、极限。

(5)精确。实战化、强敌对抗条件下的联合作战,都是在信息化条件下在信息系统支持下进行的,甚至都是在大数据环境下进行的,需要对环境的影响程度进行预判,需要进行量化分析,这就要求对环境因素的影响把握准确、精确,需要进行量化。要考核随着联合作战及装备复杂程度提高后,装备试验鉴定指标体系更加复杂、指标间关联度加深、定性指标要素增多,加强试验数据资源建设,搞好试验设计、试验数据分析、试验结果评估等工作,提高试验的有效性和针对性。

(6)绿色。实战化、强敌对抗条件下的联合作战需要消耗更多资源,可能造成环境更大损害。传统武器装备在制造、使用及销毁时,都会对环境及人体产生危害。发展武器装备时,需要对装备发展提出绿色环境的要求,从源头控制军事活动造成的环境污染、资源能源消耗,节省军费开支,有效地促进军事、环境、经济的可持续发展。另外,随着军事斗争加剧,快出装备出好装备的需求日益强烈,任何国家不可能按部就班地开展如此多的实际试验,仿真试验成为解决这一问题的主要途径。[11]要构建起能够联合各类论证和试验鉴定机构的分布式试验环境,实现不同类型、不同地理位置的多试验场地的互联互通,最终形成功能完备的联合仿真试验鉴定能力。据报道,印度登火星计划用了两年时间,只用了美国人1/10的经费就成功了,经验之一就是大量利用计算机建模与仿真技术,只做了一次"实模"。

大量统计数据表明,研制经过设计定型考核的装备,部署到实际使用环境后,性能都会有一个下降或者退化的过程,除了与材料等因素随时间变化性能下降外,很多情况下,是在设计时没有考虑到这些使用环境条件的影响,如图1-13所示。

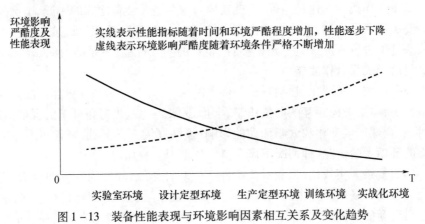

图1-13　装备性能表现与环境影响因素相互关系及变化趋势

质量决定于需求,形成于过程,表现于作战运用,保持于使用与保障。因此,用户的需求非常关键,论证时提出的质量标准不高,符合标准的程度再高也只不过是符合性质量,因为实际达到的能力水平并不高。质量标准高,就必须环境标准高,只有环境标准高了,才有可能研制出的装备环境适应性好,装备最终的质量水平才有可能高。

现在需要考虑的问题是,在装备论证时就要按照实战化、强敌对抗条件下提出环境条件要求,设计中按照这个环境条件去设计,试验考核时按照这个环境条件去考核,这种经过严格考核的装备,就有可能在实战化、强敌对抗条件下,能够战胜强敌对手,取得胜利。装备发展必须按照如图 1 - 14 的模式提出环境条件要求,图中所显示的是假设保障条件不变的情况下,因为保障条件变化时作战能力会随之发生变化,实际情况应当是波动的曲线。关于保障条件问题可以参考《装备大保障观总论》[12]

当然环境标准高,可能带来的问题是材料性能、工艺水平、人员素质跟不上。因此,提升环境适应性(也是质量问题)能力是一个系统工程,但从管理的角度讲,必须从大的工作思路,用新的视角,提出系统的解决方案,这就是装备发展大质量观所提出的解决方案,可参见《装备建设大质量观》[13]。

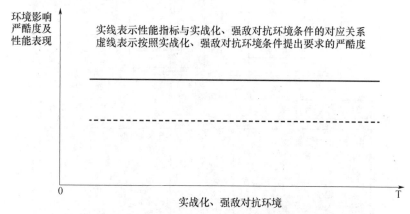

图 1 - 14   按照实战化、强敌对抗环境条件与作战性能影响关系及变化趋势

1.4   关于装备实战适用性的实现问题

1.4.1   实战适用性的基本概念

习近平主席在 2014 年装备工作会议上指出:"要着力构建先进实用的试验鉴定体系,摸清武器装备性能底数,确保装备实战适用性"。什么是实战适用性? 按照字面意思,应该是在实战条件下,装备能不能适用的问题,能不能适用于联合作战,能不能与对手作战并战胜对手。过去我们强调作战效能,这个效能主要从装备执行任务角度出发,考核的主要是战术技术指标。美军强调作战效能和作战适用性,其中作战效能与我国的作战效能概念基本上是等同的。然而,过去我们在强调作战效能的同时,忽略了作战适用性。现在我们强调实战适用性,是要强调美军的作战适用性吗? 作者认为,我们强调的实战适用性应该是作战效能与作战适用性之和。两者都要考虑,不能偏废,如图 1 - 15 所示。

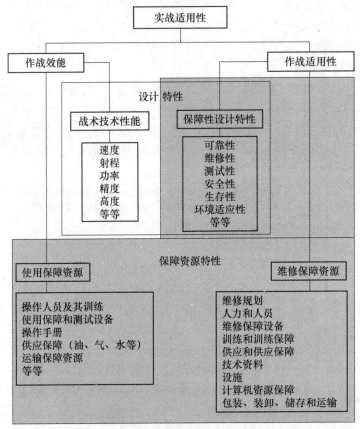

图 1-15　装备实战适用性的组成及影响因素

　　什么是作战适用性？按照 AFI 99-102 给作战适用性(Operational Suitability，OS)下的定义是"在考虑可用性、兼容性、运输性、互用性、可靠性、战时利用率、维修性、安全性、人因、人力保障性、后勤保障性、自然环境效应与影响、文件以及训练要求的情况下，系统令人满意地投入外场使用的程度"。CJCSI 3170.01A 给作战适用性下的定义则是"系统在其保障的任务区域内，令人满意地部署、使用和维持，同时满足该系统的性能参数和用户对系统效能的要求的程度"。美国国防采办术语中对作战适用性的定义与美国空军指示是相同的[1,14]。

　　AFI 99-102 中作战效能的定义是"系统被具有代表性的人员在计划的或者预期的系统使用环境(例如，自然环境、电子环境、威胁等)中完成任务的总体程度，考虑的因素有编制、原则、战术、威胁(包括干扰、初始核武器效应和核生化沾染威胁)。"[14]

图 1 – 16 描述了在任务级与作战效能和适用性相关的各个要素——部署、使用和维持之间关系的理解。

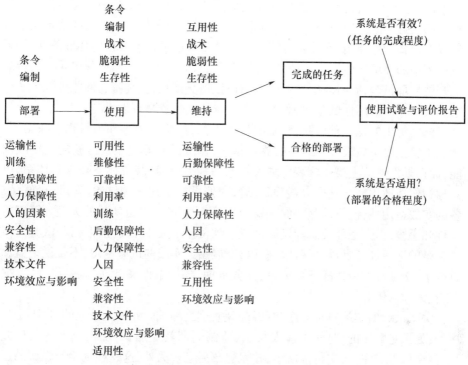

图 1 – 16　效能与适用性的任务关系

按照美国人对适用性的理解:适用性是指某个产品在其预期的使用环境中被保障程度的度量。这与作者研究的武器装备大保障观中的大保障性基本相同[12]。适用性的度量实际上与战备完好性或者使用可用度有关,同时与可靠性、维修性及其保障结构(体制)有关。适用性度量通常用作战部队要求、关键性能参数、关键持续保障属性,或者其他的下层次参数来表示。[15]

研究作战适用性问题,主要从体系层面出发,针对的主要是体系中的装备系统。因此,考核装备实战适用性,一方面要求考核的对象必须具有代表性,是经过改进后形成的典型装备系统,美军关于被试装备的代表性及陪试系统和设备有专门的要求。另一方面就是考核时的环境条件,包括环境条件、保障条件等。

1.4.2　装备实战适用性试验与评价问题

装备管理体制改革后,下一步将按照寿命周期进展,从用户角度主要考虑实施三种类型的试验,即装备性能试验、作战试验鉴定和在役性考核。这三种试验的目的固然不同,试验的科目也不相同,但本质上主要还是试验对象和试验条件的不同,这些条件包括环境条件和使用保障条件,这三种试验的环境条件逐步由模拟的贴近实战的环境条件一直到部队的实际使用条件。为了保证装备在未来战场上装备管用顶用,在装备性能试验时就要考虑模拟实战化的环境条件,如果没有大型的环境试验设施开展整机的环境适应性考核,应当考虑在低层次产品上开展环境试验,同时对整机可以实施模拟仿真试验,把装备的性能极限考核出来。关于作战适用性试验问题,美军有大量的文献资料可以借鉴[14,16-19]。

前面提出的这三种试验,试验的目的不同,试验的内容和项目也有所不同,性能试验主要考核设计上达到的战技指标,作战试验鉴定主要考核的是作战效能,而在役性考核主要考核装备融入体系的能力,包括装备体系和保障体系,可以称为作战适用性。这样,从表面上看,我们重视了这三种试验,就可以确保装备的实战适用性,但目前存在的主要矛盾是:我们缺乏贴近实战的大型环境试验条件和手段,即大型环境试验设施缺乏。实际上我们过去也重视靶场试验。但是装备的适用性还是难以保证。所以,开展贴近实战的试验鉴定,不是说说概念就行了,必须有相应作战任务清单、任务剖面、环境条件和剖面、试验设施、数据分析、人才队伍等。

关于试验的实施时机问题和条件问题,这三种试验并不是独立的,也不是顺序的,如果是顺序的,时间可能太长了,研制周期就要加长,现在技术发展如此快,等考核做完了,交付部队了,技术也落后了。另外,这三种试验都强调贴近实战,如何贴近实战,就是要有作战任务背景,那就得与战区、部队结合,如何结合? 装备发展部门如何协调这些问题,谁来主导? 美军与我们不同,美国国防部有个作战试验与评价局,它是国防部的独立机构,直接向国会、国防部部长报告。而研制试验是由采办、技术和后勤部门负责的,确切说由负责采办和技术的国防部副部长负责的。这种性质的试验还主要是从研制的角度出发,是研制性质的试验,目的主要是考核技术方案、各种样机的可行性,这种试验通常是由研制责任主体负责。我们不能从一个极端走向另一个极端,就是重视作战试验而忽视研制试验,美国在这方面走过弯路。在作战试验时发现可靠性达不到指标要求,但为时已晚,因此,2009 年美军采办改革时,成立了研制试验与评价局。这个局归负责采办和技术的国防部副部长主管,而作战试与评价局归国防部长管这种体制有利于作战试验相对独立,可以制的研制责任主体。

确保实战适用性,仅靠对整机开展的以上三项试验是不够的,而且这些试验应该是综合性质的试验,因为从经济角度和进度考虑,为考核单一指标,开展整机的单项试验是不经济的。例如,为了考核可靠性,动用大量装备、进行长时间试验,其效费比是不高的。因此,需要开展综合性试验,比如,原来为了开展坦克设计定型时,用三辆坦克在各种环境和路面跑 30000km,在这种情况下,如果试验设计和试验记录好,完全是可以评价其可靠性和维修性指标的,但是我们没有利用好这个机会,只关注了战技性能指标考核。试验中一旦出现故障,军地试验人员一轰而上,没有很好地严格记录各种时间和资源,也就无法科学评价其可靠性维修性保障性水平。实际上,据有关文献介绍,美国陆军也在使用置信度并不高的点估计装备的可靠性水平。[20]

过去的试验鉴定虽然存在问题,但基本的环节还是有的,既有科研过程中的方案试验、摸底试验、转阶段试验等,也有以定型鉴定为目的的基地试验、部队试验和部队试用。问题的关键是体制机制问题,能否严格起来,能否找到主要责任人,能否独立作出评价,能否用数据事实来说话。如果这些做不到,既使增加了作战试验鉴定,也不一定能够解决问题,而且还可能增加投入,延长研制周期,质量也未必能够得到保证。关键的问题是如何从实战出发,由谁、如何判断达到了作战任务需求的相关要求。

1.4.3 装备实战适用性实现问题

装备实战适用性差,说明我们对影响作战适用性的主要特性不够重视,也就是不重视可用性、兼容性、运输性、互用性、可靠性、战时利用率、维修性、安全性、人因、人力保障性、后勤保障性、自然环境效应与影响、文件以及训练要求等特性的设计和验证。这些围绕作战适用性的工作,从立项开始就得考虑进来。作战适用性试验考核也一样,也要从论证阶段考虑进来,要考虑提出的指标要求如何考核,能否考核? 如果到了研制后期,甚至到了部队试验时才考虑,恐怕"黄瓜菜"到时候真凉了。

如果围绕作战适用性方面的工作没有做好,没有对作战适用性相关的可用性、兼容性、运输性、互用性、可靠性、战时利用率、维修性、安全性、人因、人力保障性、后勤保障性、自然环境效应与影响、文件以及训练要求等特性的试验考核,没有可以开展整机环境试验的设施,不能考核整机的环境适应性,进入靶场试验也就缺乏依据,所谓的"作战试验鉴定"也就缺乏支撑,成为"空中楼阁"。因为关于可用性、兼容性、运输性、互用性、可靠性、战时利用率、维修性、安全性、人因、人力保障性、后勤保障性、自然环境效应与影响、文件以及训练要求等问题,再加上综合保障的十大要素(美国最近提出了 12 个要素[15])[21],不是装备部门一家能管的,涉及军委多个部门,谁来协调? 就技术资料问题、操作使用手册、训练器材及资料问题,型号研制期间应由哪个部门管理和建设都分不清责任,怎么能试出作战效能和作战适用性呢? 因此,为了保证装备的实战适用性,既要考虑整机试验的环境条件问题,也要考虑在早期对低层次产品进行单独、综合的环境试验,以及对作战适用性其它相关特性的试验考核。从提高环境适用性的角度,必须重视装备的大环境问题,从论证到装备全寿命整个过程重视环境适应性问题,提出环境条件要求,开展环境适应性设计,开展各层次产品的环境试验,这些内容在后面章节都有介绍。

研究作战试验鉴定问题,最为关键的是要掌握作战背景情况,这种类型的试验鉴定应该由作战部门参与或者主导,因为考核装备作战性能需要有大量的陪试装备,需要作战保障和后勤保障条件,不能为了试验而试验,还必须有明确的作战背景,按作战任务清单开展试验。因此,作为从事装备工作的人员,应该更多了解作战,了解联合作战,以便更好地发展出满足部队作战需要的武器装备,这也就是为什么本书的第 1 章先从了解联合作战任务需求出发。

目前我们研究的试验问题,基本上还是单装在某一兵种作战环境条件下的作战问题,而未来是联合作战,是体系之间的对抗,把某一装备放在一个联合环境条件下,其能力就有可能大打折扣。因此,需要研究在联合作战环境条件下的作战试验鉴定问题。这方面美军有一些做法可以借鉴。

这一次军委管理体制调整改革,由原来的四总部调整为十五个部门,这十五个部门主要是管总,从联合作战出发对武器装备建设提出了新的更高的要求。如果按照原来的习惯做法,只是把装备研制出来,通过定型考核,只有装备发展部一个部门就够了。如果从形成能力角度出发,这就不够了,从形成能力的要素和条件出发,除了装备部门还涉及作战需求、训练、保障、科技、人员等部门,也就直接与联合参谋部、装备发展部、联合保障部、训练管理部、科技委和政治工作(人力资源管理)等相关。这个问题有解决办法,就是兵种负责建管。但是军兵种也有装备部门,装备部门主导装备建设,如何让其他部门参与进来就成为大问题,装备部门愿不愿意别的部门参与进来决定将来装备能否快速形成作战能力。按照《武器装备质量管理条例》第十二条和第十五条规定,装备论证时要征求作战、训练和运输等部门及相关研制、生产、试验、使用、维修等单位的意见并参加评审的要求,但这还很不够。借鉴美军做法,实施型号项目管理制度才能解决这个问题。项目办公室可以行使全寿命管理的责任,各职能部门通过制定政策,提出要求,实施评价、监督和保障等工作为项目管理团队提供服务和支撑,可以通过项目办公室把各部门力量集成起来,形成合力,才能保证最终研制出的装备具有实战适用性,满足部队实战化要求。但要实施项目管理制度是一个系统工程,需要改变许多观念、组织、机制和环境等,需要重新分权,需要对现有管理体制、决策机制进行重新设计,这是武器装备发展的一场革命性变革,是装备发展实现专业化、精细化、科学化和法制化的必由之路,我们准备好了吗?

参 考 文 献

［1］Joint Capabilities Integration and Development System. Chairman of the Joint Chiefs of StaffInstruction（CJC-SI）3170. 01H. 10 January 2012.

［2］通用联合作战任务清单（UJTL），美军参谋长联席会议主席手册 3500. 04B,2007. 6. 30.

［3］FM7－15 The Army Universal Task List, Headquarter Department of Army. Washington, DC. 31 August2003.

［4］Universal Joint Task List, Version 4. 0. Chairman of the Joint Chiefs of StaffManual（CJCSM）3500. 04B. 1 October 2012.

［5］Initial Capabilities Document（ICD）Writer's Guide. Version 1. 3. 28 August 2009. TRADOC.

［6］Capability Development Document（CDD）Writer's Guide. Version 1. 5. 16 June 2009. TRADOC.

［7］Capability Production Document（CPD）Writer's Guide. Version 1. 5 . 16 June 2009. TRADOC.

［8］GJB1172－1991《军用设备气候极值》,原国防科学技术委员会.

［9］MIL－HDBK－310,DEPARTMENT OF DEFENSE HANDBOOK,GLOBAL CLIMATIC DATA FOR DE-VELOPING MILITARY PRODUCTS. 23 JUNE 1997.

［10］ENVIRONMENTAL GUIDEBOOK FOR MILITARY OPERATIONS. Environmental Readiness &Safety, Office of the Deputy Under Secretary of Defense（Installations & Environment）, US DoD. Printed in the United States, March 2008.

［11］宋太亮,等译. 加速可靠性和耐久性试验技术［M］. 北京:国防工业出版社,2015.

［12］宋太亮,等. 装备大保障观总论［M］. 北京:国防工业出版社,2014.

［13］宋太亮,等. 装备建设大质量观［M］. 北京:国防工业出版社,2010.

［14］QRMS－28,装备作战适用性试验与评价,北京:总装备部电子信息基础部技术基础局,总装备部技术基础管理中心,2003.

［15］Integrated Product Support Element Guidebook,Defense Acquisition University,December 2011.

［16］Logistics Assessment Guidebook, US Department of Defense, 2011.

［17］COMOPTEVFORINST 3980. 1 01B, Operational Test Director's Manual, DEPARTMENT OF THE NAVY, APR 2 3 2008.

［18］QRMS－52,美国空军需求确定和试验与评价指令文件汇编. 北京:总装备部电子信息基础部技术基础局,总装备部技术基础管理中心,2007.

［19］AFOTECPAM_99－104,_AFOTEC_Operational_Suitability_Test_&_Evaluation_Guide,1 MAY 2007.

［20］宋太亮,黄金娥,等. 装备质量建设经验与实践［M］. 北京:国防工业出版社,2011.

［21］宋太亮,等. QRMS－34,GJB3872《装备综合保障通用要求》. 北京:总装备部电子信息基础部技术基础局,总装备部技术基础管理中心,2007.

第2章　装备大环境的基本概念

国内外大量工程实践表明,武器装备出现性能退化或者故障,是多种因素共同交互作用的结果,这些因素包括环境条件、应力、载荷、网络、信息、保障条件等。因此,虽然有些装备通过了试验鉴定,但故障发生概率还是比较高的,这些问题长期困扰着各国军队,由于装备环境适应性差而造成装备难以形成战斗力的例子有很多。环境适应性差的装备常常会导致意想不到的事故、故障,造成巨大的军事和经济损失。美国国防部专门调查表明:环境因素造成武器装备的损坏,占了整个使用过程中损坏的50%以上,已超过了战损。环境适应性事实上已成为制约装备性能发挥,影响战争进程,甚至决定战争胜负的重要因素。

环境因素对装备的影响问题随着作战样式的发展和装备的技术进步而不断发展变化。如冷兵器和热兵器时代,机械化兵器时代和信息化高技术装备时代,环境对装备的影响程度就显著不同。现代武器装备的作战使用环境正在从近海向深远海,从地面向高空、邻近空间、太空、网络以及特殊异常环境不断拓展。因此,武器装备正面临着各种越来越复杂和严酷环境的考验。新装备的多功能和高性能指标导致装备复杂性和部署密度大大增加,装备的部署和作战空域、地域、海域越来越宽,从而使其经受的自然环境和平台环境要求越来越高,导致对其环境适应性设计要求大大提高。

环境适应性是武器装备的重要质量特性,环境适应性的好坏直接影响武器装备性能的正常发挥。装备在使用和保障过程中出现的诸多质量问题,从本质上讲都可归究为环境的影响。

目前,我国周边面临严峻的国家安全形势,这就要求武器装备必须能够在我国本土、海外、太空、网络等复杂严酷的环境中可靠地使用,例如:要满足海外护航、维权与维和行动需要,深空与深海探测需要,等等,装备需要经受更长时间、更远距离、跨海域、高强度、大突变等严酷环境的考验。因而对武器装备的环境适应性提出了更高、更新的要求,也就是武器装备高标准环境适应性要求对装备研制工作提出了新的更大的挑战。

随着装备环境工程技术的发展,其所涉及的环境的内涵和外延也随着装备的发展不断地丰富,即由狭义的小环境向广义的大环境扩展,由传统的环境工程向全领域、多维度、全要素大环境工程拓展。

因此,装备建设需要考虑更大范围、更为复杂、更为严酷的环境条件,实施装备发展大环境工程,以保证新研装备能够适应和满足未来联合作战任务要求。

2.1 武器装备发展面临的环境挑战

过去发展武器装备,主要立足国内防御和近海作战,所考虑的环境都是基于国内环境和近海环境,考虑的环境要素不是很全,严酷度也不高。特别是过去装备发展不完全是从联合作战需求出发,在定型考核时所采用的环境也不是贴近实战的环境。因此,一些装备虽然通过了定型考核,但是由于考核的环境条件不是真实的实战环境,大量故障还没有被激发出来,等到交付部队后,故障率高、保障困难,装备形成作战能力和保障能力滞缓。

2.1.1 装备发展所面临的环境因素和时空领域不断扩大

我国过去发展武器装备,主要是立足国内防御,因此发展武器装备时,所考虑的环境因素主要是国内环境因素。随着我国安全利益的不断扩展,我国武器装备必须为国家安全利益提供保障。

装备发展的总体目标和任务必须服务于国防和军队建设的总体目标。"三个提供、一个发挥"是对军队建设的总要求,也可称为总目标。"三个提供、一个发挥"历史使命,是胡锦涛同志科学分析国际战略形势、我国安全环境以及我军建设状况,着眼我国综合国力增强、国际地位提升、国家发展战略变化的新需要,对新世纪新阶段我军地位作用和职能任务做出的新概括,体现了党对军队的新要求,为我军建设发展指明了方向。"三个提供、一个发挥"的内容是:

为党巩固执政地位提供重要的力量保证;

为维护国家发展的重要战略机遇期提供坚强的安全保障;

为维护国家利益提供有力的战略支撑;

为维护世界和平与促进共同发展发挥重要作用。

中共中央总书记、国家主席、中央军委主席、中央国家安全委员会主席习近平2014年4月15日主持召开中央国家安全委员会第一次会议并发表重要讲话。他强调,要准确把握国家安全形势变化新特点新趋势,坚持总体国家安全观,走出一条中国特色国家安全道路。

习近平主席指出,当前我国国家安全内涵和外延比历史上任何时候都要丰富,时空领域比历史上任何时候都要宽广,内外因素比历史上任何时候都要复杂,必须坚持总体国家安全观,以人民安全为宗旨,以政治安全为根本,以经济安全为基础,以军事、文化、社会安全为保障,以促进国际安全为依托,走出一条中国特色国家安全道路。贯彻落实总体国家安全观,必须既重视外部安全,又重视内部安全,对内求发展、求变革、求稳定、建设平安中国,对外求和平、求合作、求共赢、建设和谐世界;既重视国土安全,又重视国民安全,坚持以民为本、以人为本,坚持国家安全一切为了人民、一切依靠人民,真正夯实国家安全的群众基础;既重视传统安全,又重视非传统安全,构建集政治安全、国土安全、军事安全、经济安全、文化安全、社会安全、科技安全、信息安全、生态安全、资源安全、核安全等于一体的国家安全体系;既重视发展问题,又重视安全问题,发展是安全的基础,安全是发展的条件,富国才能强兵,强兵才能卫国;既重视自身安全,又重视共同安全,打造命运共同体,推动各方朝着互利互惠、共同安全的目标相向而行。

军队作为总体国家安全的基础和后盾,武器装备则是军队作战的物资基础。因此,发展武器装备时所考虑的环境因素范围,应当由国土安全,扩展到海外、太空和宇宙安全。所考虑的环境要素,应当由自然环境因素、诱发环境,不断扩展到网电环境、复杂电磁环境、太空环境、深海环境、使用保障环境等,甚至还要考虑政治环境、军事环境、经济环境、文化环境、社会环境、科技环境、信息环境、生态环境、资源环境、核环境等。

2.1.2 装备发展所面临的环境因素严酷程度不断提高

目前,全球气候变暖趋势明显加剧,极端气候、极端天气不断出现,温度、暴风、雨雪、风力等等级不断突破历史极值。

2013 年 11 月 8 日,菲律宾发生有记载的登陆风速最高的热带风暴"海燕",风速达 325km/h,超过暴风级别划分的最高极限,造成了 7350 多人死亡和失踪。

2014 年 11 月 20 日,美国水牛城 24 小时之内,降雪量达惊人的 65 英寸,相当于 1.65m。2014 年,在中国中北部大面积雾霾,有时甚至影响到飞机的起降。

2015 年 10 月 23 日,西半球有史以来有记录的最强风暴——5 级飓风帕特里夏在墨西哥西太平洋沿岸登陆,最高持续风速达 325km/h。

2016 年 6 月 23 日下午,江苏苏北地区盐城阜宁遭遇强对流天气、暴雨、冰雹和龙卷风联合袭击,瞬时中心风力达到 12 级(风速达到了 34.6 m/s),造成近 100 人遇难,800 多人受伤。

2016 年 7 月 8 日 5 点 50 分,台风"尼伯特"登陆台湾,登陆时中心附近最大风力 16 级,瞬间最大阵风 17 级(风速 61.2 m/s),台风威力巨大,三辆十几吨火车被吹出铁轨。

2014 年全年至少有 6 架航班失事或者失联,这种情况可能与极端天气不无关系,因为基于目前的技术发展,由于机械或者电子产品故障造成机毁人亡的情况极少发生。随着极端天气不断出现,将来可能对民航产生非常严重的影响,当

28

然对武器装备的作战使用也会产生同样的影响[1]。

20世纪,太阳黑子暴发强度加强,对通信系统产生了不利的影响。由于自然环境发生变化,产生环境因素极端量值的例子不断增加,必将对武器装备的作战使用产生严重的影响。

随着信息技术的发展,以及国家之间军事斗争的日趋严峻,人造复杂诱发环境,包括网络电磁信息环境、复杂电磁环境等,不仅影响多变,而且影响程度不断加强,装备作战使用将面临更加严酷的环境形势。

未来武器装备作战使用将面临越来越来严酷的环境因素,如果发展武器装备时,未对这些环境因素充分考虑,一旦武器装备投入战场,将对武器装备性能发挥产生非常不利的影响。因此,未来发展武器装备必须考虑到严酷环境因素的变化,发展适应性强的新材料、新工艺、新产品,在论证时提出更高的环境适应性要求。

2.1.3 装备发展所承受的各种新的环境因素不断涌现

随着新材料、新技术和新工艺在武器装备中广泛应用,装备的环境适应性面临挑战,因为新材料、新技术和新工艺的出现,往往会产生新的环境适应性问题,需要进行大量的试验验证,来证明材料的特性和环境适应性,这给装备发展带来一些新的问题,在选择材料和工艺时,需要考虑其环境适应性。

随着信息技术在武器装备中的广泛应用,网络化、信息化装备不断出现,软件比例不断增大,软件保障问题突出,需要考虑软件环境、信息环境、网电环境、空间环境等方面的问题,以保证信息安全、网络安全,提高装备信息化条件下的装备作战能力和保障能力。

经济环境因素对武器装备发展的影响也不能小视。一方面,如果国家一旦经济增长减速,存在对武器装备投入减少的风险,需要考虑经济发展与国防和军队协调发展的关系,不要把装备建设的摊子铺得太大,要提高装备建设的质量和效益。即便是国家经济增长加速,也存在需要将更多的钱投入民生的需求,不可能保持国防费用持续增长,就需要提高装备发展的经济承受性。另一方面,由于设计中可靠性维修性保障性要求未达到规定要求,造成使用与保障费用增长过快,有可能造成武器装备研制得起买不起、买得起用不起修不起的情况,因此需要重视装备的经济可承受性,大力开展装备可靠性维修性保障性工作,提高质量水平,保证装备既要买得起又要用得起、保障得起。

未来装备发展未曾遇到的环境因素将不断涌现,这些因素如果考虑不充分,必然对武器装备的性能产生严重的影响。

2.1.4　装备发展对绿色发展对环境保护的需求不断提升

武器装备研制所使用的材料、燃料,以及装备作战训练时的各种排放,对环境的不利影响实际上是客观存在的。这个问题已引进国际组织的高度重视,军控组织从人道主义角度正在努力控制某些武器装备的发展,例如核生化武器、大规模杀伤武器(地雷等)等,核武器目前是严格限制某些国家拥有并使用的,这些举措除了控制发生人道主义灾难事件发生,还有一个主要目的就是保护环境。

随着人们生活水平的改善,人们的环境保护意识不断加强,不仅要求武器装备中所选用的材料、气体、液体等物资不会对人员、环境造成损害和污染;另一方面,装备的排放和修理废物的处理,还要对环境造成危害,例如,舰船航行中各种生活垃圾的处理和排放就是一个具体的问题,往海里直接排放未经处理的废物,通常是绝对不允许的,必须严格控制。

发展绿色武器装备,实施装备绿色采购、绿色使用、绿色维修、绿色供应的需求在不断增长,国外已有部分报道,国内也有一些学者研究绿色维修技术,我国火箭发射也已经使用更加环保的燃料。绿色装备发展不仅仅是从环境保护的角度提出的,也是出于实现资源与环境的协调和可持续的发展目标,在武器装备上投入过多的经费,不是一种可持续的发展路子。

绿色装备发展必然对装备发展和使用的模式产生重大影响,这个问题回避也好,不放在重要位置也好,实际上是客观存在的,如何在对环境和人员造成最小不利影响的同时,又能保证装备的战术技术性能,保证最佳的军事威慑效果,是武器装备发展面临的新课题。

2.2　装备环境的基本概念

2.2.1　环境的定义和分类

环境是一个相对的概念,是相对主体而言的客体。环境总是相对于某一中心事物而言的。环境因中心事物的不同而不同,随着中心事物的变化而变化。围绕中心事物的外部空间、条件和状况,构成中心事物的环境。环境是指事物周围所在的条件,对不同的对象和科学学科来说,环境的内容也不同。

GJB 6117 – 2007《装备环境工程术语》对装备环境的定义为:"装备在任何时间或地点所存在的或遇到的自然和诱发的环境因素的综合。"[2]

美国《工程设计手册(环境部分)》对环境定义为:"产品在任一时刻和任一地点产生或遇到的自然条件和诱发条件的综合体。"从此定义可以看出,环境既涉及各种自然和诱发的因素,同时又与时间、空间密切相关。

英国国防标准00－35《国防装备环境手册》[3],对环境、自然环境、诱发环境的定义分别为:

（1）环境:装备受到的各种条件和影响的总和;

（2）自然环境:装备经受的直接因自然力造成的环境;

（3）诱发环境:装备经受的因使用、运输、储存、装卸以及勤务的配置和调拨或发射平台造成的环境。

北约对环境的定义为:所有物理、化学和生物条件的总和。对生物学来说,环境是指生物生活周围的气候、生态系统、周围群体和其他种群。系统科学把"研究的对象"叫做系统,"系统以外的部分"称为环境。

英国国防标准00－35《国防装备环境工程手册》,不仅考虑了自然环境和诱发环境,同时还考虑了异常环境。异常环境是指非计划但仍属确信的事件所引发的环境,包括那些与战场脆弱性相关的环境,如火灾、军需品受到的子弹攻击、液体燃料点火、军需品撞击、军需品缓慢加热等。英国对环境的定义比较宽泛,也可以说是"大环境",因为它包含了"所有条件和影响的总和"。

环境是由诸多要素构成的,各环境要素之间不是孤立存在的,而是相互联系、相互影响、相互制约的。在环境科学研究中,不仅需要深入研究各个环境要素的历史、现状和发展变化趋势,而且要研究各环境要素之间的相互关系,这是环境科学研究的重要基本方法。

自1972年斯德哥尔摩人类环境会议和1974年联合国环境规划理事会之后,"环境"的概念趋于统一和完善,即环境是围绕人群的空间及其中可直接、间接影响人类生活和发展的各种自然因素和社会因素的总体。其中自然因素的总体称为自然环境,它在人类社会未出现前就已客观存在,是以大气、水、土壤、地形、地质等一些构成要素为基础,并将植物、动物、微生物等作为二次构成要素的系统总体。社会环境是人类社会发展的结果,是人类在利用和改造自然环境、不断提高物质和文化水平过程中创造出的人工环境和在生产、生活过程中形成的人与人之间关系的总体。社会环境主要包括各种人工构筑物和经济、政治、文化等要素。

环境既包括以空气、水、土地、植物、动物等为内容的物质因素,也包括以观念、制度、行为准则等为内容的非物质因素;既包括自然因素,也包括社会因素;既包括非生命体形式,也包括生命体形式。环境是相对于某个主体而言的,主体不同,环境的大小、内容等也就不同。

对于特定的武器装备来说,其寿命期及其活动范围是有限的,这就决定了它不可能涉及每一个环境因素及其与另外因素的综合,显然不必考虑上述每一种环境和所有因素综合的影响。不是每一个环境因素都是无处不在的,即使某一局部地区有的环境因素,其数值或强度往往与其他地区不同,而且在此给定地区某一时间的环境因素与其他时间也是不同的。例如,在阿拉斯加,固体沉降物雪是必须考虑的因素,但这一因素在巴拿马运河是不存在的;同样在户外,降雨是一个重要因素,但在仓库内则不是重要因素。因此,考虑环境对装备影响时,应当仔细、准确、系统地分析装备寿命期内将经历的各种事件、条件及其与环境的关系。

　　对于武器装备而言,所经历的环境,除了以往传统意义上的生产、试验、运输、储存、使用等过程中所遭遇的自然环境外,还会遭遇诱发环境、装备战技指令信息传输网络环境、电磁环境、战场环境等。装备的生产、运输、储存及使用均在一定环境条件下进行,其战技性能、可靠性、安全性等必然受到环境因素的影响。随着装备服役环境的不断扩展,其所涉及的环境的内涵和外延也不断地发展、丰富,即由以往狭义的"小环境"向广义的"大环境"扩展。装备质量建设是一项复杂的系统工程,涉及"人、机、料、法、环、测",这其中的"环"就是环境。

　　随着我国科技水平和实力的提高,军事和经济利益的不断深化,我国装备的服役活动范围已经得到极大扩展,所经受的各种环境也在不断延伸,在空间方面,"嫦娥二号"已经飞到距地 5000 万 km 以外的深空环境;在对地方面,我国的深潜器"蛟龙号"已潜到 7500 余米甚至更深的深海;在海域方面,我国海军正由近海防御向远洋巡航发展;在陆上延伸方面,我国在南极早已建立了常驻科学考察站。可以说,环境呈现出"全领域、全空间、全方位、全特性、全系统"等特点,对于这些环境的总体我们可以统称为"大环境"。

　　研究问题的出发点不同,所考虑的环境因素也就有所不同。从联合作战的角度出发,所考虑的环境因素就不同了,只是从地域的角度讲,还是没有突破自然环境和诱发环境(平台环境)的范围,但从影响装备作战能力和保障能力角度讲,所考虑的环境因素就更加宽泛了,这时应当将环境定义为"各种条件和影响的总和",条件具备了,影响因素考虑了,能力才有可能形成,这些条件和影响,范围就大了,除了传统的自然和诱发环境外,保障环境(条件)、作战条件(环境)、社会和经济条件(环境)等都应当考虑,到底从多大的范围界定大环境,这可以从研究问题的目标和管理体制与机制所能掌控的因素出发加以界定。本书的目标是瞄准装备交付后,能够快速形成作战能力和保障能力,这与作者所研究的装备建设大质量观和装备建设大保障观是相适应的,也可以说都是为了同一个目标。

2.2.2　环境因素分类

　　当前,环境有不同的分类方式,但各种规章、标准、文件等中对环境的主流分类通常分为自然环境和诱发环境,但是英国标准中还包括异常环境。

自然环境是指在自然界中由非人为因素构成的那部分环境,它是由自然力产生的,无论是武器装备处于静止状态还是工作状态,都受到这些环境的影响,是一种与武器装备的存在形式和工作状态无关的环境,是由各种自然环境因素构成的综合环境,包括大气环境、海洋大气环境、海水环境(深海、浅海)、地表环境、洞穴环境、土壤环境、生物环境、太阳辐射、高空环境、空间环境、网络电磁环境等。通俗地说,自然环境是指未经过人的加工改造而天然存在的环境,是客观存在的各种自然因素的总和。

诱发环境是指任何人为活动、平台、其他设备或者设备自身产生的局部环境,包括气载环境、机械环境、能量环境和人为环境等。

环境因素是指组成环境这一综合体的各种独立的、性质不同而又有其自身变化规律的基本组成部分,分为自然环境因素和诱发环境因素,如表2-1所示。

表2-1　主要环境因素及其分类(传统的)

类型	因素类别	因素
自然的	地表	地貌、土壤、水文、植被
	气候	温度、湿度、压力、太阳辐射、降水、固体沉降物、风、盐、臭氧
	生物	生物有机物、微生物有机体
诱发的	气载的	砂尘、盐雾、污染物、臭氧等
	机械的	振动、冲击、跌落、摇摆、静力负荷、加速度
	能量的	声、电磁辐射、核辐射、冲击波、网电
	人为的	包装、装卸、保管、使用、维护等

环境因素是否存在、变化范围和特性,往往作为确定地理区特别是气候区的基本依据。例如,温热地带的特点是有暴雨、空气湿度高、温度不太高、生长着大量的植物,并有大量的微生物和生物,然而不会出现砂、尘、雪等。美国陆军试验操作规程 AR 70 - 38《在极端气候条件下所用装备的研究、发展、试验与鉴定》中根据温度情况,将世界气候区划分为炎热、基本、寒冷和严寒四种类型,提供了装备在工作状态和储存状态时,有关气候区的温度、相对湿度和太阳辐射的极端数据,这些数据可作为设计武器装备时对气候要求的依据。

需要特别强调的是复杂电磁环境,这些环境的一部分效应是由装备自身的结构或者电路等因素产生的电磁信号所诱发的,因此,电磁环境基本上属于机械环境的范畴,但是由于电磁环境有一部分是由太阳辐射造成的,因此存在自然环境因素,而且在许多情况下,是由各种环境综合效应所产生的。

环境可以是外部、内部环境,社会、经济环境,生产、运输、储存环境,现实、虚拟环境等。在分析环境因素时,应当从上述环境因素中剔除不会对装备性能产生影响的,则剩下的就是所称的大环境工程所需要研究的环境。

由于装备终将是在环境中使用的,因此厘清环境的内涵和范畴,进而据此进行进一步研究,弄清这些环境对装备可能产生的影响和效应,同时对各类环境进行分级,再给出装备在各种等级下的适用状态,如装备可接受或正常服役,或装备不可使用或限制使用等,有针对性地去解决可能对装备的不利影响,同时提出应对措施,确保装备在各种复杂、极端环境条件下的战技性能的正常发挥,正是我们研究大环境工程的初衷和目标。

传统意义上的环境随着科技的发展已经得到极大地扩展,按照以往的环境分类得出的环境类型和边界已经变得模糊,各类环境不但有各自独立之处,也有交叉之处。总的来看,以往装备遭遇的狭义的环境概念已经不能适应当前以及未来装备对环境的要求,需要站在更高的高度、更长远的角度来重新定义、梳理,挖掘环境的内涵及其对装备的影响效应,就是所谓的大环境。关于大环境的分类,后面章节有所介绍。

2.2.3 环境效应

GJB 6117 – 2007《装备环境工程术语》中,对环境效应的定义是:"装备在其寿命期的各种单一或综合/组合环境作用下,引起装备的材料、元器件和结构件疲劳、磨损、腐蚀、老化、性能退化或降级,造成装备性能下降乃至功能丧失的现象。"

环境对装备的影响情况判断:

(1)从影响程度和后果进行判断,一是产生暂时影响,二是产生永久性后果;

(2)从影响武器装备功能变化性质进行判断,一是对结构的影响,二是对性能的影响。

装备总是在各种不同的环境中生产、运输、储存和使用,各种环境因素会对其产生长期缓慢作用,必然会发生不同程度的损坏,从而直接或间接地影响战术技术指标和使用保障性能的正常发挥。任何武器装备寿命期内的储存、运输和使用均会受到各种气候、力学和电磁环境的单独和综合的作用。这些环境的各种方式的作用很可能会使武器装备的材料和结构受到腐蚀或破坏,电子器件、部件和装备性能劣化和功能失常,从而影响其作战效能,使军事行动受到较大的影响甚至失败。

武器装备不同于民用产品的最大区别在于产品生产出来以后,不是立即投入使用,通常是进入储存状态,多则数十年,但又要求随时拿出来能够正常使用。而常识告诉我们,产品经常使用不容易坏,长期放置不用坏得更快。这其中最根本的原因就是环境因素对装备或产品的效应。

装备在研制、试验、运输、储存、使用与保障中发生的许多事故和产生的重大质量问题,从本质上讲都可归因于或者可以追溯到所经受的环境效应或者影响。

环境对产品的影响和危害非常惊人,仅腐蚀一项就造成巨大的经济损失。统计表明,腐蚀造成的经济损失,是其他自然灾害(洪水、火灾、飓风、地震)综合损失的6倍。

美国在1975年对腐蚀损失进行了详细的调查,得出环境腐蚀的损失达700亿美元/年,占美国GDP的4.2%。而1995年环境腐蚀的损失达3000亿美元/年。美国国防部在20世纪60年代的专门调查表明,环境造成武器装备的损坏,占整个使用过程中损坏事件的50%以上,超过了作战损坏。

美国总审计局(GAO)2003年呈交美国国会的军事装备腐蚀报告中,报道了环境腐蚀对武器装备的战备性和安全性造成的巨大影响,并且估计造成每年200亿美元的直接损失,是构成武器装备寿命期总费用的最大部分。美国国防部部分装备及设施的腐蚀费用见表2-2。

表2-2　2005—2010年美军部分装备腐蚀费用

年份	统计对象	年度费用/亿美元	占维修费百分比
2005—2006	陆军地面车辆	20	14.8%
	海军舰船	24	19.8%
2006—2007	国防部设备与基础设施	18	15.1%
	陆军航空装备与导弹	16	18.6%
	海军陆战队地面车辆	7	20.8%
2007—2008	海军与海军陆战队航空装备	30	31.5%
	海岸警卫队航空装备与船艇	3	25.5%
2008—2009	空军飞机与导弹	54	32.2%
	陆军地面车辆	24	14.3%
	海军舰船	32	26.3%
	国防部其他装备	51	22.1%
2009—2010	国防部设备与基础设施	19	11.7%
	陆军航空装备与导弹	14	20.5%
	海军陆战队地面车辆	5	18.6%
2010(估计值)	国防部年度腐蚀总费用	229	23.0%

据统计,我国的腐蚀损失为:1995年约1500亿元,1998年约2800亿元。根

据原国家科委组织的全国腐蚀情况调查,我国2000年实际腐蚀损失达5000亿元,约占我国GDP的6%。部署在内陆的飞机,一旦部署到东南沿海,腐蚀问题加剧。苏-27飞机,在东南沿海抗台风能力差,寿命下降比较明显。国产飞机部署到南沙岛礁后,腐蚀严重,影响正常使用,维护保养工作量大。

我国武器装备的环境失效问题也比较严重。例如,我国在1984—1986年期间进行的全军库存武器装备大检查中,失效的库存武器装备比例占17.3%,其中绝大部分是环境失效。

随着高新武器装备的迅速发展,在当前和平时期,武器装备作战损坏的比例大大下降,环境失效的问题更加突出。腐蚀不可避免地产生装备普遍的维护修理问题,这是令各国政府、军方和工业部门倍感头痛的难题。即使对装备老旧零部件进行了维护维修或更换,但随着各种环境因素的再次协同作用,腐蚀问题仍将继续发生和发展,因此环境腐蚀是装备永远的敌人。

在某些情况下,空气能见度、高空紊流等环境因素都可能会影响装备战技性能的发挥,如云雾和阴霾天气可能会对观瞄装备造成不利影响,而高空紊流则可能会造成飞行器的运动轨迹偏差。由此也表明,我们以往对环境的分类分级的范围还考虑不周或不全面。实际上,空气能见度、高空紊流的程度不同则对装备的影响程度也会不同,因此也是可以分级的,而过去我们的环境工程工作中对大气环境的腐蚀性分类分级考虑和研究得较多,而对其他可能影响装备战技性能发挥的环境因素和条件考虑甚少或根本没有考虑。

因此,环境工程以往考虑比较多的是环境因素对装备的损坏程度,而较少考虑环境因素对装备战技性能正常发挥的妨碍程度。详细列举各类环境及各类环境在不同等级下可能对装备的影响及效应,从而促使人们采取相应的对策去缓解或避免那些不利的效应,这实际上是"大环境工程"的研究范畴之一。

2.2.4 环境对装备作战运用的影响

环境对武器装备的影响是多方面的,此处主要介绍环境对作战运用的影响。

1. 地理环境对作战的影响

战争都是在人类赖以生存和发展的地球表面上进行的,人类赖以生存和发展的地球表面即为我们所说的自然地理环境。地理环境是进行战争活动的场所,是进行战争的基本依托,自然地理环境是地理环境内容的一部分。它指的是地理位置的自然性质,特点和状况,具体说,包括地理位置、地形、地貌、岩石、土壤、海洋、河流、气候生物、资源等自然要素。自然地理环境是由各种自然要素构成的综合体。

地貌特征对军事实体(目标)航路(轨迹)的影响,表现在以下几个方面:

（1）空中目标航路上的高度不能超过空中目标在该经纬度处的高度；

（2）水面目标航路上的高度（深度）要大于水面目标的吃水深度；

（3）水下目标航路上的高度（深度）要大于水面目标的吃水深度；

（4）陆地目标航路上的坡度不能超过该目标的允许范围；

（5）陆地目标航路上的路况对目标运动速度产生一定的影响；

（6）地貌环境对探测器屏障效应；

（7）地貌环境在探测器下产生的地貌回波。

2. 大气环境对作战的影响

大气环境对作战的影响表现在以下几个方面：

（1）气流的变化（风）对目标运动的影响。大气形成的气流对目标运动的影响见图2-1。

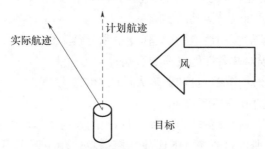

图2-1　气流对目标运动的影响示意图

（2）大气环境对探测器探测性能的影响（能量和分辨率衰减）。雷达是通过发射脉冲波，接收目标反射回波的原理来探测目标的。当反射回波的能量过小时，雷达不能探测到目标，当反射回波大于某一阈值时，雷达可以探测到目标。大气环境中的湿度高低、云雾等对雷达波的能量有衰减作用，见图2-2。

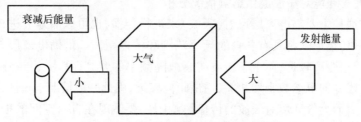

图2-2　大气对探测性能的影响示意图

（3）大气环境对通信性能的影响。大气雷电对通信性能的影响见图2-3。图例表明，雷电的干扰可能造成传输信号的失真、错位、紊乱。

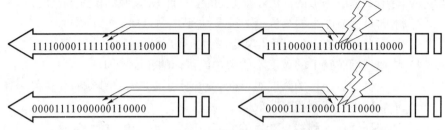

图 2 – 3　大气对通信性能的影响示意图

3. 海洋环境对作战的影响

海洋环境对作战的影响表现在以下几个方面：

（1）水流的变化（海流）对目标运动的影响；

（2）海浪对目标纵横摇动的影响；

（3）海水环境对探测性能的影响（能量和分辨率衰减）；

（4）海洋气候对装备性能发挥的影响；

（5）海洋气候对作战人员和保障人员的影响。

4. 信号传输的战场环境效应

短波通信具有通信设备较为简单、用不大的发射功率可以进行远距离通信、机动性强等优点，所以目前条件下作战指挥信息传输主要采用短波通信的方式来进行。短波信号在传输过程中受到战场环境的影响，其对短波信号传输的影响主要体现在影响信号传输的质量以及通信作用距离上。大气环境作为信号传输的媒介，其对各种电磁信号的吸收、折射和散射将影响通信的作用距离以及信号传输的质量，而在战争时，敌对方将采用各种电子对抗手段来干扰和破坏对方通信。

1）大气环境对短波通信影响情况分析

短波通信主要靠电离层反射（天波）来进行传播，也可以靠地波进行短距离传播，每种传播形式都具有各自的频率范围和传播距离。借助电离层传播的短波通信，传播距离较远；而由于地波的衰减随频率的升高而增大，传播距离与传播路径上媒介的电参数密切相关，通信距离较近，因此一般情况下短波通信采用天波传输。而大气环境对天波的传输影响则主要体现在自由空间的损耗、幅度衰落上。

2）电磁环境对短波通信影响情况分析

电磁环境对短波通信的影响主要体现在敌对双方采用各种电子对抗措施来干扰和破坏对方的通信，电磁环境对通信的影响包括自然干扰和人工干扰。自

38

然干扰主要指太阳的不规则活动,以及一些特殊的天气现象如雷暴、闪电、地磁场变化等引起电离层的不规则扰动,导致通信质量严重下降甚至信号传输的中断,而强雷暴等自然现象可能超出电子设备使用的电磁环境,从而造成通信设备的损坏。人为干扰形式主要有电子战和强电干扰两种。电子战对通信的影响主要有以下几种干扰样式:噪声调频、调幅噪声、移频、伪码等;而强电干扰则是采用强电磁脉冲等手段来破坏或干扰信号的传输,以及用高能微波武器去破坏对方的电子设备。

战场环境对短波信号的影响直接关系到一些武器装备作战效能的发挥。

大气—海洋环境对作战平台和武器装备的影响分析表明,制约海上联合作战的海洋环境因子主要包括气压、温度、密度、湿度、风场、降水、雷暴、云量、雾、辐射以及大气波导等海洋气象要素和海温、盐度、声速、水色、透明度、海发光、潮汐、海流、海浪、海况、海冰等海洋水文要素。但是,对海上联合作战影响较大且随时空变化明显的海洋气象、水文要素主要为风、浪、能见度、雷电、低云量。

5. 环境对人员的影响

说到环境,人们都对所经历的环境深有感触,不过能够完整说清楚所经受的全部环境却是非常困难的。在日常生活中,人的身体能够感受的环境包括风吹日晒等"自然或人造显环境",对周围隐藏的其它"自然或人造隐环境",例如,电磁环境、辐射环境、网络环境等,却感受不到或感觉迟钝,因为这些环境"看不见、摸不着",但"隐环境"同样会对身体造成影响,有的甚至造成严重伤害。

目前人—机—环境系统工程的概念,指出:在人—机—环境系统中,人是系统的主体,是机的操纵者和控制者;环境则是人和机器所处的场所,是人生存和工作的基本条件。因此,在系统中,人体必然受到各种环境因素的影响,同时在完成各种任务过程中,人也必然通过各种方式影响环境。在这种情况下,为了保证人的健康、操作使用安全和提高工作效率,必须对不良的环境采取措施,以保证人体不受恶劣环境因素的伤害。如装甲车辆必须安装空调系统、降噪,单兵装备需要减重,战斗机需要供养、调压系统。

环境因素对人的影响过去我国在环境工程工作中根本没有考虑。而实际上,早在20世纪60年代美国就开始了对此的研究。美军出版的《工程设计手册(环境部分)》中,就环境对人的影响问题进行了系统论述,提出了武器装备研制时应考虑环境对人的影响问题。在手册中写道:"环境除影响器材外,对人也有影响。虽然该手册着重论述环境对器材的影响,然而当人员受到环境因素影响时,通常必然要提出新的或修正的器材要求。就这些要求而论,设计工程师必须是机敏而博学的。"能见度和机动性影响的讨论中指出,"当人需要使用视力才能进行有效操作时,种种环境因素能妨碍人的工作效率,同时也妨碍人操作的器材的工作效率。"参战人员要在一定的环境中操作使用武器装备,也必须要能够适应当时当地的环境。为此,除了提高人的基本素质外,从装备方面也要采取措施:①要求装备工作过程中产生的诱发环境不能超过一定限度;②为操作人员采取环境防护措施;③要操作方便、准确。

大气环境中的低气压、气压波动、氧环境(低氧、高氧)、热环境(高温、低温),力学环境中的超重、失重、冲击、振动,声环境中的噪声、次声、超声,辐射环境中的电离辐射、非电离辐射(光辐射、射频辐射),化学环境中的大气化学环境、水化学环境,航空环境中高空缺氧、低气压、超重,空间环境中的失重、微重力、空间孤独、宇宙辐射、封闭环境,航海环境中的海风、波浪、噪声、舰船振动、电磁场与微波、封闭环境污染,水下环境等都会对人体的健康以及对装备的操作能力产生一定的影响,从而间接影响装备性能的发挥。

美军的麦金利气候实验室,不但进行装备的耐寒冷气候的环境适应性考核,同时也进行人员对严酷严寒环境耐受力的考核训练任务。这是基于部分装备是由人员操作或操控的,如单兵武器、侦察装备即使本身环境适应性很好或很高,但如果人员不能适应或无法操控,也是没有用的,因此大环境工程工作中,应当考虑人—机—环系统工程。

2.3　装备环境工程

GJB 6117 – 2007《装备环境工程术语》对装备环境工程的定义为:将各种科学技术和工程实践用于改善和减缓各种环境对装备(产品)效能影响或提高装备(产品)耐环境能力的一门工程学科,包括环境工程管理、环境分析、环境适应性设计和环境试验与评价等工作内容。

环境适应性是装备在其寿命期预计可能遇到的各种环境的作用下能实现其所有预定功能、性能和(或)不被破坏的能力。

美军标 MIL – STD – 810F/G《环境工程考虑和实验室试验》中的环境工程定义为:将工程实践应用于各种环境对装备效能的影响。可见,该标准已将装备的环境适应性工作当成一项专业工程,被并行整合到装备研制的整个系统工程中,既保持相对独立,又要求与装备研制生产的其它并行工程相互协调。目的是在耐环境设计和试验时既不能过度也不能欠缺,以追求在装备整个寿命期间环境影响得到适当考虑下的最低费效比。这一要求,就是必须周全考虑装备可能遭遇或经历的各类环境,从本质上讲就是大环境工程的雏形。MIL – STD – 810 标准系列每 10 年左右就更新一次,到 2008 年颁布的 MIL – STD – 810G 已经明确分为环境工程工作指南、实验室环境试验方法和全球气候区指南三部分。规定将环境工程工作有机地纳入装备全寿命过程,要求开展环境工程管理、环境分析、环境适应性设计、环境试验与评价。

装备环境工程是以提高武器装备环境适应性为目标,以掌握各种环境的特征和变化规律,分析各种环境对装备的影响、作用机理,评价和提高产品环境适应性为主要任务,掌握武器装备可能遭遇的环境因素,积累产品环境适应性数据,掌握其演变规律,重点开展环境工程管理、环境分析、环境适应性设计和环境试验与评价等工作,建立环境试验与评估技术和方法,为武器装备的论证与设计、研制与生产、试验与验证、使用与维护提供技术支撑,是装备质量工程技术的重要组成部分,与装备可靠性、维修性、安全性等通用质量特性技术工程共同为武器装备发展提供支撑和保障,因其技术性、政策性强,涉及装备论证、承制和部队使用等各单位,需要统一制定颁布相关标准予以规范。

美国、英国和北约都十分重视装备的环境适应性,都制定了相应的标准来规范装备环境工程工作。目前,国外总体上在武器装备研制生产中,不再仅限于按标准试验方法来考核武器装备的环境适应性,而是从环境工程的高度,以工程控制与管理手段对武器装备的整个周期实施环境工程管理,强调以最小资源代价和最佳方法满足武器装备的环境适应性要求。

装备环境工程是我们近十几年来为了学习美军提高装备环境适应性而引进和提出并大力推动的一项系统工程工作,考虑的是如何解决自然的和诱发的环境因素对装备性能的影响。这些工作的推动对提高装备的环境适应性产生了积极的作用。

参 考 文 献

[1] GJB 6117 – 2007,《装备环境工程术语》,总装备部.
[2] QRMS – 65、66,DEF STAN 00 – 35《国防装备环境手册》(第四版,上下册). 总装备部电子信息基础部技术基础局和原总装技术基础管理中心,2010.

第 3 章　装备大环境观工程实现

随着科技水平的飞速发展,传统意义上的环境分类得出的环境类型和边界已经变得模糊,各类环境既各有独立之处,也有交叉之处。总的来看,以往装备使用的狭义环境概念已经不能适应当前及未来装备联合作战对环境的需求,需要站在更高的高度、更长远的角度来重新定义、梳理、挖掘环境的内涵及其对装备的影响效应。为区别传统的装备环境,可以称之为装备大环境。重新定义环境或环境工程,需要对原有概念进行扩展定义,使其包括自然环境、人工环境、作战环境、社会环境、技术环境、经济环境、网络环境等多环境;从环境对装备的影响,扩展到装备对环境的影响,即环境和装备是可以相互作用、相互影响的。环境可以是外部、内部环境,社会、经济环境,销售、经营环境,生产、储存环境,现实、虚拟环境等。

大环境工程的提出,从本质上讲,是对过去环境工程的"再认识和再推进",需要考虑的是在更广域的环境、更集成的装备体系、更复杂的信息化条件下的装备环境适应能力的提高工程。

3.1　树立武器装备大环境观的必要性

3.1.1　武器装备大环境工程是确保国家战略利益的迫切要求

随着我国经济实力的不断增强,在国际上的形象不断改善,国际地位也不断提高,但与此同时中国威胁论也经常被西方国家炒作。国际形势和安全环境发生深刻变化,我国与部分国家的关系也变得更加复杂多变。国家战略利益的日益拓展,特别是我国能源对外依存度、原材料的进口、对外贸易的不断扩大,安全问题的领域和范围也随之不断扩大,所面临的安全风险日益增加。在国际上,中国受到的军事压力并未因经济实力的增强而得到减缓,维护中国国家主权、安全、领土完整的任务还十分艰巨。在这种情况下,军队必须为国家安全提供强有力保障,需要有能与强敌对抗的武器装备。

随着中国经济发展,军队的使命将进一步扩展,对武器装备环境适应性建设提出了新的更高要求,这是未来我国装备发展面临的迫切挑战,要求研制的武器装备能在世界上大部分环境中有效发挥其战术技术性能,具有高的作战效能和作战适用性。

为解决装备的环境适应性问题,装备环境工程如果不从顶层上、总体上、系统上谋划其发展,从体系上进行建设,将会使装备环境适应性的提高滞后于装备研制、定型,进而造成装备环境适应性水平不能满足要求。

因此,必须敢于揭露和正视存在的各方面的问题和现象,深入剖析问题的根源和差距,采取有力的措施,有计划、分阶段地逐步解决和克服,使装备环境工程能力水平不断取得新的、乃至跨越发展。

3.1.2　武器装备大环境工程是保证信息化条件下体系作战能力 快速形成的迫切要求

长期以来,装备环境工程工作关注的都是单个装备或单个型号。而在信息化条件下的联合作战,所涉及的是各种武器系统的体系对抗,是人、机、环境的协同,是大的体系的集成,因此必须考虑大的体系的环境适应性的能力,必须重视对装备系统、体系的环境适应性的研究和考核。

随着科技的发展,高技术装备不断涌现,作战空间越来越大,装备处于各种信息包围中,战场环境变得更加复杂,必须对各种环境具有超强的感知能力,以实现规避威胁、危险,打击敌方目标的目的。环境工程最重要的一环,是以环境影响分析为基础,进行全面系统的分析,包括环境类别、环境因素、影响对象、影响机制、影响后果、减小环境严酷度的技术措施等方面。因此,能否充分地认识环境、利用环境,进而改造环境,使之有利于我方而不利于敌方,是作战取胜的重要条件。

现代战争是陆、海、空、天、电磁五维一体的联合条件下的体系化对抗,因此对装备的环境适应性已从单个的环境适应能力要求向集成的、体系的老化环境适应性转变和发展,单一装备的环境适应性并不能保障体系的环境适应性,必须将单个装备纳入体系进行系统考核。目前我国严峻的国家安全形势要求武器装备必须能够在我国乃至国外复杂严酷的环境中可靠地使用,对我国武器装备环境适应性提出了新要求,即武器装备的高环境适应性对装备环境工程工作提出了新的挑战。

未来的装备将在更全面的条件下服役,包括环境因素更多、空域更广,装备更加集成化(包括综合和联合),环境条件更严酷,协同作用,需要更全面地考虑寿命周期内的环境适应性问题。因此,大环境工程可以说是一种以往环境工程工作的扩展和深化,更多的是一种观念,需要具有更开阔的眼界和思路,站在更高的角度和层次来谋划和实施装备环境工程,以更细致的工作来有效推进新时期、新形势下的装备环境工程。

当前，以信息化为特征的高新技术装备性能越来越先进，新技术含量越来越高，系统越来越复杂。现代新型装备使用环境正从近海向深远海，从地面向高空、邻近空间、太空以及特殊异常环境不断拓展，装备也正面临着各种越来越复杂严酷环境的考验，装备环境适应性的内涵和外延也随着装备的发展不断地丰富和向前发展。然而，在复杂环境条件下，越复杂、越先进的装备系统，越是存在大的风险，如果不能适应复杂、多变的环境，装备就可能在关键时刻"失聪、失明"，导致无法挽回的损失，甚至导致战争失败。

环境工程以往考虑比较多的是环境因素对装备的损坏程度，而较少考虑环境因素对装备战技性能正常发挥的妨碍程度。详细列举各类环境及各类环境在不同等级下可能对装备的影响及效应，这实际上"大环境工程"的研究范畴之一。复杂环境特性直接影响装备系统的作战效能，装备大环境工程是关系到国家重大安全、急需解决的战略性问题。

3.1.3 武器装备大环境工程是加强新时期武器装备质量工作的迫切要求

装备质量光有先进性是远远不够的，真正好的装备应是管用、顶用、好用、耐用的装备。为适应装备质量管理面临的新形势和新挑战，必须瞄准需求，着眼长远，从体制机制、相关制度等方面创新发展，不断加强装备质量管理水平。2010年9月30日，国务院、中央军委联合颁布了《武器装备质量管理条例》，对装备全寿命各阶段质量管理工作提出了新的具体的要求，其中就有对环境适用性方面的要求。

国内外普遍认为，随着高新技术特别是信息技术的广泛应用，武器装备的功能和复杂性空前提高，从而造成在装备体系化中的环境适应性问题更加突出。装备不但要满足过去的物理化环境条件下的适应能力，同时也要满足在虚拟化环境条件下的适应能力，如对抗网络环境下的攻击能力。

随着国家经济实力的增强，国家投入持续增加，新型号研制立项多，同时也面临研制时间紧迫、任务急、难度大的现实压力。在此情况下，研制部门总是要力保战术技术指标的实现，通常情况下，装备的环境适应性问题通常短期内不易暴露，所以必然成为非优先考虑的工作。因此，在环境工程工作中，如果仍然采用传统模式来对待，那必然不可能保证环境适应性能够满足需要。

装备大环境工程，从本质上就是为适应《武器装备质量管理条例》对装备质量管理体制的重大变化，满足武器装备全系统全寿命管理的需要，以服从打赢高技术局部战争的全局为指导,以实现环境影响的战斗力为目的所提出和开展的一系列具有可操作性的复杂系统工程。装备大环境工程是装备质量工程技术的重要组成部分,其最终目标就是与装备可靠性、维修性、安全性等通用质量特性技术工程共同为武器装备发展提供支撑和保障。

3.1.4 武器装备大环境工程是实现武器装备全寿命环境适应性的迫切要求

装备总是在各种不同的环境中生产、运输、储存和使用,各种环境因素会对其产生长期缓慢作用,必然会发生不同程度的损坏,从而直接或间接地影响战术技术指标和性能的正常发挥。

装备研制必须全面考虑环境适应性能力建设问题,否则,新装备的环境适应性不能满足作战要求,从而带来严重隐患,定型时就无法通过验证。装备在立项综合论证和研制总要求论证报告中,对装备环境适应性的指标要求和验证要求较少或基本没有,或有要求但不合理,从而造成装备定型时缺乏依据,造成装备环境适应性的要求没有得到较好的验证。

武器装备大环境工程体系建设应与装备建设新的要求相适应。建设信息化军队、打赢信息化战争关键在于创新。在当前条件下,我国装备环境工程建设在管理、体制、技术、理论等方面的创新能力都有待提高,特别是与发达国家相比还有相当差距,尤其是在关键材料、关键工艺、系统集成等方面差距更大。例如,俄罗斯的航母用钢,其耐环境、抗腐蚀能力特别强,而日军弹药的环境适应性能力非常好,其原因就在于材料及工艺的环境适应性特别好。

武器装备大环境工程就是从全系统、全寿命期角度,统筹谋划和推进装备从立项论证、研制、生产、试验、采购、定型、运输与储存、使用与保障、退役等全寿命各个阶段的工作,综合考虑装备环境工程标准规范、人才队伍建设、型号总师、环境工程信息资源共享等方面的工作,确保装备型号环境适应性工作的效率和效益不断提高,确保装备战斗力的生成。

因此,在今后的环境工程工作中,需要通盘考虑装备在全寿命过程所遇到的全部环境,并对"大环境"作全系统、全特性、全领域、全空间、全方位的深入研究,保证装备充分发挥、保持和恢复装备的作战性能。

3.1.5 武器装备大环境工程是适应作战环境条件不断扩展的迫切要求

武器装备的质量水平最终要体现在战场上,落实到使用效能上。未来战争不会是标准的环境,必须从作战任务需求入手,瞄准复杂干扰和严酷环境,主动实施贴近实战环境试验考核验证。

现代战场空间呈广阔、流动和非线性特征,尤其是战场从陆地、空中向深海和高空扩展,使高技术武器的使用和高技术战争的作战环境保障更加复杂。以海上作战而言,海洋环境,如海流、内波和海水密度会影响潜艇潜伏、航行及舰载武器效能的发挥;战场的水深、海底地形、底质、潮汐、海流和海洋环境噪声会严重干扰布雷封锁、登陆和抗登陆作战;空间环境包括来自宇宙空间的太阳暴、电离层暴、地磁暴往往对某些高技术武器系统造成致命的影响。

据美国报道,"沙漠行动期间40%的武器未击中目标是由空间天气变化所致";战略导弹从发射、飞行再到打击目标横向要跨越几千千米,纵向要两次穿越大气层、高层大气、电离层、外层空间,不可避免地也会遭受高能粒子的轰击、地磁场、太阳射电噪声、高层大气乃至风云变幻的影响,直接影响导弹的打击精度;空间环境对军用通信、预警、导航定位也有不可忽视的影响。气象、水文和空间环境保障越来越成为影响战略决策、战役指挥和作战的关键因素。气象、水文和空间环境"三位一体"的无缝隙保障任务将越来越重,地位和作用将越来越突出。传统的气象保障理论和模式已不能适应作战保障需求,迫切需要加强对新的战场环境保障理论的研究。因此,如何顺应新军事变革,研究发展一种全区域、全天候、全要素的无缝隙环境保障体系,大力提升部队的战斗力,是我们面临的严峻挑战和考验。大气、海洋、空间环境"三位一体"无缝隙环境保障,将对未来信息化条件下的局部战争具有重要影响。

2009年8月,美军训练与条令司令部发布了《2009—2025作战环境》白皮书,详细阐述了美国将来一定时期内可能面临的政治、经济、社会、环境、资源、军事、网络、科技、信息、文化等方面的问题。作战环境包括各种条件、情况、影响部队运用和指挥官决策的各种因素等。作战环境还可能包括在地理上不能划分的区域,如计算机网络空间等。计算机网络攻击已经跨越了国境线,很快就能在任何时间对任何地点实施攻击。

作战环境是一切军事行动的基本条件,特别是自然条件对部队的调动、使用、防护和作战都会产生重要影响。所谓作战环境,是指气象、地形、特殊环境、核化武器、电子战、烟幕和遮蔽以及战场形势造成的紧张压力对军事行动的影响。但在作战行动中,上述因素往往是相互联系并紧密结合在一起来影响部队的战斗行动。

基于军事需求,大环境工程就必须围绕作战的要求对环境进行本质研究,准确、客观地描述和厘清作战环境,挖掘出其对装备的本质影响,从而为有针对性地研究开发出相应的解决措施提供正确的环境边界条件输入,这正是大环境工程研究的主要内容之一。

3.2　树立武器装备大环境观的需求分析

当前,高新工程装备建设对装备环境适应性提出了新的更高要求,主要表现在以下几个方面:

(1) 随着国家安全形势、新时期军队历史使命的转变,装备的服役环境更严酷、地域多样化。进入21世纪,我国周边形势并不太平,美国已决心加强与日本的战略和军事联盟,建立新的日美安保体制,对我国构成严重威胁;在南沙方向,西方大国联合东南亚各国对我海洋主权产生威胁,干扰我们维护主权的正常活动;在西北边疆地区,"藏独"和"疆独"分子分裂祖国之心不死,并且与境外恐怖分子相勾结,严重影响我国安定团结、和平发展的局面;周边一些国家从未停止过军备的扩张,对我国边境也是虎视眈眈。在这种形势下,我们必须加快高新武器装备的研制和生产,提升我军的作战实力,确保部队肩负起保家卫国的历史使命。

我军遂行反恐维稳、应急救援、国际维和、索马里护航等军事任务,以及应对日本、菲律宾、印度等周边国家与我国领土、领海争端的军事需求,决定了武器装备服役环境不仅需要满足当前的要求,还将向深远海、3000m以上高原、极地、太空等领域延伸。

(2) 现有技术和数据资源储备与高新装备的跨越式发展需求不相适应。复杂电磁环境是信息化战争的显著特征,无论是在陆海空天哪个战场,军事行动不论发生在哪里,复杂电磁环境就会相伴到哪里,它直接作用于电子信息装备和武器装备的电子信息系统,进而影响作战体系,最终影响作战效果,甚至可以影响战争的成败。

新一代高新装备向信息化、智能化方向发展,大量光、机、电元器件集成应用,装备结构更加精密、复杂,且面临的未来战场环境更加复杂,针对新材料、新工艺开展的环境适应性数据资源建设、性能演变和规律研究等基础工作虽从未间断,但仍不能支撑装备发展的需求。

(3) 现役装备环境适应性不强的问题仍然比较突出。现役装备在论证时对环境适应性的要求不明确,缺乏量化要求,研制中的试验验证不够充分,多数装备定型时虽完成了较为充分的实验室环境试验,但这些因素是单因素或者几个因素的简单叠加,缺乏对多环境因素、严酷条件贴近实战的考核试验与验证,导致装备服役后仍存在不同程度的环境适应性问题,在恶劣环境下的环境适应性问题尤为突出,影响了部队的战斗力和保障力。

3.3 实现武器装备大环境观的工程途径——武器装备大环境工程

3.3.1 武器装备大环境的定义

大环境工程的提出,从本质上讲,是对过去环境工程的"再认识和再推进行动",需要考虑的是在更广域的环境、更集成的装备体系、更复杂的信息化条件下的装备环境适应能力的提高工程。

美军联合司令部每隔一两年就会发布《联合作战环境》(Joint Operating Environment),其中主要讨论作战条件中的民事环境、军事环境和物理环境等,它们也是作战的主要环境。装备大环境主要讨论影响装备作战的物理环境,还包括一部分军事环境。

从联合作战的角度讲,环境主要包括:使命(使命指令、战区规模等);部队(配置、人力、武器系统、信息系统等);指挥(指挥配置、军事风险);情报(情报机构、可信度、电子战能力等);部署、运动和机动(交通、运输、前送中转等);火力(分散度、隐蔽度、目标范围等);保护(区域安全、陆海空优势等);持续能力(持续设施、供应、商业采购等);威胁(威胁态势、大小规模、威胁部署等);冲突(冲突状态、类型、广度等)。从武器发展的角度,这部分环境主要涉及装备的保障问题,当然保障的范围也非常广泛,除了包括装备保障外,还包括作战保障和后勤保障。本书也主要考虑的是装备保障的一部分,关于装备保障问题,作者于2014年1月出版的《装备大保障观总论》已有详细阐述[1,2]。

对于武器装备而言,所经历的环境,除了传统意义上的试验、运输、储存、使用等过程中所遭遇的自然环境外,还会遭遇装备战技指令信息传输网络环境、电磁环境、人工主动改变的环境(环境武器)等,这些环境也称为诱发环境。此外现代武器装备一般不是单个运用,而是组成体系整体应用,体系中不同装备面临的环境影响不是简单的加减关系,而可能是非线性的和复杂的综合作用。对于这些环境的总体,可以统称为大环境。有时还把大环境中的一些极端情况单独分类为异常环境。

自然环境是指在自然界中由非人为因素构成的那部分环境,通常由各种自然环境因素构成的综合环境,包括气候环境、大气环境、海洋环境、海洋大气环境、海水环境、地面环境、地表环境、地下环境、太阳辐射、生物危害、电离层环境、磁层环境、邻近空间环境、宇宙空间环境等。

诱发环境是指任何人为活动、平台、其它设备或者设备自身产生的以及与自然环境相互作用产生的局部环境(包括主动改变环境),包括平台环境、微气候环境、大气污染环境、核环境、化学环境和生物环境、空间碎片环境、赛博空间环境(含网络环境)、复杂电磁环境、气象与环境武器等。

使用与保障环境也称为装备使用与保障的条件,即保障系统,包括目前国外提出的十二大要素,涉及技术、资源、管理、信息等方面,主要包括:保障规划,人力和人员,供应和供应保障,保障设备,技术文件,计算机资源保障,保障设施,包装、装卸、储存和运输、训练和训练保障、设计接口、保障持续改进、产品保障管理(详见《装备大保障观总论》)。

综上所述,我们认为可以把此处讨论的装备大环境定义为:装备大环境是指各种武器装备及其发挥作用的系统在论证、设计、生产、试验、运输、储存、使用等全寿命期内所考虑和经受的各种客观条件影响的总和。装备大环境可以分为自然环境、诱发环境和使用与保障环境三大类。从装备形成作战能力和保障能力出发,装备所面临的环境还包括军事环境和民事环境。这是在更大范围内研究环境问题,本书不作为重点进行详细阐述。

装备大环境中的"大"不是简单地指环境范围大,而是对环境理念、观念和战略上的改变,是从战略高度重视装备环境问题的一种学术观点和工程实践,可以从以下几个方面来理解:

(1) 全要素环境。环境因素要全,包括全空域、全地域、全频域、全时域的环境。在物理空间上,从地下、大洋深海底部、地表、建筑物,到对流层、邻近空间、电离层直到宇宙空间,还包括网络环境;在地理范围上,从平原、山地、丛林、沙漠、海洋,到极地、高原极寒地区、高密集城区实现全球无缝隙覆盖;在频谱利用上,从超低频一直到光波,除了太赫兹等个别空白区域外,基本利用了所有的电磁频谱,某些频段还被多次重复利用;在时间空间上,从装备论证直至装备部署交付,需要考虑整个装备寿命期中将遇到的所有环境,包括使用、运输、保障、保密、维修等所有使用与保障情况下的环境。

(2) 联合环境。未来作战是基于信息系统的一体化联合作战。因此,发展武器装备时所考虑的环境必须是联合作战环境,需要考虑联合作战环境因素的集成或者叠加影响,这些环境不仅包括自然环境,还包括各种诱发环境,以及一些特殊环境、保障环境。因为仅仅考虑简单的环境,是不能适应联合作战环境的。

(3) 严酷环境。前面已经介绍过,目前不论自然环境还是诱发环境都在不同程度地超过历史极值,因此,未来发展武器装备必须尽可能地适应各种严酷的环境条件,大环境必须考虑严酷环境。

(4) 真实环境。真实环境是相对于模拟环境而言的。过去发展武器装备通常开展一些实验室试验,虽然这些试验是必需的,但是与装备的实际环境差距比较大,这就是为什么有些武器装备虽然通过了环境试验的考核,但在实际作战使用环境中出现了大量故障,这与发展武器装备时所考虑的环境不是真实环境有关。因此,大环境必须考虑真实环境。为加快研制进度,需要实施模拟试验,因此在模拟试验建模过程中,应当加入从真实环境中采集的环境应力。模拟也要从真实的实际的环境出发,以保证试验结果的真实性和有效性。

(5)量化环境。目前在开展装备论证和定型考核时,通常衡量装备环境适应性的参数和指标比较单一。大部分型号只规定温度、湿度、高度等一些环境条件,目前还比较缺乏可度量的装备环境适应性定量要求。装备大环境,必须以量化的参数和指标度量环境影响和环境效应对装备设计、性能和使用的影响,以便将这些参数和指标纳入装备论证、设计、生产、试验鉴定等过程,以提高装备的环境适应性。

大环境还应考虑环境对装备影响的强烈的放大作用。特别是当不同的装备组成体系,环境效应可能会发生非线性的放大效应,类似混沌理论中提出的蝴蝶效应,比如:一只南美洲亚马孙河流域热带雨林中的蝴蝶,偶尔煽动几下翅膀,可能在两周后引起美国得克萨斯的一场龙卷风。

蝴蝶效应指的是在一个动力系统中,初始条件下微小的变化能带动整个系统长期的巨大的连锁反应。蝴蝶效应通常用于天气等在一定时段难以预测的比较复杂的系统中。此效应说明,事物发展的结果对初始条件具有极为敏感的依赖性,初始条件的极小偏差,将会引起结果的极大差异。如果这个差异越来越大,那这个差距就会形成很大的破坏力。

环境效应对作战的影响从宏观的角度看,也可以用蝴蝶效应来形容,而且可以说是非常恰当的,因为当任何一个环境因素考虑不全或不周时,都可能因为连锁和累计作用而产生巨大的不可补救的灾难。这就是说环境对作战的影响具有放大效应的作用。所以,从本质上讲,蝴蝶效应就是巨大的放大效应。环境对装备系统的影响显然就是"蝴蝶效应"活生生的例证。

虽然地球人类已有较长时间没有面临像一战、二战那样大规模的战争,但是冲突仍在继续存在,而且战争的形式也发生了一些改变,比如反恐战、网络战等。另外,军事力量也广泛投入到抗灾救援中,比如地震、洪水等,因此装备面临的环境也发生了很大的改变。在冲突持续存在的年代,装备大环境具有极强的动态性,是永远在不停变化的。因此,大环境的界定必须也要与时俱进,有前瞻性地挖掘和发现一切可能影响装备性能发挥的众多交互的环境因素。

3.3.2 武器装备大环境工程的定义和内涵

随着世界范围的新军事变革和作战模式的变化,为遂行维护主权、国家安全

50

的军事任务,应对未来的威胁,新一代新型装备的行动范围将不仅覆盖本土和周边区域,而且还要向海外延伸,所面临的环境也更加严酷、复杂多样。有些装备服役环境几乎将遍及全球所有典型、极端气候,特别是短时间内装备在不同地域之间的调防、训练,装备必须能承受由环境变化所带来的高盐雾、湿热、气压、温度冲击等复杂多变的环境。这就要求新一代装备必须能够在多地域、全天候的极端环境下使用,必然对我军装备的环境适应性提出更高、更新的要求和挑战。

装备大环境工程就是为实现装备实战环境适应性目标,所开展的论证、设计、研制、生产、试验、验证、使用与维护技术与管理工作。包括掌握各种实战环境的特征和变化规律,分析各种环境对装备的影响、作用机理,评价和提高产品环境适应性为主要任务,开展环境工程管理、环境分析、环境适应性设计和环境试验与评价等工作,积累产品环境适应性数据,掌握其演变规律,研究环境、环境效应及其预计(示)技术,建立环境试验与评估技术和方法,为武器装备发展提供技术支撑。

对装备大环境工程作如下理解:

(1)装备大环境工程就是把满足装备实战环境适应性作为一项系统工程,要求将环境工程工作有机地纳入装备发展全过程,既保持工作相对独立,又要求与装备研制生产的其它并行工程相互协调,协同开展,同步实施。

(2)装备大环境工程是贯彻《武器装备质量管理条例》的需要,是装备质量工程的重要组成部分,所实现的环境适应性是装备质量的重要特性之一。

(3)实施装备大环境工程,就是要从联合作战出发,从全寿命角度,全面考虑装备服役可能遭遇的各种环境,以最佳的管理和技术手段,以最佳的效费比,来实现装备环境适应性能够满足未来军事需求。

(4)装备大环境工程就是要强调环境适应性的早期设计,要求环境试验与考核部门应当在型号研制的早期介入,确保环境适应性要求归入设计,环境条件要考虑实战环境。

(5)实施装备大环境需要从全寿命、全系统角度安排环境适应性试验验证问题,特别是在早期研制过程中,要考虑将来的实战环境,逐步由单环境因素低层次产品,向多环境因素高层次产品的试验验证,确保装备的实战适用性。

为了解决装备实战环境适应性建设存在的问题,必须树立装备大环境工程观,一切从体系建设出发,用大环境工程的新思路、新理念,综合运用系统工程、项目管理、型号环境工程总师等手段,创新推进环境工程各项工作的有序、有效开展。

因此,大环境工程需要通盘考虑装备在全寿命过程所遇到的全部环境,从全系统、全特性、全领域、全空间、全方位角度的深入研究各种环境,以确保装备充分发挥、保持和恢复作战性能。

3.3.3 武器装备大环境工程的理论基础

装备大环境是客观存在的,主要是能不能认识到它的存在。装备发生故障或者性能退化是由于多因素共同交互作用的结果,我们过去虽然开展了大量环境试验,但大都是序贯性质的,环境因素比较单一,有些多环境因素试验最多也只是三综合,顶多四综合,而且考核的环境因素也不全,与实战环境差距比较大。因此,必须从实战环境出发,研究装备面临的大环境。

根据《辞海》的解释,"能力"是指"能胜任某项任务的主观条件",这是一个人类活动的广泛概念。其中的主观是说明能力必须有主体,即主体的能力。所以能力应该包括三个方面,即主体(谁的能力)、任务(目的是什么)和条件(主体完成任务需要的条件)。性能通常是指装备的质量要求。对于武器装备这种特殊的复杂的产品,它的功能性能比较复杂,实际上装备越复杂,其功能性能就越复杂,包括作战性能和保障性能,作战性能包括装备的火力、机动、防护及核生化、信息等性能。保障性能包括装备使用与维护应具有的性能,如快速出动、连续运行、故障状态及时修复,以及保障资源的适用等方面的性能。这些性能都是通过设计与保障规划赋予装备系统的。

从装备任务能力来说,装备的性能应属于该项能力的主观条件。装备具备了所需的诸多性能,这项装备才算具有能胜任任务的能力。在实际研发装备时,需要将这些性能量化才便于设计、规划和评价。性能量化就称为特性。如战术技术性能中用火炮口径、射程、精度和弹种来度量装备的火力强度。又如装备保障性能中的快速出动性能可以用可用度来度量,装备的持续执行任务的性能用任务可靠性来度量,等等。

装备任务能力以其性能为条件,性能以其特性为度量,这就是三者的关系。因此也可以说特性是任务能力的度量,如图 3 - 1 所示。

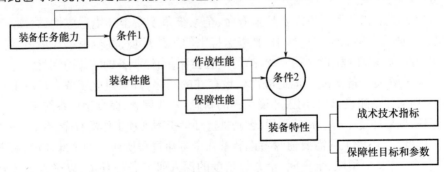

图 3 - 1 能力、性能、特性之间的关系

在研究装备的任务能力时,要用作战性能表述装备的作战能力,以保障性能表述装备的保障能力。以这样的方式作为研究装备任务能力的一种方法我们认为是可行的,而且也便于部队和研制部门使用。当然能力以性能表述,性能以特性来度量,必须与任务实际的需求相联系,并通过详细的说明和分析才能确定。例如,能力要求坦克能够持续行驶 800km 就可完成作战任务,而这个数值不是可靠性指标。如果换一种表述方式,要求坦克持续行驶 800km 不发生故障的概率为 0.9,就是对可靠性的指标要求,如果知道了该产品的故障分布,就可计算出平均故障间隔时间指标。

问题的关键是所考虑的实际工作条件,任务能力的工作条件应该是部署该装备的实际使用条件,而性能所考虑的条件有时是典型用户,例如定型时的试验基地、试验部队和试用部队,这些试验单位的工作条件是一种特殊的工作条件,通常情况下它们的设施条件比较完善、人员能力素质比较强,在这种工作条件下考核出来的性能指标,与未来实际使用装备的部队有较大差别,因而造成装备到部队后,其作战能力和保障能力远远达不到规定的水平,甚至出现无法使用和保障的情况,这实际上是没有深入研究实际的装备任务能力并同步规划处理这些问题的结果。

能力的主体是部队,能力是指部队的能力或者保障部队的能力。而性能的主体发生了一些变化,性能是指装备系统的性能,即由部队转化为装备系统。装备系统不仅含有主战装备,还包括使用装备的人员及保障资源(含有保障基础设施),也可以称为主任务加上保障系统,这时的装备系统是一种能够执行任务的系统。装备的性能通过使用过程予以发挥,这涉及人员配备与训练问题,以及使用与保障资源、设施条件等。性能发挥必须有实体或者物质因素,包括装备本身、人员及保障资源及其管理,性能的大小主要取决于实体的特性,且受使用与保障条件的约束。这个过程实际上是从能力到性能再到特性的转换。表 3-1 给出了能力、性能和特性的主体、任务、条件和目标等因素的变化。

表 3-1　能力、性能和特性的影响因素及相互关系

对比实体	能　　力	性　　能	特　　性
主　　体	体系或者系统	系统	实体(产品)
任　　务	实际作战、训练任务	典型任务	典型任务、严酷任务
研究对象	部队、装备系统	装备系统(含配试装备)	装备、人、保障资源
环境条件	实际作战、训练条件	典型环境条件(贴近实战)	典型环境条件(定型)
验证条件	部队作战、训练条件	典型用户(试验基地、试验部队)	合同约定条件(定型)

对比实体	能　力	性　能	特　性
责任主体	使用部队	试验部门（定型机构）、研制部门（承制单位参与）	研制部门、承制单位
目　标	能执行任务能力	功能性能、保障性能	保障特性（设计特性、资源特性）
对应试验类型	部队在役性考核	作战试验鉴定	装备性能试验（含研制性质的试验）

3.4　武器装备大环境工程的主要内容

装备建设大环境工程主要包括以下几个方面的内容：装备建设大环境工程的宏观谋划、型号环境工程工作和环境基础性工作。

3.4.1　武器装备大环境工程的宏观谋划

3.4.1.1　顶层规划设计

随着装备复杂程度的不断提高，以及装备服役广度和深度的不断延伸，装备可能遭遇的环境更加复杂和不可预测，从而造成环境适应性保障任务更加艰巨和复杂。特别是在外层空间，一旦装备遭遇环境影响而失效，就会面临不可维修而导致报废的危险境地，由此造成军事和经济两方面的灾难性损失。

我国制定了环境工程的顶层标准 GJB 4239《装备环境工程通用要求》，将装备全寿命期的环境工程工作分为环境工程管理、环境分析、环境适应性设计和环境试验与评价四大部分，共 20 个工作项目，在这 20 个工作项目中有 4 个是环境工程管理项目。环境工程管理排于第一位，强调了其在整个环境工程工作中的重要性，其目的就是要以最高的效费比保证这些环境工程工作项目纳入装备寿命周期各个阶段有序并高质量地完成。[3]

通过对我国环境工程管理情况的调查发现，多数单位在研制阶段开展环境工程工作。在各单位对在装备寿命期的哪个阶段开始环境工程工作的回答中，30%的单位表示是在方案和论证阶段；65%的单位是在研制阶段；20%的单位是在生产阶段；25%的单位是在使用阶段。各单位都没有从装备全寿命期的高度考虑环境工程管理工作。由此可见，环境工程管理需加强。

武器装备大环境工程从本质上讲是一项战略性工程，是预期性的、前瞻性工作，需要站在更高的角度、更全面的视野，来考虑环境对装备的整体性影响，及其对装备造成的损失,要从各个基础层面进行总体设计、规划,才能确保在最后的具体执行过程中能够有的放矢,以实现定型装备受环境而引起的功能性能损失最小化。

装备环境工程涉及型号全寿命周期各阶段,因此环境适应性管理需要从系统工程的观点出发,对装备研制、生产、使用各个阶段的各项环境工程活动进行规划、组织、协调与监督,以最经济的资源实现产品的环境工程要求。应当明确,装备环境工程系统管理是装备研制及使用等管理工作的有机组成部分,它的基本职能就是对型号的环境工程活动进行计划、组织、监督和控制。

要做好顶层规划,军方、各军兵种、国防科工局、各集团公司等各个层面都要相应做好型号论证、研制中环境适应性要求方面的战略、规划、计划、法律法规制定,做好系统协调。

做好专业发展战略及规划研究工作,充分利用已经积累的型号环境工程工作经验,从系统工程的角度,从武器装备研制的源头抓起,在论证阶段制定环境工程工作详细计划,落实到装备研制总计划当中去;对装备未来可能经受的实战环境进行分析,提出科学合理的环境适应性要求;针对环境适应性要求,开展环境适应性设计;在研制阶段尽早开展环境适应性研制试验,严格实施环境鉴定试验等,建立装备论证部门、装备研制部门和技术基础专业研究机构紧密协作的长效机制,促进专业与武器型号研制的紧密结合,提高武器装备的环境适应性。

为了适应未来装备在联合作战环境条件下的高要求,应当加快和加强环境及环境工程的管理、科研和咨询服务机构的建设。如成立专门的环境专业,提升环境专业的管理层级,为进一步推动大环境工程做顶层的管理准备;加大相关环境工程依托单位的科研和咨询服务能力建设。要求依托单位加强开展环境工程相关技术政策研究与咨询,依托相关单位的技术优势,开展环境试验与评价技术方法研究,并通过国内外学术交流和培训,以及技术成果和信息资料的共享,更好地推动大环境工程在装备全寿命期的开展。

装备大环境工程管理能否实现,很大程度上取决于军方装备采办部门对装备环境适应性的认识。GJB 4239《装备环境工程通用要求》,对装备研制生产过程中开展的有关环境适应性工作进行了描述和原则规定,提出了环境工程管理要求,是装备环境工程管理的顶层标准。

针对装备环境工程管理中存在的问题,应根据国情发挥军方在装备采办中的主导作用,建立由装备采办管理层、环境工程专家组、装备研制生产单位、军代表监控体系、第三方环境试验专业实验室等组成的完善的管理组织机构,明确其职责分工,采取合同制管理办法,进行装备环境工程管理的统一指挥、控制与协调,制定和落实工程化管理的各项法规措施,促进研制单位能够根据用户的要求在型号研制工作中,有计划、有步骤地开展环境工程管理工作,保证装备环境适应性提高。

3.4.1.2 制定武器装备大环境工程体系发展路线图

2012年,中央军委发布了《武器装备质量管理条例》,这是我国装备质量管理里程碑式的大事件,是环境工程工作开展的顶层法规。

环境工程是一种外控和内控相结合的确保装备环境适应性的系统工程工作,贯彻的是"预防为主"和"小概率极值环境"原理。大环境工程就是要按照或根据国家的军事战略,不断根据军事战略的需要进行服役环境条件的重新梳理和定位,摸清未来装备服役条件的变化状况,及时提出相应的作战环境条件和要求,尽早开展相应的环境适应性研究,提出相应的环境需要指标,为新型号的研制和老装备的改造提升方面提供环境条件基础数据及技术支撑和验收技术指标、方法。

根据我国武器装备环境工程的实际需求、未来发展及存在的问题,结合《武器装备质量管理条例》和 GJB 4239《装备环境工程通用要求》,从管理和技术两方面着手,提出我国大环境工程管理模式与方法,从而为大环境工程的深入推进提供支撑。

装备大环境工程体系建设,是一项庞大而复杂的系统工程,需要厘清环境与环境工程各方面的层次关系(图3-2),依靠军方、国防科工局、各军工集团、科研院所等各个部门和单位的有效协作,持续推进,才能有显著成效。需要科学构建全方位、全寿命、全系统的环境工程体系,健全军方、承研承制单位、环境试验研究机构以及环境适应性认证机构等责权明晰、系统完整的环境适应性质量责任体系。

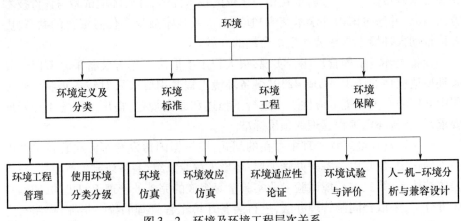

图3-2 环境及环境工程层次关系

环境工程工作需要不断进化、不断创新、不断巩固、提高执行力。为此，必须从全局出发，制定体系建设的路线图，并按照路线图的节点要求，有计划、按步骤地逐步实施，最终实现装备环境适应性的大幅提高，确保军事行动的成功。

制定大环境工程体系建设路线图，应当对环境工程所包含的技术和管理活动包括直接或间接影响到装备的活动进行调查，摸清环境工程所涉及的各个相关环节的软、硬件条件能力，对各部门的需求进行综合分析研究，识别规划目标、发展指标和方案实施可能对装备产生的效果，以及比较切实可行的时间节点。

路线图应由装备研制部门、环境工程专家组、装备研制生产单位、军代表监控体系、第三方环境专业实验室等组成的专门小组负责制定，军方起主导作用，按照"需求牵引、长期规划、优化体系、跨越发展"的要求，重点突破严重制约装备环境适应性提高的关键技术。

因此，有必要从大环境工程的角度，顺应时代发展和国家战略新要求，对以往所开展的环境工程工作，包括管理和技术进行重新全面系统梳理、统筹、规划，为未来我军能够走向全球作战做好基础保障。

大环境工程体系建设需要制定《武器装备环境工程管理办法》，将环境工程纳入装备建设全过程，将环境适应性纳入型号设计、验收、定型的指标体系中，明确环境适应性指标不合格的型号不准定型；建成试验手段先进、运行平台可靠、模型数据齐备、试验设计合理、评定方法科学、分析结果可靠的综合、完备的科研试验条件；形成覆盖装备全寿命期的装备论证、设计、研制、生产、验收、运输、储存、使用和维修保障以及环境适应性评估模型、环境适应性鉴定试验标准体系等一体化集成信息资源库；建立一支高素质的装备环境适应性研究专业人才队伍。

3.4.2　武器装备型号大环境工程工作

3.4.2.1　武器装备环境适应性指标论证

从国外环境工程或环境试验的经验和实践来看，实施大环境工程：一是要进一步强化各相关单位和部门参与的可操作性，提高环境工程技术指标在型号定型验收中的法律地位，为装备论证时环境适应性指标输入提供法律法规方面的硬性规定和外部压力；二是要做好环境基础数据的长期积累；三是要做好环境适应性指标的量化研究，为定型验收提供相应的可考核指标；四是应当适度、逐次扩展我国大环境工程工作的范围。

从顶层要求和加强环境适应性指标论证，将其作为定型的强制指标，其论证程序应与我国装备研制程序和研制报批程序规定的阶段相适应，在立项论证阶段和方案阶段完成,论证得到的环境适应性要求结果分别纳入《研制立项综合论证报告》和《研制总要求综合论证报告》,并写入《研制合同》。

在环境适应性指标论证中,强化军方的主导地位和管理优势,发挥环境试验专业机构的技术优势,同时要求承制方协同配合。为了确保装备环境适应性指标科学、可行、可信、可操作,应当建立环境适应性论证决策支持系统。以往长期以来,我国装备环境适应性论证与评价主要采用经验型或传统型方式,缺乏科学有效的手段,且不规范,致使环境适应性论证在低水平上徘徊循环,成为武器装备研制中一个十分薄弱的环节,从而严重地影响了装备环境适应性论证水平的提高和装备质量的提高。因此,采用先进的决策支持系统进行装备环境适应性论证与评价是一项具有创新意义的工作,将会提高工作效率和质量。

3.4.2.2 武器装备环境适应性表征

当前,装备环境适应性推进缓慢的最大瓶颈是缺乏详细的可操作、可考核的量化的环境适应性指标。因此,必须下大力气、组织精干力量进行攻关。

对环境条件进行分类有利于分析和掌握影响装备环境适应性的环境因素的类别和机理,而对环境条件的分级则可以明确环境对装备的影响程度和大小。对环境条件进行适当的表征,即研究表征和测量技术。特别是对在原来的自然环境因素、人工模拟环境因素以外的不曾考虑过的非定量环境因素用可测量或计算的参数进行定量表征技术研究。环境条件的表征,有利于确定环境的类型和进行科学的分级。

环境工程是一项涉及多方面的系统工程,对装备环境适应性的提高是极其重要的手段,虽然已经推行十余年,但效果不佳,其最重要的原因在于到目前为止,仍然没有实现对环境适应性进行定量表征,从而在装备的环境适应性论证中无法给出定量的可验证、验收的指标,装备验证部门也就没有具体指标的约束和要求,进而导致环境适应性指标或装备环境工程在型号系统中没有相应的总师系统来进行统一考虑和实现可量化的环境适应性设计。因此,在大环境工程工作中,应当将环境适应性定量表征作为最重要的关键技术,优先考虑组织相关专家开展技术攻关,争取能够在短期内实现突破,否则,以后的大环境工程推行的效果和力度仍然不会有太大的改观,也不利于最终实现对装备环境适应性的有效提高。

以战斗力为标准,在极限环境条件下,进一步加大环境适应能力等质量特性指标考核验证力度,充分暴露存在的问题,为生产定型和批量列装奠定基础。

过去,我们的环境工程工作,局限于单个装备的环境适应能力的建设和保证。未来战争,装备的联合使用都是体系化的,单个装备的环境适应能力未必能够满足体系对单个装备的质量要求。因此,需要按照体系的思维和系统工程的一般方法,去考核验证装备体系有关的质量问题。单个装备环境适应能力的提高必须满足装备整个体系对战斗力的要求,要满足体系对抗时对体系中各单个装备的环境适应性要求的装备,特别是解决由于单个装备密集安装时的电磁环境干扰的影响正日益严重的问题,才能称得上是合格的装备,才能实现"能打仗、打胜仗"的使命要求。

目前我国正在研制与发展高新武器,它对服役性能的要求是"攻防兼备,多地域(不同环境)作战,全天候使用",同时也要求有更长的使用寿命,从而对装备的环境适应性提出了更高要求,因此加强装备环境试验机构软、硬件能力建设,才能跟上并支撑高新武器装备环境试验和研究的迫切需求。

3.4.2.3　武器装备环境适应性设计

环境适应性设计包括三部分:制定环境适应性设计准则、实施环境适应性设计和环境适应性预计。

1. 制定环境适应性设计准则

第一种设计准则:满足产品特定平台环境要求。

按照这一设计准则,一旦产品在平台上的主要诱发环境(包括环境类型和量值)确定之后,便将其作为环境条件纳入合同的环境要求条款之中,以作为产品研制中确定环境适应性设计和各种环境试验要求的依据,同时也是判断产品设计定型和批生产验收中环境适应性和符合的依据。

第二种设计准则:"极限"原则,不是基于平台环境,而是基于最大设计和制造技术能力。

这一准则是针对产品在未来可能安装的平台上可能遇到的主要自然环境、诱发环境类型,应用当前的最新材料、工艺、设计水平和制造技术能力,将产品的环境适应性能力提高到目前可能达到的最高水平,也就是按照达到最大环境适应性能力的原则设计产品。

这种思想正在美国以波音公司为首的民用工业界大力推行。通过这种设计思想获得的产品,由于其环境适应性很高,因此,可以在相对较长的一段时间内作为一种货架产品,为各种平台所选用,不必每研究或者改进一个新的平台就必须同步研制或者改进其使用的相应产品。这种做法的好处是节省经费,提高装备或者平台的更新换代速度,这对于提高商业竞争力也有很大好处。

2. 选用环境适应性设计技术

在开展装备设计选用环境适应性设计技术时,主要考虑如下因素:

（1）成熟的环境适应性设计技术；

（2）适应的设计余量（耐环境应力余量）；

（3）防止瞬态过应力作用的措施；

（4）选用耐环境能力强的零部件、元器件和材料；

（5）采用改善环境或减缓环境影响的措施，如冷却措施、减振措施；

（6）采取环境防护措施，如使用保护涂（镀）层，进行密封设计等。

3. 环境适应性预计

目的：预计装备（产品）的环境适应性，并对提出的设计方案或已研制出的装备（产品）的环境适应性设计能否满足规定的环境适应性要求做出评价。

预计时应当利用产品所有的材料、元器件、零部件的有关环境适应性数据、环境影响（故障）机理和有关预计手册进行，应充分考虑装备（产品）的每一种工作模式以及平台、装备（产品）自身工作特性和相邻装备（产品）工作情况，确定产品所处的最恶劣环境（环境类型及量值）。

3.4.2.4　开展武器装备环境试验

环境试验是人们进行科学研究和产品研制、生产及评价时应用广泛的一种试验。环境试验区别于其他试验的根本之处在于对试验的环境条件有特定的要求，其目的是获取特定环境条件下产品的材料、结构、功能、性能的变化，产品对其经受环境应力的物理响应特性和耐环境能力极限方面的信息，以便为进行各种决策或采取适当措施提供依据。

环境试验可分为三大类，主要包括自然环境试验、实验室环境试验和使用环境试验。

3.4.3　武器装备大环境工程基础性工作

3.4.3.1　武器装备环境工程数据资源及共享系统建设

多年来，各试验研究机构开展的装备环境试验数据和研究成果，都是国家的宝贵财富。但这些数据和成果中尚有很大部分没有得到充分的应用，没有对装备环境适应能力的改进和提高起到应有的作用。因此，建立装备环境信息交流平台，整合利用国家各类环境监检测数据，使各试验研究机构的装备环境试验数据和研究成果实现共享，将极大地节约投资，使装备环境工作更加科学化、数据化，不断提升我国装备环境适应性水平。

环境观测数据、环境适应性数据是武器装备环境分析、设计选材和环境防护的重要依据，必须完善服务于武器装备环境分析和设计、试验与评价、腐蚀防护的数据资源平台，为武器装备研制生产提供数据支撑；建立和完善武器装备设计选材的军工材料与构件环境适应性数据资源共享机制、服役环境影响分析的环境因素数据管理系统,夯实数据资源基础,将有力推动环境试验数据采集、试验技术、数据资源管理和应用技术的快速提高。

实施装备大环境工程必须加强装备环境工程标准化建设,加强装备环境工程基础数据库建设,加强装备环境工程标准宣贯实施等。环境试验基础数据资源建设与应用技术研究领域,完善信息共享、信息安全性的管理,实现信息共享平台的高效运行,满足武器装备研制生产对基础信息资源的共享应用需求。针对积累的专业基础数据资源和科技情报,系统规划设计共享应用平台,定期、定向发布更新信息资源。建立环境数据管理和应用机制,确保从不同渠道获取的环境数据资源能够充分共享,在现有电波观测预报"三网合一"的基础上,实现自然环境信息的观测预报,最终实现"四网合一"的总目标。

建立和推进军工材料环境适应性认证机构和制度,强化及规范材料和工艺的试验、验证和鉴定。规定所有的材料和工艺都必须有耐环境腐蚀数据,并且只有通过充分试验和验证的材料和工艺,才能进入数据库以推广和应用。实现从源头确保装备环境适应性处于高的水平和起点。在优化资源配置的同时,实现强化有效利用相关资源的目的。

数十年来,我国环境试验研究积累了大量的数据和技术资料,但大都分散保存在各行业、各单位和个人手中,尚未建立起全国性或行业性的材料环境数据库和专家咨询系统,从而造成许多宝贵的数据得不到充分的应用和整理,以至存在着失落的危险。

随着我国新型装备对环境适应性要求越来越高,为此需要进一步加强环境试验方法、标准、规律、设备的研究,就必须充分利用过去的技术积累,因此建立能够共享的材料环境数据库和专家咨询系统成为当前一项刻不容缓的任务。环境工程数据资源共享系统的建设,将为我国型号研制设计、生产、维护、使用和改进提供灵活方便的数据检索,同时在可靠的数据库基础上进行专家咨询,将对装备服役寿命预测提供科学的数据基础。

定期设定一定的热点主题,组织召开多部门、多层次的装备环境工程学术交流会议,为环境工程的相关部门和人员提供交流和学习最新信息的平台,及时将工业部门、科研院所、军方等部门的技术和管理人员所掌握的技术和管理信息、研究成果进行交流,让有关研制、设计、采购、生产、质量控制、采办、管理决策等各个环节的技术和管理人员提供最新理论、标准规范、试验技术、监检测技术、成果应用等信息服务,为上级主管部门提供环境工程专业发展决策的信息支撑,建立装备环境工程信息交流共享平台。

3.4.3.2 武器装备大环境保障体系建设

全球环境变化不但对人类生存状况产生巨大影响,同时不可避免地会对老的装备和新研制的装备的服役状态产生影响。因此,需要加强对全球环境变化的影响研究。

专业环境试验研究机构由于自身条件的原因,无论是监检测点位的布局、投资强度、技术手段、人员数量还是技术水平,与国家气象部门和环境保护部门相比,差距都是极其巨大的。为此,在重视典型自然环境试验站点环境条件监检测数据长期积累的同时,应当责成环境试验机构广泛收集国家气象部门和环保部门所积累的海量数据,并进行相应的分析研究,充分利用国家环境数据资源,补充环境试验机构的不足,这样才能利用国家大环境数据(包括国际环境交换数据)来支撑大环境工程工作的开展。

目前,我国在装备环境工程工作中所利用的环境因素的监检测主要依托的是自然环境试验机构自身所建立的监检测所获得的数据,在时间跨度、地域覆盖面、数据量、监检测能力、人员配备、技术手段、分析能力等方面,都远远不能满足大环境工程工作的需要。因此,有必要加强环境数据获取、分析和应用能力建设。可以责成环境试验科研机构,在加强自身环境因素监检测的能力建设的同时,积极利用气象部门、环保部门所获取的更大范围的海量数据,以此补充以往环境工程工作中对环境因素不足,同时加强环境数据的应用研究,为装备环境适应性指标的论证、环境适应能力的提高提供数据支撑。气象部门在环境数据的处理和天气预测预报方面具有十分强大的能力,其所收集和采集的数据是海量的,时间跨度可以长达几十、上百年,地域至少达国家的各个县级区域,乃至部分乡镇区域都有观测台站点,而我国不包括台、港、澳地区以外的大陆地区,就有2853 个县级行政区,因此专业环境试验机构所观测的区域与气象部门和环保部门的环境监检测区域的覆盖面是不可同日而语的。如果不能充分利用这些国家及各级部门投资巨大所获取的数据,其浪费是惊人的。因此,有必要充分利用气象、环保部门的技术和人员优势,通过专业环境试验机构与其的合作研究,来扩展环境数据获取、分析和应用能力。

在《国家重点基础研究发展计划和重大科学研究计划—2015 年度项目申报指南》中,就专设有"全球变化研究方向",包括两个子方向:

1. 极端气候变化特征、机制、趋势及适应研究

研究干湿过渡带极端气候和气候变化过程和特征,评估局地陆气相互作用对干湿状况的贡献,揭示干湿过渡带气候变化驱动机制,预估未来气候演变趋势及其影响;研究过去极端气候事件变化过程、区域差异及其形成机制,评估极端气候事件对农业发展和人类社会的影响,探讨人类适应气候变化的阈值与模式。

2. 海洋环境变化对全球变化影响研究

研究海洋环境与全球增暖相互作用过程和机理,预估未来海洋环境变化;揭

示海平面上升、风暴潮、海冰等变化特征和机理,研究海洋酸化对海洋生物变化的影响以及城镇化对沿海生态系统变化和人类社会的影响。

环境工程不但需要弄清环境及环境严酷度,同时也应研究如何减缓和降低环境严酷度的方法和措施,从而减轻环境对装备的影响。这也是大环境工程应当开展的一项新的工作内容。例如除湿、掩蔽、清洗等都是有效的减轻环境影响的手段。美军该项工作的样品试验,并没有按照标准的户外暴露试验方法进行,而是因陋就简地在世界各地的军事基地、舰船、飞机的各种不同的条件下、离地不同的高度、不同的放置方式进行的。

随着科技日新月异的发展,不但人类面临越来越复杂的生存环境,而且现代新型武器装备使用环境正从近海向深远海,从地面向高空、邻近空间、太空以及特殊异常环境不断拓展,武器装备也正面临着过去人们未曾认识到的各种严酷环境的考验,例如,太空环境、宇航环境、电磁环境、深海环境、极端气候、特殊异常环境等,装备环境适应性的内涵和外延也随着装备的发展不断地丰富和向前发展。如何认识这些环境,并采取适当的措施保护装备免受或者减轻环境对其产生的不利影响,是当前装备建设中所面临的一项重大课题。

在现代信息化战场中,电磁波已经成为信息获取的重要媒介和最佳载体,电子信息技术已成为武器装备的支柱:电子信息技术含量在飞机中已达50%;在舰船中达25%~30%;在火炮和坦克中达30%;在空间武器中甚至高达65%~70%。

联合作战、体系对抗、精确打击所依赖的信息获取、传递、控制、干扰等,绝大部分要通过电磁波这个媒介完成。作战行动对电磁活动的依赖性越强,制电磁权的较量便越激烈,电磁活动空间在战场构成中的地位也越突出。电磁对抗作为信息化作战的标志性行动,从根本上决定着战场主动权的得失。因此,电磁环境日趋成为世界各国军事研究的主战场。

我军复杂电磁环境建设工作自2006年启动以来,取得了一系列重大成就,2010年陆军部队首个复杂电磁环境应用系统在试点单位,即北京军区朱日和合同战术训练基地建成,并全面形成组训和保障能力,这标志着我陆军复杂电磁环境下训练取得了突破性进展,将对我军军事训练产生巨大推动作用。在复杂电磁环境建设过程中,并未对复杂电磁环境下装备适应性试验问题进行专门研究。当前,复杂电磁环境下装备(尤其是通用电子装备)适应性试验问题已经引起了各方的广泛关注。2010年,复杂电磁环境下通用电子装备适应性试验工作正式启动,并已完成多型电子装备的试验任务,定量评估了被试装备在复杂电磁环境下的作战能力。因而,要进一步加强装备复杂电磁环境适应性试验工作,开展试验与评估关键技术研究,构建试验标准体系,在贴近实战的复杂电磁环境下考核装备作战适应能力和作战效能,进而缩短装备试验进度、提高装备作战效能、提升部队体系作战能力。

复杂电磁环境是信息化战争的显著特征,无论是在陆海空天哪个战场,军事行动不论发生在哪里,复杂电磁环境就会相伴到哪里,它直接作用于电子信息装备和武器装备的电子信息系统,进而影响作战体系,最终影响作战效果,甚至可以影响战争的成败。主动适应它就是主动适应未来战场,积极应对它就是积极寻求信息化条件下作战的制胜之策。仗在复杂电磁环境下打,士兵就要在复杂电磁环境下练。加强复杂电磁环境建设和试验训练,是实现建设信息化军队、打赢信息化战争目标的客观要求,是推进机械化条件下军事训练向信息化条件下军事训练转变的一个重要切入点和重要抓手,是提高部队信息化条件下作战能力的重要举措。

要实现和提高武器装备和军事行动在真实环境下的战斗力,就要实施对环境、武器装备、作战方案等进行全方位模拟,就要充分开发利用国防环境资源。国防环境资源,就是利用各种环境保障途径所获取的环境数据,并建立的各类数据库(图3-3)。环境保障数据库是进行环境仿真试验的基础数据。

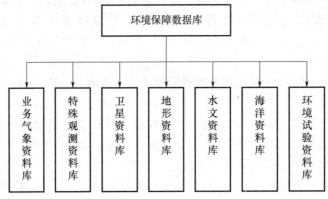

图3-3 环境保障数据库

3.4.3.3 武器装备大环境工程技术研究

装备环境失效快速评价技术、装备环境失效案例分析及解决措施、装备寿命预测预报技术、装备延寿技术、装备腐蚀控制技术是当前军方及国防工业部门最迫切希望了解的,同时也是当今环境工程研究最热门的话题。这样的信息对于切实减少装备由于环境腐蚀所造成的损失、有效提高装备的战技性能都有着非常重要的应用价值。在实际工作也最需要这样的技术来为型号服务。

针对武器装备面临的热环境、机械环境,以及热噪声、热振动等复合环境,开展虚拟试验系统装配技术研究,建立虚拟试验平台;研究虚拟控制器建模技术及虚拟试验实施技术,对比分析虚拟试验与实物试验结果,编制虚拟试验指南。

由于模拟仿真技术具有不受实际环境影响、成本低、耗时短、适用范围广等特点,应当重视和鼓励具有广泛应用前景的环境模拟仿真技术的研发,以便将来广泛应用于装备的研制过程中,使其成为不同研制阶段中评价装备环境适应性、预测服役寿命时必须进行的辅助设计手段。

由于模拟仿真技术具有不受实际环境影响、成本低、耗时短、适用范围广等特点,受到美国等发达国家的高度重视,已经开发出具有实际应用价值的可与车辆实际加速腐蚀耐久性试验数据高度相关的模拟仿真加速腐蚀试验技术,能够对车辆耐腐蚀设计提供直接反馈,可取代许多实际的腐蚀试验,同时减少对冗长和昂贵的车辆腐蚀试验的要求。环境模拟仿真技术在装备腐蚀控制设计上的广泛应用,不但能够提高装备的战备完好性、安全性,而且能够大幅缩短装备研制与鉴定试验时间、节省试验经费以及降低装备全寿命周期费用。因此,我国应当重视和鼓励具有广泛应用前景的环境模拟仿真技术的研发,以便将来广泛应用于装备的研制过程中,使其成为不同研制阶段中评价装备环境适应性、预测服役寿命时必须进行的辅助设计手段。

实践证明大型气候实验室在大型装备的环境试验评价与验证中发挥了重要作用,在飞机、导弹、战车的研发试验中具有重要价值。因此,我国应当筹备建设大型气候实验室,促进我国环境试验技术水平和大型装备环境适应性的提高。

在武器装备发展水平没有达到一定高度的条件下,或是对那些靠购买武器满足国防需要的不发达国家,往往只能做到“有什么武器,打什么仗”。系统工程思想认为,在战争大系统中,“打仗”应该是目标,“武器”则是手段,手段应该根据目标来优化。因此,“有什么武器,打什么仗”是不符合系统思想的,它是一种“自底向上”的本末倒置的做法。以系统工程的思想和原理,向打什么仗就研制什么样的武器发展。因此,应当根据联合作战需要,根据环境要求,研发相应的武器。

由于装备终将是在环境中使用的,因此厘清环境的内涵和范畴,进而据此进行进一步研究,弄清这些环境对装备可能产生的影响和效应,进而有针对性地有的放矢地去解决可能对装备的不利影响,确保装备在各种复杂、极端环境条件下的战技性能的正常发挥,正是我们研究大环境工程的初衷和目标。

在分析环境因素时,应当从上述环境因素中剔除不会对装备性能发挥影响的,则剩下的就是我们所称的大环境工程所需要研究的环境。同时进一步对各类环境进行分级,再给出装备在各种等级下的适用状态,如装备可接受或正常服役,或装备不可使用或限制使用等,同时提出应对措施。重视环境分类分级研究工作,这项工作是装备论证、设计环境适应性指标的主要技术依据和基础保障。

我们在重新思考和认识环境的时候,首先应当尽可能梳理与装备质量、可靠性、环境适应性等有关的环境因素或动因,然后对这些环境因素进行分类分级,按照影响程度的高、中、低进行判断,同时甄别出那些装备采办部门即使花费大量的人力物力仍然无法改进和控制环境或控制进程的,按照有所为、有所不为的原则,按照近期目标、远期目标原则,按照实现难、易原则,按照技术或管理成熟度原则,按照投资大小原则;按照顶层、基层原则,按照轻重缓急原则等进行综合考虑。

加强环境管理方法研究。环境条件对装备的影响是多种多样的,良好的环境条件可以降低或避免对装备产生的不利影响。因此,应当加强对环境的管理方法的研究,尽可能保障装备在使用时具有良好的环境条件,确保装备能够正常发挥其战技性能。良好的环境保障,可以有利于装备战技性能的正常发挥,但环境保障的程度太苛刻却是不利的,因此,环境保障要求越低,则证明装备的环境适应性越好,而且可以节省环境保障的成本。

对环境条件进行分类有利于分析和掌握影响装备环境适应性的环境因素的类别和机理,而对环境条件的分级则可以明确环境对装备的影响程度和大小。对环境条件进行适当的表征,即研究表征和测量技术,特别是对在原来的自然环境因素、人工模拟环境因素以外的不曾考虑过的非定量环境因素用可测量或计算的参数进行定量表征技术研究。环境条件的表征,有利于确定环境的类型和进行科学的分级。

3.4.3.4 武器装备大环境工程人才队伍建设

人才是开展装备环境工程工作的基础,但目前在我国高等院校学科目录中还没有装备环境工程这个专业。根据国防科工委最近首次对军工行业开展的装备环境工程的问卷调查结果来看,我国装备环境试验研究机构普遍缺乏高层次的技术人才。因此,必须尽快开展专业培训工作,积极引进人才,全面提升装备环境工程科研人员的能力和素质。

建立国家级"装备环境工程专家库",制定管理办法,对入选专家库的专家资格和管理提出要求,实行动态管理考核,对入库专家要求各单位给予专家津贴,鼓励和聘请专家介入参与装备论证和设计、定型验收的各个环节,真正发挥专家智库的作用。

装备环境适应性的提高,最根本的因素在于人,必须加强装备环境工程专家队伍建设,培养一批高素质的环境工程人才队伍,通过他们的不懈努力,从根本上提高装备的环境适应性。

3.5　武器装备大环境工程的进一步扩展

3.5.1　美军作战环境条件

美军认为,作战环境是一切军事行动的基本条件,特别是自然条件对部队的运动、使用、防护和作战都会产生重要影响。为此,美军把作战环境看作是其军事理论的一项重要内容而纳入其作战纲要。从联合作战的角度,装备环境应当扩展为作战环境,这就是美军的作战环境。

所谓作战环境,美军是指气象、地形、特殊环境、核化环境、电子战、烟幕以及战场形势造成的紧张压力对军事行动的影响。但在作战行动中,上述因素往往是相互联系并紧密结合在一起来影响部队的战斗行动。

关于气象的影响,美军认为,气象条件对作战双方的作战行动既可以造成有利条件,也可造成不利条件。美军指出,气象条件对作战行动的具体影响是:云层、风、雨、雪、雾、尘土、光线条件和严寒酷暑结合在一起,将影响人的工作效率,限制武器和装备的使用。如云层厚,会影响飞机作战,会降低机载侦察器材的灵敏性,影响末端制导武器的制导;风力和雨水会影响核、生、化武器的性能,加大下风方向的危害范围,雨水可降低化学战剂的作用;能见度不良将会缩短大部分武器的射程和观测精度。特殊环境,美军主要是指山地、丛林地、沙漠地和寒区,它们对作战行动有重要影响。

以作战可能面临的环境为依据和准则,充分考虑和细化作战可能遭遇的环境,包括物理环境、信息环境等装备可能遇到的软、硬环境。满足装备在作战的全环境谱中都能实现既定的战技性能也是大环境工程的最终目标。

作战任务和环境是密切相关的。美军《参谋长联席会议主席手册》将可能影响作战任务完成的环境分为三类:物理环境、军事环境和民事环境,并把这些环境称为"条件",也就是说任务是在某些环境下进行的。图 3-4 为美军列举的联合作战条件的组成[5,6]。

上述每一个条件都有简明的定义,都有详细的说明,提供使用者确定任务是在某一具体条件下实施的。例如,大气包括气候(温度、气压、风速、风向、降水、海拔、能见度、大气层核生化效应、空间利用率等)和太空(太空轨道密度类型、太阳和地磁活动、高能粒子等)。特别是军事环境对作战能力的确定具有广泛深刻的作用。对装备遭遇的各种复杂环境进行分类、挖掘、量化和性质特征刻画,有助于更加深刻地了解其可能对装备性能产生的影响情况。

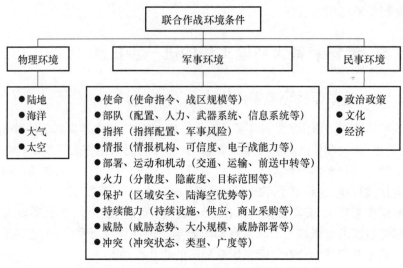

图 3 - 4　美军列举的联合作战环境条件的组成

军事需求是武器装备发展的源动力,军事需求源于对包括自然环境和敌我对抗态势的战场环境的准确分析。2007 年 12 月美军联合司令部发布了《联合作战环境——2030 年未来联军面临的趋势和挑战》。

3.5.2　武器装备大环境工程未来发展趋势

基于军事需求,大环境工程就必须围绕作战的要求对环境进行本质研究,准确、客观地描述和厘清作战环境,挖掘出其对装备的本质影响,从而为有针对性地研究开发出相应的解决措施提供正确的环境边界条件输入,这正是大环境工程未来扩展研究的主要内容之一。图 3 - 5 为作战环境简要模型图。

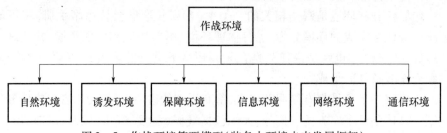

图 3 - 5　作战环境简要模型(装备大环境未来发展框架)

由于装备最终都需要在一定的环境中启动和启用才能发挥其预定的战技功能,因此,装备正式发挥作战功能的环境也称为作战环境。

以作战可能面临的环境为依据和准则,充分考虑和细化作战可能遭遇的环境,包括物理环境、信息环境等装备可能遇到的软、硬环境。满足装备在作战的全环境谱中都能实现既定的战技性能是大环境工程的最终目标。

针对大环境工程,也就需要相应提出装备作战环境适应性的概念,用以表征广义的环境下的适应能力。作战环境实际上是对狭义的环境的一个综合集成的理念,需要对涉及的各类环境进行分析、辨析和挖掘内涵。

在一个持续冲突的年代,作战环境具有极强的动态性,是永远在不停变化的。因此,环境的界定必须也要与时俱进,要眼界开阔,要不囿于以往对环境的狭义认识,有前瞻性地挖掘和发现一切可能影响装备性能发挥的众多动态交互的环境因素。这也是环境工程研究和管理人员的一项重要学习任务和职责。由于作战是在自然环境中进行的,所以自然环境必然对作战构成影响。

现代联合战役的战场是"高立体"和"全领域"的陆、海、空、天、电等各领域高度一体化;战场空间层次更为丰富,包括超低空、低空、中空,高空、超高空和太空等空间。而且超低空和太空这"两极"层次空间,已被开辟为联合战役的重要战场。尤其是在太空进行的天战、在电磁领域进行的电子战,更将联合战役带入到一个全新的环境领域,它使战场环境增加了新的构成体和大量崭新的环境要素,将使战役战场环境信息保障面临离子流、顽石带、温度场、宇宙尘埃等太空环境要素和电场、磁场等电磁环境要素的挑战。

参 考 文 献

[1] 通用联合作战任务清单(UJTL),美军参谋长联席会议主席手册 3500.04B,2007.

[2] 宋太亮,等. 装备大保障观总论[M]. 北京:国防工业出版社,2014.

[3] GJB 4239-2001,《装备环境工程通用要求》. 总装备部.

[4] QRMS-58. GJB4239《装备环境工程通用要求》实施指南,总装备部电子信息基础部技术基础局和技术基础管理中心,2008.

[5] 通用联合作战任务清单(UJTL),美军参谋长联席会议主席手册 3500.04B,2007.

[6] Universal Joint Task List, Version 4.0. Chairman of the Joint Chiefs of Staff Manual (CJCSM) 3500.04B. 1 October 2012.

第4章　装备环境和环境适应性要求论证

确定环境要求是装备发展的首要工作,是装备论证工作的重要内容之一,是军方的主要责任。通常情况下,装备研制单位也参与装备论证工作,可以说环境要求是军地双方共同工作的成果。装备研制单位参与论证,最大的好处是可以更好地理解用户提出的要求,这对设计工作非常关键。因为,从过去设计发现的设计质量问题来看,设计出现问题,一个很重要的原因是设计人员没有真正理解用户的要求;而军队装备研制部门也不是装备的真正用户,他们有时不经意的需求更改,往往也会造成技术状态多变,使技术状态管控更加困难,经费增加和进度拖延也就不可避免了。因此,必须严格落实需求更改控制制度,环境要求和试验要求必须纳入装备立项综合报告和研制总要求,这是研制单位开展环境工程工作的重要输入。

GJB1909A《装备可靠性维修性保障性要求论证》[1]和GJB1371《装备保障性分析》工作项目系列200系列工作项目规定的程序和方法[2],同样适用于环境条件和环境适应性要求的确定。确定环境和环境适应性要求的关键是掌握装备作战使用任务需求,在第1章中已经描述了装备作战使用的基本过程,需要根据制定的作战使用方案,确定装备任务剖面、寿命剖面和环境剖面,进而确定装备的试验方案,将确定的环境条件纳入试验方案。按照贴近实战的装备作战试验要求,试验方案中规定的试验条件应当包括作战使用方案中规定的环境条件。

目前,装备发展过程中三个方案是比较明确和重视的,即作战使用方案、设计方案和保障方案,但试验方案(Test Concepts)没有引起足够的重视。在装备论证期间,要在明确作战使用方案的同时,必须开展可试验性分析,利用试验设计(DOE)技术[3]确定试验的类型、试验对象(数量规模、)、试验条件(地点、自然环境条件、模拟环境条件、保障条件等)、试验内容(试验项目)、试验数据记录要求、试验报告等方面的内容。

要求跟踪也是不容忽视的工作,过去用户提出要求后,经过层层分解细化,与原来的要求相比,参数和指标发生了很大变化,这些要求之间的逻辑关系有时变得不是十分清晰。分解之后要求的达到情况与最初提出的作战使用要求之间到底是什么关系,往往最初提出要求的部门在后期很少介入,致使设计虽然达到了分解分配后提出的设计要求,但最初提出的作战使用要求达到情况并不清楚。因此,必须借鉴国外做法,建立需求跟踪矩阵,加强需求达到情况的分析、评估和评审,随时掌握需求的进展情况,并建立各项要求与最初作战使用要求之间的关系。[4]同时,在进行作战试验鉴定时,应在贴近实战的环境条件下实施,包括保障条件、人员条件等方面。

4.1　装备环境要求

环境要求包括环境适应性要求、环境适应性验证要求和环境工程管理要求。型号研制中,环境要求应以型号文件的形式发布,供型号总师系统各部门使用。

4.1.1　装备环境适应性要求

4.1.1.1　环境适应性要求的内涵

环境适应性要求是描述装备(产品)应达到的环境适应性水平的一组定量和(或)定性指标,通常由已确定要考虑的各环境因素的应力强度及其组合(或综合)、装备(产品)规范允许受影响的程度和(或)功能与性能参数变化范围(容差)和(或)作用时间来表示。[5]

环境适应性要求是一种设计要求,设计人员应根据这一要求,对装备(产品)进行环境适应性设计,为了保证研制生产的装备(产品)充分满足环境适应性要求,设计人员进行设计时,一般应在使用方提出的要求上增加一定的余量。当了解到使用方提出的环境适应性要求本身含有一定的余量时,则可适当减少这一裕度,但绝对不能完全按适应性要求中的量值设计,因为使用方提出的环境适应性要求中的应力强度和时间是一个要验证的指标,完全按照这一指标设计将会因制造过程的不稳定导致装备(产品)耐环境能力在验证的强度和时间附近波动,造成通不过验证试验的风险,即使通过此验证试验,使用中也容易出故障。

对于武器装备来说,其环境适应性要求分为定性要求和定量要求。这些要求包括对材料及其保护层、结构件、连接件等的环境适应性要求和功能产品(整机、系统、分系统和设备)的环境适应性要求两种类型。

(1)功能产品(整机、系统、分系统和设备)的环境适应性要求。目前环境工程中更为关注的是有功能的产品的环境适应性要求。这种环境适应性要求对应的环境是装备运输和使用状态时的环境,特别是作战(工作)状态遇到的各种气候和动力学及其综合构成的环境,这类产品在各种自然和诱发的环境应力作用下,很快引起破坏(如结构件断裂),失去功能或性能超差等。这种环境适应性要求可用环境应力强度大小和作用时间,以及合格判据范围的宽窄来表征。

对于功能产品来说,必定有一些结构件来支撑并形成某种结构状态,这种产品的结构件及其材料和涂镀层的环境适应性可以用标准方法来表征。例如一些船载设备的结构件常常规定其返修期和(或)更换期,以确保其环境适应性与船舶的使用寿命相匹配。

(2)材料及其保护层、结构件、连接件的环境适应性要求。这类产品的特点是不像设备和系统那样具有可直接测试到的运行功能和工作性能,而只有一般的物理性能,包括外形和表面特性、力学性能和电性能等,这些物理和力学性能在环境的作用下也会慢慢劣化和变化,但不是能马上直接影响装备的功能。累积到一定程度后,会由于形貌变化或电性能、力学性能下降等,起不到支撑或保护装备功能和性能的作用。这类产品对应的环境更多的是装备在储存和运输及(或)不工作状态遇到的各种气候和生物等因素构成的综合环境,这些环境对其作用机理是腐蚀、老化(降解)等。由于这种综合环境影响结构件的力学性能,提出环境适应性要求的方法是:对于装备上的大且难以更换的结构件,一般通过选用耐自然环境影响(如腐蚀)的材料,并在其外形和尺寸上进行优化设计和留较大的力学性能裕度,不单独规定其环境适应性指标;对于一些可更换或便于维修的结构件,则可以通过规定应力作用下的腐蚀或其他形式破坏达到的程度来进行定性或定量表达,也可规定某一结构件的翻修期或更换期限作为指标要求。

4.1.1.2　环境适应性要求的表征方法

装备寿命周期内储存、运输和使用过程中将暴露在各种自然环境和诱发环境中,这些环境涉及各种不同环境因素。由于不同的环境因素的强度(或严酷度)表征方式、对装备影响的机理和作用速度各不相同,装备环境适应性表征变得十分复杂,不能像可靠性那样用一些简单的参数,如平均故障间隔时间(MTBF)和(或)可靠度(R)等来表示,而只能针对经分析确定应考虑的每一类环境因素分别提出相应的环境适应性要求,将其组合成一个全面的要求。对每一环境因素的环境适应性要求可以是定量要求,也可以是定性要求,或两者组合。对于大多数可定量地表征其应力作用强度的环境因素如温度、振动等,则环境适应性要求分两个方面表征,一方面是要求装备能在其作用下不受损坏或能正常工作的环境因素应力强度和作用时间;另一方面则是装备的定量和定性合格判据,如允许破坏的程度或允许性能偏差范围。对于无法定量表征其应力强度的环境因素如霉菌和生物因素,只能定性地规定一个有代表性的典型环境因素(如一组菌种)和作用时间,加上定量和定性的表征装备受影响程度的合格判据(如长霉程度)。

1. 装备(产品)整机环境适应性要求

应当指出,在装备方案论证阶段,由于对装备寿命周期环境分析、环境数据的收集和测量的工作还处于起步阶段,而且装备的某些战术技术、工作特性和系统、设备的设计有可能处于不完全确定状态,在立项论证报告中或研制总要求中一开始不大可能提出非常全面具体的环境适应性要求指标,往往对某些环境因素特别是诱发环境因素只能提出一些定性的或原则性要求。但这些指标是进一步确定其下层产品环境适应性要求的基础。

2. 下层产品的环境适应性要求

(1) 材料及其保护层、结构件、连接件的环境适应性要求。这类产品一般不单独规定环境适应性要求,只对一些可更换或便于维修的结构件提出定性和(或)定量要求,或者规定翻修期或更换期。

(2) 功能产品(整机、系统、分系统和设备)的环境适应性要求。功能产品(整机、系统、分系统和设备)则应根据装备研制总要求中规定的定性与定量环境适应性要求、装备寿命周期环境剖面和使用环境文件中的环境数据及设计准则,确定各环境因素强度、作用时间和装备性能容差等定性或定量值。一般是将装备分成一定的区段或舱位,按区段、舱位给出环境适应性要求。功能产品安装在装备中哪一位置(舱、段、区),其环境适应性要求就是该位置的环境适应性要求,并加上有关性能的容差要求。可见,安装在同一位置(舱、段、区)的不同设备其环境适应性要求,除了容差要求以外是相同的。

4.1.1.3 环境适应性要求格式表

应当按照装备上不同的位置给出相应的环境适应性要求,并列成表,以便查找,具体如表 4-1 所示。对于装备某区的具体系统、分系统和设备,其环境适应性要求如表 4-2 所示。

表 4-1　装备环境适应性要求一览表

装备/位置		考虑的环境因素	环境适应性指标(定性或定量)			备注
			应力强度	应力作用时间或次数	合格判据	
整个装备		已确定考虑的 n_1 个环境因素				
装备内部	A 区	已确定考虑的 n_2 个环境因素				
	B 区	已确定考虑的 n_3 个环境因素				
	C 区	已确定考虑的 n_4 个环境因素				
	…					
	Z 区	已确定考虑的 n_i 个环境因素				

表 4 - 2　装备某区内某一系统或设备的环境适应性要求

已确定要考虑的环境因素	定量指标			定性要求			备注
	环境应力强度	应力作用时间或次数	合格判据	环境定性描述	应力作用时间	合格判据	
因素 1							
因素 2							
因素 3							
…							
因素 i							

4.1.2　装备环境适应性验证要求

4.1.2.1　环境适应性验证要求的内涵

装备(产品)根据研制总要求和(或)产品合同文件中规定的环境适应性要求进行环境适应性设计、制造成硬件后,必须进行验证,表明制造出的产品的环境适应性已经满足规定的要求。环境适应性验证要求包括两个方面:①在装备定型前验证其设计是否达到规定的环境适应性指标;②在批生产阶段产品出厂前,验证批生产的产品环境适应性是否还保持定型时反映的水平,即是否仍然满足规定的环境适应性指标,从而为设计(生产)定型转入小批(大批)生产阶段和批生产产品验收提供决策依据。研制总要求和合同文件中提出的任何环境适应性要求均应规定相应的验证要求。

4.1.2.2　环境适应性要求的验证方法

实验室试验是试验验证的主要方法,通过环境试验设备(装备)创造或产生环境适应性指标中规定的环境条件,并作用于产品或对其产生预定的环境影响,以验证其对环境的适应性。实验室试验是一种模拟性质的试验,这种试验虽然按照规定的试验程序和方法实施,也有相应的国家军用标准[6],但这种试验通常是低层次的产品,而且试验条件与作战条件有较大差别。

自然环境试验用于验证产品、材料及结构是否满足有关耐环境设计要求。自然环境试验通常情况下,选择典型的自然环境地区,采用暴露试验方式进行,这方面的国家军用标准正在制定之中。

使用环境试验用于验证装备(产品)在实际环境中工作状态下的环境适应

性水平。这种性质的试验目前开展不多,通常借助于装备实际部署的地区开展相应的数据收集和评价工作,这种试验与作战试验不相同,这种试验条件虽然是使用条件,但与实战作战环境相比,严酷度不高。

环境适应性要求的验证方法还包括分析验证、仿真验证等。

使用试验是一个通用概念,包括贴近实战的试验,通常情况是对设备、分系统和系统级的试验。实验室试验和自然环境试验通常情况下是针对设备以下层次产品的试验。自然试验或者模拟气候的试验也可以进行整机试验,这需要有相应的大型试验设施,例如对于飞机这种装备,模拟气候试验设施建设难度大。这部分内容将在后边章节介绍。

4.1.2.3 实验室试验方法中的有关试验条件和应力作用时间的应用

原则上,实验室试验方法标准仅提供一套试验方法,有关试验验证的环境条件(包括应力强度及作用时间或方向和次数)和失效判据应当在验证要求中加以明确。验证要求同样要由使用方提出或由研制方提出并获得使用方批准。产品环境适应性验证要求的依据应是环境适应性要求中的各种指标。目前的环境工程工作实践中,许多环境因素的环境适应性指标往往难以全部用定量指标来表达,特别是环境应力作用时间很难在环境适应性要求中明确提出,而只能给出一个定性的表述。例如,装备(产品)在高、低温储存温度下应不受损坏,但不要求正常工作。这一要求中高温和低温储存温度是可以明确的,如 + 70℃ 和 − 55℃,其时间当然是指整个寿命周期,但在此温度下实际经受多少时间,往往难以确定。

许多气候环境因素如低气压、湿热、太阳辐射、盐雾、霉菌等都是这种情况,只能明确环境应力量值,而无法明确作用时间。产品在这种环境条件下的环境适应性,需要用多长时间进行验证,使用方往往提不出来。因此,目前广泛采用试验方法标准中规定的时间。环境试验方法标准(如 GJB 150)中各种试验时间是根据长期的环境试验实践和作用机理、环境数据分析研究确定的,在无法另行规定合理的试验时间时,可以直接将其用作验证试验的时间,如高温贮存试验的48h、低温贮存试验的24h、湿热试验的240h、盐雾试验的48h或96h、太阳辐射试验的循环数等。需要指出的是,环境适应性要求中的一些因素完全或主要取决于自然环境本身的变化规律,如贮存温度、淋雨、沙尘、太阳辐射、盐雾、霉菌和风等因素。由于这些因素不取决于装备的工作特性,与装备基本无关,因此装备对这些环境因素的适应性指标应是自然环境多年统计的取一定风险的极值。

GJB 1170《军用设备气候极值》和美国军标 MIL – HDBK – 310《研制军用产

品用的全球气候数据》中,提供了中国或世界范围各种自然环境因素的极值数据。GJB 150 中相应气候环境因素的气候条件基本来自于这些标准,或以这些标准中极值数据为基准确定的。因此 GJB 150 中一些气候环境试验方法中的试验条件和试验时间既可作为环境适应性的主要指标,也可以作为试验验证该要求的条件。

GJB 150 试验方法中,试验条件直接可以用作环境适应性要求和环境适应性验证指标的典型试验项目有:快速减压试验,爆炸减压试验,有风源的淋雨试验,湿热试验,霉菌试验,盐雾试验和砂尘试验等。

4.1.2.4 环境适应性验证要求表征

环境适应性验证要求应根据环境适应性要求和(或)环境试验方法中试验条件和试验时间等有关内容确定。如前所述,如某环境适应性指标与试验方法规定或推荐的试验条件完全一致,则验证要求可直接引用试验方法标准中某一对应的试验条件和对应的试验程序,甚至简化为试验方法标准的名称和某个条文,如耐湿热、耐霉菌和耐盐雾环境要求等可直接引用 GJB 150.9、GJB 150.10 和 GJB 150.11,耐吹砂环境验证要求可直接引用 GJB 150.12 等。装备对某些环境的适应性要求,如高温工作环境适应性验证要求和振动环境的适应性验证要求,则应是环境适应性要求中的相应温度和振动指标加上 GJB 150 中相应试验方法中有关试验程序(步骤)中规定的时间等。

4.1.3 装备环境工程管理要求

环境工程管理工作包括对开展环境工程工作所需组织或机构的管理、研制方环境工作人员与使用方有关人员接口关系和协调管理、环境工程工作与其它工程工作接口关系管理、确定的寿命周期各阶段环境工程工作项目的实施过程监督管理、各阶段环境工程工作输出结果、文件质量管理、寿命周期各阶段环境试验工作管理、环境信息的管理、环境工程工作所需资源(费用、人力、时间、设备等)的管理和环境工程专家团队及其工作的管理。环境工程管理要求通过制定装备环境工程管理计划和环境试验计划来实现。

4.2 环境适应性要求确定方法

环境适应性要求确定的基本过程如图 4 - 1 所示。

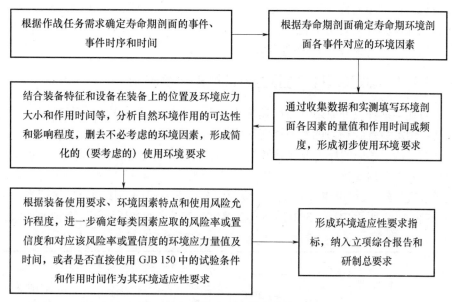

図 4 - 1　环境适应性要求确定过程

4.2.1　确定装备(产品)的寿命周期剖面

寿命周期剖面是装备寿命周期事件的时序和发生时间或频次的描述。寿命周期剖面事件是确定寿命周期环境剖面的主要依据。寿命周期剖面一般包括运输、贮存和使用三种状态。这三种状态的每一种状态都可能反复出现,这些状态所处的位置、采用的方式或工作模式及其出现的时间(期)或频度描述得越清晰和确切,则据此制定的寿命周期环境剖面越合理。寿命周期剖面通常应由使用方提供。寿命周期剖面中环境影响较大的部分是任务剖面,使用方应当根据作战任务需求、装备战术技术要求,归纳出一组典型的任务剖面,以确保重要的任务事件不被遗漏。寿命周期剖面事件的描述应包括事件发生的地域、海域或空间,发生的季节和特征时间或频度,这些都是确定对应环境因素种类及其强度的依据。

不管是自然环境还是诱发环境因素,其能否作用于装备或对装备产生严重到必须考虑的影响,往往与设备(产品)在平台上的位置有关。因此,寿命周期环境剖面应精确到一个平台(如飞机、导弹、卫星、装甲车、坦克、舰船)上某一舱段中的系统或设备时,必须进行分析和根据实际情况进一步细化。例如,一架飞机寿命周期内必然会遇到雨、结冰和砂尘等自然环境,但这些环境的作用往往限于真正会受淋雨、结冰影响的机翼、垂尾靠近蒙皮的设备和部件等。而大部分机载设备不必考虑,而且不同部位机载设备受到的温度、振动、冲击、炮振等同样因其在机内位置不同而不同。因此,寿命周期环境剖面与位置密切相关。环境剖面必须注明其在平台上的位置。由于武器装备往往由许多舱段构成,应当分区、段给出相应的寿命周期环境剖面图。

4.2.2 确定装备(产品)的寿命周期环境剖面

寿命周期环境剖面是寿命周期事件和对应的环境因素的时序和时间频度的描述。制定装备(产品)的寿命周期环境剖面的目的,是为进一步确定装备(产品)设计和试验要考虑的环境因素类型及其具体量值或具体量值的确定原则,提供规范化的基本数据支持。典型的寿命周期环境剖面如图4-2所示。为了便于向使用环境文件转换,可以将寿命周期环境剖面改成寿命周期环境剖面环境因素数据表,如表4-3所示,表4-3中每种状态都应有若干自然和诱发环境因素的数据。

表4-3 寿命周期环境剖面环境因素数据表

寿命阶段		遇到的环境因素			
		自然环境	经受时间或次数、频度	诱发环境	经受时间或次数、频度
贮存(装卸)阶段	仓库贮存				
	有遮蔽贮存				
	敞开式贮存				
运输阶段	公路运输				
	铁路运输				
	空中运输				
	水路运输				
部署和使用阶段	人力运送和使用				
	各式车辆				
	固定翼飞机和直升机				
	舰船和潜艇				
	固定式装备				
	导弹火箭				
	鱼雷、水下发射导弹				
	炮弹				
	其他装备				

出厂后运输贮存阶段（通常反复出现运输贮存）

寿命阶段（事件）	搬运和公路运输	搬运和铁路运输	搬运和航空运输	搬运和船舶运输	搬运和后勤运输（最坏路线）	有遮掩的贮存（帐篷、货棚）	敞开贮存
事件时间、次数、频度							
事件对应环境因素 — 诱发环境	公路冲击（大颠簸/大坑洼） 公路振动（随机） 搬运冲击（跌落/倾倒）	铁路冲击（起动急出） 铁路振动 搬运冲击（跌落/倾倒） 高温	飞行中振动（发动机/涡轮诱发的） 着陆冲击 搬运冲击（跌落/倾倒） 温度、低气压	浪涌发的（正弦） 浪正弦冲击 水雷/爆炸冲击 搬运冲击（跌落/低气压） 高温,高湿,低气压	公路冲击（大颠簸/大坑洼） 公路振动（随机） 搬运冲击（跌落/倾倒） 热冲击	高温,高湿	高温 低温
事件对应环境因素 — 自然环境	高温（干/湿） 低温 雨/冰雹 砂/尘	高温（干/湿） 低温 雨/冰雹 砂/尘	低压 热冲击（仅是空投）	高温 低温 雨 临时浸渍	高温（干/湿） 低温 雨/冰雹 砂/尘 盐雾 太阳辐射 低压	高温（干/湿） 低温,结霜 盐雾 霉菌生长 化学侵蚀	高温（干/湿） 低温,结霜 雨/冰雹 砂/尘 盐雾 太阳辐射 霉菌生长 化学侵蚀

出厂后使用阶段（通常有一次使用或反复使用）

寿命阶段（事件）	部署和步兵/基本人员使用	部署目在陆基车辆上使用	部署目在舰船上使用	部署及在飞机上使用（包括吊舱）（固定翼和旋转翼）	向目标发射	向目标发射鱼雷/水下发射导弹	向目标发射导弹/火箭

79

事件时间、次数、频度							
事件对应环境因素							
诱发环境	搬运冲击（跌落/倾倒/撞击） 着火/爆炸噪音 声学噪音 爆炸大气 电磁干扰	道路起伏振动（表面不规则/有阶梯） 引擎诱发的振动 噪声 搬运冲击（包括坐架） 道路起伏的撞击/冲击 地雷/爆炸冲击 武器发射冲击/振动 爆炸大气 电磁干扰 高温,高湿	海浪诱发的振动（正弦） 发动机诱发的振动 噪声 海浪冲击 水雷/爆炸冲击 武器发射冲击/振动 电磁干扰 增压（潜艇） 高温,高湿	跑道诱发的振动 气动力扰动（随机振动） 机动动作振动 炮击振动 发动机诱发的振动 噪声 起飞/着陆/机动加速度 空气爆炸冲击 弹射器发射/挂钩着陆（包括坐架） 振动 搬运冲击 气动力加热 爆炸大气 电磁干扰 高温,温冲,减压	发射冲击 发射加速度 搬运/加载冲击 噪声 气动力冲击 爆炸大气 电磁干扰	发射加速度 搬运发射冲击 振动 噪声 烟火冲击（助推器分离） 爆炸大气 电磁干扰	发射/机动加速度 搬运/发射冲击 发动机振动 气动力扰动（随机振动） 气动力加热 爆炸大气 电磁干扰
自然环境	高温（干/湿） 低温/结冰 温度冲击（贮存到使用） 雨/冰雹 砂/尘/泥浆 盐雾 太阳辐射 霉菌生长 化学侵蚀	高温（干/湿） 低温/结冰 温度冲击（贮存到使用） 雨 砂/尘 盐雾 太阳辐射 霉菌生长 化学侵蚀	高温（干/湿） 低温/结冰 温度冲击（贮存到使用） 雨 盐雾 太阳辐射 霉菌生长 化学侵蚀	高温（干/湿） 低温/结冰 温度冲击（贮存到使用） 雨 砂/尘 盐雾 太阳辐射 砂/尘冲击 霉菌生长 化学侵蚀	温度冲击（贮存到使用） 冲雨 砂/尘冲击	浸渍 温度冲击	冲雨 砂/尘冲击

图4-2 寿命周期环境剖面结构示例图

运输、装卸、贮存和使用等状态并不是每一个具体装备(产品)寿命周期都会经历到的状态,也不一定只是经历一次,很可能是反复遇到的状态。寿命周期环境剖面图或剖面数据表应当尽量提供每一事件对应的环境因素可能出现的频度、每次出现的时间以及累计时间。环境因素分为自然环境因素和诱发环境因素两种类型。诱发环境因素主要是力学环境,也包括一些诱发产生的气候环境因素如温度、湿度。这两种环境因素都是装备寿命周期可能遇到的,但是并不代表装备(产品)任何部位都会遇到同样数量和(或)同样强度的环境因素。装备不同部位上的设备(产品)遇到的环境因素种类会有所不同,同一环境因素在装备不同位置上,由于受平台转换和阻挡等影响也是不同的。

例如,尽管自然环境和诱发环境因素栏中都有同一个环境因素如温度,但诱发的温度可能完全不同于自然环境的基础温度。因此,应当按整个装备和装备各部位(舱段)分别给出寿命周期环境剖面图(表)或剖面图数据表。寿命周期环境剖面图(表)或环境剖面图数据表仅仅给出装备寿命周期可能遇到的环境因素的类型和出现累计时间或频次。作为进一步确定是否考虑其影响的依据,因此,这些环境因素在装备(产品)设计和试验时不要求都要加以考虑。

4.2.3 确定使用环境数据资源和编制环境试验报告内容

使用环境数据表提供了一套完整的寿命周期遇到的各种环境因素及其量值和作用时间频次的数据,在此基础上,进行环境对装备(产品)的影响分析,并根据其对装备影响的严重程度及环境量值的严酷度和出现频度,进一步确定要考虑的环境因素和环境类型及其量值,形成最终使用环境数据表是使用环境文件的重要组成部分,使用环境文件另一部分是使用环境数据测量计划,该计划是为了通过实测,获取使用环境数据表中缺少的数据而制定的,目的是完善使用环境数据表。当某些环境数据无法从现有标准数据或其他来源获得时,应安排一个实际使用环境的实测,以获取这些数据,确保使用环境文件数据的完整性。在论证过程中,需要规定环境试验报告的内容和格式。

使用环境数据包括自然环境数据和诱发环境数据。自然环境数据可根据寿命周期剖面中各事件发生所处的自然环境(地域、海域、空域、空间和季节等),从有关自然环境资料标准中查找;诱发环境数据则可以从相似平台、相似设备的数据或数据库或其他来源获得。无法获取全部数据时,则可以制定自然环境和平台环境数据测量计划,通过对相应的自然环境或相似平台的平台环境进行实际测量,来获取所缺的数据。

使用环境数据应根据环境剖面数据表,针对设备在装备上的部位(舱段)按寿命周期阶段分别给出。由于对某一装备(产品)来说,其寿命周期剖面事件和遇到的环境不可能涉及图4-2和表4-3中所有的状况和环境,因此其环境剖面要比图4-1和表4-3简单。应在每一舱、段的环境剖面数据表上通过填入收集到的数据,完成一组使用环境数据表。使用环境数据表格式如表4-4所示。

表4-4　使用环境数据表格式

装备位置		环境类型	环境因素量值	环境因素作用时间、次数、累积时间	备注
外部环境		自然环境	环境剖面中要考虑的自然环境因素的量值	要考虑的自然环境因素相应的作用时间、频度	用于确定整个装备环境设计和试验要求
		诱发环境	环境剖面中要考虑的诱发环境因素的量值	要考虑的诱发环境因素相应的作用时间、频度	
内部舱段区的平台环境	舱段Ⅰ	自然环境	环境剖面中要考虑的自然环境因素的量值	要考虑的自然环境因素相应的作用时间、频度	用于确定装备内部系统/设备的环境适应性要求和试验验证要求
		诱发环境	环境剖面中要考虑的诱发环境因素的量值	要考虑的诱发环境因素相应的作用时间、频度	
	舱段Ⅱ	自然环境	环境剖面中要考虑的自然环境因素的量值	要考虑的自然环境因素相应的作用时间、频度	
		诱发环境	环境剖面中要考虑的诱发环境因素的量值	要考虑的诱发环境因素相应的作用时间、频度	
	⋮	⋮	⋮	⋮	
	舱段n	自然环境	环境剖面中要考虑的自然环境因素的量值	要考虑的自然环境因素相应的作用时间、频度	
		诱发环境	环境剖面中要考虑的诱发环境因素的量值	要考虑的诱发环境因素的量值,作用时间或频度	

4.2.4　确定环境适应性要求和填写环境适应性要求表

在确定了要考虑的环境因素并得到了这些环境因素的数据后,应根据装备的使用要求、环境特点及其对产品影响的允许的风险,确定各类环境因素的环境适应性要求的设计准则,即风险准则,以便把对应风险的环境数据作为环境适应性要求,填入表4-3和表4-4中,从而得到一系列要考虑的环境因素的环境适应性要求,将其纳入研制总要求或合同文件。

如上所述,环境适应性要求是由一系列环境适应性定性要求和定量指标组成。本节按照 GJB 150 中涉及的大部分环境因素形成的各种单一和综合环境,例如环境适应性要求的定性要求和定量指标,以及验证要求和验证试验方法,具体见表4-5。为简便起见,表4-5 中没有列出温度—高度和温度—湿度—高度综合环境因素的环境适应性要求。综合环境的环境适应性要求和诱发环境一样,不能直接照用 GJB 150 中的试验环境条件,而应当根据产品任务剖面和工作,使用特性剪裁确定相应的环境适应性要求和验证要求,验证试验方法可引用 GJB 150 中相应程序或步骤。

表4-5 提出的要求类型实际上是由一系列单一和综合环境下的产品环境适应性要求组成的,对于产品的环境适应性而言,产品对表格中任何一个环境适应性要求若验证通不过,就视为环境适应性不能满足要求。

表4-4 中的环境适应性要求分为两部分,第一部分为定性要求,该部分只是一个基本原则,设计人员无法按此要求进行具体的设计,其可操作较差。第二部分则是一种定量要求。要求中规定要明确提出该环境因素的应力强度,这是定量的。从表中可看出,不同环境因素的应力强度的参数是不一样的;同时也要明确产品合格判据,因为合格判据的松严,如允许性能偏差范围的大小,或允许长霉程度或腐蚀程度的大小,对环境适应性设计和选材同样是关键。判据松,则允许产品环境适应性差些。这也是一种环境适应性要求。这两个部分组合了一种基本上是定量或半定量的指标。

需要指出的是,表中有些环境因素如贮存温度、贮存低气压、霉菌、盐雾、太阳辐射、淋雨、砂尘等的应力强度其大部分或部分主要取决于自然环境,是对自然界记录测量数据 GJB 150 和 GJB 150A 中的经工程处理得到的,与产品本身的关系相对不大,在设计某一型号的产品时,不可能从头去统计其寿命周期将遇到的这些数据,因此一般就直接引用或选用 GJB 150 中相应的数据,因为 GJB 150 中这些数据基本上也是来源于 GJB 1172 气候环境极值和 MIL - HDBK - 310《研制军用产品用的全球气候数据》。可见对于这些环境因素而言,其环境适应性要求与 GJB150/150A 中的验证试验要求往往是一致的。另外,有些环境因素如高、低温工作温度,振动、加速度和冲击环境因素,很大程度上取决于平台的特点和在平台上的位置,是一种诱发环境因素,应当通过实测得到,表中只能列出参数类型或组成,也给出了 GJB 150 和 GJB 150A 中推荐数据和剪裁确定方法或原则,供无实测数据情况下确定要求时的参考。应将最后确定的量值和要求填入此表。

表 4 - 5　产品环境适应性要求和验证要求内容和格式表

环境类型		定性要求描述	定量要求		实验室试验验证要求和（或）方法
			环境应力强度	合格判据	
温度环境	高温贮存环境	产品在寿命周期中贮存环境遇到的最高温度环境中贮存后，不引起不可逆的损伤	70℃（中国），85℃（全球），或根据寿命周期环境剖面确定的值	存放后不产生不可逆损坏，即恢复常温或工作温度时能正常工作	按 GJB 150.3 验证要求，试验适应性要求同环境方法按 GJB 150.3 和 HB 6167 中相应部分
	高温工作环境	产品在寿命周期内经常遇到的高温环境中应能正常工作	高温工作环境温度（℃）（此温度根据平台环境实测或相似设备数据确定）	在此高温下产品功能正常，性能参数均在产品规范中规定的容差范围之内，即能正常工作	
	低温贮存环境	产品在寿命周期中贮存环境遇到的最低温度环境中贮存后，不引起不可逆的损伤	-55℃（中国），-62℃（全球），或根据寿命周期环境剖面确定的值	产品能正常启动并具备功能，恢复温度和常温时性能均在产品规范规定的容差范围之内	按 GJB 150.4 验证要求和低温工作适应性要求，试验方法按 GJB 150.4
	低温工作环境	产品在寿命周期内经常遇到的低温环境中应能正常工作	低温工作环境温度（℃）（此温度根据平台环境实测或相似设备数据确定）	在此低温下产品规范中规定的容差范围之内，即能正常工作	
	温度冲击环境	产品在寿命周期内经历到的外界温度突变环境后，其结构不变损坏且能正常工作	通常采用高低温度冲击范围，即：70℃，-55℃ 或 85℃，-62℃	经温度突变环境后，产品结构不受损坏，且功能正常，性能参数均在产品规范规定的容差范围内正常工作	按 GJB 150.5
低气压环境	低气压贮存环境	产品在低气压环境贮存或运输后，不会受到损坏	贮存低气压一般为 57kPa（4550m）	产品在低气压贮存后，结构不受损坏，且压力恢复正常后功能正常，性能参数应在产品规范规定的容差范围之内，即能正常工作	按 GJB 150.2

（续）

环境类型		定性要求描述	环境适应性要求		实验室试验验证要求和（或）方法
			定量要求		
			环境应力强度	合格判据	
低气压环境	低气压工作环境	产品在规定的低气压场所能正常工作（一般指高海拔地区地面工作的设备）	工作低气压一般为57kPa（4550m）	产品在规定的低气压下其功能应正常，性能参数应在产品规范规定的容差范围之内，即能正常工作	按GJB 150.2
	快速减压环境	产品能够受快速减压带来的负压作用而不被破坏	减压范围起始压力和最终压力（kPa）及减压时间一般为：57～18.8kPa（12200m）减压时间不大于15s（增压时间为起始压力，飞行高度压力为最终压力）	产品经受快速减压后结构不受损坏，且其功能正常，性能参数在产品规范规定的容差范围之内，即能正常工作	
	爆炸减压环境	产品能够承受爆炸性减压带来的负压作用而不被破坏	起始压力和最终压力（kPa）和减压时间（s）一般为：57kPa或75kPa（2450m）～18.8kPa（12200m）；减压时间不大于0.1s	产品经受瞬间爆炸减压后结构不破坏，性能参数应在产品规范规定的容差范围之内，即能正常工作	按GJB 150.2A推荐条件
降雨吹雨和滴水环境	有风源淋雨环境	产品在吹雨环境中暴露后，雨水不能渗入壳体内部或渗入量不能超过规定量，暴露后能正常工作	降雨强度最小为100mm/h，相当于1.7mm/min（随着使用寿命中后，产品时间增加，强度要适当增加）雨滴直径：0.5～4.5mm 风速：18m/s	不允许渗水或允许渗水量在规定范围内；经暴露中后，产品不受损坏，且功能应正常，即能参数在产品规范规定的容差范围，能正常工作	按GJB 150.8或GJB 150.8A中相应部分推荐条件

环境类型	环境适应性要求			实验室试验验证要求和（或）方法
	定性要求描述	定量要求		
		环境应力强度	合格判据	
降雨、吹雨和滴水环境 — 无风滴雨（水）环境	产品在滴雨（水）环境中暴露时，不能因水渗入其内部，不诱发水引起的一系列问题，使其能正常工作	雨滴直径:0.5~4.5mm 滴水高度:确保水滴最终速度为9m/s 滴水量至少为280L/（m²·h）	不允许渗水或允许渗水量在规定范围，滴水后产品功能正常，性能参数在产品规范规定容差范围，即能正常工作	
降雨、吹雨环境	产品在降雨环境中暴露后，雨水不能渗入壳体内部或渗入水量不能超过规定量，暴露后能正常工作	雨滴直径:0.5~4.5mm 使用中所有暴露面均应接受水压约276kPa，喷嘴的喷水至少40min	不允许渗水或允许渗水量在规定范围，喷水后产品功能正常，性能参数在产品规范规定容差范围，即能正常工作	
湿热大气环境	产品在湿热大气环境中暴露后，其表面、材料性质和电气性能不受严重影响，性能不受严重影响，且暴露期间和暴露之后能正常工作	温度变化范围30~60℃ 相对湿度变化范围85%RH~95%RH	功能正常，且性能参数在产品规范规定的容差范围；其表面及所用材料的物理特性、电特性、电气性能受到的影响应在规范允许范围之内	按 GJB 150.9 或 GJB 150.9A 推荐条件
长霉环境	产品表面不应长霉或长霉程度在允许的范围内，在长霉环境中暴露不会造成产品损坏	长霉菌种:CJB 150 和 GJB 150A 中推荐的菌，增加该产品敏感的某些霉种 温度范围:24~31℃ 相对湿度:不小于90%RH 时间:28天	• 产品规范中规定允许的长霉等级（GJB 150.10 中表 2）或其他判据 • 产品经霉菌试验后能正常工作	按 GJB 150.10 或 GJB 150.10A 推荐条件

环境类型		定性要求描述	定量要求		实验室试验验证要求和（或）方法
			环境应力强度	合格判据	
盐雾大气环境		产品在盐雾环境中暴露后受到的腐蚀程度在允许的范围之内，且产品仍能正常工作	盐溶液温度：氯化钠含量为5%盐溶液 pH 值:6.5～7.2(35℃时) 盐雾沉降率：1～2mL/80cm²/h 或（16h 的平均值）1～3mL/80cm²/h	表面腐蚀程度应在产品规范允许范围之内，没有盐沉积引起部件阻塞、粘接现象，功能应正常，性能参数在规定的容差范围内，即能正常工作	按 GJB 150.11 或 CJB 150.11A 推荐条件
砂尘环境	吹砂环境	产品暴露于吹砂环境后，表面磨蚀程度在允许范围内，不会产生堵塞和卡住动部件现象，仍能正常工作	温度:60℃或产品高温工作温度 湿度:≤30% RH 风速:15～29m/s 砂组成:见 GJB 150.12 或 GJB 150.12A 砂浓度:2.2±0.5g/g³ 1.1±0.25g/m³ 0.177～0.18 g/m³ 根据具体情况选择	产品表面磨蚀程度在允许范围和内，不会堵塞滤器和通风口等部位，功能应正常，且其性能在产品规范规定的容差范围内，即能正常工作	按 GJB 150.12 和 GJB 150.12A 中程序 1 和程序 2 推荐条件
	吹尘环境	产品暴露于吹尘环境中后，仍能正常工作	温度:60℃或产品高温工作温度 湿度:≤30% RH 风速:1.5m/s,8.9m/s 尘组成:见 GJB 150.12 或 GJB 150.12A 尘浓度:10.5±7g/m³	产品的轴承、油脂密封处，润滑部位、过滤器和通风口等处没有尘渗入或渗入程度在允许范围，产品功能应正常且性能参数在允许的容差范围内，能正常工作	

（续）

环境类型	定性要求描述	环境适应性要求		实验室试验验证要求和（或）方法
		环境应力强度	定量要求 合格判据	
砂尘环境 降尘环境	产品暴露于降尘环境中后,仍能正常工作	温度:23℃或规定值 湿度:≤30%RH 风速:<0.2m/s,8.9m/s 尘粒度:<105μm 尘浓度:6g/m²/天或其他规定	尘渗入产品的量在规定范围之内,不会引起粘合,堵塞活动部件,卡住,形成非工作性接触转换,构成电桥而短路,产品功能和性能参数正常	
爆炸性气体环境	产品在爆炸性气体环境中工作时,不会引爆此气体,有防爆体的产品,爆炸性气体不会延到壳体外部	温度为产品最高工作温度(由产品规范规定);高度为产品最高使用高度或12200m(以小者为准)。燃料和混合气体见 GJB150.13 和 150.13A 中规定	产品工作时不因火花和热点引爆周围爆炸性气体,有防爆壳体能有效阻止其内部爆炸性气体爆炸蔓延到机壳外	GJB 150.1 和 150.13A 推荐条件
水浸环境	产品全部或部分浸入水后不被损坏且能正常工作	浸渍温度:产品上部最高点距水面为1m 涉水深度:见 GJB 150.14A 产品与水温差:0℃或10℃或27℃	浸渍或涉水后渗入产品内的水对产品正常工作不产生影响	浸渍 GJB 150.14 和 150.14A 程序1推荐条件 涉水 GJB 150.14A 程序2推荐条件
太阳辐射环境 短期太阳辐射环境	产品在太阳辐射的热梯度作用下结构应不被破坏且能正常工作	太阳光谱(GJB 150);日循环(3次),日循环可选: • 49℃,1120W/m²(最大值)日循环 • 44℃,1120W/m²(最大值)日循环 • 39℃,1120W/m²(最大值)日循环	产品结构不会因热效应破坏,且照射后功能正常,性能参数在产品规范规定的容差范围之内	GJB 150.7 和 150.7A 推荐条件

环境类型		环境适应性要求			实验室试验验证要求和（或）方法
		定性要求描述	定量要求		
			环境应力强度	合格判据	
太阳辐射环境	长期太阳辐射环境	产品在太阳辐射环境中光化学效应作用下不被破坏	太阳光谱（见 GJB 150/ GJB 150A）温度:49℃或44℃或39℃（恒定）辐射度:1120W/m²（不变）时间;56 天	产品的材料如织物和塑料涂层的变色、开裂、粉化和变化,天然和合成橡胶及聚合物老化不至在或在规定的程度之内	
	加速度作用环境	产品在寿命周期内的作用力的作用下不会损坏其功能和性能,也不会破坏其结构和安装支架,危及安全	• 确保功能和性能的加速度值（g）（加速度大小与产品距平台重心和平台运动特性有关,六个方向的加速度一般不一致）• 确保结构完整的加速度值（g）和作用时间 加速度值为该方向保证功能和性能量值的若干倍 在没有实测数据情况下可参考 GJB 150.15 和 GJB 150.15A 有关规定	施加加速度应力期间和以后: • 产品的功能应正常,性能参数应在产品规范规定的容差范围之内; • 在更大的加速度作用下,产品的结构和安装支架不受损坏,不至于甩出出危及安全	GJB 150.15 和 GJB 150.15A 推荐条件
振动环境	制造和维修过程装备组件零件遇到的3类振动环境	不适用（主要研究由振动引起产品的过程积损伤,应在设计时考虑去）	随机振动指标一般用振动谱（频率范围和功率谱密度）或振动量值来表示,定频正弦振动用振幅/加速度和频率及持续时间来表示,扫频正弦振动则用频率范围、振幅/加速度和扫频速率和次数来表示	—	GJB 150.16 推荐条件

表头：环境适应性要求

环境类型	定性要求描述	定量要求		实验室试验验证要求和（或）方法
		环境应力强度	合格判据	
振动环境	装备作为货物运输过程遇到的各种运输工具产生的8类振动环境 产品应能经受预定的运输、振动环境作用后不损坏，且能正常工作	不同装备，不同的寿命阶段将遇到不同类型的振动类型和强度，应当通过实测数据和数据分析来确定振动类型、谱型、量值并根据寿命周期振动情况确定振动持续时间，没有实测数据时，可参考或直接使用GJB 150.16和GJB 150.16A中提供的数据或指导原则。GJB 150.15中提供了10类振动环境，确定振动类型及其强度。GJB 150.15A中提供了25类振动环境的确定方法	经历此环境作用后结构不损坏，功能和性能正常	GJB 150.16 或 150.16A推荐条件
	装备安装在各种平台上工作过程中能遇到的12种振动环境 产品在预定的振动环境中能修正常工作，且结构不受损坏		产品在振动环境的作用下能正常工作，且在装备整个寿命周期内结构保护护完好	GJB 150.16 或 GJB 150.16A推荐条件
	其他情况如于悬臂处于运输过程状态或整机低限完成考核遇到的2种振动环境 产品结构能耐受这类环境作用而不被破坏	—	结构不受破坏	GJB 150.16A推荐条件

(续)

环境类型	环境适应性要求			实验室试验验证要求和(或)方法
	定性要求描述	定量要求		
		环境应力强度	合格判据	
机械冲击环境	产品寿命周期过程中经受到各种冲击作用下结构应不破坏,且在冲击作用期间或以后能够正常工作	冲击应力参数一般优先选用冲击响应谱和有效持续时间表示;也可用半正弦冲击波和后峰锯齿两种冲击波形及其相关的峰值加速度、速度变化量及持续时间来表示,一般优先采用实测数据确定的冲击响应谱或实测数据,没有实测数据时,可用 GJB 150.18 和 GJB 150.18A 中给出的,确定各种情况下上述参数的原则和方法,或谱(波)形和数据	产品安装结构不破坏,产品自身的结构不破坏,产品在冲击期间或冲击后功能正常,且性能在产品规范规定容差范围内,即能正常工作	GJB 150.18 和 GJB 150.18A 中推荐条件
炮击振动环境	受炮击振动影响区的设备在振动下结构不损坏,且能正常工作	炮击振动谱及其相关参数和振动作用时间及其相关参数,优先通过实测确定振动谱型及其相关参数,无实测数据时可参考 GJB 150.20 和 GJB 150.20A 中提供的谱、数据和方法确定这些指标	产品不损坏,且功能正常,性能在其规定规范规定的容差范围内	GJB 150.20 和 GJB 150.20A 中推荐条件

表中环境应力强度主要列出了环境应力参数,从作用结果来看,应力作用时间(连续或间断累积)同样是十分重要的,但在提环境适应性要求时往往更加难以准确提出,一般只能给出寿命周期内在此环境应力作用下功能和性能正常的原则性条件。因此该表中有相当部分环境因素只提应力强度,其应力作用时间由于在 GJB 150/GJB 150A 相应的验证方法有明确规定,只要如表 4 - 5 那样将适应性要求和验证要求配套使用,适应性要求中不明确应力作用时间也问题不大。

表中每一个环境因素往往出现多种类型的环境,如温度环境包括了 5 种环境,低气压环境包括 3 种环境等,这些环境往往对应于试验方法中某个试验程序。表中将这些环境对应的环境适应性要求一一列出,并不等于某个具体产品的环境适应性要求和验证要求表中都要列出每类环境或每类环境中的各种环境对应的环境适应性要求和验证要求,因此实际的表格要比表 4 - 4 简单得多。

4.2.5 确定实际产品试验的替代方案

环境要求包括环境适应性要求和环境试验要求两大部分。环境要求一旦确定,就可转入产品研制的设计工作,并对研制出的产品开展各种必要的环境试验。

环境试验在产品研制生产中是一项耗资较大的工作,常常由于试验件难以提供、试验设备能力限制、时间限制或经费限制而受到制约。因此如何简化环境试验项目和采用替代方案来简化环境试验工作,减少试验工作量,节省费用,是非常重要的问题,这些问题应在方案阶段后期或开始试验前就加以考虑。具体包括以下几个方面:

(1) 确定能有相似法来代替实际产品试验的产品。若需要试验的设备在安装平台环境和其结构、功能等方面都与已经通过的试验设备几乎相同,且经分析认为这些方面的差别不会产生不同的环境响应,则可以考虑免去该项试验。

(2) 材料、结构和工艺与原来生产并通过检验和试验的产品相同,且使用场所相同,可免去试验;经分析证明该产品有抵抗某些环境影响的能力,可免去试验,例如若产品均是用非营养材料制成,一般可免去霉菌试验。

(3) 各个试验项目中有些项目试验条件的严酷度低于另一个项目的严酷度时,可免去这一项目的试验。例如低温贮存试验温度高于低温工作试验温度或高温贮存试验温度低于高温工作试验温度,则可免除这两个贮存试验;若功能振动试验量值大于运输振动试验量值,则可免去运输振动试验等。

（4）确定能用模拟件来代替实际产品试验的产品。不一定任何试验都要用真实的产品作为试验样品投入试验,应当根据试验项目的特点和目的、产品的特性等确定能否用试样或模拟件来代替实际产品进行试验。例如盐雾和霉菌试验在一定情况下就可用试样来取代;结构共振频率测定试验、坠撞安全试验、冲击试验,可用相同结构产品或模拟件替代。霉菌、盐雾、太阳辐射等试验若不要求测性能参数,可用电气参数不合格的产品作替代样品等。

（5）确定能用建模与仿真来代替实际产品环境试验的产品。只有在下述条件下才可以利用环境影响数据／知识库、战斗仿真技术和虚拟验证技术来替代实际产品试验,预计产品的环境适应性:数据库有这类环境数据,仿真技术预计的有效性已得到证实。

无论是采取上述哪一种方法取代实际产品试验,均应提供费用/效益/风险分析报告,组织评审并按规定程序批准。

这项工作的结果应输出以下信息:

（1）免除试验的产品的统计表及其说明;

（2）产品不需进行的试验项目及其说明;

（3）可用模拟件、相似件替代产品进行试验的项目及其说明;

（4）采用仿真试验代替产品进行试验的项目及其说明;

（5）采取上述简化、替代、免除措施的费/效和风险分析及评估报告。

4.2.6 确定装备环境要求需要考虑的几个问题

"战斗力标准、实战化要求"可能是近义词,但是从 2013 年起,这些词常见于报端,也经常被人们提起。但这些词代表的深层次涵义,是要求装备建设的一切工作要依据战斗力标准,按照实战化要求发展装备,这对于装备建设工作就提出了新的更高的要求。装备论证工作必须适应这个要求,在提出装备环境要求和环境适应性要求时,必须认真把握好如下几个问题:

（1）准确掌握武器装备的作战任务需求。世界各国武器装备发展的历程证明,由于武器装备的特殊性,从研制者的角度对武器装备作战任务需求掌握的程度都不高。因为,武器装备不同于民用产品,通过市场调研,基本上可以摸清用户和市场需求,甚至出现专门从事市场调研的机构或者公司。同时,由于质量要求高、规模批量小、保密要求高等原因,军品市场垄断比较普遍。在这种情况下,就考验了甲乙双方的智慧,为了指标要求和经费投入讨价还价比较激烈,最终达不到提高质量的目标。这就是到了一定的时期,军品行业的质量标准还没有民品行业高的原因。

作战任务需求是在不断变化着的,这种变化受多方面因素的影响。首先,是由于国家安全环境、利益、地位等发生变化,造成作战对手发生变化,进而影响到作战的战略、地域等发生变化,环境随之变化;其次,技术发展带来的材料、工艺、方法、手段的变化,带来需求的增长和提高,需要环境随之适应这种新的要求;再次武器装备发展进程中,新的情况出现,包括管理体制、机制、人员等变化,需求经常变化。为了解决需求提出、实现和控制等问题,国外形成了一个新的学科或者专业,叫做"需求工程",这其中就有需求管理的内容。美军从联合作战的角度,形成了一整套联合能力需求形成体制和机制[7],这在第1章作了部分介绍。我军虽然这次改革成立了联合参谋部,联合作战如何牵引与作战能力建设相关的要素,还需要相应的机制作保证,这方面还有许多工作要做。一旦进入型号,承制单位需要掌握装备的作战任务需求,美军也有具体的做法我们可以借鉴,就是本章前面介绍的,按照 GJB1371《装备保障性分析》(参考 MIL – STD – 1388 – 1A 后勤保障分析)开展使用研究工作[2],就是要到部队调研类似老装备的使用保障情况、新研装备可能的使用区域和使用保障条件等,写出使用研究报告。我们目前还没有这个环节,甚至论证单位这项工作也没有做好。

(2) 按照实战化要求提出更高的环境条件要求和环境适应性要求。环境条件不同,对装备的性能影响也不相同。也就是说,装备的使用环境条件与实际达到性能直接相关。因此,在装备论证时,性能指标的背后存在相应的环境条件。实战化条件就是与强敌对抗情况下的条件,这就不是简单的自然环境,还要考虑诱发环境、对抗环境等,进而对设计提出更高的质量标准要求,包括结构、材料、工艺等方面的规范要求,这些环境可统称为作战环境。这些实战化的要求,要逐级分解细化,落实到装备的各个层级,提出对结构、材料、工艺等方面的具体要求,这样才能控制。美军这方面有一些好的做法可以借鉴,本书后面有所介绍。以腐蚀和预防为例,美国采取了大量的措施,为项目经理,选择结构、材料和工艺提供了详细的指南[8];还有相关标准、指南、手册等,包括大量与环境等方面的设计准则和要求[9],这些准则和要求可以从要求文件中获得,也需要大量实践经验的总结。在论证时,要形成作战(使用)环境文件,包括现在已经掌握的使用环境,还要收集预期未来使用环境的变化,这个文件需要随着环境条件的变化不断修订,同时要保证数据的质量。美国军用标准 MIL – STD – 810G[10]对这些问题有明确的规定。各级要求之间必须有明确的关系,而且每级要求对顶层要求是可跟踪的,如图 4 – 3 所示(以空军为例)。

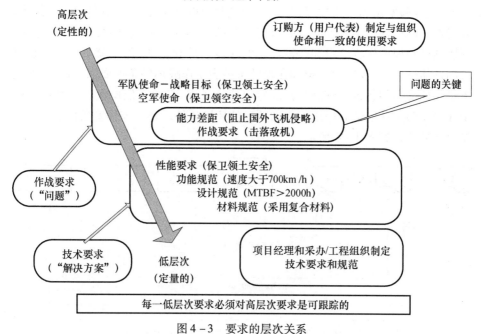

图 4 – 3　要求的层次关系

（3）在确定环境条件和环境适应性要求的同时确定试验方案和试验方法。在论证阶段需要考虑使用方案（有时称为"作战方案"，软件称为"运行方案"）、初步的设计方案和保障方案（约束），现在需要增加一个试验方案，这个方案以前没有充分得到考虑。在实施要求可验证性分析时要用到这个方案，可以采用试验设计（DOE）技术解决这个问题。通过试验设计解决什么时间，在哪个产品层次，采用什么试验技术，对哪些参数进行试验，同时考虑试验时的产品状态、需要记录的数据资源，以及试验数据统计计算采用的模型、程序和方法等[3,11]。目前，国外对环境条件的考核，通常是在环境实验室进行的，一般是非工作状态下的对低层次产品的环境试验。对于系统级有环境试验，美军建立了大型气候实验室，开展整机的环境试验，这部分内容后面有专门介绍。

对于环境试验美军颁布了军用标准 MIL – STD – 810G[10]，英国颁布了第四版 Defence Standard 00 – 35[12,13]。虽然规定的大部分试验方法是实验室实验，但是出发点或者前提已经从作战（使用）环境出发，这种做法值得我们学习借鉴。我国目前比较缺乏类似于美军的整机环境实验室设施，这就可能造成进入靶场进行作战试验时，出现低层次产品环境试验未能发现的问题。但是，从贴近实战的要求出发，在论证时，需要编制各种试验的环境条件，包括作战试验。

目前,我们机构改革后成立了新试验鉴定管理机构,试图开展装备性能试验、作战试验鉴定和在役性考核,这三种试验时的环境条件需要在论证时提出,同时在研制过程中要开展大量的低层次产品的实验室环境试验,这些试验用的环境条件是根据作战鉴定和在役性时的环境条件导出的,否则就不可能保证整机的性能试验、作战试验鉴定和在役性考核满足作战环境条件要求。换句话说,为了保证最终的装备能够满足作战鉴定环境条件,必须在低层次产品性能试验中或者实验室环境试验中施加更加严酷的环境条件。要求与环境条件及试验类型之间的关系如图4-4所示。

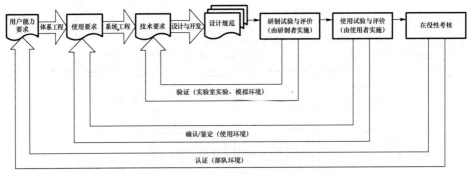

图4-4　需求与试验和评价之间的关系

参 考 文 献

[1] GJB1909A-2009《装备可靠性维修性保障性要求论证》,总装备部.

[2] GJB1371-1992《装备保障性分析》,总装备部.

[3] Guidance on the Use of Design of Experiments (DOE) In Operational Test and Evaluation, OPERATIONAL TEST AND EVALUATION Director, 2010.

[4] MIL-HDBK-520A. SYSTEM REQUIREMENTS DOCUMENT GUIDANCE. DEPARTMENT OF DE-FENSE. 19 December 2011.

[5] QRMS-58. GJB4239《装备环境工程通用要求》实施指南,总装备部电子信息基础部技术基础局和技术基础管理中心,2008.

[6] GJB150-2001《军用设备环境试验方法》,总装备部.

[7] Joint Capabilities Integration and Development System. Chairman of the Joint Chiefs of StaffInstruction (JCCSI) 3170.01H. 10 January 2012.

[8] Corrosion Prevention and Control: A Program Management Guide for Selecting Material. Advanced Materials, Manufacturing, and Testing Information Analysis Center. September, 2006.

[9] MIL-STD-1568D, MATERIALS AND PROCESSES FOR CORROSION PREVENTION AND CONTROL IN AEROSPACE WEAPONS SYSTEMS,2015.

[10] MIL - STD - 810G, ENVIRONMENTAL ENGINEERING CONSIDERATIONS AND LABORATORY TESTS. w/Change 1 ,2014.

[11] Testing in a Joint Environment Roadmap: Strategic Planning Guidance, Fiscal Years 2006 – 2011. DEPARTMENT OF DEFENSE, Final Report, November 12, 2004.

[12] Defence Standard 00 – 35 , Environmental Handbook for Defence Materiel, Issue 4 Publication Date 18 Sept 2006 , Ministry of Defence.

[13] 英国国防标准(DEF – STAN)00 – 35,国防装备环境手册(第四版本,上、下册),总装备部电子信息基础部技术基础局、总装备部技术基础管理中心,2010.

第5章　装备环境适应性设计

环境适应性是产品的一个重要的质量特性,与其他质量特性一样,它是依靠设计纳入产品的。因此在对产品的结构、功能和性能进行设计的同时,还要进行环境适应性、安全性、电磁兼容性、可靠性、维修性和测试性等一列质量特性的设计。这些设计应当互相穿插或并行、协调地进行,彼此之间进行适当的权衡,达到最佳的组合,使设计出来的产品具有全面的质量特性和良好的综合效能。

产品完成了环境适应性设计后,还应根据环境适应性要求和所选用的材料、元器件、工艺、选购的部件,对整个产品环境适应性进行预计,以对产品的环境适应性进行非试验性评价,为改进设计提供依据。当然最合理和准确的评价应当是进行各种类型的环境试验。

该项工作包括制定环境适应性设计准则、开展环境适应性设计和环境适应性预计三部分。

5.1　环境适应性设计的基本步骤

开展环境适应性设计一般按照下列步骤进行:

(1)明确装备所面临的环境条件。进行环境适应性设计时,首先要明确装备将面临的环境条件,这些环境条件最好是定量的,但也可能是定性的,有的是对实际遇到真实环境的描述,而有的已经转化为环境试验中所考核的环境条件。

当前国外环境试验中的环境条件标准对整机一般并不给出具体的试验条件,而通常是给出自然环境和诱发环境条件的参考量值。对于大型的系统,各分系统、子系统、设备、分机所经受的环境条件又不同于整个系统所经受的环境条件。

(2)确定装备寿命期的环境剖面。一个装备产品从出厂到报废,除了使用中的平台环境外,还要遭受运输和贮存环境条件,并且每种环境因素出现的概率也千差万别。所谓环境剖面就是产品全寿命周期所遇到的各种环境因素量值及其出现的概率,环境剖面及相关的环境文件是进行环境适应性设计的依据。

(3)制定环境适应性设计的准则。一个装备(产品)通常由许多分机组成,特别是大型系统,会由很多分系统、子系统、设备单元组成,所以开展环境适应性设计需要制定统一的设计准则,让每一个设计师进行环境适应性设计时有统一的根据。

(4)环境适应性设计。在具备了环境适应性设计所需要的设计资料和设计准则后,就需要开展环境适应性设计,包括一般设计和详细设计。

(5)环境适应性设计评审。环境适应性设计评审是对环境适应性设计输入进行全面、系统审查,从中发现环境适应性设计中的薄弱环节,提出改进意见、完善设计并降低设计风险,必要时进行重新设计改进。

(6)环境适应性设计预计。一个产品完成了环境适应性设计后,要对其设计产品的环境适应性进行预计,必要时进行设计验证来进一步证明设计是合理的,从而对装备的环境适应性给出估计。

图5-1给出了环境适应性设计的基本步骤示意图。

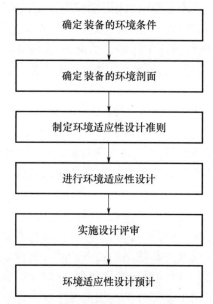

图5-1　环境适应性设计的基本流程示意图

5.2　制定环境适应性设计原则

5.2.1　确定环境适应性设计的基本原则

环境适应性设计目前有两种不同的设计原则。第一种设计原则是最常用的原则,即根据平台环境要求来设计产品,国外也有称为"剪裁"原则;另一种设计原则是最近又重新重视起来的"极限"原则,这一原则不是基于平台环境要求,而是基于最大设计和制造能力。

1. 第一种设计原则

目前虽然没有一个文件或标准对环境适应性设计准则有一个明确的规定,但实际上许多设计是遵循"满足产品特定平台环境要求"这一设计原则的。按照这一设计原则,一旦产品在平台上的主要诱发环境(包括环境类型和量值)确定之后,便将其作为环境条件纳入合同的环境要求条款中,以作为产品研制中确定环境适应性设计和各种环境试验要求的依据,同时也是判断产品设计定型和批生产验收中环境适应性和符合性的依据。因此设计人员按照其成品研制合同中的环境要求设计产品,使用方按同样的要求验收产品。

在这种为特定平台环境要求设计、试验和验收产品的思想指导下,设计产品的环境适应能力一般刚好满足要求,或可能留有一定的余量。但由于设计人员对产品质量观念认识不足以及受经费、进度等客观因素的限制,常常是环境适应性达到要求后,环境适应性设计工作即告结束,很少将环境适应性设计得比要求的更高。这种设计原则的优点是最大限度地利用资源,但设计的产品专用性强。

2. 第二种设计原则

第二种原则是针对产品在未来可能安装的平台上可能遇到的主要自然环境、诱发环境种类,应用当前的最新材料、工艺、设计水平和制造技术能力,将产品的环境适应性能力提高到目前可能达到的最高水平,也就是按照达到最大环境适应能力的原则设计产品。这种思想正在美国以波音公司为首的民用工业界大力推行。

通过这种设计思想获得的产品,由于其环境适应性很高,因此可以在相对较长的一段时间内作为一种货架产品,为各种平台选用,不必每研究或改进一个新的平台就必须同步研制或改进其使用的相应产品。这种方法的优点显然是可节省研制经费,提高装备或平台的更新换代速度,这对于提高商业竞争能力有很大价值。因此美国许多民用工业部分都在积极推广这一思想。这一思想的缺点是研制阶段的投资费用大。例如,在设计中应用高加速寿命试验(HALF)来缩短这种设计进行的时间。

5.2.2 设计原则选用考虑

这两种设计原则各有利弊,在进行具体产品设计时到底选用哪种原则,应根据产品的应用对象和前景等来确定,目前军用装备的环境适应性设计多半使用"剪裁"原则;这是因为军用装备的需求复杂且变化较快,不仅环境要求在变化,而且功能性能要求和物理特性(结构、尺寸、重量)也往往要变化,不可能大量应用货架产品。

而民用产品对相对稳定、批量高、应用范围广的货架产品需求较大,由用户选购将其应用于不同的平台。对于军用装备来说,一个用途较广、应用平台物理特性相对变化不大的产品,如地面武器装备,在经费、进度许可的情况下,应用第二个原则设计,同样不失为一个更为节省成本的好思路。

5.3 环境适应性设计方法

5.3.1 装备环境适应性设计的分类

环境适应性设计工作由装备(产品)设计人员根据环境适应性设计要求和制定的设计准则进行。产品设计人员应参考相应的环境适应性设计手册,采用适当的技术、工艺、材料和方法进行环境适应性设计。

按照装备与环境的关系环境适应性设计方法可分成三类:①强化装备本身的耐环境能力;②采用改善环境条件或者减缓环境影响的措施;③提出合理的使用和维护方法。图5-2给出了这种分类的示意图。

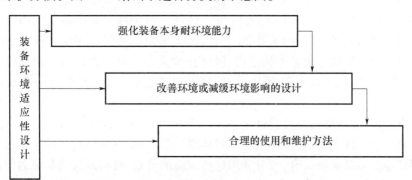

图5-2 环境适应性设计方法分类

在装备的环境适应性设计中,首先要考虑的是强化装备本身的耐环境能力,只有装备本身具有较好的耐环境能力,装备的环境适应性才有了基本保证。当然进行这方面设计时,还要综合考虑经济性、功能等方面的影响。这种设计方法主要包括:

(1)采用耐环境能力强的零部件、元器件和材料;

(2)使用表面工程技术如防护涂镀层对装备材料进行表面改性;

(3)采用先进的制造工艺等;

(4)提高设计余量(耐环境余量)。

在装备本身具有了一定的耐环境能力后,要进一步采取改善环境条件和减缓环境影响的设计的措施,减少装备遭受环境损伤的可能。当然改善环境条件和减缓环境影响的措施也会增大装备的经济成本和其他成本,这需要进行较深入的分析。这类设计方法主要有:

(1)合理的结构设计;

(2)冷却措施、减振措施、密封通风排水设计等;

(3)先进工艺,如缓蚀剂等。

最后,如果由于成本技术、成本等方面的限制,上述两种环境适应性设计还不能完全达到装备环境适应性的要求,就需要提出合理的使用和维护的方法,把环境对装备的影响控制到一定的范围内,确保装备的使用。这类设计方法主要有:

(1)防止和减少在恶劣环境中的使用;

(2)采用先进的包装、维护工艺等;

(3)及时检查维护。

目前用于支持设计人员进行环境适应性设计的设计手册很少,设计人员开展此项工作有较大难度。形成相关的设计手册如《抗振动环境设计手册》《耐温度环境设计手册》是十分重要的,应当针对每一种或每一类环境制定相应的设计手册。如前所述,环境因素有 20 多种,可见编制这些设计手册的任务十分繁重。由于我国环境工程技术较落后,设计技术又是一个国内外各公司单位特有的专业技术,收集和汇总这些技术,编写手册并进行验证,需要有一个长期的过程。

众所周知,环境适应性设计是一种构筑在产品功能、性能基础上的设计,而且一般不会一次成功,往往必须与自然环境试验、实验室环境适应性研制试验和使用环境试验等紧密结合,充分利用这些试验的信息,对所发现的环境适应性薄弱环境采取改正设计措施。这一过程要尽可能反复迭代进行才能完全达到目的。与此同时,也为编制上述设计手册积累了资料。

5.3.2 装备环境适应性设计原则的分解细化

进行环境对应性设计时,应根据环境适应性设计准则的总要求,按照有关标准手册和技术文件规定制定具体产品的环境设计准则,作为设计人员进行设计的依据。由于装备应用范围不同,不同环境出现极值的概率不一样,而且不同环境对具体装备的影响机理和危害性也不同,不同的环境因素和装备的不同部分应有不同的环境设计准则,这也就是对装备的环境适应性设计原则进行分解细化的过程。

例如,美国军用手册 MIL – HDBK – 310 中建议,自然低温环境设计采用 20% 风险,降雨环境采用 0.5% 风险,高温等其他自然环境一般采用 1% 风险。产品设计时应考虑其平台环境,平台环境的设计准则更应考虑平台和产品的特性及其与环境的相互作用机理。设计准则为设计人员进行具体的环境适应性设计提供原则指导,也为评价环境适应性设计水平提供依据。图 5 – 3 所示为环境适应性设计原则的分解细化和综合的过程。

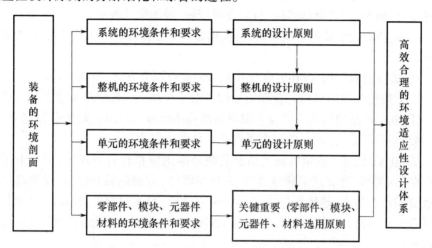

图 5 – 3　环境适应性设计原则的分解细化和综合过程

进行大型复杂系统的环境适应性设计时,要根据装备的环境剖面,结合系统的环境条件,形成针对系统的设计原则,在系统的设计原则基础上,结合具体整机的环境条件和具体要求,建立整机的设计原则;同样逐级建立起单元的设计原则及关键重要零部件、模块、元器件和材料的选用原则;最后要综合和协调装备各层次产品的环境适应性设计原则,形成一套高效合理的环境适应性设计体系。在建立环境适应性设计体系时要着重考虑:

(1) 装备各组成部分的交互作用以及对局部微环境的影响;

(2) 综合环境的影响;

(3) 与其他技术和质量指标的协调。

5.3.3　电子产品环境适应性设计的一般方法

电子产品环境适应性设计是装备环境适应性设计的重要组成部分,这里针对不同的环境因素给出电子产品环境适应性设计的一般方法。

5.3.3.1　耐高低温设计

高低温是电子产品最常见的环境,为提高电子产品的耐高低温性能,其耐高低温设计应列入电子产品总体方案设计范畴。

电子产品的耐高低温设计应从下列三方面进行：

（1）正确地选择材料。

① 尽量选择对温度变化不敏感的材料，采用经优选、认证或经多年实践证明可靠的金属和非金属材料；

② 选择的材料在温度变化范围内，不应发生机械故障或破坏其完整性，如机件变形、破裂、强度降低等级、材料发硬变脆、局部尺寸改变等；

③ 选择膨胀系数不一的材料时，应确定其在温度变化范围内不粘结或相互咬死；

④ 选择的润滑剂，应在温度变化范围内能保证其黏度、流动性稳定。

（2）采用合理的结构。合理的结构是电子产品耐高低温最为重要的保证。

① 电子产品的结构应综合考虑机箱的功率密度、总功耗、热源分布、热敏感性、热环境等因素，以此来确定电子产品最佳的冷却方法；

② 电子元器件、模块的最大结温的减额准则应符合有关规定；单个电子器件（如集成器件、分立式半导体器件、大功率器件）应根据温升限值，设置散热器或独立的冷却装置；热敏器件的安置应远离热源；对关键器件、模块的冷却装置应采取冗余设计；互连用的导线、线缆、器材等应考虑温度引起的膨胀、收缩造成的故障；

③ 对于印制板组件：其板上的功率器件，应采取有效的措施降低器件与散热器界面的接触电阻；带导热条的印制板，其夹紧装置、导轨及机箱（或插箱）壁之间应保证有足够的压力和接触面积；采用空气自然对流冷却的印制板，其板之间的间距、板上的最高元器件与插箱壁之间的间距应符合有关规定；

④ 应根据机箱的热耗量和内部阻力的情况，选择合适的通风机，设计合理的空气流通通道，保证需要冷却的各个部位得到其所需的风量，冷却空气应首先流经对热敏感的器件；冷却空气的进口与出口位置应相互错开，不得形成气流短路或开路；

⑤ 对于机箱中的各个部分，其单元热量分布均匀时，可采用抽风冷却，非均匀热源采用鼓风冷却。对于热耗量大的密封式机箱，应采用多种冷却系统，其冷却通道应专门设计。

（3）采用稳定的加工、装联工艺。

① 应在高标准的制造和装配环境下进行电子产品的加工、装联；

② 对于电子产品机箱内各个组件，应采取合适的热安装技术；而对于印制板组件，其板上的电子元器件同样应采取正确的热安装技术；

③ 应采用新型的、经验证的或典型的、可靠的天线、机箱及印制板涂装工

艺、金属电镀工艺等,以确保其工艺涂镀层在温度变化范围内不出现不符合标准的保护性及装饰性评价。

5.3.3.2 防潮设计

1. 材料选择

应尽量选用防潮性能好的材料,如铸铁、铸钢、不锈钢、钛合金、铝合金等金属材料以及环氧型、聚酯型、有机硅型、聚酰亚胺型等绝缘防护材料等。

2. 结构设计

在不影响设备性能的前提下,应尽可能采用气密密封机箱。

3. 防潮处理

(1)憎水处理。通过一定的工艺处理,降低产品的吸水性或改变其亲水性,如用硅有机化合物蒸气处理,可提高产品的憎水能力。

(2)浸渍处理。用高强度与绝缘性能好的涂料填充某些绝缘材料、各种线圈中的空隙、小孔、毛细管等。浸渍处理除可以防潮外,还可以提高纤维绝缘材料的击穿强度、热稳定性、化学稳定性以及提高元器件的机械强度等。

(3)灌封。用环氧树脂、蜡、沥青、油、不饱和聚酯树脂、硅橡胶等有机绝缘材料加热熔化后,注入元器件本身或元器件与外壳间的空间或引线的空隙,冷却后自行固化封闭。所使用的材料应保证其耐霉性。

(4)密封装置。对零部件、模块等采用密封装置,密封分塑料封装和金属封装两种。

塑料封装:塑料封装是把零件直接置于注塑模具中与塑料制成一体。

金属封装:金属封装是把零件置于不透气的密封盒中,有的还可在盒内注入气体或液体。

(5)表面涂覆。用有机绝缘漆涂覆材料表面,提高防潮性能。

(6)使用防潮剂。在设备内部放置防潮剂,并定期更换。

4. 防潮包装

为防止设备在贮存、运输过程中受潮,应采取防潮包装,并符合相关标准的规定。

5.3.3.3 防生物侵害设计

1. 材料选择

(1)应选用耐霉性材料;

(2)金属、陶瓷、石棉等材料不利于霉菌生长,但应经适当的表面处理,以防止其表面污染上霉菌的营养物质;

(3)高分子材料(如塑料、合成橡胶、胶粘剂、涂料等)中的填料、增塑剂的选择,应尽量选用防霉的无机填料及其它耐霉助剂;

（4）热固性塑料应完全固化，以提高其防霉性；

（5）非耐霉材料如天然纤维材料及其制品应尽量避免使用，如果难以避免，则必须经过防霉处理之后才能使用。

2. 结构设计

（1）在不影响设备性能的前提下，应采用气密式外壳结构，内部空气应干燥清洁，相对湿度小于60%；

（2）对于气密式设备，其内部可填充干燥清洁的惰性气体，相对湿度应小于60%；

（3）气密性外壳的技术要求和检验应符合国家标准与产品规范的有关规定。

3. 防霉处理

当使用的材料和元器件等耐霉性达不到要求时，必须进行防霉处理。

（1）对非耐霉材料（如塑料、橡胶、涂料、胶粘剂等），可在材料的生产工艺过程中直接加入防霉剂。

（2）对由非耐霉材料制成的零部件、元器件，可浸涂、刷涂防霉剂溶液或防霉涂料。

（3）所使用的防霉剂必须满足下列要求：

① 高效、广谱；

② 低毒、安全；

③ 性能稳定，便于操作；

④ 对设备的性能无不良影响。

（4）应根据防霉处理的材料种类、使用环境、要求防霉的时间长短以及主要的霉菌种类等因素，选用合适的防霉剂。

4. 包装防霉

为防止设备在贮存、运输过程中长霉，应采取防霉包装。

（1）霉菌对设备性能有影响或外观要求较高的设备，应采用密封包装，方法包括：抽真空置换惰性气体密封包装、干燥空气封存包装、除氧封存包装、使用挥发性防霉剂密封包装；

（2）经有效防霉处理的设备，可采用非密封包装，但应先外包防霉纸，然后再包装；

（3）长霉敏感性较低的设备，亦可采用非密封包装，并应在包装箱上开通风窗，以防止和减小由于温度升降在设备上产生凝露；

（4）防霉包装的技术要求和检测应符合相关标准的规定。

5. 防昆虫及其它有害动物的设计要求

对于暴露在昆虫及其它有害动物活动地区并受到其危害的设备，应采取防护措施。

（1）防护网罩。可在设备的周围和外壳孔洞部位设置金属网罩，防止昆虫和其它有害动物进入。网孔大小应视防护的具体要求而定。

（2）密封外壳。密封外壳可用于防止昆虫及其它有害动物进入。

（3）生物杀灭剂和驱赶（除）剂（器）。不能采用密封外壳和防护网罩的设备，应定期使用生物杀灭剂（如杀虫剂、杀鼠剂等）。对防霉处理的规定也适用于生物杀灭剂。

5.3.3.4 防腐蚀设计

电子设备防腐蚀设计的基本要求根据产品的使用地区和安装平台的不同而不同，例如机载电子设备在有盐雾的大气环境中应能完全正常地工作，其外观评价满足保护性和装饰性的有关要求。

为了提高电子设备环境适应能力，必须采用有效的防腐蚀设计。电子设备具体的防腐蚀设计主要从下列四个方面进行：

1. 材料选择

合适的材料为电子设备防腐蚀设计提供了必要保证。要选用经过鉴定、认证并经过实际使用可靠的金属和非金属材料，不得使用未经入库检验的材料。非标准件及材料的选用必须经订购方认可和质检方鉴定。

（1）在容易产生腐蚀和不容易维护的部位（如天线、管系等设备），应优选钛合金、不锈钢等高耐蚀性能材料。

（2）选择腐蚀倾向小的材料。

（3）选择杂质含量低的材料。金属材料中杂质的存在，直接影响其抗均匀腐蚀、应力腐蚀的能力，其中高强度钢、铝合金、镁合金等材料的这种倾向尤为严重。

（4）不同金属材料相互接触时，选用电偶相容材料，在腐蚀介质中的电偶最大电位差不得超过 0.25V。

（5）密封机箱中不得采用具有腐蚀气氛源（如 ABS、聚氯乙烯、酚醛等）的有机材料。

（6）印制板应优选高绝缘、耐燃、无毒、不易变形、刚度高的环氧玻璃布覆铜板。

（7）避免使用放气剧烈的材料如聚乙烯、多硫化合物、酚基塑料、纸、木材等；避免使用不相容的材料，如铜、锰与橡胶、纸与铜或银等。

2. 结构设计

（1）一般要求采用密封式结构。密封设计优先顺序为：模块单元进行单独密封；插箱、分机局部密封；机箱或插箱整体密封。进行气密式设计时，容器应采用永久性熔焊气密结构,局部采用密封圈密封,密封圈应选用永久变形小的硅橡胶 O 形圈。

(2) 对于大容积的构件(如天线箱体、天线罩、高频箱等),应尽量避免气密式设计。

(3) 外壳顶部不允许采用凹陷结构,避免积水导致腐蚀;外壳结构应优选无缝隙结构,在采用其它结构时,要确保其密封性和电接触性能;外壳与开关、电缆插头座等部件的连接部位应采取密封措施。

(4) 减少积水积污的间隙、死角和空间,易积水的部位应设置足够的排水孔。将内腔和盲孔设计成通孔,便于排水和排除湿气。

(5) 避免采用不同类型金属接触,以防电偶腐蚀。必须由两种金属接触时,应选用电位接近的金属。不同金属组成的构件,应设计为阳极面积大于阴极面积。

(6) 在贮存或运输过程中,应保证可靠的包装形式和包装材料,提出贮存和运输的安全防护要求。

3. 加工与装联工艺

电子设备在制造过程中,若成型、机械加工、焊接、热处理等工序条件选择不当,则会使材料产生不同类型的腐蚀倾向,导致设备在使用时由于腐蚀而引起性能失效。因此采用稳定的加工、装联工艺,是设备耐腐蚀的重要保证。

(1) 一般拉伸强度大于 1960MPa($200kg/mm^2$)的高强度钢抗应力腐蚀的性能、疲劳强度和断裂韧性都比较低。采用真空冶炼、真空重熔、多向锻造、真空热处理、喷丸、闪光焊和电子束焊等工艺可改善高强度钢的性能。

(2) 机械加工板材和挤压件所有关键表面,即经最后机械加工和热处理后易影响的部位,应进行喷丸或其他方法使其处于无应力状态。

(3) 采用冲击或热压配合、螺栓紧固、装配等,都可能在零件上表面产生残余应力,应采用提高成型精度、合理引入衬垫加以控制。在成型、加工、热处理、表面处理等工序中,都会带来残余应力,应进行应力消除热处理、喷丸、滚轧等方法消除残余拉应力或使其产生压应力,以减少应力腐蚀开裂或氢脆。

(4)滚轧、热处理、高温成型的钛合金,表面需进行机械加工、化学铣切或酸洗,以消除材料在高温下形成的污染层。

4. 防尘、防雨和防太阳辐射设计

(1) 注意电子设备的天线罩体和外部装置会受到砂尘、雨、太阳辐射的影响。

(2) 天线罩体和外部设备应避免形状过于复杂,结构应简单、光滑且合理。

（3）在结构设计中，天线罩体和外部设备外壳除满足其他要求外，应具备足够的刚度和强度，以承受气流冲击和雨水、冰雹、砂尘的侵蚀。

（4）如果可行，天线罩体和外部装置外壳应优先采用尘密和水密式设计，以防砂尘和雨水渗入。由此带来的散热、凝露、除湿等问题应有效地加以解决。

（5）天线罩体和外部设备应避免水和砂尘的积聚，尽量消除缝隙结构。

（6）太阳辐射导致的热效应和雨水可能带来的温度冲击效应，应在热设计中予以充分考虑。

（7）如果天线罩体和外部设备需要有机涂覆层，则必须选用经过实用或试验验证过的涂覆材料与涂装工艺。涂覆层应具备防砂尘、雨水侵蚀的能力；应具备良好的耐热氧老化的能力和防太阳辐射引起的光老化的能力。

（8）应考虑到天线罩体和外部设备外壳密封一旦失效后可能导致的紧急情况，并采用相应的失效防护设计。

关于机械产品的防腐蚀设计也有大量设计准则，主要也是对材料、工艺等方面提出一些要求，这部分内容可参见 MIL – STD – 1568D [6]。

5.3.3.5 抗振动与抗冲击设计

电子设备的抗振动与抗冲击要求主要是指安装平台给它的振动输入，例如机载设备的振动与冲击要求是指载机在起飞、降落、空中飞行过程中机舱底板（电子设备安装处）上的振动与冲击的响应和量值。设计时要考虑：

1. 设计准则

（1）振动强度设计要求。振动强度设计要求考虑的极限振动环境条件，通常考虑的是三个方向上的最大值作为任何一个方向上的设计。

（2）抗振性能和疲劳设计要求。抗振性能和疲劳设计要求是指经常施加在样品上的振动应力。同时还有一个在长期的空中振动下，任务电子系统不能产生疲劳的问题。满足上述要求的不应是最大包络量值，而应是平均值包络量值。

（3）冲击强度设计要求。就抗冲击设计来说，通常给出的是冲击脉冲波形或冲击响应谱。

2. 隔振缓冲系统设计

（1）振动传递率应小于1。电子设备的隔振缓冲系统应同时具有隔振和缓冲两种功能，即既应是一个好的振动隔离器又是一个好的缓冲器，其振动传递率应小于1、冲击传递率应小于1、平均碰撞传递率小于1。

（2）不出现刚性碰撞去除耦联振动。应根据电子设备的质量、尺寸、固有频率、危险频率、允许的振动、冲击量值进行隔振缓冲系统的设计（包括提出隔振缓冲系统的动态特性要求等）。并且要做到具有足够的吸收储存能量的位移空间，保证不出现刚性碰撞。支承平台的刚度中心应与电子设备的质量中心重合，以去除耦联振动的有害影响。

（3）采用背架式隔振缓冲系统。机柜（包括显控台）应采用背架式隔振缓冲系统，其中背架隔振器是非承载隔振器，其刚度阻尼特性在水平面内，应对称于原点（平衡位置），并应注意它与底部隔振器的刚度位移量等的匹配。

（4）固有频率偏差应小于10%。加载后的各隔振器的固有频率与同轴向设计时的理论固有频率的偏差应小于10%。

3. 机柜（包括显控台）的设计。

机柜（包括显控台）固有频率尽量靠近30Hz并处于可靠的支承状态。

4. 插箱（分箱、单元）

插箱（分箱、单元）三轴向与机柜（包括显控台）的连接刚度必须保证插箱（分箱、单元）的一阶固有频率不低于同轴向机柜（包括显控台）一阶固有频率的1.5~2倍。

5. 组件/模块

（1）安装在插箱（分机、单元）上的组件/模块的连接刚度，应保证三轴向的固有频率不应低于同轴向插箱（分机、单元）固有频率的1.5~2倍。

（2）采用较高固有频率的元器件，应尽量采用较高固有频率的元器件。

（3）印制板模块必须采取加固措施。在插箱中的多块印制板模块之间应有限制基频共振振幅的限位措施。

（4）印制板应采取限位、夹紧装置，限制印制板电连接边受振、受冲击后产生的相对位移和变形。

6. 紧固件

（1）满足动态载荷要求。按照动态载荷选择正确的紧固件尺寸和固定位置，选择紧固件的锁紧装置以及装配方法。

（2）监视器、计算硬盘、光盘驱动器等货架产品必须用紧固件紧固，以提高抗冲击与抗振动的能力。

5.3.3.6　耐极端环境设计[7]

非标准环境中，用于工程、安全性、可靠性和测试的常规应用需要使用外部验收标准参数的材料和测试。恶劣的环境会导致裂缝、更高的故障率及具有更高风险损失的人员和物资。耐极端环境设计的计划和设计包含了一些新思路，吸收已证实的材料和经验教训。这种方法是对所有类型的极端环境均采用主观防御的设计和试验方法。

1. 耐极端环境设计

人类从一开始就与环境做斗争,由于生存的必要性导致穿皮草、羊毛、棉、尼龙、聚酯以及现在的聚四氟乙烯和新雪丽。当在极端环境下使用时,金属、塑料、润滑剂和玻璃具有新的特性评级。美国陆军和美国国家航空航天局作为耐极端环境设计的开拓者,他们同时也是该领域技术进度的领导者。二战废墟中的车辆和装备当今在摩洛哥、利比亚、叙利亚、意大利和突尼斯这些国家仍然可见。工程师们一直惊讶于突尼斯的隆美尔和蒙哥马利的战役,而事实证明是沙漠的热量、沙子和低湿度摧毁了车辆的所有运动部件,而只有未使用的金属被完好保存下来。此外,沿着阿拉斯加公路,在建于 1942 年的从蒙大拿至阿拉斯加的达美航空枢纽上,公路建设工程公司所使用的设备仍然可以被看到。那些花了一年时间建设公路的工人,面临着极端的环境,他们完全没有为这种极端环境做好准备:在他们之前还没有人曾试图去征服这里的环境。他们临时去筹集服装、设备和燃料以让自己能够存活,并保持设备运行。由于该地区冬季极冷的气温是一类常见的极端环境,工程师和士兵面临的这些耐极端环境为达美航空枢纽的陆军测试和训练中心奠定了基础。

2. 冷设计

人造分子必须既柔韧又有刚性才能承受温度的快速变化。在正常情况下,能承建符合政府公差和规格的普通材料公司可能缺少满足耐极冷条件的能力,因此,我们不得不从我们不是很熟知的环境中收集数据。一个例子是被广泛用于日常生活的塑料。在正常条件下测试已经证明塑料有许多通用的用途,但是,塑料在极冷的环境下分子就不稳定。从 20 世纪 40 年代到 70 年代,塑料的使用是最少的;钢铁和铝是标准的材料。计算机带来了新的技术,科学家正在开发新的和未来的材料。人造材料的可靠性正在被证明既可以通过一致使用,也可以通过标准化测试。样本抽样测试是大公司使用的一种质量控制方法。公司在质量控制实施过程中,美国质量协会(ASQ)的质量标准被广泛使用。随着六西格玛和精益制造的出现,质量和可靠性正在为产品提供计算的数值结果。管理和工程正在兴起,并不断追求制造成本低和缺陷更少的高质量产品。这一原则也适用于生产在极冷的温度下使用的材料和设备。当寿命或寿命保障受到威胁时,可靠性是最常见的因素。在极冷环境下的社区居民知道如何依靠生命维持设备就等于学会了生存,热传递就等同于舒适、食物、能量、娱乐和运输。用于建造生活设施、工厂和商场的材料要有抗冷能力以降低能量损失。

计划耐冷设计需要考虑许多环境因素,比如湿度、静电、冷冻、地震活动和风。科学家继续研究不断变化的环境,并试图去预测地球寒冷地区的变暖趋势,但是,从地质的角度来说,地球的演变是通过土层来进行测量。土壤或岩石形成

111

了所有结构的基础。考虑到地震和火山喷发期间地层的移动,模拟器和真实环境中的结构负载测试可以预测故障点。使用故障模式及影响分析(FMEA)评价内部结构组件理论上可以导致的单点故障。非破坏性评价或测试可以确定设施结构完整性中的裂缝或断裂。

随着主要人口从城市迁到郊区,公用事业和服务必须要被扩大以匹配人口居住范围的扩张。通常情况下,工作或政府设施推动着人们的游牧运动,使人们到城市的郊区居住。自从托马斯·阿尔文·爱迪生发明了灯泡,人们已经利用天然气、石油、水、阳光、风和核能维持着20和21世纪的生活方式。这一显著的能源使用与可靠性有一个直接的经济和度量关系。在第三世界国家,简单地处理极端条件,而在发达的国家,维持能源可靠性已经成为一种生活方式。在极冷的温度下,热量是最主要的需求。阻止食物变得太冷就是一个问题。可以承受极度寒冷,并且不需要能量以保持恒定温度的单机容器已经被设计出来,但是对于普通的家庭来说太昂贵了。市场上出售的普通材料仍然是建筑的主要供应。当进行极端位置设计时,如用途、所需的保护、温度梯度、风力负载、地震活动和水流量等因素必须被计划和构建,以确保产品设计比美国陆军工程兵工程师军用规格具有更高的标准。塑料和陶瓷材料的重大进步正在持续,但是在大规模实施之前需要对其进行验证测试。

在朝鲜战争之后,按照美国总统艾森豪威尔的指导进行了耐极热和耐极冷影响测试。在朝鲜和欧洲,他看到了极冷环境对部队和装备的破坏性影响。未对士兵的服装进行极端条件设计,以及不能使用的武器和发动机设备故障让战争的进行变得异常困难。位于阿拉斯加达美航空枢纽的寒冷地区测试部,现在被称为寒冷地区测试中心(CRTC),它服务于整个美国国防部及其他机构以进行制服测试和项目、炸药、材料、车辆和武器的统一测试。许多在CRTC进行的测试都是在 $-50℃$ 的极端条件下实施的。

人类如何每天都在这些恶劣条件下工作本身就是一件壮举。适当分层的衣服,包括一个温暖的帽子、口罩、护目镜、月球靴或 $-100℉$ 额定靴、冲锋裤和派克大衣是寒冷条件下的标准穿着(图5-4)。商用车必须在发动机缸体、油盘、启动器、电池和水泵上采用电热垫来进行补充。没有这些,发动机液体胶化,最终被冻成固体,在该点,热量被用于解冻或重新把它们变成液体状态。新设计的合成润滑油在这种类型的极端环境下进行测试和使用。在极冷环境下,塑料也会出问题,因为它们在低温下会变得像玻璃一样脆弱易碎。

这种耐环境设计需要有创造性的思维和设计。世界各地的大多数制造工厂的工程师都在实践这一点。即使是具有完美的泡沫设计,在阿拉斯加管道恶劣的极端条件下也不可能会起作用。

图5-4　极冷条件下的穿着(照片由阿拉斯加
寒区测试中心的迈克·金斯顿提供)

3. 热设计

"沙漠风暴""伊拉克自由行动"已经验证了来源于阿伯丁试验场和亚利桑那州尤马试验场的美国陆军测试数据,数据表明在部署之前,沙漠试验设备增加了其使用寿命。军队是这些测试结果的唯一接收者;建造军用装备的承包商和政府工作人员在利用低成本试验验证数据获得高可靠性方面收获了非常有价值的判断。工程师们在极端设计中渴望得到什么,以及如何制造出结构、机械和电气元件以承受沙子和极热环境,使其能在这些极端的环境中正常运转?

极热的一个例子是华盛顿的圣海伦斯火山喷发,在9h的连续喷发过程中有57人死亡。当考虑一个1万t核弹的能量释放时,我们可以建些什么来承受这样多的热量,爆炸超压以及48.47亿 m^3 的火山灰?这还没有算上数百万棵树木和冲刷下来的泥石流,这将导致山谷和下游河流的破坏。由地震引起的圣海伦市火山喷发,即造成了山北面的山体滑坡。

耐极端设计需要对人员或机器将要运行的地点进行研究。一旦收集到相关数据,它们匹配极端环境的能力就必须要被验证。考虑到这个数据,制造商必须选择已知的,经验证可以承受极端条件的材料(图5-5),而且材料必须能采购到。在最终生产发布之前,应该在加热室进行测试,比如高压处理器 +134℃ 或在制冷室或室外 -46℃ 进行测试,以保证材料可以承受该环境条件。一旦通过了这个测试,该测试产品应该能被生产出来,并拿到极端环境下进行测试。如果测试设备或产品功能和设计的一样,就可以实施小批量或大批量生产了。

图5-5 装备在极端条件下的命运(照片由阿拉斯加
寒区测试中心的迈克·金斯顿提供)

在该过程中,需要考虑更多的因素;但是,生产前的测试是投资之前的一个验证。一旦设备或产品开始在外场运行使用,就必须检查其可靠性。由于热或冷应力断裂、运行故障、腐蚀或连接或接线断路、粘连、润滑剂和相关问题造成的故障率必须被记录,并列入运筹学方法中以纳入到新产品或改良产品线。设计变化或修改通常是非常昂贵的,并且需要重大的工程再设计;然而,在极端环境下工作会带来自身的问题。

人类只能在极端环境下工作有限的时间。因此,在这样的环境下测试包括时间、精力、金钱、人力约束,在某些情况下,也包括数据收集和传播的约束。令人瞩目的工程壮举已经用其成就征服了全世界——英法隧道是一个采矿、土木、机械和电气工程学科相结合的奇迹。

自从20世纪60年代以来,NASA一直在进行极端环境条件测试,这对寒冷地区条件下的冶金发展起到了重要作用。随着月球表面逐渐被了解,以及如何在其上舒适地存在也已经被证实,从太空中获得的经验教训是一种宝贵的资源。在雨林中建筑,如巴拿马运河,也一直是一项重大的工程挑战。现今利用当下的机械来建立类似的一个重大工程只需花费很少时间,正如田纳西-汤比格比人造水道证实的那样。核电厂替代了日益增长的能源可靠性,以及所需维持和监控可靠性的辐射环境是另一个极端环境的情况。随着成本和生产成为推动当今市场越来越强的动力,测试预算紧随其后,原型企业似乎是在引导这种方式。如果没有确保产品可以经受该环境,那么企业将会失败,并且有些损失将是不可接受的(如"泰坦尼克"号)。

安全性、可靠性和测试只是少数已被确立的标准以引导进行更好的产品提升,但是市场将会推动供需要求。极端环境,如当今世界上替代的运输燃料源,将会推动工程师去设计不使用化石燃料或电力的车辆。然而,人类已经开发出大量的系统,如火车能够在极端条件下运行,如冰雪或酷热。当工程师是在自由的市场,而不是令人窒息的法规下工作,既可以提高可靠性,同时能降低成本。

有关勘探加拿大和阿拉斯加北部地区的天然气的若干意见已经形成(图5-6)。利用当今的数据和技术,曾耗费7年时间建立阿拉斯加管道的这一过程,可以在更短的时间内完成,并且比想象中有更大的安全系数。利用监管指导,通过工程来提供产品是平衡需求与供给的艺术。考虑到产品故障研究、分析和建模的方法,在使用最少自然资源的环境下,以最低价格生产一个高质量产品符合本章的目标。Wilbert E. Scheer 说得好:"宽容是从我们生活中消除摩擦的润滑油"。

图5-6 最北部的地形(照片由阿拉斯加野生动物渔猎部提供)

以可负担的成本来设计安全系数不仅要保证产品的稳定性和寿命,而且为用户或买家提供产品要尽量不出现故障、损坏财产以及人员伤害。基于应力分析或产品测试的正常安全系数在应对极端环境时,通常不总是具有可靠安全系数的。极端条件不仅改变人造材料的属性,而且它们也会造成材料失效,就像当人类没有被适当保护时,人类将无法在极端环境下生存。例如,塑料的安全系数在正常的气候环境下,可给定4:1的产量安全系数,但是在极冷的环境下,同样的材料可能只有2:1的产量,并且在同样的测试应力下失效更快。一个冰路卡车司机权衡风险,并基于核心冰样本、温度、厚度和总的地基承载力重量,来确定冰是否强到足以承受负载穿过。难道这些卡车司机有数学公式来推导计算的风险,或者难道他们根据以往经验来碰运气? 传送的压力由单独的公司或运营商来评估。

研究与开发、制造和销售人员依靠建立并维持产品可信性的能力来在各种条件下使用。军方使用 1×10^{-6} 作为安全风险系数,这并不足以保证产品不会出故障,但是它提供了一个更大的置信度,1 亿个产品中有一个可能会发生故障。因为,在极端条件下,任何错误都应该以谨慎态度对待,使用 1×10^{-6} 安全系数[8]。把这个数字记在脑子里,可靠性测试可以提供在给定的产品中该数字的有效性,但是会产生与测试相关的成本。在日本和欧洲,严格的产品测试已经成为一种常态,而不是例外;而在美国,产品需要在样品或随机基础上进行测试。

如果没有附在产品上的安全等级,对它可持续发展的信心可能会被认为是假定的。安全性、质量和可靠性是预测和监控产品性能的学科。极端条件需要这些学科,因为它们是故障检测和产品安全的最终线。保持工程和安全人员之间沟通渠道畅通,允许数据共享,数据必须作为经验教训被捕获且内置到系统中,以预防故障。

回顾从古罗马人、希腊人和埃及人获得的经验教训,高架渠、工程石柱、雕像和竞技场经历了 2000 多年的历史依然站立,这告诉我们可以制造出随着时间推移可以经受极端条件的产品。从系统可靠性角度来看,历史学家已经收集到了很多信息,这些信息告诉我们这些工件如何经受极端环境并得以恢复,主要的极端环境包含:极冷、极热、雷电、大风、地震、火山喷发以及所有自然力量中最具破坏性的——水。一个最近失败的极端设计的典型例子是保护新奥尔良、路易斯安那州的海堤堤坝。设计的最初阶段持续了 60 多年,但是建成后没有进行适当的维护和修复,从而削弱了结构。当堤坝决口时,结果是灾难性的。

在欧洲工业革命之前,手工工艺是最主要的制造工艺。现在,许多曾经是由工人在装配线上执行的任务由计算机和机器人替代,以达到我们祖先所渴望的完美公差。随着这种知识的获得,以及未来劳动力将要变为人与人工智能计算机驱动机器的混合,当提到在未来进行极端条件设计时,在这个过程中唯一的故障点就是材料。自从 20 世纪 40 年代,冶金已经塑造了飞机、工具和机器设计。贵金属的使用量已经骤然增加,而替代品的发展一直停滞不前。NASA 科学家与来自世界各地的科学家已经设计出了空间材料,以满足最终的极端条件,比如极冷、小行星撞击以及零重力。下一代将会不断加快升级计算机技术以检索、重新计算、并重塑新材料和新工艺以引入到产品的极端条件设计中,比如桥梁、隧道和交通系统。极端条件设计是一个不断发展的过程,必须继续认真地开展以把我们的技术传承到下一代。

116

5.3.4　机械结构环境适应性设计的一般原则

在力学、化学环境的作用下,机械结构最常见的环境损伤的机理是疲劳断裂、腐蚀、摩擦磨损。由于不同装备的机械结构千差万别,下面就针对机械结构疲劳断裂、腐蚀、摩擦磨损的环境适应性设计原则进行介绍。

5.3.4.1　抗疲劳设计的一般原则

基于疲劳、断裂理论已产生了很多机械结构的设计方法,例如耐久性设计方法、损伤容限设计方法以及与其它方法相结合而产生的概率疲劳设计和概率断裂力学方法等,读者可根据需要参考相关的专业书籍。这里总结了材料抗疲劳设计的部分原则。

1. 材料选择

抗疲劳选择的一些原则如下:

(1) 尽量选用纯净、微观结构好、缺陷少的材料。

(2) 权衡疲劳强度、塑性、韧性和缺口敏感性来选择材料,使材料应具有高的疲劳强度、足够的塑性与韧性和低的缺口敏感性。

(3) 对于无裂纹的高周疲劳情况应选择高强度材料,而对于无裂纹的低周疲劳和含裂纹的材料,应选择具有较好塑性、韧性的材料。

(4) 承受交变的弯曲载荷时,选择高的疲劳强度、高的弹性极限和屈强比、足够的塑性和韧性的材料。

(5) 考虑材料的使用经验和继承性。

(6) 其他针对性设计,如针对热疲劳选择抗热疲劳材料。

2. 制造工艺设计

(1) 拉、压交变载荷下应采用使材料整体能淬透的热处理工艺。

(2) 弯、扭交变载荷时,应采用使材料 $1/2 \sim 1/3$ 厚度能够淬透的热处理工艺。

(3) 可采用精密整体制坯、精密热处理等先进工艺降低材料的不均匀性。

(4) 抗疲劳装配,如控制装配过盈量。

(5) 表面工程方法,如表层硬化、表层组织再改造性。

(6) 抗疲劳机械加工,如去毛刺、锐边倒圆,防止表面粗糙和形成残余张应力。

(7) 其他工艺设计。

3. 合理的结构设计以及环境条件控制

(1) 构件应有足够的刚度来防止过度变形。

(2) 抗疲劳细节设计,如避免或减缓结构刚度突变等应力集中的设计。

(3) 降低疲劳载荷设计,如减少载荷偏心导致传载、采用适当的补偿件、消除贴合面的设计间隙等。

（4）防止应力分布不合理,如合理安排载荷传递路线。

（5）相互连接零件和部件的刚度及连接刚度应互相匹配,变形协调,以防止对偶件力的振动疲劳或接触疲劳。

（6）避免或减缓零件的刚度突变。

（7）零件上开孔应采取合理的形状。

（8）降低使用环境不适宜的温度、湿度、介质、污染等的侵害。

5.3.4.2 抗腐蚀损伤设计的基本原则

1. 材料选择

针对材料的腐蚀,设计时要根据材料所服役的环境和技术要求选择相应的材料,例如碳钢在各种环境中耐蚀性都较差,所以一般用于强度要求低、服役环境不太苛刻的焊接件、渗碳件、冲压件、锻件、机械加工件、紧固件等。不锈钢耐蚀性要好,可用于耐蚀性要求较高的环境。抗腐蚀损伤设计要注意以下原则:

（1）选择在服役环境中化学稳定性高的材料。

（2）优先选用实践证明良好的材料。

（3）优先选用成熟、有耐腐蚀性能数据,满足要求的材料。

（4）无使用经验、数据不足的材料需要进行足够的试验验证后方能使用。

（5）对于不易检查、维护和容易腐蚀的部位,选用耐蚀性优良的材料。

（6）尽量选用纯度高的材料。

2. 制造工艺设计

严格的材料加工工艺控制可以防止加工过程中引入或者强化腐蚀因素的作用,而合理的表面处理工艺和涂覆层可以有效提高材料的耐腐蚀性能,在制造工艺设计时,要注意以下原则:

（1）采用真空冶炼、真空重熔、多向锻造、真空热处理、电子束焊接、氩弧焊等方法提高材料耐蚀性。

（2）消除成型、加工、热处理等过程中可能带来的残余拉应力,以避免应力腐蚀开裂。

（3）避免采用可能导致渗氢的电镀、酸洗工艺,否则镀后应除氢。

（4）结构关键件、重要件原则上不得裸露使用。

（5）采用有机涂层防护。

（6）机械加工、成型与热处理、喷丸等一般在电镀前进行。

（7）工序间进行防锈包装等处理。

（8）及时清洗和干燥。

（9）消除材料热处理等加工工艺过程中的腐蚀介质等。

3. 合理的结构设计以及环境条件控制

通过合理的结构设计并控制环境条件可防止材料的腐蚀,例如:

（1）结构尽量简单、光滑,避免过多间隙,以防止缝隙腐蚀、浓差腐蚀、应力腐蚀等。

（2）开展排水设计,以及时排出水分和腐蚀介质。

（3）通过通风设计防止凝露和积水。

（4）严格密封防潮设计,防止雨水或者其他介质进入结构内部。

（5）做好工作应力设计和残余应力的控制,防止应力集中,注意装配应力的控制。

（6）应尽可能采用电化学上相容的材料,防止异种金属接触导致的电偶腐蚀,否则要进行防护。

5.3.4.3 抗摩擦磨损设计的基本原则

摩擦磨损是一种复杂现象,因此摩擦副的摩擦磨损的特性并不完全取决于材料本身,而是组成摩擦现象的各种现象综合作用的结果,并且摩擦磨损的行为会随着时间变化,所以针对具体的摩擦磨损机械结构必须具体问题具体分析;另外开展抗摩擦磨损设计时,还需要综合考虑其功耗、成本和性能,进行综合最优设计。

1. 材料选择

材料抗磨损设计需要综合考虑摩擦副材料的成分、性能和组织所决定的摩擦学特性,如硬度、韧性、弹性模量、抗冲击强度、互熔性、耐热性等,必须具体问题具体分析,使材料符合材料的摩擦学系统实际工况。

2. 制造工艺设计

通过机械加工及热处理、扩散处理、表面涂覆工艺等使材料的表面得到强化,从而达到减磨、耐磨的目的;通过改变材料表面粗糙度、波度、形状误差及纹理来减少摩擦形貌等方式来实现。

3. 润滑设计

润滑设计包括润滑剂的选择与润滑面的形状设计。润滑设计和润滑面的形状设计主要保证摩擦副能在有效的润滑膜下工作,从而最有效地减少摩擦、磨损。

4. 润滑、过滤和密封设计

通过润滑设计改变摩擦副在有限的润滑膜下工作,降低了材料表面的摩擦载荷;通过过滤和密封设计来防止外来尘粒的污染以及润滑油的泄漏等;加入冷却剂改善磨损损伤的程度等。

5.3.5　环境适应性设计案例

5.3.5.1　提高装备本身耐环境能力案例

案例 1：采用复合材料提高了飞机和航天器的耐环境能力

材料是构成装备的要素，因此装备材料的环境适应性为装备耐环境能力提供了基础。因此在航空航天界有"一代材料，一代飞机""没有长寿命的材料，就没有长寿命的航天器"之说。

复合材料是由两种或两种以上不同性质或不同形态的原材料，通过复合工艺组合而成的一种材料，它是一种既保持了原组分材料的主要特点，又具备了原组分材料所没有的新性能的多相材料。从 20 世纪中叶开始，复合材料开始代替传统的金属材料逐步在航空航天器上得到了应用，有力地推动了航空航天装备的发展。复合材料有优良的环境适应性，它具有下列特点：

（1）优越的抗疲劳环境的性能。金属对疲劳损伤一般比较敏感，特别是含缺口结构受拉 – 拉疲劳时，其疲劳强度会急剧下降，但复合材料一般都显示有优良的抗疲劳性能。例如通常金属材料光滑试样的疲劳强度极限是其抗拉强度的 30% ~50%，而碳纤维增强树脂基复合材料的疲劳强度极限为其拉伸强度的 70% ~80%。另外，含冲击损伤和分层的复合材料结构，一般很难观察到它们在疲劳载荷下的扩展，即使出现损伤扩展，也往往出现在服役寿命的后期。因此，用复合材料制作在长期交变载荷条件下工作的构件，具有较长的使用寿命和较大的破损安全性。

（2）抗腐蚀性能好。由于复合材料中有机材料成分较多，腐蚀介质对其作用较小，因此大部分复合材料可在腐蚀严酷度较高的环境中可靠使用。例如对于海上服役的航空装备，由于受湿热、盐雾环境的影响，易发生腐蚀破坏。新发展的玄武岩纤维复合材料，由于具有良好的耐湿热和酸碱性能，将其使用到海洋性环境下服役的武器装备上，可大大降低装备的环境损伤，提高武器装备的使用寿命。

（3）抗磨损性能好。和金属材料不同，复合材料在磨损过程中一般不产生较硬的磨粒，并且复合材料变形性较好，所以其抗磨损性能较好。

正因为复合材料环境适应性能很好，所以复合材料飞机结构重量系数的下降是飞机先进性的最重要标志之一，如第三代战斗机结构重量系数为 33% ~34%，其树脂基复合材料用量在 7% ~15%，而第四代战斗机结构重量系数需降低到 27% ~28%，其树脂基复合材料的用量在 20% ~30%。图 5 –7 是复合材料应用于 F –22 战斗机的一个例子。

部件结构材料重量百分比（%）

部件	复合材料	铝合金	钛合金
机翼	32	23	42
前机身	50	50	
中机身	23.3	35	35

注：尾翼复合材料为主要材料，但数据暂缺

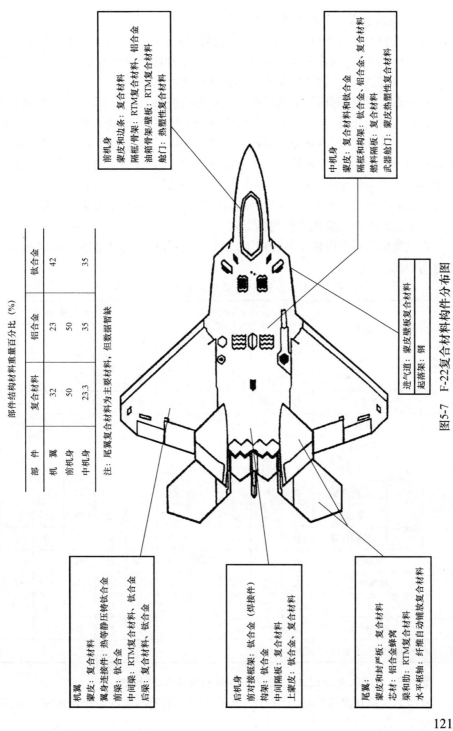

图5-7 F-22复合材料构件分布图

121

案例 2：采用有机防护涂层提高装备耐环境能力案例

通过表面工程技术可改变装备和环境的界面，从而有效地提高装备本身的耐环境损伤的能力，因此表面工程技术可在一定程度上突破材料本身特性的限制，从而实现低成本、高性能、长寿命等装备环境适应性目标。

在表面工程中，有机防护涂层是一项重要的表面工程技术，它能有效地隔绝金属材料与腐蚀介质，甚至能减缓金属已有的腐蚀损伤，因此有机涂层已经是对装备进行防护最有效、最常见和最经济的技术之一。正是由于各种各样有机防护涂层的存在，人们可以定期给装备重新涂漆，才大大减少了腐蚀介质对装备寿命的影响。以美国空军的战斗机为例，由于先进防护涂层的作用，才使得飞机的寿命主要取决于飞行小时，而受腐蚀环境的影响较小，减小了飞机维护和保障的负担。这也是美军飞机先进性的标志之一。

有机防护涂层可以用于各种环境，表 5-1 为各种大气环境下有机防护涂层的适用情况。

表 5-1　各种大气环境下涂料的适应性

环境 \ 涂料		底漆						中间漆、面漆			
		富锌底漆	红丹防锈漆	铅系防锈漆	氯化橡胶类	环氧类	酚醛云铁漆	醇酸漆	氯化橡胶漆	环氧类	聚氨酯类
工厂内涂装		○	◎	◎	◎	○	◎	◎	◎	○	○
田园	重涂性	△	◎	◎	○	○	◎	◎	◎	○	○
	涂膜性能	◎	○	◎	○	○	◎	○	◎	○	◎
海滨	飞溅区 重涂性	×	○	○	○	○	○	△	○	○	△
	飞溅区 涂膜性能	◎	△	○	○	◎	○	○	◎	○	◎
	潮差区 重涂性	△	△	○	○	○	△	○	◎	○	○
	潮差区 涂膜性能	◎	○	○	○	◎	○	○	◎	○	◎
工厂区	重涂性	×	△	△	×	○	○	△	○	○	○
	涂膜性能	△	△	△	○	◎	○	△	○	○	◎
城市区	重涂性	△	○	○	△	○	○	○	◎	○	○
	涂膜性能	○	○	◎	◎	◎	○	△	○	◎	◎

注：◎——优；○——良；△——稍差；×——差。

案例 3：采用表面强化工艺增强装备的耐疲劳环境性能

表面形变强化是采用喷丸、挤压、滚压、碾压、激光冲击或超声冲击零件表面使其发生弹塑性变形的过程。表面形变强化能产生表面压应力,从而有效提高金属材料的疲劳强度,提高零部件的使用可靠性和耐久性,从而提高装备的耐疲劳环境的能力。由于大部分的强化工艺对被强化工艺具有不受零件几何形状的限制、适应性广、工艺简单、能耗低、成本低廉、强化效果高等优点,近半世纪以来,工业发达国家对越来越多的主要承载机械零件相继采用了表面强化处理,并且广泛应用于各种装备上。表5-2给出了目前采用喷丸强化处理的主要零件种类。

表5-2 采用喷丸强化处理的主要零件种类

机械装备类型	装备中的零件
航空飞行器	飞机(起落架、水平与垂直尾翼大梁、框架、弹簧等),发动机(风扇叶片、压气机叶片、涡轮叶片、涡轮盘、涡轮轴、燃气导管、机匣、燃烧室、密封环、弹簧等)
机车	机车铸钢车轮、圆柱螺旋弹簧、板簧、内燃机阀杆
汽车装甲车	汽车(前桥、半轴、减速器轴、板簧、悬架簧等),内燃机(进排气门弹簧、活塞唇、曲轴、连杆等),平衡肘、扭力杆
其他工业	风动工具、继电器
机械基础件	弹簧(板簧、膜片簧、圆柱螺旋弹簧、异形弹簧等) 齿轮(变速箱齿轮、谐波齿轮、轧机重载齿轮、核潜艇重载齿轮、各种传动齿轮等) 链条(中、小型辊子链条,船用锚辊子链条等)

案例4:通过提高设计余量(耐环境余量)提高装备本身的耐环境能力

在机械设计领域,为保证结构在力学环境下的安全可靠,在设计中引入一个大于1的安全系数,也就是增加机械结构的耐环境余量,这种设计方法就是裕度设计方法或称安全系数法。常见的安全系数法有中心安全系数法和可靠度安全系数法。

1. 中心安全系数法

中心安全系数 n_m 定义为:结构材料强度极限的样本均值与危险截面应力样品均值的比值。

$$n_m = \frac{\mu_r}{\mu_s} \tag{5-1}$$

式中:μ_r 为结构材料强度极限样本的均值(MPa);μ_s 为危险截面应力样品均值(MPa)。

中心安全系数法没有定量地考虑应力与强度的分散性,当应力与强度的分散性较强时,中心安全系数就不能反映客观的情况,即使中心安全系数足够大,其可靠度也可能较低。

2. 可靠度安全系数法

可靠度安全系数法 n_R 定义为:指定可靠度 R_r 对应的构件材料强度下限值 r 与可靠度为 R_s 下应力的上限值 s_{max} 的比值,即

$$n_R = \frac{r_{min}}{s_{max}} \qquad (5-2)$$

对于静强度下的结构,考虑参数的随机不确定性,假设应力和强度服从正态分布则:

$$n_R = \frac{1 - \phi^{-1}(R_r)C_r}{1 + \phi^{-1}(R_s)C_s}n_m \qquad (5-3)$$

其中:$C_r = \sigma_r/\mu_r$ 为强度变异系数;σ_r 为结构材料强度极限的样本方差(MPa);μ_r 为结构材料强度极限的样本均值(MPa);$C_s = \sigma_s/\mu_s$ 为应力变异系数;σ_s 为危险截面应力样本方差(MPa);μ_s 为危险截面应力样本均值(MPa);$\Phi(X)$ 为标准正态分布的分布函数。

R_r、R_s 的选取可根据设计要求、零件的服役状况、材料质量的优劣和经济性等来决定,如材料的质量好些或者构件的尺寸控制放宽些,强度的可靠度 R_r 就可以取小些,相应的 n_R 就会增大。通常一般机械结构设计规范取 $R_r = 0.95$,$R_s = 0.99$。

可靠度安全系数法同时考虑了材料强度与环境载荷的分布特性,将 R_r、R_s 的选取与对应材料的强度试验和实测环境载荷的要求联系起来,与常规的安全系数法相比,更接近实际情况,并且具有工程应用简单和实用的特点。

示例:某齿轮强度和应力均符合正态分布,强度 $r \sim N(100, 10)$,应力 $s \sim N(50, 5)$,取 $R_r = 0.95$,$R_s = 0.99$,计算中心安全系数和可靠度安全系数。

中心安全系数:$n_m = \dfrac{\mu_r}{\mu_s} = \dfrac{100}{50} = 2$

可靠度安全系数:$n_R = \dfrac{1 - 1.645C_r}{1 + 2.326C_s}n_m = \dfrac{1 - 1.645 \times 0.1}{1 + 2.326 \times 0.1} \times 2 = 1.356$

应该注意的是,对于机械产品,采用过高的安全系数,将会使零部件过分笨重而浪费材料,从节约能源和降低成本上看是不可取的;当然过小的安全系数会导致零部件的寿命和可靠度的降低。

5.3.5.2 改善环境和减缓环境影响的设计

恶劣的环境条件是造成装备薄弱环节失效的重要原因,因此减缓和改善环境也可以有效地减少环境对装备造成的损伤的概率。

124

案例1:合理的传力路线布局提高机械结构在力学环境中的可靠性

为了避免局部上力学环境的恶劣,大的结构部件首先要合理进行传力路线的布局,将载荷进行合理分配和传递,避免局部应力集中,从而提高机械结构在力学环境中的可靠性。图5-8所示为某飞机长桁保持连续,以合理传力。

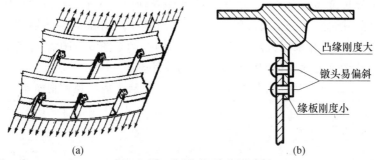

(a)   (b)

图5-8   不同的传力路线布局

(a)连续均匀传力的某飞机长桁结构(好);(b)结构相差悬殊传力不均匀结构(不好)。

案例2:合理的结构设计改善腐蚀环境和减缓腐蚀环境的作用

在海洋环境中服役的装备,由于海洋环境的强腐蚀性,除了采用优良的材料和表面防护技术外,还要通过下列结构设计措施来改善腐蚀环境和减缓腐蚀环境的作用:

(1)结构形状简单、合理、光滑,尽量采用应力集中水平低的开口形状和方位、圆弧(圆角)流线型轮廓线,防止沟槽和尖角,以避免积水、积盐和应力腐蚀。图5-9所示为典型的好的设计和不好的设计。

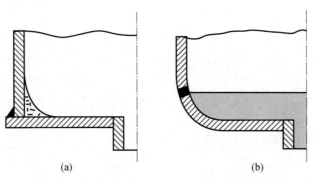

(a)   (b)

图5-9   不利于抗腐蚀和有利于改善腐蚀环境的结构形状

(a)不利于抗腐蚀的设计;(b)有利于改善腐蚀环境的设计。

(2)应采用简单、致密和光滑表面,避免不规则的粗糙表面,零件表面应规定明确的精度要求,关键的表面应有足够低的表面粗糙度,避免氧浓差电池。

（3）合理设计，使传力合理、应力分布均匀，避免刚度突变和在高应力区或拉应力区开孔（如钉孔、注油嘴孔）、打钢印，焊缝要磨光，避免或减小应力集中，控制应力水平在临界应力值以下。

（4）应消除或降低残余应力，精心设计配合尺寸或采用必要的补偿设计。

（5）异种金属接触时，参考表5-3避免异种金属接触导致的电偶腐蚀。而结构上又必须选用异种金属接触的结构时，可选用两者都允许接触的金属或镀层进行调整过渡，并采用大阳极小阴极的结构。例如图5-10是有利于抗电偶腐蚀和不利于抗电偶腐蚀的异种金属结构设计。

表5-3　海洋大气中异种金属材料接触电偶腐蚀倾向情况

材料代号	A	B	C	D	E	F	G	H	I	J	K	L	M	N	O	P	Q	R	S	T
A	√	√	√	×	×	×	×	×	×	×	×	×	×	×	×	×	×	×	×	×
B	√	√	√	√	√	×	×	×	×	×	×	×	×	×	×	×	×	×	×	×
C	√	√	√	√	×	×	×	×	×	×	×	×	×	×	×	×	×	×	×	×
D	√	√	√	√	√	×	×	×	×	×	×	×	×	×	×	×	×	×	×	×
E	√	√	√	√	√	×	×	×	×	×	×	×	×	×	×	×	×	×	×	×
F	√	√	√	√	√	√	√	√	√	√	√	×	×	×	×	×	×	×	×	×
G	√	√	√	√	√	√	√	√	√	√	√	√	√	√	√	√	√	×	×	×
H	√	√	√	√	√	√	√	√	√	√	√	√	√	√	√	√	√	√	√	√
I	√	√	√	√	√	√	√	√	√	√	√	√	√	√	√	√	√	√	√	√
J	√	√	√	√	√	√	√	√	√	√	√	√	√	√	√	√	√	√	√	√
K	√	√	√	√	√	√	√	√	√	√	√	√	√	√	√	√	√	√	√	√
L	√	√	√	√	√	√	√	√	√	√	√	√	√	√	√	√	√	√	×	√
M	√	√	√	√	√	√	√	√	√	√	√	√	√	√	√	√	√	×	×	×
N	√	√	√	√	√	√	√	√	√	√	√	√	√	√	√	√	√	√	×	×
O	√	√	√	√	√	√	√	√	√	√	√	√	√	√	√	√	√	√	√	√
P	√	√	√	√	√	√	√	√	√	√	√	√	√	√	√	√	√	√	√	√
Q	√	√	√	√	√	√	√	√	√	√	√	√	√	√	√	√	√	√	√	√
R	√	√	√	√	√	√	√	√	√	√	√	√	√	√	√	√	√	√	√	√
S	√	√	√	√	√	√	√	√	√	√	√	√	√	√	√	√	√	√	√	√
T	√	√	√	√	√	√	√	√	√	√	√	√	√	√	√	√	√	√	√	√

注1：A:镁合金 B:锌及镀层 C:镉铍 D:铝、铝锰、铝锌合金 E:铝铜合金 F:碳钢、低合金钢 G:铅 H:锡、铅锡合金、铟 I:马氏体铁素体不锈钢 J:铬镀层、钼、钨 K:奥氏体不锈钢、沉淀硬化不锈钢、超高强度不锈钢、耐热不锈钢 L:铅黄铜、青铜 M:低铜黄铜、低铜青铜 N:高铜黄铜、高铜青铜 O:白铜、蒙乃尔合金 P:镍、钴 Q:钛、钛合金 R:银 S:钯铑金铂 T:石墨（含碳纤维复合材料）；

注2：×表示对竖行金属可能有严重电偶腐蚀；√表示两种金属相容；

注3：本表适用于两种金属面积比为1:1的情况

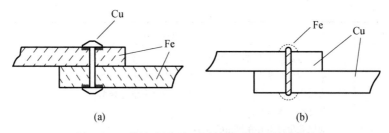

图 5 - 10   抗电偶腐蚀不同的异种金属结构设计

(a)利于抗电偶腐蚀的大阳极小阴极设计;(b)不利于抗电偶腐蚀的小阳极大阴极设计。

案例 3:采用冷却降温方法延长电子产品寿命和可靠性

温度是影响产品尤其是电子产品寿命和可靠性的重要环境因素。所以在对电子产品设计中需要采用热设计来合理布局,控制装备的温度,除此之外还需要通过冷却来降低温度。常见的冷却方法如下:

(1)自然冷却。自然冷却完全靠自然对流、传导和辐射进行散热,是最简单、最经济的散热方法,得到了广泛的使用。缺点是散热能力较差。

(2)强迫空气冷却。当自然冷却不能满足要求时,可以考虑采用强迫空气冷却。如采用风扇进行吹气或抽气式冷却就属于强迫空气冷却。强迫空气冷却的热耗散能力是自然冷却的数倍。主要缺点是内部污染问题,由于灰尘、油蒸气和烟雾被气流带入设备而造成污染。另外,冷却的同时还存在着噪声污染。

(3)冷板式冷却。冷板式冷却与强迫空气冷却的一个重要区别是它采用了带散热器的风道,风道可以强迫气流从装置壁通过。冷板式冷却具有很好的热耗散能力,且不存在空气污染和噪声污染,在军事领域等严酷环境中有较多的应用。

这些常见冷却方法的设计要求见表 5 - 4。

表 5 - 4   常见冷却方法的设计要求

冷却方法	设计要求
自然冷却	(1)最大限度地利用传热、自然对流和辐射散热; (2)缩短传热路径,增大换热或导热面积; (3)减小安装时的接触热阻,元器件的排列有利于流体的对流换热; (4)采用散热印制电路板,热阻小的边缘导轨; (5)印制板组装件之间的距离控制在 19 ~ 21mm (6)增大机箱表面黑度,增强辐射换热

冷却方法	设计要求
强迫空气冷却	（1）用于冷却设备内部元器件的空气必须经过过滤； （2）强迫空气流动方向与自然对流空气流动方向应一致； （3）入口空气温度与出口空气温度之差一般不超过 14℃； （4）冷却空气入口与出口位置应远离； （5）通风孔尽量不开在机箱的顶部； （6）工作在湿热环境的风冷电子设备，应避免潮湿空气与元器件直接接触，可采用空心印制电路板或采用风冷冷板冷却的机箱； （7）尽量减小气流噪声和通风机的噪声； （8）大型机柜强迫风冷时，应尽量避免机柜缝隙漏风； （9）设计机载电子设备强迫空气冷却系统时，应考虑飞行高度对空气密度的影响； （10）舰船电子设备冷却空气的温度不应低于露点温度
直接液体冷却	（1）冷却剂优先选用蒸馏水，有特殊要求的应选用去离子水； （2）确保冷却剂在最高工作温度时不沸腾，在最低工作温度时不结冰； （3）应考虑冷却剂的热膨胀，机箱应能承受一定的压力； （4）直接液体冷却的冷却剂与电子元器件应相容； （5）应配置温度、压力（或流量）控制保护装置，并装有冷却剂过滤装置； （6）为提高对流换热程度，可在设备的适当位置装紊流
蒸发冷却	（1）保证沸腾过程处于核态沸腾； （2）冷却剂沸点温度低于设备中发热元件最低允许工作温度； （3）贞洁蒸发冷却时，元器件的安装应保证有充足的空间，以利于气泡的形成和运动； （4）冷却液应黏度小，密度高，体积膨胀系数大，导热性能好，且具有足够的绝缘性能； （5）封闭式蒸发冷却系统应有冷凝器，其二次冷却可用风冷或液冷； （6）冷却系统应易于维修

案例 4：空间辐射环境防护设计

空间粒子辐射环境可以分为两类：天然粒子辐射环境与高空核爆炸后所生成的核辐射环境。天然辐射粒子的主要成分是质子和电子，具有能量高、能谱宽、强度大等特点。高能粒子对航天器的电子设备、部件、元器件及材料很容易造成辐射损伤，从而影响飞行任务的完成。对于载人航天器，高能粒子也会使座舱内人的生理条件受到破坏。为提高航天器的可靠性，必须采用合适的抗辐射防护措施。

空间辐射环境防护设计，旨在保护航天器的电子设备与主要分系统在辐射环境中能够正常工作，不会因某个部件、组件受损，就导致分系统或整个航天器使命失败。根据航天器规定运行期间可能遭遇的空间粒子辐射环境，确定各辐射敏感项目所接收到的剂量,如果超标就需要开展空间辐射环境防护设计,主要手段是屏蔽设计与抗辐射设计。

屏蔽设计目的是消除或消减辐射的影响,方法包括主动屏蔽与被动屏蔽。主动屏蔽通过电场或磁场偏转带电粒子,使它们离开航天器。已研究的主动屏蔽包括磁屏蔽和等离子体屏蔽等。它们的效果要好于被动屏蔽,但由于尺寸、超导等要求,应用很少。目前广泛采用的仍然是被动屏蔽。

被动屏蔽通过在辐射源和接收点之间放置特定物质(有时就是设备外壳或器件的封装材料),使辐射能量降低。被动屏蔽涉及屏蔽材料的选择与放置的问题。对于质子和 α 粒子可选择低原子序数的材料,对于电子则可选择原子序数比较高的材料。选择屏蔽材料时不仅要考虑屏蔽效率,还要考虑抗辐射的能力、对航天器重量的影响、制造成本和结构强度等因素。硅酮树脂是目前使用的封装材料中抗辐射能力较好的一种。图 5 – 11 是在设备外壳上增加辐射屏蔽屏的设计。

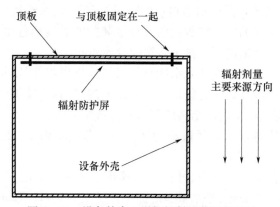

图 5 – 11　设备外壳上增加辐射屏蔽屏的设计

案例 5:飞机改善结构腐蚀环境的通风、排水和密封设计

为了改善飞机结构的局部环境,进行通风、排水和密封设计是常见也是很有效的方法。

1. 通风设计

通风是为了防止结构表面湿气和其他腐蚀介质的滞留、聚集。通风的主要措施有:提供足够数量的通风口;定期打开口盖进行通风;使结构内部保持良好的通风状态(尤其是湿气易滞留、聚集部位);在封闭的隔舱设置通风管道。

通风类型一般有降温型和除湿型两种。前者适合在热源区域,后者一般适合在结构闭塞或内部装有对湿度敏感的成品设备部位。通风的结构形式有下列几种：

（1）固定式通风口：固定式通风口任何时候都处于通风状态，如百叶窗式、多孔式、猫耳式等。固定式通风口除用于飞机加热、除冰、废气排除外，常用于需要经常除湿、通风部位。

（2）活动式通风门（窗）：在飞机一般飞行状态下处于关闭状态，需要或进行地面维护时才打开。

（3）自动开启式通风口盖：根据使用要求可随时开关，以调节温度和湿度。

2. 排水设计

排水即排除结构液态介质，避免其滞留、聚集。需排除的液体源包括：进入装备内部的雨水、海水、机内冷凝液、盐雾和其他液态溢出物等。

排水有三种基本形式：利用电子元件设计电路控制温度或自动排水；辅助部分的自动排水；结构排水。

排水设计首先要分析排水通道（纵向/横向）走向、水滞留/聚集位置、排水口布置/定位、排水孔的大小和数量以及排水装置的类型和选用，要根据现有机种的构型和使用经验来进行。排水装置的设计如下：

（1）飞机排水通道应保证积水能自然通畅地排出机体外；排水孔的大小和位置应使机体内积液在有效克服排水口处水面的张力后，能够迅速地排出机体外。另外，还应特别注意满足结构疲劳和应力腐蚀设计要求。

（2）国外飞机排水孔直径最小为 9.5mm。若用结构零件之间的间隙来排泄，其最小面积不小于 70mm^2。

（3）长桁部位排水孔/口尺寸范围建议排水量少的部位直径为 5 ~ 9.5mm 或排水面积为 20 ~ 70mm^2，排水量多的部位直径为 9.5 ~ 12.7mm 或排水面积为 70 ~ 126mm^2。

（4）在结构排水通道和排水装置（排水孔/口、排水阀、集水槽、排水管等）处及易积水部位/区域，应采用涂缓蚀剂和防霉菌涂料等防护措施。排水通道、排水孔/口不应施加密封剂，应防止被密封剂和缓蚀剂堵塞。

（5）排水装置应选用耐蚀钢材料、浇注塑料件等。

3. 密封设计

飞机的密封设计有下列要求：

（1）正确选用密封效果较佳的密封材料和密封类型。

（2）正确定位密封面和密封部位，使密封缝在载荷下引起的相对变形量较小，或使变形有利于结构密封。避免密封剂承受撕裂力。

（3）被密封零件应有相近的刚度，把破坏密封的挠曲限制到最小。

（4）应将结构需密封的零件数限制到最少，减少泄漏通路。

（5）结构密封区域应具有良好的可达性、可见性，以便实施密封、检查和维修。

（6）密封结构间隙或间隔尺寸应恰当，保证密封材料涂施的适宜面积，并能使密封材料粘结可靠。

（7）应有适合的边缘条件，避免将齐平或凹陷的边缘留作密封。

（8）在满足密封要求情况下，尽量缩短密封长度，减少密封材料用量。

案例6：采用缓蚀剂减缓腐蚀环境对飞机结构的环境损伤

在飞机长期服役过程中，通过改善腐蚀环境实际上难以彻底避免恶劣环境的出现，因此采用缓蚀剂来减缓环境对飞机结构的影响是十分必要的。

飞机结构使用的缓蚀剂为多种腐蚀抑制剂复合溶解于低表面张力、挥发性溶剂形成的不含硅防水有机物。缓蚀剂涂覆于结构表面、溶剂挥发后，能够在结构表面形成一层蜡状保护膜，通过保护膜阻止电解液与结构直接接触，从而起到预防腐蚀的发生或者减缓腐蚀速度的作用。飞机结构缓蚀剂主要包含水置换型缓蚀剂和耐久型缓蚀剂两种。

缓蚀剂皆为碳氢化合物，化学特性相同，因此可在旧缓蚀剂层的表面直接喷涂其它种类的缓蚀剂。结构表面清洁干净后才能喷涂缓蚀剂，以确保缓蚀剂充分接触结构表面并渗入结构之间贴合面/缝隙。如果结构表面旧缓蚀剂是干净的并且没有失效，可以直接喷涂缓蚀剂；如结构表面不干净或者旧缓蚀剂已经失效，结构表面需要清洁干净后再喷涂另外一层缓蚀剂。

1. 水置换型缓蚀剂

水置换型缓蚀剂具有很强的渗透性，可通过毛细现象渗透进入裂纹、紧固件与结构之间贴合面等细小缝隙并将结构表面吸附的水分置换掉。溶剂挥发后，在结构表面形成一层由多种复合抑制剂组成的防水薄膜。水置换型缓蚀剂包括轻型、复合型和耐久型三种。

（1）轻型缓蚀剂。轻型缓蚀剂具有很强的渗透性，可以渗透进入极细小的缝隙。这类缓蚀剂的主要优点是渗透性强，溶剂挥发后形成的保护膜较薄、增加重量较小。主要缺点是耐久性较差，固化后具有一定黏性、容易积聚外来物。轻型缓蚀剂一般用于飞机结构的轻度腐蚀敏感区域。此外，轻型缓蚀剂还被用作双重缓蚀剂体系的耐久型（重型）缓蚀剂预喷涂层。

（2）复合型缓蚀剂。复合型缓蚀剂同时具有轻型缓蚀剂以及耐久型缓蚀剂的优点：一方面，渗透性较好，可以渗透进入细小缝隙将缝隙内的水分置换掉；另一方面，耐久性较好，不容易被磨损、刮擦掉。因此，复合型缓蚀剂可以用于替代"一层轻型缓蚀剂 + 一层重型缓蚀剂"的双层缓蚀剂体系。采用复合型缓蚀剂替代"一层轻型缓蚀剂 + 一层重型缓蚀剂"双层缓蚀剂体系,不仅可以大大减小喷涂工作量,还可以在一定程度上减轻喷涂缓蚀剂给飞机增加的重量。

（3）耐久型缓蚀剂。耐久型缓蚀剂的主要优点是固化后形成的保护膜较厚,耐久性很好,不容易被磨损、刮擦掉。但是,这类缓蚀剂的主要缺点是渗透能力较差,很难渗入裂纹、紧固件与结构之间贴合面等缝隙。此外,这类缓蚀剂密度较大,喷涂后飞机增重较多。耐久型缓蚀剂一般适用于厨房、厕所下部、机身底部以及龙骨梁区域等严重腐蚀敏感区域。喷涂耐久型缓蚀剂之前,必须先喷涂一层轻型缓蚀剂。

2. 缓蚀剂选用原则

根据飞机各区域不同的腐蚀敏感性,一般将飞机各区域分为轻度腐蚀敏感区域、中度腐蚀敏感区域以及高度腐蚀敏感区域三类。其中,轻度腐蚀敏感区域指不太可能出现腐蚀的区域,中度腐蚀敏感区域指可能出现腐蚀的区域,高度腐蚀敏感区域指容易出现腐蚀的区域。

缓蚀剂具有一定的耐久性,喷涂后经过一定期限后会老化、破裂失效,从而失去腐蚀预防和控制能力。飞机投入使用后,定期检查缓蚀剂是否失效,按需清除老化失效的旧缓蚀剂并重新喷涂缓蚀剂,是腐蚀预防和控制的主要措施。不同腐蚀敏感区域的缓蚀剂耐久期限不同。因此,飞机各区域缓蚀剂的选择一般基于以下几个方面的综合评估:

（1）缓蚀剂的耐久性;

（2）该区域的腐蚀敏感性;

（3）该区域的接近性/重复检查间隔;

（4）单位面积的缓蚀剂标准膜厚重量。

一般来说,轻度腐蚀敏感区域建议喷涂一层轻型缓蚀剂,中度腐蚀敏感区域需要喷涂一层复合型缓蚀剂,高度腐蚀敏感区域最好选用"一层轻型缓蚀剂 + 一层耐久型缓蚀剂"的双重缓蚀剂防护系统,或者视情喷涂一层复合型缓蚀剂。

5.3.5.3 合理的使用和维护措施的设计

案例:飞机外场使用维护过程中腐蚀的预防性控制措施的设计

腐蚀防护技术已经过多年的发展,在飞机使用和维护中日益发挥重要作用。过去腐蚀防护技术主要以单纯的对腐蚀零部件进行修复到预防性的喷保护漆及防水保护等,目前应在设计中及早对预防性维修进行安排,提高腐蚀的预防性控制。

飞机外场使用维护过程中的一般预防性的腐蚀控制措施有:

（1）定期清洗。飞机在使用过程中不可避免地会累积灰尘、金属碎屑及其

132

他腐蚀性介质。这些介质会吸收湿气，加重局部腐蚀环境的腐蚀。因此定期清除污物、保持飞机表面洁净是一种必要的措施。一般环境良好地区 90 天清洗一次，中等环境地区 45 天清洗一次，恶劣的环境下 15 天清洗一次。当飞机接触了海水等强腐蚀介质后，要及时清洗，清洗时最好用专用的清洗剂。

（2）保护有机防护层。精心检查和维护零构件的防护层，产生损伤时要及时修复和/或使用缓蚀剂。

（3）通风排水。按时打开舱门、口盖进行通风，排除积水。及时检查排水孔/口、排水装置的有效性；停放时，必要时要采用通风除湿装置。

（4）采用先进的防护技术。如对腐蚀部位采用置换性防水剂，将腐蚀部位的腐蚀介质置换出来，减缓已有腐蚀的发展；清洗时采用缓蚀型的表面清洗剂；采用临时性防锈剂防止意外损伤。对结构内部裸露的钢螺钉、螺栓、固定环、卡子等，可以涂防护油脂或采用"干膜剂"进行保护。

外场使用维护过程中控制腐蚀的其它措施包括：

（1）认真研究结构腐蚀部位产生的具体环境、原因和破坏类型，为腐蚀部位的修复和进一步的防腐控制做技术准备。

（2）对腐蚀严重的构件，除锈后应进行强度校核。需补强的部位采用复合材料胶补技术修复受损的部位；亦可根据结构空间情况铆接加强构件，但构件的重量增加，形成的新应力集中区、传力情况等应加以考虑。

（3）对重要的承力构件，打磨除锈后在表面防护氧化前应进行旋片喷丸强化处理，提高腐蚀部位的抗应力腐蚀能力。

（4）飞机结构上搭铁线的安装与固定，首先要保证有良好的电接触性能，待安装、固定之后再用密封胶局部密封。

（5）对于结构中的自攻螺钉、螺栓的固定部位及所有异金属材料的连接处，加防腐隔离层或采用"湿装配"方法装配，然后涂密封胶。

（6）对结构中易积水的沟、槽等局部腐蚀环境，视结构情况增、扩排漏水孔或增加排水管。

（7）对易腐蚀部位的上表面所有可能进、渗水部位，口盖采用新研制的 XM – 60 口盖密封胶密封；铆缝用 HM – 101 密封胶灌缝密封。

（8）积极开展现役飞机结构防腐蚀修理工艺研究，借鉴和采纳先进的防腐控制技术；同时加强结构腐蚀普查及监控工作，建立完善的腐蚀数据库，抓紧制定可行的腐蚀控制大纲。

（9）做好防腐宣传、教育工作，增强地勤人员的防腐蚀意识，提高日常维护保养质量。

5.4　环境适应性预计

环境适应性预计工作的目的是预计装备(产品)的环境适应性,并对提出的设计方案或已研制出的装备(产品)的环境适应性设计能否满足规定的环境适应性要求作出评价。

预计应利用产品所用的材料、元器件、零部件的有关环境适应性数据、环境影响(故障)机理和有关预计手册进行,预计时应充分考虑装备(产品)的每一种工作模式以及平台、装备(产品)自身工作特性和相邻装备(产品)工作情况,确定产品所处的最恶劣环境(环境类型及量值)。

环境适应性预计是一项复杂度很高的技术,目前尚无成熟的预计和评估模型可用,由于产品自身结构、材料的多样性、复杂性和环境对产品影响的非定量性,研究和建立这种模型比建立单一材料和简单元器件、部件模型困难得多,有些环境种类的环境适应性甚至无法定量预计。因此,完全进行定量预计是难以实现的,因此要充分将定性和定量相结合,将技术基础研究积累的大数据和专家经验相结合,形成一种综合的工程评估方法。

参 考 文 献

[1] 祝耀昌.产品环境工程概论[M].北京:航空工业出版社,2003.

[2] 曾声奎.可靠性设计与分析[M].北京:国防工业出版社,2011.

[3] 中国特种飞行器研究所主编.海军飞机结构腐蚀控制设计指南[M].北京:航空工业出版社,2005.

[4] 王宝忠.飞机设计手册10 结构设计[M].北京:航空工业出版社,2000.

[5] 黄本诚,童靖宇.空间环境工程学.[M].北京:中国科学技术出版社,2000.

[6] MIL – STD – 1568D, MATERIALS AND PROCESSES FOR CORROSION PREVENTION AND CONTROL IN AEROSPACE WEAPONS SYSTEMS,31 August 2015.

[7] 可靠性设计[M].方颖,等译.北京:国防工业出版社,2015.

[8] System safety program requirement, MIL – STD – 882C, U. S. Department of Defense, Washington, DC, Jan. 1993(目前,已颁布 MIL – STD – 882E).

第6章　装备环境试验方法

环境试验是人们进行科学研究和产品研制、生产及评价时应用非常广泛的一种试验。环境试验区别于其他试验的根本之处在于对试验的环境条件有特定的要求,其目的是获取特定环境条件下产品的材料、结构、功能、性能的变化,产品对其经受环境应力的物理响应特性和耐环境能力极限方面的信息,以便为进行各种决策或采取适当措施提供依据。

6.1　各类环境试验分类和特点

6.1.1　分类和特点

装备的环境试验的最终目的是为了保障和提高装备的环境适应性,装备环境试验水平的高低对确保装备环境适应性起着重要作用。按照不同的原则,环境试验可以进行不同的分类。

按照环境条件的来源,环境试验可分为实验室环境试验、自然环境试验和使用环境试验,自然环境试验和使用环境试验有时又合称为现场试验。实验室环境试验又可以分为单因素环境试验和综合环境试验。单因素环境试验具有试验周期短、试验结果重现性强、易于开展分析研究等特点,特别适用于对工程研制过程进行控制,也适用于技术基础的研究;综合环境试验主要用于模拟复杂的环境条件,主要用于研究和评价。自然环境试验是在典型和(或)极端自然环境条件下对装备及其构成的材料、元器件、零部件、单机进行的环境试验。自然环境试验具有真实性、典型性,更接近实际服役环境,对工程具有很大的指导意义,但是它试验周期长,重现性差。使用环境试验可实际反映装备的环境适应性,但是它滞后于工程研制,分析研究困难,所以使用环境试验一般作为验证和积累工程经验使用。

按照环境条件作用强度,装备的环境试验又可以分为模拟试验和加速试验。模拟试验追求模拟实际的环境条件,可用于研究和评价;加速试验则是为了在较短时间内评价装备的环境适应性而发展出的试验方法,它又可以分成基于加速模型的加速试验、基于试验观察的加速试验和基于统计的加速试验。基于加速模型的试验是依据环境因素与装备性能退化之间的关系模型,用高环境量值下

135

的试验结果推断实际低环境量值下的材料环境适应性;基于试验观察的加速试验则通过直接观察、化学分析、显微镜观察等方法确保失效机理一致而进行的加速试验,该方法对机理定性更可靠,但人的主观判断影响较大;基于统计的加速试验方法则直接根据大样本的加速试验数据进行统计,但由于试验量较大,不适用于大的系统或者昂贵的装备。

按照环境因素性质及其损伤的机理,环境试验可分为力学类环境试验、气候类环境试验、化学和生物环境试验以及其他类的环境试验。

按照试验手段,材料环境适应性试验可以分为实物试验和虚拟仿真试验。实物试验较为可靠,但是试验成本高,甚至有时在经济上不可行;虚拟仿真试验的成本低,但是需要深入的理论分析和足够的基础数据,目前虚拟仿真试验一直是研究人员探索的方向。

如果按照所针对装备的层次,环境实验还可以分为材料与元器件、零部件、组件、单元、单机设备、分系统和系统等不同层次的试验。

环境试验分类与特点见表6-1。

表6-1 环境试验分类与特点

分类原则	试验类别		特点
按照试验环境条件来源	实验室环境试验	单因素环境试验	试验结果重现性强、易于开展分析研究,特别适用于装备的研制、生产和质量控制
		多因素综合(组合)环境试验	能更好地模拟复杂环境条件,主要用于研究和评价,试验成本高
	自然环境试验		试验具有真实性、典型性,试验获得的基础数据对工程有很大的应用价值,但试验周期长,重现性差
	使用环境试验		试验最为真实,但往往只能用于事后补救,分析研究困难
按照环境条件作用强度	模拟试验		追求模拟实际的环境条件,可用于研究和评价
	加速试验	基于模型的加速试验方法	依据环境因素与装备性能退化之间的关系,用高环境量值下的试验结果推断实际低环境量值下装备的环境适应性
		基于观察的加速试验方法	通过直接观察、化学分析、显微镜观察等方法,在确保失效机理一致情况下进行加速试验,该方法对机理定性更可靠,但人的主观判断影响较大
		基于统计的加速试验方法	直接根据大样本的加速试验数据进行统计,但由于试验量较大,不适用于大的系统或者昂贵的装备

分类原则	试验类别		特点
按照环境因素性质和损伤机理	力学类环境试验		根据专业知识进行分类试验
	气候类环境试验		
	化学和生物环境试验		
	其他		
按照试验手段	实物试验		较为可靠,试验成本高
	虚拟试验		成本低,需要深入的理论分析和足够的基础数据
按照环境试验针对产品的层次	材料、元器件和零部件		研究性基础性和积累性的环境试验
	组件、大部件和单元		可为装备环境适应性提供基础性数据
	单机设备、系统和分系统		在装备研制中广泛使用

按照 GJB 4239 的规定,装备的环境试验可分为三大类,即:自然环境试验、实验室环境试验和使用环境试验。下面就按照这种分类方法对环境试验进行介绍。另外,随着现代计算机技术的发展,虚拟现实技术开始成为人类认识世界的一种方式,所以非实物或半实物的虚拟环境试验已经成为与上述三大类环境试验并列的一类试验,因此这里对虚拟环境试验也进行一些介绍讨论。按照其他的分类方法,不同分类的环境试验还存在着其他的一些关系,本章也进行一些讨论。

6.1.2 自然环境试验

自然环境试验是在典型和(或)极端自然环境条件下,对产品及材料、工艺、构件进行的环境适应性适应试验与研究的科学与实践活动。自然环境试验一般要选择在有代表性的典型自然环境中进行。自然环境试验的目的、在装备研制中的应用及应用时机见表 6-2。

表 6-2 自然环境环境试验目的、应用及应用时机

目的	应用	应用时机
基础环境适应性数据积累	系统积累环境数据,作为装备环境分析的基础依据。系统积累同类产品及结构的环境适应性数据,作为装备环境适应性指标论证的依据	指标论证阶段
"三新"件的环境适应性考核	对新材料、新工艺、新结构在设计采用前确定其环境适应性	研制阶段早期

目的	应用	应用时机
军工材料的环境适应性数据积累	系统积累军工骨干材料、工艺、构件的环境适应性数据，作为环境适应性设计的基础依据	研制阶段初、中期
产品环境适应性考核	对研制定型、生产定型后的产品，考核其环境适应性；对产生环境故障的产品，提供失效模式、原因和追溯性分析的依据，提供寿命评价的依据	设计定型、工艺定型后
		使用阶段

6.1.2.1 试验条件

自然环境试验直接利用天然的大气、海洋（海水）和土壤等条件，因此往往是在不同的自然地理区域中选择某些环境因素及其综合影响中严酷度较高的地点建立天然暴露场。暴露场的自然环境条件就决定了自然环境的试验条件，每种类型的天然暴露场都有其考虑的用于研究或考核产品受其影响的主要环境因素或其综合，如表 6-3 所示。应当指出，虽然有考核和研究的重点，但自然环境试验的环境条件实际上是一种综合的环境，其结果反映的是在各种自然环境因素综合作用下的影响，而不是某一环境因素单一作用的结果。

表 6-3 各大气环境试验站的主要因素

地点	站名	气候类型	考核的主要环境因素
黑龙江	漠河	寒冷低温环境	低温、温度冲击
北京	北京	暖温半乡村环境	温度、湿度
重庆	江津	亚湿热酸雨环境	高温、高湿、酸雨
甘肃	敦煌	干热沙漠环境	沙尘、高温
云南	西双版纳	湿热雨林环境	温度、湿度
海南	万宁	湿热海洋大气环境	盐雾、温度、湿度
西沙群岛	西沙	湿热海洋大气环境	盐雾、高温、高湿
西藏	拉萨	高原低气压环境	低气压、太阳辐射、低温

自然环境试验的环境条件的最大特点是不可控制，无法固化和复现。由于这种环境条件随时间（年、月、日）的变化很大，为了使受试产品能够经受到该地区最严酷的条件，需要选择典型的环境进行试验，这对于那些快速作用的环境因素（如低温和高温）是尤其重要的。另一方面，自然环境影响中的很大部分是慢作用的物理和化学变化，如老化、腐蚀等，产品经受这种变化并产生累积效应也需要较长的试验时间。

随着科学技术的发展,自然环境开始采取自然加速试验条件,在自然环境大背景下,适当对某些环境因素进行加速,如跟踪太阳试验,是在自然环境大背景下,加速阳光产生的热和光化学作用,黑框试验是加速太阳光的热效应作用等。

6.1.2.2 试验对象

自然环境试验起源于对材料、工艺涂(镀)层受自然环境影响规律的研究。目前国内的自然环境试验,除了对各种军工骨干材料和工艺及结构件开展系统积累数据试验,以及对某些材料进行专项研究试验外,也开展了相当数量的元器件和部件的试验,还开展了装备(如枪、炮弹、导弹)的贮存试验。随着我国经济实力的增强和自然环境试验作用的提高,自然试验的对象将会向更多种类和更高的产品层次发展。

6.1.2.3 试验用途

自然环境试验主要用于对材料、工艺以及元器件、零部件等进行自然环境适应性评价和筛选,并获取基础数据。通过自然环境试验可以将货架产品的环境适应性进行比较筛选,提出优选目录,为装备(产品)设计人员在进行环境适应性设计时选用材料、工艺和元器件等提供依据。

自然环境试验的另一个用途,是对研制、生产的产品进行自然环境适应性评价和贮存寿命预测。这里所说的自然环境适应性,通常是指产品在不工作状态下,即处于存放(包括贮存)和运输状态时对气候环境的适应性,同时也包括装备工作状态时对气候环境的适应性。装备在工作状态时,由于自身运动和内部部件的工作,会改变(降低或加剧)自然环境大背景的作用,应考虑两者的综合作用。另外自然环境试验还用于考核极端环境对装备工作状态的影响,例如:高原、寒冷环境对车辆发动机的启动和运行的影响等。

自然环境试验可用作材料和工艺的研制和鉴定的环境试验手段,特别在新材料和工艺研制时,需要对其环境适应性进行考核。美国 ASTM 和我国材料行业均有专门的材料环境试验标准,这种标准往往与材料的性能试验结合得更为紧密。美国对军用材料、元器件也开展了系统的自然环境试验。

近年来,自然环境试验也已开始深入到型号研制过程,在型号研制早期,在新材料和工艺的研制时,或当设计人员对选用某种材料和工艺有疑问时,可以将试片投放到能代表预计环境的试验站进行暴露。由于大型号研制时间一般要几年甚至十几年以上,若短期暴露就能发现问题,就能及时更换材料、工艺或采取其它措施。

在设计定型后,应该对产品进行充分的自然环境试验,以积累环境试验数据、发现缺陷,为后续的研制、改进和新一代产品的研制提供依据。

6.1.2.4 型号应用

在型号产品论证阶段,与研制型号类似的装备或结构的环境适应性数据,可以作为确定型号环境要求的基础数据和分析依据;系统积累的各种环境数据,可以作为型号环境剖面分析的基础。

在研制初、中期阶段,通过自然环境试验对新材料、新工艺、新结构的考核,以及采用常用军工材料和构件的环境适应性数据,作为产品环境适应性设计的依据;自然环境加速试验也可能成为工艺和结构筛选的有效方法。

在产品设计定型或生产定型后,以及在使用初期阶段,对产品进行的自然环境试验,可以在更加符合使用环境的条件下暴露产品的设计缺陷或生产工艺缺陷,及时改进设计或工艺,避免产生重大的环境故障事故。

6.1.2.5 主要特点

自然环境试验的特点归纳如下:

(1)直接利用自然环境条件,更加接近真实使用环境。

(2)试验时间相对较长,如暴露试验一般为几个月至几年,贮存试验时间则更长。

(3)是基础性的试验,自然环境试验长期、持续、系统积累的数据是评价实验室环境试验方法可信度和试验结果可信性的标准。

(4)需要具有典型环境条件和相应试验设施的试验站,试验设施和试验方法较简单。

(5)一般自然环境试验需要根据装备(产品)寿命期的环境剖面要求,在多种典型的试验站同时进行。

6.1.2.6 试验通用程序

图6-1所示为自然环境试验的通用程序。

1. 研究型自然环境试验

在自然环境试验中,有大量的研究型的试验,研究型自然环境试验的目的是获得环境适应性基础数据,掌握环境适应性的机理,为装备环境适应性技术的工程应用提供基础。

研究型的自然环境的工作项目中主要部分由立项论证报告和自然环境试验设计报告两个部分组成。立项论证经专家评审并通过,报有关部门或送有关单位审批或协商,在此基础上编制合同任务书,并签订合同。为了更科学而合理地制定好研究方案,还需进行自然环境试验研究设计。设计内容以项目立项论证报告为基础,以科研合同以及试验研究的材料和产品在寿命期历程内受到的各种环境的预计影响为依据。

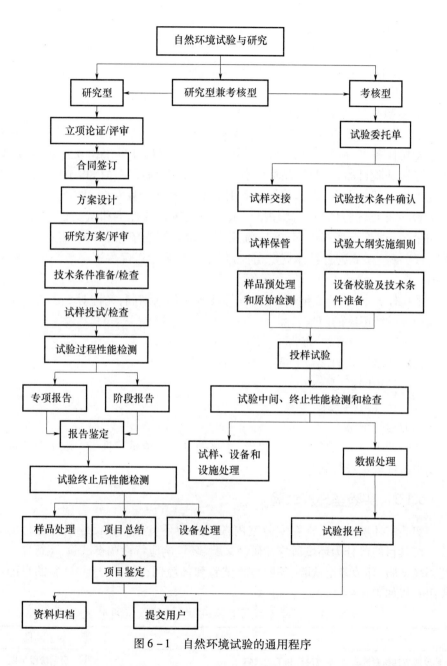

图 6-1 自然环境试验的通用程序

根据自然环境试验技术自身发展的需求,研究型自然环境试验还需要开展下列各项工作:

（1）制定和修订相关试验的方法、规程；

（2）环境监测与采集；

（3）试样制备；

（4）检测。

2. 考核型自然环境试验

考核型的自然环境试验一般直接服务于型号研制，其主要的工作项目有试验委托任务书、试验大纲、实施细则等。试验委托任务书由委托单位提供，主要包括试验目的、试验样品性能和预计寿命、产品在寿命历程中可能遇到的环境条件等部分内容；根据委托任务书的要求编制试验大纲，大纲主要包括环境试验项目及试验场地、试验内容、试验方法执行的标准和试验程序、试验设施和设备、试验类型等内容；实施细则以试验大纲为依据，对试验与检测中每一阶段、每一环节进行具体规定，各项规定明确合理以确保试验与测试的顺利进行。

委托任务书、试验大纲、实施细则等技术文件的编制，允许对上述内容根据实际情况进行适度的剪裁。

3. 试验记录和试验报告

自然环境试验的试验记录主要包括：

（1）环境因素记录；

（2）试样检测记录；

（3）运行记录。

试验结束后，需要编写试验报告，考核型自然环境试验报告一般按有关标准和技术文件规定进行编写。

6.1.3　实验室环境试验

实验室环境试验是指在实验室内按规定的环境条件和负载条件进行的试验。按其目的可分为环境适应性研制试验、环境响应特性调查试验、飞行器安全性环境试验、环境鉴定试验、环境验收试验和环境例行试验，这些试验的目的和应用时机如表6-4所示。

表6-4　实验室环境试验种类、目的及应用时机

种类	目的	应用时机
环境适应性研制试验	发现设计和工艺缺陷	研制阶段早期
环境响应特性调查试验	确定产品对某些环境（温度、振动）的物理响应特性（量值）和影响关键性能的环境应力极限值	研制阶段中期、后期

种类	目的	应用时机
飞行器安全性环境试验	飞行器首飞前考核某些环境因素的影响,防止耐环境设计不当而危及首飞安全	首飞前
环境鉴定试验	验证产品环境适应性是否符合合同要求	设计定型、工艺定型
环境验收试验和环境例行试验	检验批生产过程工艺和质量控制过程的稳定性,验证环境适应性是否仍然满足规定要求	批生产阶段

6.1.3.1　环境条件

实验室的环境条件完全是用试验设备创造的人工环境条件,这种环境条件可以是模拟条件,也可以是加速条件,具体取决于试验的目的。例如环境适应性研制试验使用的是加速的环境条件,所谓加速是指环境条件严酷度高于寿命期遇到的或规范、合同规定的环境条件严酷度。批生产验收检验用的环境试验条件一般低于规范或合同规定的环境条件;而设计和工艺定型用的环境鉴定试验的环境条件则与规范或合同规定的环境条件相同。除施加环境条件外,必要时尚须加上负载条件。

许多人往往把实验室环境试验说成是模拟环境试验,这个说法不够准确。如上所述,实验室环境试验条件有些模拟实际环境,有些则不模拟实际环境,而是一种激发试验。即使是模拟环境试验,也不像可靠性试验那样,动态、真实地模拟实际的环境应力种类、量值及其变化、施加时序和作用时间比例,而是模拟产品寿命期中遇到的真实环境中的极端值。从工程应用角度出发,这种极端值不应是最高值,而是取了一定风险的合理极值。

因此,环境试验的环境模拟是对极值环境的模拟。一定意义上,实验室模拟环境试验也是一种加速试验,因为在实际使用中,并不像试验中那样每时每刻均经受这种极端环境应力量值作用。典型的例子是湿热试验,其环境条件是相对湿度95%、温度在30～60℃之间交变。很明显,按照温度—湿度—压力物理关系来看,自然界中不会出现60℃和95%相对湿度并存的现象。

6.1.3.2　试验对象

实验室环境试验对象不仅是材料和工艺等初级制品,更主要的是由其制成的材料、元器件、组(部)件、设备、分系统、系统乃至整机。材料、组(部)件等基础产品是支撑装备环境适应性的基础,只有在对基础产品充分的环境适应性考核的基础上,才能确保装备的环境适应性,系统级的环境试验不能取代基础产品的环境试验。

143

目前国内元器件有单独的环境试验标准,如 GJB 360《电子元器件环境试验方法》;而设备、分系统、系统则有另一套环境试验标准,如 GJB 150A;大型系统和整机目前尚没有通用标准,一般都是自己编制试验大纲。下面主要介绍针对有独立功能的组(部)件、设备、分系统和系统的实验室环境试验的特点和应用。

6.1.3.3 试验用途

实验室环境试验用途如下:

(1)环境适应性研制试验:发现设计、工艺缺陷和薄弱环节。

(2)环境响应特性调查试验:获取产品对温度、振动等应力响应特性,找出其耐环境应力的工作极限和破坏极限。

(3)飞行器安全性试验:确保首飞和试飞安全。

(4)环境鉴定试验:验证环境适应是否满足合同要求,为定型转入批生产提供决策依据。

(5)批生产环境验收和环境例行试验:检验批生产质量控制过程的稳定性,为产品验收决策提供依据。

6.1.3.4 型号应用

各种类型的实验室环境试验具体应用阶段前面表6-4所示。从表6-4看出,实验室环境试验主要用于型号研制和生产过程。此外实验室环境试验也可以作为对产品的环境适应性的评价手段,用于评估产品环境适应性,为选用货架产品或产品竞标决策提供依据。

6.1.3.5 主要特点

实验室环境试验有以下特点:

(1)试验环境条件可根据试验要求由试验设备产生、控制和实时记录。

(2)可以将单一因素施加于产品,便于寻找故障原因和改进设计。

(3)试验环境条件由产品寿命期各种环境数据及其对产品影响综合分析确定,基本上代表了产品寿命期最严酷的环境或各种环境因素综合。

(4)有一定的加速性,能很快发现问题,试验时间短。

(5)试验过程可控制,试验结果有重现性。

(6)试验结果与实际作用结果有差异。

(7)试验设备结构复杂,试验成本高。

6.1.3.6 实验室环境试验的剪裁

在实验室试验中,需要根据需要对环境试验标准进行剪裁。所谓剪裁就是指:考虑装备寿命期内将遇到的特定的强迫作用的影响,选择装备的设计特性/容限和试验环境、试验方法、试验程序、试验顺序和条件,以及改变关键设计和试验量值、故障状况等的过程。

目前针对组成装备的系统、分系统和整机的军用环境试验标准是 GJB 150A,该标准也强调进行剪裁。

1. 剪裁的必要性

之所以环境试验的标准需要进行剪裁,其原因如下:

(1)通用基础环境试验标准不能完全适用于具体产品。目前通用基础环境试验标准的典型代表,在军用装备范围是 GJB 150A,在民用产品范围是 GB 2423,这些标准有以下特点:

① 有的规定了统一的环境试验条件或等级,如以往的 GJB 150 和 GB 2423;有的提供了剪裁指南如 GJB 150A;

② 提供了一个或多个统一的试验方法或试验程序(步骤)供选用;

③ 即使规定了环境条件(特别是气候环境条件),往往是以自然界记录的或从载体上测量得到最严酷的环境条件为基础确定的,即用以往遇到的最严酷的环境来代表某一特定产品的未知环境,以确保安全可靠;

④ 规定了一些选择试验条件的灵活性条款,但如何选择这些条件未作具体规定;

⑤ 有些标准如旧的 MIL – STD – 810C 基本上是一个固定的可供产品规范直接引用的例行文件,不能作任意改动,美国人称 810C 为"食谱",点到哪个试验方法直接照搬哪个试验方法。

因此如果不进行剪裁,而简单地采用统一的试验要求,就可能采用以严酷代替温和,确保安全性为基础的简单化处理方法,或者给出等级序列或者什么也不给,让你自己去确定。前一种方法容易导致许多军用装备受到过试验,大大提高产品研制和生产成本。这种办法是以往缺乏环境基础资料、经验和技术的历史条件下的必然产物。后一种方法实际上是要求自己去根据产品实际情况剪裁确定环境试验要求。因此,无论是从哪个角度或从哪个标准出发,都必须根据军用装备寿命期遇到的环境特点和设计要求,开展环境试验剪裁,而不是简单套用通用标准中的各个试验方法。

(2)产品研制生产不同阶段对环境试验有不同要求。通用基础环境标准所列的试验项目不可能包括所有项目,也不是都有必要使用,即有必要删除某些试验项目或增加必要的试验项目。在研制生产的不同阶段,进行环境试验的目的是不同的,因此所用的试验项目乃至具体的试验条件应当有所区别。所以必须根据不同阶段环境试验的性质对试验项目进行剪裁。

2. 剪裁主要考虑的因素

环境试验剪裁一般主要包括试验项目剪裁、试验条件剪裁、试验程序/试验步骤剪裁和试验顺序剪裁四大方面,当然还包括一些其他方面的剪裁,如试验条件允差、故障准则、试验报告要求等的剪裁。

进行试验项目和试验条件剪裁时,应考虑下述因素:

(1) 环境设计要求。

(2) 试验性质是研制阶段的环境适应性研制试验,还是批生产阶段的验收试验和例行试验或其他性质的实验室环境试验。

(3) 进行试验顺序和试验程序剪裁时,应考虑以下因素:

① 受试装备的物理特性(尺寸、形状、热容量、重量等);

② 受试装备的性能检测要求和检测时间;

③ 各试验项目间的相互影响;

④ 受试装备的应用场合(地域、空域);

⑤ 试验设备的能力和精度。

上述考虑因素主要是从技术角度出发的。实际工作中,剪裁还会受到计划进度、经费和试验设备能力的影响。

3. 试验项目剪裁的原则

试验项目的剪裁符合下列原则:

(1) 只要对某一环境有设计要求,就应安排相应的环境适应性研制试验、环境鉴定试验及批生产验收试验和例行(定期)试验。环境适应性研制试验主要是针对产品易受其影响且其环境适应性设计难度大的环境;鉴定试验项目基本与有设计要求的环境相对应,批生产环境试验的目的是检验生产的稳定性,其例行试验项目可略少于鉴定试验,而验收试验项目则可大大简化,选取易激发制造缺陷和产品性能易受其影响的环境对应的试验项目进行,如温度和振动试验等。

(2) 可根据相似设备的生产工艺和使用情况、环境试验项目之间的可替代性免去一些试验项目,但必须进行风险评估并获得认可。

4. 试验项目顺序剪裁方法

环境试验通常要进行一系列的项目,包括单因素试验(如温度试验)和综合试验(如温度－高度试验)。这些项目按什么样的顺序排列起来进行,对试验结果、试验所需试验件数量和试验成本有很大影响。因此,应当研究和考虑不同顺序的试验效果,根据产品特点和各试验阶段的试验目的,确定特定产品特有的试验顺序。

被试装备在试验期间所发生的变化,不仅与各种试验方法及试验的严酷等级有关,而且与试验顺序的选择有关。试验顺序选择不当,会导致试验结果不真实,给试验质量带来严重影响。选择环境试验顺序应注重以下四个原则。

(1) 若试验的目的是为了以较短的时间和较少的代价获得试验信息时,则以最严酷的试验项目或对试样影响最大的试验项目开始。此方法适用于研制试验。

（2）若试验的目的是为了在被试装备损坏之前取得尽可能多的试验数据，则以对被试装备性能影响最小的试验项目开始。

（3）在被试装备使用环境条件已知的情况下，试验顺序的安排应尽可能与被试装备在贮存、运输和使用中所经受的环境条件出现的先后顺序一致。

（4）对被试品的预期使用环境条件未知的情况下，选择试验顺序时，必须考虑前一项试验所产生的结果由后一项试验所产生的结果来暴露或加强。

5. 试验条件剪裁方法

试验条件主要是指环境试验中施加到试验样品上的应力种类、应力量值和应力施加时间，这种应力及其量值应当模拟试验样品在寿命期内将要遇到的应力类型、应力施加方式及其强度。试验项目确定以后，施加的应力类型也已随之明确，剩下的就是要确定应力施加方式和应力大小或强度。环境应力对受试产品的影响还与作用时间有关，因此，环境试验条件还包括试验应力的作用时间。例如，振动环境试验的严酷度取决于施加振动的量值的大小、方向数和振动持续时间。湿热试验的严酷度取决于温度、相对湿度、一个循环内温、湿度交变作用时间和循环次数。霉菌试验的严酷度取决于适用的霉菌类型、数量和试验时间。试验条件剪裁原则如下。

（1）应力大小。与确定试验项目一样，环境试验的应力大小应按试验性质确定，例如环境鉴定试验和批生产周期（例行）试验的应力量值应与合同要求相一致，其他试验的应力则应根据试验的性质放大和缩小。

（2）应力持续时间。应力施加持续时间，一般在有关试验方法中进行规定，也可以根据试验寿命期中，该环境出现的频率和持续时间的长短进行分析和剪裁确定。

6. 试验程序（步骤）剪裁方法

确定了某一试验项目及其试验条件后，就要进一步确定采用哪个程序进行试验。试验程序（步骤）一般采用标准中的规定。

6.1.3.7 试验工作流程和程序

装备实验室环境试验应依据合同、任务书和试验实际需要开展工作。试验程序为：

1. 预处理（必要时）

在试验开始之前，为了消除或部分消除试样过去所受的影响，需要对试样进行预处理。如果有要求时，预处理作为试验程序的第一步骤。

2. 初始检测

在进行任何环境试验之前，试样应在试验的标准大气条件下（特殊要求除外)进行电性能、力学性能和其他性能测量以及外观检查,并记录检测数据。

3. 试样的安装

若无其他规定,试样在模拟实际使用状态安装、连接,并按需要附加测试设备。实际工作中使用而在试验中不用的插头、外罩及检测板应保持原状。实际工作中加以保护的而在试验中不用的机械或电气连接处应加以适当的覆盖。对于那些要求控制温度的试验,试样应当在正常试验的标准大气条件下进行安装,并应尽可能安装在试验设备中央,如果规定试样在试验过程中需要工作,则安装时应考虑满足工作要求。被安装的试样之间,以及试样与试验箱壁、箱底及箱顶之间应当有适当间隔,以使空气能自由循环。试样安装完后,如需要,应进行工作并检查,不应发生因安装不当而造成故障。

4. 试验

给试样施加规定的环境条件,以便确定这种条件对试样的影响。

5. 中间检测

在试验期间要求试样工作时,为将其试验时的性能与初始检测的性能进行比较,应进行中间检测。中间检测应在规定的环境条件下进行。

6. 恢复(必要时)

在试验之后,最终检测之前,为使试样的性能稳定,应在正常试验的标准大气条件下(特殊要求除外)进行恢复处理。

7. 最后检测

恢复期结束后,试样应按设备有关标准或技术文件规定进行电性能、力学性能和其他性能测量以及外观检查,并与初始检测数据进行比较。

8. 合格判据

当试样发生下列任何一种情况时,则被认为不合格:

(1)性能参数指标的偏离值超出了试样有关标准和技术文件规定的允许极限。

(2)结构上的损坏影响了试样功能。

(3)不能满足安全要求,或出现危及安全的故障。

(4)试样出现某些变化(如某一部分腐蚀等)使其不能满足维修要求。

(5)设备有关标准和技术文件规定的其他判据。

6.1.3.8 主要实验室环境试验项目介绍

实验室环境试验可以分成气候类环境试验、力学类环境试验、化学和生物环境试验、综合环境试验以及其他类的环境试验。表 6 – 5 列出了GJB150A 中 27 项实验室环境试验。下面针对常见的实验室环境试验进行简单介绍。

表 6 – 5 GJB 150A 所列出的实验室环境试验

试验类别	试验项目
气候类环境试验	低气压环境试验
	高温试验
	低温试验
	温度冲击试验
	太阳辐射试验
	淋雨试验
	湿热试验
	砂尘试验
	风压试验
	积冰/冻雨试验
	浸渍试验
	酸性大气试验
力学类环境试验	加速度试验
	振动试验
	噪声试验
	冲击试验
	炮击振动试验
	倾斜摇摆试验
	爆炸分离冲击试验
	弹道冲击试验
	舰船冲击试验
化学生物类试验	霉菌试验
	盐雾试验
	流体污染试验
综合环境试验	温度 – 湿度 – 振动 – 高度试验
	振动 – 噪声 – 温度试验
其他类环境试验	爆炸性大气试验

1. 气候类环境试验

气候类环境试验中的环境因素包括温度、湿度、太阳辐射、低气压、雨、雪、冰、砂尘等。下面就常见的典型试验进行介绍。

（1）高温试验。高温试验主要用于评价高温条件对装备的安全性、完整性和性能的影响。高温条件可以改变装备所用材料的物理性能或尺寸，因而会暂时或永久性地降低装备的性能。确定高温试验顺序，需遵循两个原则：节省寿命和施加的环境应能最大限度地显示叠加效应。一般高温试验包括两个试验程序：贮存和工作。

（2）低温试验。低温试验主要用于评价在贮存、工作和拆装操作期间，低温条件对装备的安全性、完整性和性能的影响。低温条件可以改变装备组成材料的物理特性，因而可能会对装备工作性能造成暂时或永久性的损害。例如，材料的硬化和脆化，电子器件（电阻器、电容器等）性能改变等。确定低温试验顺序，需遵循两个原则：节省寿命和施加的环境应能最大限度地显示叠加效应。一般低温试验包括三个试验程序：贮存、工作和拆装操作。

（3）温度冲击试验。温度冲击试验主要评估装备在经受周围大气温度的急剧变化（温度冲击）时产生的物理损坏或性能下降。温度冲击条件通常会对靠近装备外表面的部分产生严重影响，离外表面越远（当然，与相关材料的特性有关），温度变化越慢，影响越不明显。例如，运输箱、包装等会减小温度冲击对密封装备的影响。温度冲击试验一般在高低温试验之后进行。

（4）太阳辐射试验。太阳辐射试验主要用于评价寿命期炎热季节直接暴露于太阳辐射环境中的装备耐受太阳辐射产生的热效应或光化学效应的能力。太阳辐射产生的热效应与高温产生的热效应不同，其具有方向性，并产生热梯度。太阳辐照度的变化会导致不同材料和部件以不同速率膨胀或收缩，从而产生严酷的应力并破坏结构的完整性。除产生热效应外，太阳辐射（尤其是其中的紫外线）还会产生光化学效应。由于光化学反应的速率一般随温度升高而加快，因此应使用全光谱充分模拟太阳辐射的光化学效应。太阳辐射试验在试验顺序中一般不作限制，但高温或光化学效应可能影响材料的强度或尺寸，以致影响后续试验（如振动试验）的结果，对此应予以考虑。太阳辐射试验包括两个程序：循环和稳态。

（5）低气压（高度）试验。低气压（高度）试验主要用于评估装备在常温条件下耐受低气压环境、在低气压环境正常工作以及耐受空气压力快速变化的能力。低气压（高度）环境不仅可能导致装备产生热效应和电效应，还可能导致装备产生一系列的物理、化学效应，包括密封容器变形、破损或破裂、装备因热传导降低而发生过热、真空密封失效等。一般情况下，低气压（高度）试验在试验顺序的早期进行。若其他试验可能对装备的低气压试验效果产生很大影响时，则低气压（高度）试验可在这些试验之后进行。例如，低温和高温试验可能影响密封；力学环境试验可能影响装备结构的完整性；非金属零部件的老化可能降低其

150

强度等。低气压(高度)试验包括四个程序:贮存/空运、工作/机外挂飞、快速减压和爆炸减压。

(6)淋雨试验。淋雨试验主要用于评估暴露于淋雨、水喷淋或滴水下的装备的物理损坏或密封性能下降。淋雨可能引起装备产生环境效应,包括大气效应、雨撞击效应以及积雨/渗透效应。一般情况下,根据淋雨试验特殊要求,可在任何阶段进行。若在力学环境试验后进行,在确定机壳结构完整性方面,其有效性最好。淋雨试验包括四个程序:降雨和吹雨、强化、滴水。

(7)湿热试验。湿热试验主要用于评价装备耐湿热大气影响的能力。潮湿条件会对装备产生物理和化学影响;温湿度的变化可以导致装备内部出现凝露现象。若湿热试验对同一试样的其他后续试验有影响,则应将湿热试验安排在这些试验之后进行。同样,由于潜在的综合环境影响没有代表性,一般不宜在经受过盐雾试验、砂尘试验或霉菌试验的同一试样上进行湿热试验。

2. 力学类环境试验

力学类环境试验环境因素包括振动、冲击、加速度等。下面就常见的部分试验进行介绍。

(1)振动试验。振动试验用于验证装备能否承受寿命周期内的振动与其他环境因素叠加的条件并正常工作。振动能够导致装备及其内部结构的动态位移,而这些动态位移和相应的速度、加速度可能引起或加剧结构疲劳以及结构、组件和零件的机械磨损。另外,动态位移还能导致元器件的碰撞/功能的损坏。振动试验利用预期寿命期事件的顺序作为通用的试验顺序,同时还要考虑振动应力引起的累积效应可能影响在其他环境条件(如温度、湿度等)下装备的性能。

振动试验包括四个程序:一般振动、散装货物运输、大型组件运输、组合式飞机外挂的挂飞和自由飞。

(2)冲击试验。冲击试验适用于评估装备在其寿命期内可能经受的机械冲击环境下的结构和功能特性。机械冲击环境的频率范围一般不超过 10000Hz,持续时间不超过 1.0s。多数机械冲击环境作用下,装备的主要响应频率不超过 2000Hz,响应持续时间不超过 0.1s。冲击可能对整个装备的结构和功能完好性产生不利影响,其影响程度一般随冲击的量级和持续时间的增减而改变。当冲击持续时间与装备固有频率的倒数一致或者输入冲击环境波形的主要频率分量与装备的固有频率一致时,会增加对装备结构和功能完好性的不利影响。当与其他试验共同使用同一试样时,试验顺序取决于试验的类型(如研制试验、鉴定试验、耐久性试验等),以及试样的通用性。一般情况下,在试验程序中应尽早安排冲击试验,但应在振动试验之后。

冲击试验包括八个程序:功能性冲击、需包装的装备、易损性、运输跌落、坠撞安全、工作台操作、铁路撞击、弹射起飞和拦阻着陆。

(3)加速度试验。加速度试验用于验证装备在结构上能够承受使用环境中由平台加、减速和机动引起的稳态惯性载荷的能力,以及在这些载荷作用期间和作用后装备性能不会降低或不会发生危险。加速度通常在装备安装支架上和装备内部产生惯性载荷,导致装备产生损坏情况,如结构变形影响装备运行、电子线路板短路等。一般来讲,在加速度试验前进行高温试验。

加速度试验包括三个程序:结构试验、性能试验和坠撞安全试验。

3. 化学和生物类环境试验

化学和生物类环境试验主要包括了盐雾、霉菌等环境因素。

(1)盐雾试验。盐雾试验主要用于确定材料保护层和装饰层的有效性,测定盐的沉积物对装备物理和电气性能的影响。盐雾可能引起装备产生环境效应,包括腐蚀效应、电气效应和物理效应。因为盐沉积物会干扰其他试验的效果,所以若使用同一试样完成多种气候试验,在绝大多数情况下,建议在其他试验后在进行盐雾试验。一般不使用同一试样进行盐雾、霉菌和湿热试验,但若需要,应在霉菌和湿热试验之后再进行盐雾试验。一般不使用同一试验进行砂尘试验和盐雾试验,但若需要,应将砂尘试验安排在盐雾试验之后。

(2)霉菌试验。霉菌试验主要用于确认装备耐受霉菌作用的能力。霉菌可以消耗组成装备的材料,能产生腐蚀作用,导致电路短路或短路。

4. 综合环境试验

由于装备在实际服役过程中,往往遭受着多种环境因素的综合作用,因此在环境试验中采用综合环境试验技术是十分必要的,所以综合环境试验设施和设备的研制及应用一直是环境试验技术发展的前沿。一般情况下,综合环境试验环境剖面应遵循下列原则:

(1)应按照时序模拟受试产品在使用过程中经历的最主要的环境应力,优先采用实测环境应力水平,其次采用估计的应力水平,最后可参考文献中的应力水平。

(2)试验中应模拟任务环境,使环境应力施加的次序和综合情况与实际情况符合。

(3)环境应力施加时间应与实际相符。

在 GJB150A 中,就规定了两种综合环境试验:温度－湿度－振动－高度试验、振动－噪声－温度试验。例如低温－低气压－高湿综合环境试验适用于部署或者安装在军用飞机上,并且在高空与地面之间上升或者下降期间可能遭受

152

低温—低气压—高湿综合环境的设备。在这种综合环境下，设备可能会遭受凝露、结霜或者结冰，也会出现潮气侵入甚至渗水的现象。综合环境因素这种破坏作用与单因素环境试验的现象有很大不同，甚至难以出现，因此有必要进行考核。

5. 其他类环境试验

其他类的环境试验一般不常见，例如液体燃料着火、军需品的安全撞击等。

6.1.4　使用环境试验

使用环境试验是指在规定的实际使用环境条件下评估装备环境适应性的试验。在我国，使用环境试验做得不是很多，主要是在使用部队进行，且做得并不规范。使用环境试验在航空、舰船上用得不多的根本原因是国家经济实力不强。在美国，飞机研制中 X 验证飞机至少有一架要用于使用环境试验，使其在不同气候区按能评价其环境适应性的飞行剖面飞行。为了加快评价过程，必要时甚至用一个机群进行试验，以评价环境适应性。

6.1.4.1　环境条件

使用环境试验的环境条件是实际使用中会遇到的环境条件及负载、维护和操作条件。实际使用中会遇到的环境条件包括地理（地形）、气候或海洋（水）条件和装备工作时产生的诱发环境条件，后者的严酷程度完全取决于工作剖面的设计。使用环境试验过程中不仅要记录自然环境中相关的环境因素数据、装备自身运动参数数据，更要记录各舱、段、区内温度、振动等环境因素数据，以便了解实际环境条件，并在发现某一设备有问题时进行环境和故障分析。

6.1.4.2　试验对象

使用环境试验的适用对象包括装备本身，同时也包括装备内各舱、段内的设备，下列产品特别适用于使用环境试验：

（1）在实验室内不容易或者不可能进行考核的产品或者系统，例如在复杂综合环境下服役的产品，没有合适的试验装置来完成试验；

（2）复杂系统，难以在实验室进行加速试验；

（3）整系统。

6.1.4.3　试验用途

使用环境试验主要用于评价整个装备及其设备的环境适应性。试验的主要用途为：

（1）在未交付用户的装备试运行或试飞时，也可进行使用环境试验，并与实验室环境试验结合，帮助发现问题和改进设计。由于使用环境试验是在综合的、复杂应力的环境中进行的,这样就容易暴露实验室环境试验中不易暴露的各种缺陷。

（2）使用环境试验的另一个用途是可测量装备内各舱、段的平台环境数据,为修改原设计的环境条件或为后续装备的设计确定环境条件提供依据。

（3）了解装备在自然环境和诱发环境作用下的环境损伤机理,这些数据将为确定防护工艺、环境试验方法和制定合理的环境试验条件提供依据。

（4）了解装备的寿命特性,为确定装备的寿命提供信息。

6.1.4.4　型号应用

主要在型号的使用阶段进行,在定型前适当时候也可进行。

6.1.4.5　主要特点

使用环境试验有以下特点:

（1）综合性。使用环境试验是环境条件的综合、装备本身系统综合甚至包括了对保障设备的综合,这些通常在实验室内是无法同时模拟的。

（2）真实性。使用环境试验主要表现在试验中环境条件的真实性,只有在真实的环境条件下进行的试验才能获得可信的数据。

（3）成本高。使用环境试验使用整个装备进行试验,所以成本较高。

（4）由于周期长,涉及的人员面广,试验过程管理和控制困难,故障判别不易准确。

（5）为保证试验结果的准确性,需要一定的统计量。

6.1.4.6　实施要求

使用环境试验在实施时,有下列要求:

（1）技术状态基本确定,并且与未来部队使用的情况基本一致;

（2）试验条件要有代表性;

（3）应持续记录试验时间,在出现故障、进行修理等事件时,要记录试验时间。

6.1.4.7　试验设备

使用环境试验不需要专门创造环境条件,环境条件是靠试验区自然环境和受试产品自身运动来创造的,不需要专门环境试验设备,但是需要根据天气预报,选择合适的自然环境条件,并有意识地设定产品代表性的运动方式。试验中所用的测试设备主要是测量装备内各舱、段的环境因素响应特性数据的传感器和记录仪,并依靠装备上的功能性能自检测系统实现有无故障的检测。

6.1.5　虚拟环境试验技术

随着现代科学技术特别是计算机技术的发展,虚拟现实技术已经成为除直接的科学实验之外的另一种重要的认识世界的手段,它具有灵活、广泛和快捷的特点,另外还是一种经济有效的高技术。与之相对应,虚拟环境试验技术在装备环境工程领域开始得到了发展,成为环境工程领域研究和发展的重要方向。

虚拟环境试验是以高性能的计算机系统为支撑平台,根据实际的环境试验条件,在计算机系统中针对被考核系统(实物或者虚拟)建立相应的试验装置或者"虚拟试验环境"进行的环境试验。在虚拟环境试验中,被考核系统可以在虚拟试验环境中被施加以与物理试验相同的激励信号,通过计算或者测试获得被考核系统的各种响应,使所取得的试验效果接近或者等价于在真实环境中所取得的效果。

该技术以丰富的环境试验信息数据为基础,以装备环境适应性的机理为支撑,通过构造系统模型,在系统模型上做试验,来认识装备的环境响应特性,为型号的研制、生产和使用提供支撑。

6.1.5.1 环境条件

理论上说,虚拟环境试验技术可仿真出试验对象在寿命期内可能遇到的各种环境以及各种环境因素的组合,甚至可以仿真出现有条件下尚未观测到的环境条件。因此虚拟试验技术在试验条件上具有极大的灵活性。对环境条件的模拟一直是虚拟试验技术中重要的研究课题,例如对大气环境的仿真和数值预报技术、运输环境模拟仿真一直是虚拟环境试验技术研究的重要内容。

6.1.5.2 试验对象

虚拟环境试验的适用对象是数字化的装备、装备内各舱、段内的设备、零部件、结构,甚至是材料和元器件,有时也部分地采用实物或者部分的试验条件。下列产品特别适用于虚拟环境试验:

(1)不容易或者不可能进行考核的产品或者系统,例如在极端环境下或者复杂综合环境下服役的产品,没有合适的试验装置来完成试验;

(2)复杂系统,难以在实验室进行加速试验;

(3)整系统。

6.1.5.3 试验用途

虚拟环境试验技术在装备环境适应性的研制和评价中均可应用,主要的应用有:

(1)获取研制过程中急需的数据。通过大量的技术基础研究,环境试验已经积累了大量的基础性、原始性的数据,但是这些数据难以直接应用于具体型号,通过虚拟环境试验技术,可以将这些基础性、原始性的数据转化为具体型号研制过程中所需要的数据,以支撑型号的研制。

(2)虚拟环境试验技术可用于对装备环境适应性的评价和预测。通过模拟各种环境,获取试验对象对环境的响应,从而对装备的环境适应性进行评价和预测。

(3)支撑相关的技术基础的发展。通过虚拟环境试验技术可以获得普通环境试验中难以得到的数据,为技术基础的研究和发展提供支撑。

6.1.5.4 型号应用

在型号产品论证阶段,通过虚拟环境试验数据可以对装备的不同方案寿命期环境剖面的环境适应性影响进行快速预估,为确定型号环境要求和进行型号环境剖面分析提供基础数据和分析依据。

在研制初、中期阶段,可以开展对于装备新结构、新材料、新工艺环境适应性的对比性评价以及对装备寿命期的预估或预测;在生产阶段,可以对生产工艺改进的辅助评价及其对装备环境适应性影响的辅助性评估;在使用阶段,可以对装备贮存环境影响及其贮存剩余寿命进行评价,对平台环境的影响进行评价等。

6.1.5.5 主要特点

装备虚拟试验技术具有以下特点:

(1)灵活性。虚拟试验技术可以仿真出型号产品在各种环境下的环境适应性,不受特定样品和特定试验环境条件的限制。

(2)及时性。虚拟环境试验可以在较短时间内获得试验结果,克服了实物试验需要一定试验周期的缺陷。

(3)低成本。虚拟环境试验技术平台在研究初期需要较大的投入,在后续应用中的成本很低。

(4)可扩展性。虚拟试验技术可从局部(材料、部件)进行仿真试验,然后不断链接组合成更大的系统中。

(5)无破坏性。虚拟试验技术主要是针对数字试样,不会对装备产生实际的破坏。

6.1.5.6 实施要求

实施虚拟环境试验技术有下列要求:

(1)需要虚拟或者半实物的样机。虚拟环境试验是基于软件工程研制的仿真试验系统,它将允许设计者将虚拟样机或者半实物样机安装到虚拟环境中进行"试验",借助交互式技术和试验分析技术,使设计者能在设计过程中对在不同环境下产品的表现进行直观的评价。

(2)虚拟环境试验需要有深入的机理研究和足够的环境数据做支撑。虚拟环境试验通过产品的失效模式和失效机理等信息,将产品预期承受的环境应力与潜在产品故障的发展联系起来,结合足够的环境数据,从而能确定产品对环境的响应,对产品环境适应性作出预测。

6.1.5.7　试验设备

虚拟环境试验需要高性能的计算机系统以及支撑软件系统,必要时还需要强大的可视化图形和动画处理系统。

6.1.6　其他分类的环境试验之间的关系

除了上述按照试验环境条件来源分成自然环境试验、实验室环境试验和使用环境试验外,环境试验还可以有其他的分类方法。例如传统的自然环境试验、实验室环境试验和使用环境试验是实物试验,而虚拟环境试验是非实物或者半实物试验;另外,自然环境试验更倾向于针对材料、工艺、元器件和零部件开展试验,通常是综合环境试验,实验室环境试验更多地是模拟或加速试验,许多实验室试验是单因素环境试验。因此在应用环境试验时,还应该充分了解不同分类的环境试验之间的关系。

6.1.6.1　不同层次产品环境试验之间的关系

按照针对产品的层次,环境试验还可以分成针对基础产品的材料、元器件和零部件的环境试验,以及针对具体产品的组件、大部件和单元、设备、系统和分系统的环境试验。不同层次产品的环境试验之间应符合金字塔式的关系。也就是说,越底层和基础性层次的产品,试验就应该越充分,并不断提高设计和工艺,为装备的环境适应性奠定坚实的基础,一般来说,针对基础产品的试验应由订货方认可的专业技术研究单位承担,可同时为多个型号提供基础性和共性的试验;产品层次较高的整机和系统少量的模拟试验主要是针对具体装备的,并且主要是发现装备在系统层次的环境适应性问题,系统层次的环境适应性问题不能通过底层的环境试验发现,通常这个层次的环境试验与具体装备密切相关。

另一方面,由于时间、经费和技术手段的限制,底层和基础性产品本身的环境适应性问题并不能完全通过较高层次、系统级的环境试验暴露出来,那种认为通过系统级环境试验就能足够回答装备环境适应性水平的认识是不全面的,而要充分结合基础产品的环境试验,才能较好地对装备环境适应性进行试验把关。所以在型号研制的实践中,常常出现通过了标准规定的系统级的环境试验,装备在服役过程中依然还会出现不少环境适应性问题。图 6 - 2 是不同层次产品的环境试验所形成的金字塔式关系。

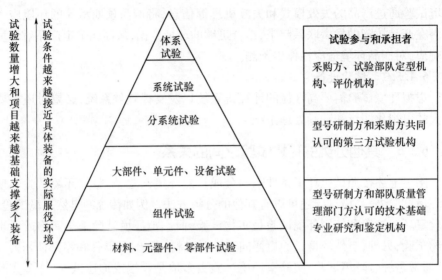

图 6 - 2   不同层次产品的环境试验所形成的金字塔式关系

6.1.6.2 单因素试验、组合试验和综合环境因素试验之间的关系

一般情况下,装备在全寿命期所遭受的环境并不是单一的环境因素所构成的,往往是环境因素按照一定顺序的组合,也存在多个环境因素共同存在施加在试样上的情况。所以按照试验种所涉及环境因素的数量及其组合形式,环境试验还分为单因素环境试验、组合环境试验、多因素综合环境试验。单因素环境试验是指单纯控制某一个环境因素的环境试验;组合环境试验指将几个单项的单因素环境试验按照一定顺序组合起来形成的环境试验;综合环境试验是同时控制多个环境因素的变化,并把这些环境因素同时施加到试样上的环境试验。因此单因素环境试验与组合环境试验以及综合环境试验之间是积木块关系。图 6 - 3 给出了单因素试验与组合环境试验以及综合成综合环境因素试验的积木块关系示意图。

在工程实践中,考虑到工程上的方便、经济上的可承受性以及技术上的可行性,大量的环境试验采用单因素环境试验,然后通过适当的组合来模拟环境因素的组合作用甚至是综合作用。通过这样安排试验方式,可以在较大概率上排除大部分的环境适应性问题。但是环境因素的有些特殊组合和综合会产生单因素环境试验难以模拟的环境损伤,这时候进行必要的组合环境试验或者综合环境试验就十分必要。因此在安排环境试验时,要充分考虑环境因素的组合和综合的作用,对组合和综合环境试验作出安排。

158

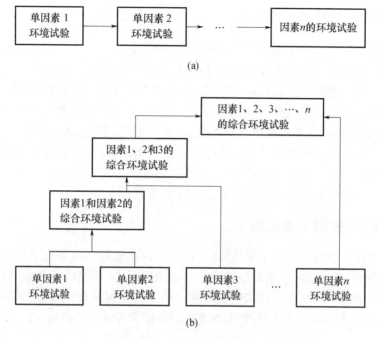

图 6-3　单因素试验与组合试验和综合环境因素试验积木块关系
(a)组合环境试验;(b)综合环境试验。

6.2　环境试验的作用

环境试验遍及并超出产品寿命期全过程,从某一产品立项前到制成样机,直至产品投入使用后的一段时间内,均需要进行各种类型的环境试验。

6.2.1　自然环境试验

自然环境试验是一项基础性试验工作,在型号立项前就应进行,目的是积累货架产品(材料、工艺、元器件等)对各种自然环境的适应性数据,为研制中设计人员选用货架产品提供依据。在工程研制阶段,自然环境试验若能快速得到结果,可作为工程研制试验的组成部分,确定选用的材料、工艺和元器件的不适用性,以改用其他材料、工艺和元器件。随着自然环境加速试验技术的发展,有可能在很短时间内评价出产品的自然环境适应性,从而可使其更全面地用于产品的研制阶段。自然环境试验另一个重要的用途是在设计定型、生产定型和使用阶段用于评价产品在存放、贮存和运输状态时对自然环境的适应性。

6.2.2　实验室环境试验

实验室环境试验主要用于型号研制、生产阶段,既可以作为设计的组成部分帮助发现设计和工艺缺陷以改进设计;又可以用以考核设计制造的产品的环境适应性是否符合合同规定要求,作为其设计、工艺定型的决策依据和批生产产品出厂验收的决策依据;还可以用来获取产品对向其施加的环境应力的物理响应特性信息、薄弱环节及确定产品耐环境应力的工作和破坏极限,从而为用户正确使用此产品及制定合理的备件保障计划提供依据。因此,实验室环境试验是装备环境工程工作的重要组成部分,是装备研制生产过程提高环境适应性和验证装备环境适应性满足规定要求不可缺少的手段。

6.2.3　使用环境试验

使用环境试验主要用于使用阶段,用来评价在实际使用条件下装备真实的环境适应性。如可能,使用环境试验在装备研制后、定型前就可开始进行,以通过更真实的使用环境来发现实验室环境试验无法发现的设计和工艺缺陷,从而与实验室环境试验互为补充、帮助改进产品设计和验证改正措施。

6.3　环境试验与其他试验的相互关系

前面已经介绍了从环境角度开展的多种试验。但在武器装备整个寿命周期过程中,还要开展大量的试验。比如,有为证明装备在模拟极端的使用环境条件下进行试验时的性能而开展的验收(定型或鉴定)试验;有为评估装备在某一典型的使用寿命周期内的性能和耐久性而开展的寿命评估试验;有为在正常使用中监测和评价装备的反应或者表现而开展的使用中的监测性质试验;有为确保装备在使用寿命周期内的安全性而开展的安全性试验;也有为预测装备在典型使用寿命周期内的可靠性而开展的可靠性试验,还有为通过鉴定制造和装配过程中引发的各种缺陷,来评估制造的质量的环境应力筛选等。

验收试验和以上列举出的各种试验相互间并不完全独立。验收试验的目的与寿命评估、安全性和可靠性试验的目的有不同程度的重叠。对于某些装备,验收试验可能会提供关于装备寿命、安全性和可靠性各个方面或某些方面的有用信息。只有复杂装备或包含高能物质的装备才需要另外一些类型的试验。对于数量大且相对简单的装备,例如装甲车辆,按照现有国家军用标准,在实施定型试验时,要 3 辆车,每辆车要跑 10000km,这样加起来就有 30000km。

如果按照严格的规程,记录使用与保障情况,记录所有的故障和停机事件,

160

是可以评估其可靠性达到的水平的,可以评价维修性指标和器材消耗情况,评价坦克车辆的安全性状况等。按照美国提供的资料,美国陆军通常也用点估计来计算可靠性。但对于舰船、核潜艇、导弹等武器装备,通常情况下,定型考核样本量小,试验时间短,成本也非常高,因此,在这种情况下,难以评估出可靠性、维修性、保障性、安全性水平,需要做一些专项的试验,比如安全性认证、关键设备维修性演示验证和可靠性专项试验。

因此,在进行装备性能试验、作战试验鉴定和在役性考核期间,需要明确环境试验条件。虽然使用寿命评估、安全性和可靠性以及环境应力筛选的目的由其他标准决定,然而与这些有关活动关联的环境工程任务是建立在验收试验(作战试验鉴定)基础之上的。在此,讨论这些试验之间的关系,是因为在一个高效低成本的研制项目试验计划中是不会单独考虑这些试验活动的。为此,需要将各种试验作为研制项目试验总计划的一个组成部分。英国国防标准 DEF STAN 00 – 35《国防装备环境手册》第一部分第 4 章有详细的规定。

6.3.1　环境试验与验收试验(作战试验)

验收试验的目的是要提供证据,据此进行评估时可能经受到的、在"环境要求"文件中正式规定的环境条件。验收试验强度是根据环境要求文件中的有关信息,在环境试验规范中做出规定的。试验强度总体上代表了装备在使用中可能经受的限制环境条件或可信的最严酷的环境条件。

验收试验计划内开展的试验,是要证明装备在其整个使用寿命期间足以承受规定的环境条件而不致使其性能或安全性下降到不可接受的程度。一个完整的验收试验能够为装备投入实际应用提供坚实的证据。验收试验应该在标准的硬件产品上进行,但是验收试验往往在全面投产开始之前进行,因此,几乎总是要用预生产试验件进行试验。因而,在进行验收试验的同时,还需对生产标准和被检产品之间产生的任何差异的后果进行评估或鉴定。

6.3.2　环境试验与可靠性试验

众所周知,试验和评价是贯穿于产品研制和生产过程的重要活动,是帮助产品设计改进和验证产品设计水平是否达到合同要求的手段,也是验证批生产产品环境适应性是否仍然保持达到合同要求的手段。就环境试验和可靠性试验而言,各阶段试验大致包括工程研制阶段的试验、设计定型中的鉴定试验、批生产质量稳定性试验和验收试验三种类型,如表 6 – 6 所示。从表 6 – 6 可以看出,环境试验和可靠性试验几乎同样贯穿于产品研制和生产的各阶段,而且各相应阶段的试验工作的性质基本相同。这些试验基本上都采用实验室试验方法在规定的受控环境中进行,所用的环境应力类型和试验设备也有类似之处。

表 6 - 6　产品研制生产阶段的试验工作项目

阶段时间 项目	研制阶段		生产阶段		最终验收前
	研制过程	投产前	生产过程中 或结束时	交付前	适当时机
环境试验	环境适应性 研制试验	环境鉴定试验	——	环境验收试验	环境例行 试验
可靠性试验	ESS 和可靠性 研制/增长试验	ESS 和可靠性 鉴定试验	环境应力筛 选(ESS)	ESS 和可靠性 验收试验	——

6.3.2.1　环境试验与可靠性试验的区别

许多人常常误把环境试验和可靠性试验看作相同的试验,因而可以互相取代,从而导致误用这两种试验,造成不良的后果。事实上,这两种试验在试验目的、使用应力的种类、应力施加的方法、环境条件确定准则、试验时间确定方法、故障考虑等方面有着很大的区别,表 6 - 6 以环境鉴定试验和可靠性鉴定试验为例,清楚地说明了两者的本质区别。通常只有通过环境鉴定试验的产品才能进行可靠性鉴定试验。

6.3.2.2　环境试验是可靠性试验的基础和前提

环境试验和常规性能试验一样,同是证明所设计的产品是否符合合同要求的试验,也是最基本的试验。因此,它在产品研制各阶段均应在可靠性鉴定试验之前进行。只有常规性能试验证明其在试验室环境中的性能已符合设计要求的产品才能提供做环境试验,只有通过了环境鉴定试验的产品才适于投入可靠性增长试验。

美国军标 MIL - STD - 785B 中明确指出:"应该把 MIL - STD - 810D 中描述的环境试验看作可靠性研制和增长的早期部分,这些试验必须在研制初期进行,以保证有足够的时间及资源来纠正试验中暴露的缺陷,而且这些纠正措施必须在环境应力下得到验证,并将这些信息作为可靠性大纲中一个必不可少的部分纳入 FRACAS(故障报告、分析和纠正措施系统)系统"。

可见,环境试验是可靠性试验的先决条件,它对提高产品可靠性起着重要作用。在某些情况下,环境试验、可靠性试验和性能试验的时间及出现的故障可用于大致估计产品的初始可靠性。

6.3.2.3　可靠性试验和环境试验只能相互补充,而不能互相取代

由于这两类试验在试验目的、所用应力、时间和故障处理等方面均有很大区别(表 6 - 7),因此不能互相取代。盐雾、霉菌、湿热、太阳辐射、爆炸大气、淋雨

等试验不能用可靠性试验代替是显而易见的,但温度和振动试验在这两类试验中都有,似乎有重复。仔细研究这两个应力在这两类标准中所用的量值是完全不同的,如果要进行折算,势必引入放大或缩小系数。各种产品的材料和结构不同,对热和振动的响应特性各不相同,很难找出各种产品的这种系数,更难得到统一的系数;另一方面,正如前面所述,各种试验各有自己的目的和基本条件,例如进行可靠性增长试验时,一个重要条件是确定故障判别准则,如果产品基本性能是否达到尚不清楚,就谈不上建立判别准则。

因此把原来分布在各个不同阶段和时期的各种不同目的的试验压缩到同一时间点进行,会使许多问题积到一起处理,结果易造成混乱,失去了各种试验所遵循的基本规律,反而贻误时间和进度,造成更大反复和浪费,显然这是不可取的。

表 6-7　环境试验与可靠鉴定试验的区别

对比项目	环境鉴定试验	可靠性鉴定试验
试验目的	确定产品对环境的适应性,确定产品耐环境设计是否符合要求	定量鉴定产品的可靠性,确定产品可靠性是否符合阶段目标要求
环境应力类型数量	涉及产品寿命期内会遇到的大部分对其有较重要影响的环境,包括气候、力学和电磁环境。GJB 150 中规定了 19 个试验项目,HB 6167 规定了 23 个试验项目。实际产品试验时,应根据其寿命期将遇到的环境及其受影响程度从标准中选取相应试验项目。常用鉴定试验有 10 个以上项目	选取使用寿命期内对产品可靠性有较重要影响的主要环境,仅包括气候和力学环境中的温度、湿度和振动,并且将电压波动和通、断电作为电应力纳入试验条件
应力施加方式	各单因素试验和多因素综合试验,以一定的顺序组合逐个施加	以循环形式反复综合施加。由于要求各环境应力综合在一个试验箱中进行,从工程上实现可能性出发,只有将对产品可靠性最有影响的应力进行综合
环境应力选用准则	基本上采用极值,即采用产品在贮存、运输和工作中遇到的最极端的环境作为试验条件。这一准则是基于这样的设想,即产品若能在极端环境条件下不被损坏或能正常工作,则在比此极值温和的条件下也一定不会被损坏或一定能正常工作。此极值应是对实测数据进行适当处理(例如取一定的风险)得到的合理极值	采用任务模拟试验,即真实地模拟使用中遇到的主要环境条件及其动态变化过程以及各任务的相互比例。可靠性试验中,产品只有一小部分时间处在较严酷环境作用下,大部分时间是处在工作中遇到的较温和的环境应力作用下。其时间取决于相应任务时间比

对比项目	环境鉴定试验	可靠性鉴定试验
试验时间	每一项试验的时间基本上取决于选用的试验及具体试验程序，只是由于试验各阶段进行性能检测所需时间不同而产生一些差别。目前国内外各种环境试验标准规定的几十种试验方法中，除霉菌试验28天和湿热试验最长240h外，一般环境试验不超过100h，试验时间比可靠性试验短得多	可靠性试验时间取决于要求验证的可靠性指标大小（检验下限（θ1）和选用的统计试验方案以及产品本身的质量（MTBF真值）。可靠性试验的结束不一定以时间为准而应进行到受试设备试验的总台时数达到规定值或进行到按方案能作出接收或拒收为止
故障	环境试验中一旦出现故障，就认为受试产品通不过试验，试验即告停止并进行相应决策	可靠性鉴定试验是以一定的统计概率表示结果的试验。根据所选统计方案决定允许出现的故障数，出现故障后不一定拒收

可靠性试验和评估是为了提供装备能否在实际使用环境中保存可靠方面的证据。可靠性要求（包括统计置信度）会大大影响到可靠性评估方法。然而，可靠性评估受装备类型和成本的影响，同时也受装备使用特点的影响。可靠性评估方法应在可靠性计划中提出。可靠性计划与设计保证计划和环境管理计划相似。可靠性计划中要阐明必需的试验活动的可靠性要求和目的，这些试验活动可包括如下一种或多种途径。

在实验室中进行使用环境模拟是可靠性试验和评估最常用的方法，而这种方法的一个限制条件就是对使用环境的模拟能力问题。一般需要在试验过程中同时模拟几种环境条件。如果要得到正确的可靠性试验结果，就需要对使用方法和模拟循环（时间）长度进行正确的界定。在极端恶劣环境条件上简单地加上一个时间长度来设定可靠性试验循环，就无法得出可信的试验结果，并且很可能会严重低估可靠度。

可靠性试验主要包括两类环境试验：增进装备可靠性的可靠性增长试验以及为确保可靠性达到要求的可靠性验证试验。

1. 可靠性增长

可靠性增长试验，也叫做可靠性研制试验，目的是逐步改进装备的可靠性。特别是要明确装备对哪些环境条件敏感以及确保达到了可靠性要求。可靠性试验中所引发的各种问题都应该是实际使用中可能发生并具有代表性的。因而，可靠性试验的强度只能稍稍高于具体环境条件的平均水平并且不应该高于平均数加一个 σ（标准偏差）值。

2. 可靠性验证

可靠性验证试验,也叫可靠性验收试验,目的是为了验证装备的可靠性在实际使用中符合规定要求。当对标准产品进行这种试验时通常称作产品可靠性验收试验。可靠性验证试验的强度通常比可靠性增长试验的强度稍低一点。理想状态下所取的强度应该是独立因子,这样可以确保试验中引发出的故障能够代表实际使用时的情况。

可靠性增长试验不应与为了在验收试验之前验证装备而开展的研制试验混淆。后者的目的是要验证装备足以抗拒使用时最大的环境严酷度而不致在功能方面和/或结构方面出现不可接受的性能下降。而且也不应与设计余量试验混淆(虽然有时会混淆),设计余量试验是在设计过程的最初几个阶段进行的。设计余量试验的试验严酷度,对分组件可采取高达最高使用强度的 2 倍,以便量化这些分组件能够承受使用时环境加载的余量。

可靠性要求中规定了可靠性试验的目的,它们是可靠性管理计划中的一部分。这个计划与综合试验评估计划有关。但选择合适的试验方法和确定有关的试验强度则应根据环境要求文件中对环境条件的要求进行。关于环境特点、试验强度和试验方法的信息既适用于验收环境试验,也同样适用于可靠性试验。可靠性试验的控制和管理流程与环境管理流程图很相似,如图 6-4 所示。

一旦确定出可靠性试验方法和试验强度,其有关试验过程文件应该与环境试验过程文件相同。其中包括的可靠性试验评估是证明装备可靠性要求达到一致性的特殊的重要方法。

6.3.3 环境试验与寿命评估和使用中寿命监测

寿命评估试验是装备寿命周期中不同阶段里验收试验有关部分的重复,其目的是为了证明在寿命周期内能承受规定的环境条件而不致使自身的安全或性能下降到不可接受的程度。因此,在每一个阶段试验时环境条件和装备本身的老化程度都应该接近真实条件的情况。第一阶段的寿命评估试验使用全新的样品,而第二阶段和后续阶段的试验使用的样品应当经受过相应阶段最大程度的"自然老化"。

装备含有因老化而导致性能明显下降的器件时,以及当性能下降会明显影响装备的运行或安全性时,就需要有个寿命评估计划。若装备需要长期使用或因老化造成的性能下降的后果不充分了解的情况下,也需要有个寿命评估计划。装备含有性能会下降的组成部分(诸如炸药和推进剂)时,通常需要这种寿命评估试验。

使用中寿命监控时常作为寿命评估试验的一种方法,用以提供连续的证据,证明装备能够达到寿命要求。一般地,使用中监控是按预定的时间间隔对装备的性能进行验证。在寿命评估过程结束时进行使用中寿命监控的主要好处是不

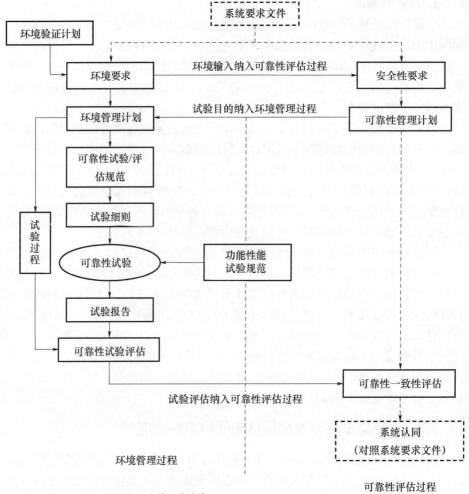

注：虚线框部分不是过程的直接工作内容。

图 6 – 4 可靠性与环境管理过程的关系

需要进行人工老化处理,因此人工老化可能导致的各种问题都不需要考虑。然而,对性能的验证并不能完全证明装备达到了寿命要求,特别是当老化和退化会影响到高能物质的安全性时。

目前实现了一种智能监测(有时称为自动监测)技术,它是为了减少一般在型号鉴定试验中存在的试验过度现象。在工业标准规格体系中,采购阶段会应该有限开展一些验收试验,以证明装备能够适应各种环境条件,但与其能否满足整个使用寿命要求无关。通过监测装备关键部件和设计薄弱环节,可以延长其寿命。一旦设计薄弱环节或装备部件受到严重损坏,寿命评估试验能够起到延长寿命的作用,直到其得到处置,从而贯穿于装备整个使用寿命期。寿命评估和使用中寿命监测分别都有自身的优点和局限性,实际应用中两者在很大程度上相互补充的。智能监测对以上两种方法都有帮助。

与寿命评估有关的控制和管理过程与环境管理相似。寿命评估有关的控制和管理过程如图6－5所示。它可以帮助独立实体单位更有逻辑地安排寿命评估和验收试验程序,找出共同的问题能够便于将程序成本和时间减少降至最低。应该注意以下几点:

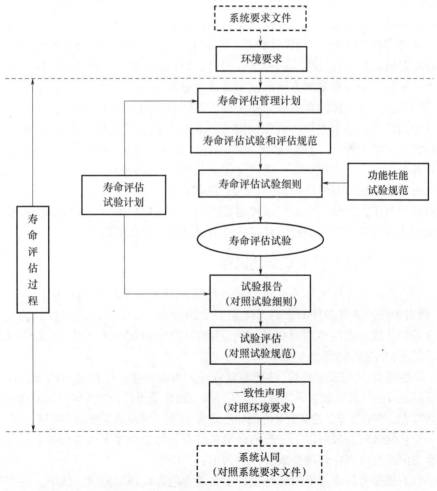

注:虚线框部分不是评估过程的直接工作内容。

图6－5　寿命评估过程

167

（1）装备的寿命要求将会在系统要求文件中做出规定，而它的适用范围则一般在总体技术要求文件中规定。

（2）寿命评估以及试验的方式和内容应在寿命评估管理计划中列出。这个计划则与综合试验评估计划相关联。

（3）寿命评估试验文件与验收试验文件相类似。然而，特别需要注意的是：寿命评估试验的大部分内容都是在验收试验后开展，并且很可能安排在不同的合同之内。因而，有关的一致性声明可能在很长一段时间内空缺或不完整。

（4）与寿命评估活动相关的环境试验和评估规范应当概要地列举出与寿命评估有关的试验项目。这些试验也应当包含在寿命评估试验程序中。试验结果将成为寿命要求各个阶段一致性声明的主要部分。

从合同的角度来看，验收试验几乎总是验证装备在其整个使用寿命周期内能够应对规定环境的最简单的办法。另外，责任分配也能得到明确界定。对寿命评估或使用中寿命监测方法的使用通常会导致合同的更加复杂以及责任分配的不明确。产生这样问题的原因在于寿命评估和使用中寿命监测将持续到装备研发合同终止后的很多年。有效的寿命评估（以及使用中寿命监测）需要使用者提供经受最大程度"自然"老化的零部件。采用寿命评估和使用中寿命监测意味着采购部门认为供应商不能完全保证装备的使用寿命。

由于易老化的部件的寿命评估试验包含着安全方面的信息，安全部门对这方面试验有很大兴趣。诸如军械弹药这样的安全部门应该代表采购部门在安全方面确认装备寿命在各个特定阶段的评估都达到了令人满意的水平。

6.3.4　环境试验与安全性试验

含有危险部件的装备需要进行某些特定的评估来确保装备在极端环境条件、敌对条件或意外条件的影响下保证安全的能力。安全性试验的目的就是要为有关评估或一致性声明提供证据，证明装备符合系统要求文件（或总体技术要求规范）中规定的安全性要求。

高能物质、关键安全系统、储能装置或任何可能发生危险的装备的安全性试验都需要按照特定试验规程实施。验证装备一致性是否符合诸如健康与安全规范一类的法定准则的安全性试验有专门标准规定，超出了环境试验规定的标准范围。

安全性试验是根据以下三类与环境条件有关的安全要求来进行的。每一类的有关信息都应当在环境要求文件中列出：

（1）极恶劣环境。极恶劣环境的定义通常包含在环境要求文件中。这些环境条件应当在相应标准中有说明，并在论证中加以明确，且写入合同文件。

（2）可能的意外情况。可能的意外情况会导致反常的环境条件，应该对它们采取的措施与极恶劣环境相同。另外,系统要求文件应列举出所有可能的意外情况并给出相关说明。

(3) 敌对条件。系统要求文件应该对某种装备在什么样的敌对条件下能够生存下来给出详细说明。在某些情况下,这些要求就是以环境条件的形式出现。但在另一些情况下,需要对适当的环境条件进行说明。

在极恶劣环境条件下的试验方法通常与验收试验相同,只是试验强度有时会稍大些。在可能的意外情况和敌对条件下要求特殊的试验,其强度有时候是危险分析中达到最大水平的强度。

在可能的意外情况或敌对条件下开展试验需要对样品进行预处理,并将其置于极端恶劣环境。预处理是为了使产品产生与自然条件相似的老化,特别是装备的爆炸和推进装置。在上述安全性试验中是否需要预处理样品和改变环境条件及其程度应当在危险认定和分析中指明。

在理想状态下,安全性试验应在标准产品上进行。但试验通常是在正式投产前进行,试验的往往是预生产样品。因而需要对生产标准与实际产品间的任何差异所导致的结果进行评估,得出安全一致性报告。

安全性试验有关方面的评估与环境控制和管理程序的关系见图 6-6。安全管理计划应该和综合试验评估计划联系起来。安全性试验和评估过程通常是装备验收试验计划中的主要部分。安全性试验评估的结果会直接使用在系统验收的安全一致性报告中。

6.3.5　环境试验与环境应力筛选

环境应力筛选的目的是为了找出在制造和装配过程中所引发的缺陷。环境应力筛选过程是制造质量控制过程的一个组成部分,特别是对于电子组件这类产品,有可能由于制造过程中出现的缺陷而导致性能下降。所涉及的试验和筛选应在装备的整个研发过程中逐步开展,确保筛选过程中产品可靠。

一般而言,环境应力筛选试验的严酷程度不应超过验收试验的严酷程度。如果超过了,就会导致超越装备的设计极限而产生的故障,而暴露不了生产和装配过程中引发的缺陷。当环境应力筛选过程采用的严酷程度(幅度和持续时间)需相当于或大于实际环境的严酷程度时,那么,装备的环境要求应包括这些等级的严酷程度。这样的装备包括只部署在运行环境温和场合中的装备,如在储存库中的计算机设备;或者最严酷的环境条件只是短时间存在的情况,如在导弹飞行期间。在这些情况下,环境应力筛选的现实严酷程度应由设计部门规定,规定的严酷程度等级应构成设计规范的一部分,列入环境要求。

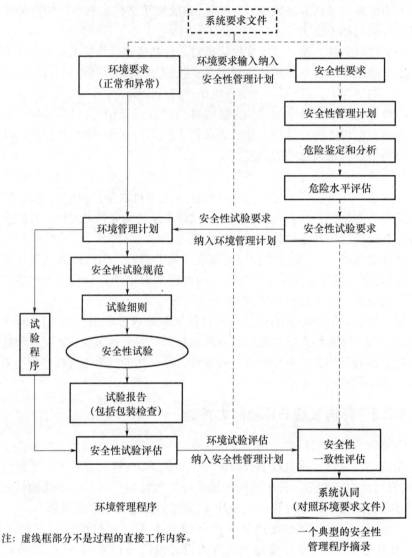

图 6-6　安全性试验与环境管理过程的关系

　　对于敏感装备,从最低一级的组件起到最高一级的装配让这个组装的各个阶段可能都需要开展应力筛选。在这种情况下,通常的做法是在最低一级的组件进行应力筛选时采用最高量级的试验强度,而在最高一级的装配时采用最低量级的试验强度。这样有利于鉴别制造早期出现的故障。

　　环境应力筛选最好在研制硬件中应用,因为这可用来进行可靠性验证检查。

环境应力筛选的主要目的就是达到制造质量,供应商的责任是判断是否有必要进行开发和/或生产计划。环境应力筛选的细节规范应由生产、设计和环境部门协商而定。有些情况下,环境应力筛选可能与综合试验评价联系起来。

环境应力筛选对环境控制与管理过程的影响见图6-7。环境应力筛选计划的原理是环境管理计划的一部分。相反,如果不采取筛选也应说明理由。环境试验与评估规范应该以概要的形式说明设计应力筛选所要开展的各种试验。这些试验也应纳入环境试验与一致性计划。

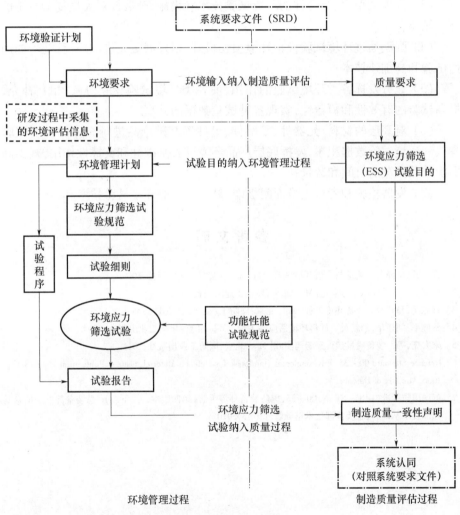

注: 虚线框部分不是过程的直接工作内容。

图6-7 环境应力筛选与环境管理过程的关系

171

6.4 环境试验未来的发展展望

随着现代科学技术的进步以及现代武器装备服役环境的复杂化,对环境试验的发展提出了更高的要求。未来环境试验发展的趋势主要有:

（1）进一步发展针对极端、复杂环境的环境试验技术;

（2）大力发展虚拟试验技术,降低试验成本,提高试验效率;

（3）发展大型化、综合性的环境试验技术和设施,开展针对大型复杂系统的环境试验;

（4）强调通过环境试验模拟环境损伤机理,以发展更先进的环境试验,如加速试验和高加速技术;

（5）充分发挥各类环境试验的作用,使各类环境试验相互协调,相互补充,提高试验的有效性和覆盖性,实现各种试验数据的共享;

（6）对底层的材料、元器件、零部件、组件等基础产品进行充分的环境试验考核和环境试验数据积累,发挥底层产品环境试验基础性和支撑性作用,减少高层次产品试验的时间和数量;

（7）发展检验和考核人员面耐极端、复杂环境的环境试验技术和设施。

参 考 文 献

[1] 宣卫芳,胥泽奇. 装备与自然环境试验[M]. 北京:航空工业出版社,2009.

[2] 祝耀昌. 产品环境工程概论[M]. 北京:航空工业出版社,2003.

[3] 宣兆龙,易建政. 装备环境工程[M]. 北京:国防工业出版社,2011.

[4] 蔡健平,刘建华,刘新灵. 材料环境适应性工程[M]. 北京:化学工业出版社,2014.

[5] 宋太亮,等. 装备质量建设经验与实践[M]. 北京:国防工业出版社,2011.

[6] Defence Standard 00 – 35,Environmental Handbook for Defence Materiel,Issue 4 Publication Date 18 Sept 2006,Ministry of Defence.

[7] 英国国防标准(DEF – STAN)00 – 35,国防装备环境手册(第四版本,上、下册). 总装备部电子信息基础部技术基础局、总装备部技术基础管理中心,2010.

第7章 装备环境试验设施建设

装备环境试验设施是开展装备产品环境适应性试验考核验证、研究环境对装备产品效能影响的场地、设备或装置。按照 GJB 4239《装备环境工程通用要求》,装备环境试验可分为自然环境试验、实验室环境试验、使用环境试验三类,下面按这三类环境试验分别对其试验设施进行介绍。

7.1 自然环境试验设施

自然环境,是指由自然力产生的环境条件,即在自然界中由非人为因素构成的那部分环境,是客观存在的各种自然因素的总和。一般根据主要介质的不同,将自然环境分为大气环境、水环境、土壤环境和空间环境。主要环境因素包括大气的温度、湿度、太阳辐射、气压、盐雾、微生物、降雨、积雪、沙尘等;海水的盐度、溶解氧、pH 值等;土壤的温度、pH 值、含盐量、含水量、电阻率等;空间中的辐射、原子氧、空间碎片、等离子体等。

随着科学技术的发展,人类活动地域、空域和认知的拓展,尤其是电子信息技术的发展,如电波环境等电磁环境也成为研究关注方向。电波环境是电磁环境的重要组成部分,主要因素包括地(海)面(下)的介电常数、电导率、地形地物参数;对流层的大气温度、湿度、压强等;电离层电子密度、电子总含量、临界频率等;以及自然环境辐射和人为活动所产生的无线电信号的频率、强度、极化、噪声系数、辐射亮温、脉冲宽度等。这些环境因素大部分产生并存在于自然环境,因此,在装备环境研究领域也将其纳入自然环境观测范畴。

从广义上来说,自然环境试验就是在上述典型的自然环境条件下,观(监)测环境数据,考核和研究不同环境对装备(产品)及其电波传播影响的科学实践活动,设施不仅包括典型大气、水、土壤等自然环境试验站(网)及相关试验场地和装置等传统设施,空间环境监测网及设备、空间试验平台、电波观测站网及设备等也成为自然环境试验所需的重要设施。地域分布广、环境或地区特征典型且具有代表性是自然环境试验设施的一大特点。

173

7.1.1　自然环境试验站网及相关试验场地和装置

7.1.1.1　自然环境试验站网

自然环境试验站网是自然环境试验最广泛和最基础的设施。从英国 1839 年开始自然环境试验工作以来，各国都积极建设典型大气环境、水环境、土壤环境试验站，并呈网络化、全球化发展。我国现有自然环境试验站网已建成了国防科技工业自然环境试验站网和国家材料环境腐蚀平台两大设施，二者相互补充，共享共用，包括 29 个试验站、2 个试验点，其中大气环境试验站有 13 个站和羊八井、南沙岛礁试验点，布局考虑了我国南北不同的气候带；东西不同海拔高度的大气环境变化；城市、乡村、海洋、工业污染等不同环境类型，以及热带雨林、沙漠戈壁、岛礁等特殊地区的大气环境。水环境试验站有 7 个，布局考虑了海水、淡水及咸水等水环境类型。土壤环境试验站 8 个，布局充分考虑了国家重点建设地区腐蚀性比较强的主要土壤类型，如酸性土、滨海盐土、内陆盐渍土等。图 7-1 是我国国防科技工业自然环境试验站网，图 7-2 是国家材料腐蚀平台各自然环境试验站的分布示意图，表 7-1、表 7-2、表 7-3 为自然环境试验站的主要环境特征。

图 7-1　国防科技工业自然环境试验站网

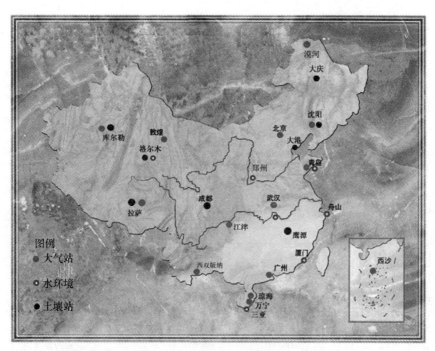

图 7-2　国家材料腐蚀平台各自然环境试验站的分布示意图

表 7-1　我国典型大气环境试验站环境特征

站名	海拔/m	年平均气温/℃	年日照时间/h	年降雨量/mm	年平均湿度/%	环境类型
武汉	23.3	16.8	1621.6	1146.8	75	亚热带湿润区城市气候
万宁	12.3	24.4	2154.0	1942.0	87	亚热带湿润区海洋气候
北京	73.4	11.9	2232.0	458.0	60	暖温带亚湿润区半乡村气候
琼海	10.0	24.3	1943.9	1934.8	85	亚热带湿润区乡村气候
青岛	12.3	12.3	1944.0	561.7	70	暖温带湿润区海洋气候
广州	6.3	23.5	1394.6	1945.5	78	亚热带湿润区城市气候
江津	208.6	18.5	1393.2	1202.9	81	亚热带湿润区酸雨气候
漠河	613.0	-1.8	2244.0	638.4	66	寒冷型森林气候
沈阳	41.6	9.4	2279.3	408.5	66	寒温带亚湿润区半乡村气候
拉萨	3685.0	9.0	3053.1	580.9	46	高原亚干旱气候
敦煌	1139.0	10.8	3257.8	49.2	41	干热型沙漠气候

站名	海拔/m	年平均气温/℃	年日照时间/h	年降雨量/mm	年平均湿度/%	环境类型
西双版纳	626	21.6	1579.2	1516.8	84	热带雨林性质的雨林气候
尉犁	884.9	11.0	3050.9	48.9	47	沙漠气候
西沙	4.9	27.2	2800.0	1600.0	83	中热带海洋气候
吐鲁番	—	17.4	3200	16.4	27.9	干热带荒漠气候

表7-2　水站及主要环境特征

试验站	水温度/℃	溶解氧浓度/(mg/L)	盐度/‰	pH	环境类型
青岛站	12.6	5.6	32.0	8.2	暖风海洋性季风
舟山站	17.4	5.6	25.0	8.1	
厦门站	20.9	5.3	27.0	8.2	亚湿热海洋
三亚站	26.7	4.5	34.0	8.3	湿热海洋
武汉站	20.0	6.0-12	12.6	7.5	长江淡水
郑州站	2.0-31	5.0-11	13.6	7.9	黄河淡水
格尔木站	5.7	1.2	22.5	5.7	盐湖卤水

表7-3　土壤站及主要环境特征

试验站	pH	含盐量/%	含水量/%	电阻率/Ω·m	土壤类型
成都站	7.6	0.04	30.1	17.7	草甸土
鹰潭站	5.4	0.01	21.4	609	红壤
大港站	8.4	1.97	34.6	0.5	滨海土壤、城市土壤
大庆站	10.3	0.17	35.0	5.1	苏打盐土
库尔勒站	8.95	0.62	3.98	2.0	戈壁荒漠土
拉萨站	8-9	0.007	21.78	0.018	高山草甸土
格尔木站	8.6	44.56	17.15	1以下	盐渍土
沈阳站	6.9	0.04	29.7	32.9	草甸土

　　世界各国和一些国际性组织为其全球发展战略,综合考虑全球气候环境类型对产品的影响,在全球建立了各自的试验站网体系。如英国在英国本土、西非、新加坡、纽约、澳大利亚等地建立大气环境试验站约40个。

　　2002年前,美军在本土、太平洋和大西洋沿岸地带建立了21个重点试验场,由国防部统一管理、统一规划和投资,部分试验站点同时具备开展鉴定试验(战技性能考核)与自然环境试验(环境适应性试验与研究)能力,主要承担装备的试验与评价工作,基本涵盖了与装备研制相关的所有环境类型,如图7-3所示。美国阿特拉斯耐候集团(Atlas Weathering Service Group,简称ATLAS)的全球大气环境腐蚀站网(图7-4),2008年在全球有23个试验站(点),不仅考虑到全球所有气候因素,也有特定的市场和地区。其佛罗里达南部和亚利桑那中部的气候被认为是全球标准的自然试验环境,也是2个世界上最大的试验场,如图7-5所示。表7-4是美国ATLAS全球大气腐蚀网站环境特征。

图7-3　美国国防部重点试验场分布

1—陆军杜格韦试验场(犹他州);2—犹他试验与训练靶场(犹他州);3—战斗机武器中心(内华达州);4—海军空战中心中国湖武器分部(加利福尼亚州);5—空军第30航天发射联队(加利福尼亚州);6—海军空战中心穆古角武器分部(加利福尼亚州);7—空军飞行试验中心(加利福尼亚州);8—陆军尤马试验场(亚利桑那州);9—陆军电子试验场(亚利桑那州);10—联合通用性试验中心(亚利桑那州);11—美国陆军夸贾林环礁导弹试验场(太平洋马绍尔群岛);12—陆军白沙导弹靶场(新墨西哥州);13—空军6585试验大队(新墨西哥州);14—空军研制试验中心(佛罗里达州);15—空军第45航天发射联队(佛罗里达州);16—空军阿诺德工程发展中心(田纳西州);17—海军空战中心帕图森特河飞机分部(马里兰州);18—陆军阿伯丁试验场(马里兰州);19—海军空战中心特伦顿飞机分部(新泽西州);20—大西洋水下试验与鉴定中心;21—大西洋舰载武器训练中心。

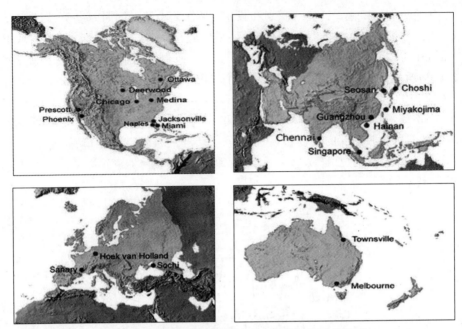

图7-4 美国 ATLAS 全球大气环境腐蚀网站分布图

(a) (b)

图7-5 佛罗里达和菲尼克斯自然环境试验站

(a)佛罗里达(Florida)自然环境试验站;(b)凤凰城(Phoenix)自然环境试验站。

表7-4 美国 ATLAS 全球大气环境腐蚀网站

地 点	海拔/m	平均温度/℃	年相对湿度/RH%	降雨量/mm	阳光总辐射量/(MJ/m²)	环境类型
迈阿密,总部（美国佛罗里达州）	3	23	78	1685	6500	亚热带

（续）

地　点	海拔/m	平均温度/℃	年相对湿度/RH%	降雨量/mm	阳光总辐射量/(MJ/m²)	环境类型
Key Biscayne Bay（美国佛罗里达州）	3	23	78	1685	6500	潮汐沉浸
凤凰城（美国亚利桑那州）	610	22	33	338	7324	干热沙漠
芝加哥（美国伊利诺斯州）	190	10	69	856	5100	工业
Louisville（美国肯塔基州）	149	13	67	1092	5100	酸雨
Jacksonville（美国佛罗里达州）	8	20	76	1303	5800	酸雨及其他环境污染
Prescott（美国亚利桑那州）	1531	12	65	1093	7000	高纬度
Lochem（荷兰）	35	9	83	715	3700	欧洲大陆
Hoek van Holland（荷兰）	6	10	87	800	3800	西欧海洋性气候
Sanary,France（Bandol Region）	110	13	64	1200	5500	地中海
Changi Airport（新加坡）	15	27	84	2300	6030	热带
墨尔本（澳大利亚）	35	16	62	650	5385	沙漠
Townsville（澳大利亚）	15	25	70	937	7236	亚热带
渥太华（加拿大）	103	6	73	1910	4050	寒冷气候
Sochi（俄罗斯）	30	14	77	1390	4980	含盐空气——黑海
銚子（日本）	53	14	78	1682	4659	侵蚀
Miyakojima（日本）	50	23	76	1741	4894	侵蚀
Dhahran（沙特阿拉伯）	92	26	60	80	6946	干热沙漠

另外,海水环境试验站网全世界共有约 100 个海水腐蚀试验站,美国、英国、俄罗斯、日本、荷兰等国家均建有海水试验站网,美国拉奎(LaQue)腐蚀技术中心赖茨维尔(Wrightsville)海水环境试验站、俄罗斯摩尔曼斯克(Murmansk)海水环境试验站、荷兰登海尔德(Den Helder)海水试验站等具有系统完善的海水环境试验能力。全球主要海水试验站分布如图 7-6 所示。

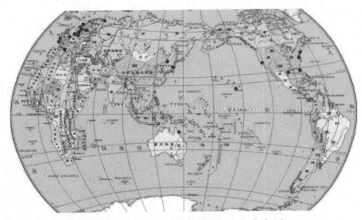

图 7-6　全球主要海水试验站点分布图

7.1.1.2　场地设施

大气环境试验站的场地设施通常包括暴露场、试验棚和试验库等三类,海水试验站是满足试验条件的固定式海面平台、码头、栈桥或浮动式舰船、浮筏、浮筒等,满足材料、构件、部组件、分系统及整机不同状态和不同试验目的需要,且符合相关安全、保密规范要求。

暴露场通常为平坦、四周空旷的场地,地面无积水,自然植被状态或铺设草坪,暴露场太阳升起后全日对暴露面自由投射光线,没有任何障碍物造成暴露面有阴影遮挡,主导风向和大气腐蚀成分传播的方向改变。暴露场内一般设置有环境因素监测场地。

试验棚通常为百叶箱式试验棚,其墙壁和大门做成百叶窗式,里层要求设置铁丝网,外侧均匀涂覆白色油漆,如图 7-7 所示。一般地区为单百叶窗式,寒冷地区为双百叶窗式。可以实现不直接接受太阳辐射和雨淋的作用,但与户外大气相通畅所涉及的环境条件。根据试验样品实际使用状况,也可设置简易试验棚,一般以顶棚遮盖,四周敞开,棚顶最大高度不大于 3 m 即可。

试验库最常见的地面库按照屋顶形状可分为平顶地面库和坡顶地面库,平顶地面库如图 7 - 8 所示。地面库窗户位置较高,一般紧贴天棚下沿,里层为玻璃窗,外层为钢栅栏或铁丝网。

根据装备产品实际使用贮存状况,还可以建设相应的试验设施,如洞库和半地下库等。半地下库,又称积土式洞库,一般库房后侧紧靠山丘,顶部用土石堆埋覆盖至库房两侧,前侧设有出入口及装卸平台。

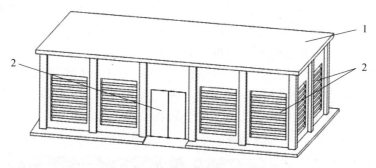

图 7 - 7　百叶箱式试验棚示意图
1—平顶屋顶;2—百叶窗;3—大门。

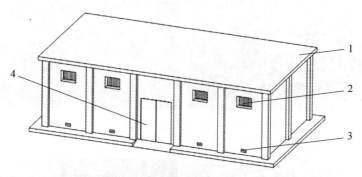

图 7 - 8　地面库示意图
1—平顶屋顶;2—窗户;3—通气孔;4—大门。

除固定的试验场地,为更加真实反映产品经历的环境或与其他环境的交互作用情况,一些装备平台上的试验逐步发展起来。主要的试验设施是利用实际服役的装备平台或模拟设施,如海南万宁站建设的海面试验平台,平台上设有场、棚、库等试验设施,可以近似模拟舰船甲板和舱室环境条件,适宜用于舰面装备产品环境适应性试验和评价,如图 7 - 9 所示。

美国则直接利用航空母舰、舰船、装甲车辆飞机等平台开展动态的环境试验。例如,美国国防部曾通过不同的合同项目,资助开展了为期 10 多年

(1998—2007)的有关全世界的军事作战环境条件下的腐蚀监检测,并发表了290页的研究成果报告。该项监检测工作中,美军在包括夏威夷、南美、百慕大群岛、中国台湾、日本、伊拉克、韩国等全球197个地点进行了投样,包括8个美国本土的海岸警卫队所在地、6个陆军基地、1个空军基地、12个海军基地。在该项研究工作中,腐蚀监检测包安装在4个海军舰船(包括部署在太平洋海域的2艘航空母舰、部署在大西洋海岸的2艘较小的直升机运输船)和2个海岸警卫队舰船上(舰船在从美国大西洋海岸到加勒比海)。图7-10为美军航空母舰平台开展的环境监测与腐蚀试验。该项目还开展了在飞机上的腐蚀监测,包括将环境试验样品粘贴在C-141和C-130飞机的外部。另外,美国海军在海军陆战队战术车辆上开展的环境腐蚀定量化监测计划,以了解车辆经历的真实腐蚀环境及与其他个别环境的交互情况,图7-11为美军装甲平台的环境监测与腐蚀试验。

图7-9　海面试验平台

图7-10　航空母舰平台的环境监测及腐蚀试验(左图中白色结构物为气象站)

图 7 - 11　装甲车辆平台的环境监测及腐蚀试验

7.1.1.3　试验装置

试验装置主要包括可用于样品开展暴露试验的样品架(简称暴露架)、自然环境加速试验装置、环境—工况耦合试验装置等。

1. 暴露架

暴露架是装备产品开展自然环境试验的基本试验装置,通常用角钢、不锈钢、铝合金或者木材制成,并涂装防腐涂层加以保护。户外暴露架一般由高低杆式的底架和架上固定试件的面框所组成,或者为一体式的,框架连接在支架上,可任意调节倾角,整个装置有固定或移动两种方式。棚下和库内暴露架通常为货架搁板式试验架,根据试验样品的大小,两层搁板之间的间距可上下调整,试验样品可水平放置,亦可垂直挂置。

为避免试件与暴露架之间的电接触,试验框架上通常都配置了由陶瓷或高分子材料加工成的绝缘子,用于将试件固定在框架上。另外,试件的安装也避免试件与绝缘子或框架之间产生缝隙,防止发生缝隙腐蚀。

暴露架最低端距离地面的高度一般为 0.8～1.0m,架面与水平面的夹角可以是不同角度、不同状态,通常的暴露角度有接近地平线(通常 5°)、45°、垂直 90°或者定点纬度等。虽然 90°暴露不是最严酷的条件,但是通常它比其他任何角度都能模仿最终用途时的情景。

上面介绍的是一种静态的试验方式,现在逐步发展循环大气环境试验,就是试验样品按照一定规律以两种或两种以上的方式进行大气暴露试验或(和)贮存试验。如根据装备的实际服役情况,按照装备的训练、勤务、使用等任务剖面设定试验时间,如某装甲车辆半月棚下暴露,半月户外试验。可以说是一种动态的试验,主要取决于试验目的、产品最终使用环境和状态。

海水环境试验的暴露架,根据开展的试验有不同方式,如飞溅和潮差区,有棚栏式挂片架;全浸区使用吊笼式试验装置或深海试验装置。这些暴露架可采用升降式或挂式固定在试验场地或区域内。升降式暴露架固定灵活,可以根据不同潮位、不同海浪的要求进行调节,保证架上的试样能受到浪花飞溅的作用;潮差试验必须采用固定式场地,也可专设潮差平台、潮差架固定试验框架,全浸区试验可将吊笼挂在试验场上。海水长尺试验的试验区贯穿海洋大气(飞溅区以上 0 ~ 1.5m)、海水飞溅、潮差、全浸和海泥(全浸区以下 0 ~ 1.5m)。试验采用电连接的方式,将单元试验样品串连组成长尺试验样品。

2. 自然环境加速试验装置

随着自然环境试验技术的发展,一方面尽量缩短自然环境试验的周期,另一方面与产品的最终使用环境接近,在不改变失效机理的前提下,一些新的试验方法和装置被开发出来。比如,在常用的大气暴露试验装置基础上,强化并控制某些环境因素,以加速试验样品的性能变化。现在较为成熟的试验装置有强化光热效应的追光式跟踪太阳暴露试验装置、跟踪太阳反射聚能暴露试验装置;强化表面润湿时间的喷淋加速暴露试验装置;强化湿热效应的黑箱暴露试验装置、玻璃框下暴露试验装置等;强化综合协同效应的试验装置和设施也在逐步发展。

1)跟踪太阳暴露试验装置

追光式跟踪太阳暴露试验装置是暴露架具有转动控制系统,使其跟踪太阳转动,强化光和热的效应,加速材料的老化。按照跟踪控制方式的不同,分为单轴跟踪、双轴跟踪、360°旋转跟踪。不仅可对材料、部件试验,也可对整车、整机产品进行试验。从涂膜试验结果来看,追光式跟踪太阳暴露试验比 45°暴露老化速度快 2 ~ 3 倍。主要适用于有机涂层、非金属材料。图 7 - 12 所示为单轴跟踪太阳暴露试验装置。

图 7 - 12　单轴跟踪太阳暴露试验装置

跟踪太阳反射聚能暴露试验是在追光式跟踪太阳暴露装置上增加反射镜系统,阳光射到反射板上,经聚光反射到试样表面,增大试样受到的太阳辐射量,并可以鼓风和喷水。这种试验条件与自然环境很接近,又大大缩短了暴露时间。塑料试验结果比朝南45°暴露最大老化速度提高10倍,涂膜提高6~12倍。主要适用于塑料、橡胶、涂层等非金属材料。图7-13所示为跟踪太阳反射聚能暴露试验装置及原理示意图。

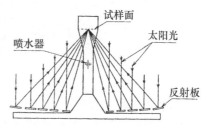

图7-13 跟踪太阳反射聚能暴露试验装置及原理示意图

但跟踪太阳反射聚能也存在着副作用,可能造成样品温度过高。在拉萨试验站针对不同镜片聚能温度作的测试统计,最高可达250℃。

为此,逐步研发出了温度与湿度控制系统、可变辐照度控制系统,与试验装置结合,使其得到更准确的加速试验结果。主要有静态控制、动态控制、夜间温度控制等。静态控制是通过温度传感器安装在暴晒目标区,通过鼓风控制试样温度维持在设定水平,以克服一年内不同时间开始测试时的温差,减少温度间断效应,控制最高温度等;动态控制使用两个温度传感器,一个在装置上,另一个在较远的位置,通过比较两个传感器调整鼓风机速度,使两个温度接近。远处传感器可以是黑板,也可以是全尺寸的最终使用材料。夜间温度控制是在靶板背面安装特殊的加热板,以抵消寒冷季节较低夜间温度。通过加速热降解提高某些材料的加速系数,增强部分材料的循环降解。根据材料暴晒要求,控制镜子数量,可对热敏材料进行不同程序的试验,控制暴晒温度。

需要注意是,为保证设备重复使用时的准确性,镜面反射能力必须每半年检查一次。还要定期对平面镜进行清洗,在太阳直射光线多于90%以上的地区使用比较适合,如我国拉萨、美国亚利桑那州等地区。

目前,国际最大的老化试验集团Atlas开发出了超级加速老化试验系统,如图7-14所示。其原理与跟踪太阳反射聚能相同,只是聚光系统采用了专门的设计,专利的新镜面系统采用超级加速聚集器,对日光紫外线及短波可见光的反射率高,而对长波可见光及红外线的反射减弱,从而使紫外线能量高度集中,同时试样表面不会接受多余热量。直射常规100/1的集中系数,在一年内可提供相当于 63 年的南佛罗里达州紫外线暴晒量。

图 7 - 14　超级加速老化试验系统

2）喷淋加速暴露试验装置

喷淋加速暴露试验装置是在暴露架上增加喷水装置,定时喷水,增加试样表面润湿时间,以加速大气腐蚀。喷淋周期可调节,喷淋液体可选择。主要适用于金属材料、金属涂覆层等,如图 7 - 15 所示。

图 7 - 15　喷淋加速暴露试验装置

3）玻璃框下暴露试验装置

玻璃框下暴露试验是利用玻璃框屏蔽雨水、雪的影响,同时控制光照、温度、湿度的作用,模拟和强化军用车辆、舰船、飞机内部或室内的环境条件,加速材料老化。适用于车辆、舰船、飞机内部或室内使用的非金属材料及其部件、电子产品等。包括一般的玻璃框、强制通风控温玻璃框、控温控湿玻璃框。这些设备可以是朝南固定角度,也可以与跟踪太阳系统结合进行定位跟踪以得到最大程度的太阳辐射。根据所考核样品的最终使用环境,可选用钢化玻璃、彩色玻璃或薄板玻璃等。

强制通风控温玻璃框,有一直线轴向风扇向样品进行统一送风,将测试箱内部的温度控制在一定的范围。当温度低于设定温度3℃时,风扇会自动关闭。控温控湿玻璃箱内一般白天温度保持在70℃,晚间温度38℃,相对湿度75%(其他试验条件同样可获得)。图7-16所示为玻璃框暴露试验装置系列。

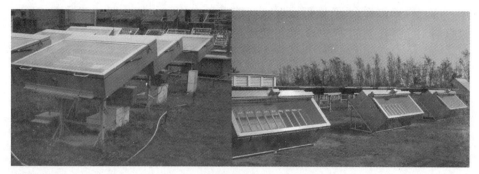

图7-16 玻璃框暴露试验装置系列

4）黑箱暴露试验装置

黑箱暴露试验又分为黑框暴露试验和全黑箱暴露试验,其中黑框暴露试验是用黑色箱体聚集热量并起密闭作用,样品置于表面,强化太阳辐射产生的热对材料的老化作用。可模拟军用车辆、装甲车辆、坦克在使用过程中,由于经受太阳辐射和密闭箱体的热效应而产生的高温环境。适用于装备外部使用的非金属材料、有机涂层等。

全黑箱暴露试验基于黑框暴露试验而来,如图7-17所示,采用全封闭的黑色箱体,样品避免了光照、雨雪,但内部温度、湿度变化加大,湿热效应更明显,可模拟装备内部使用的器件、电子产品的失效,强化温湿度与环境介质的协同效应,与棚下暴露相比加速倍率达3倍以上。

图7-17 全黑箱暴露试验装置

5）综合自然加速试验装置

中国兵器工业第五九研究所研制的海洋自然环境高加速试验装置，如图7-18所示，由带高透光玻璃顶盖的智能喷雾试验箱、日点轨迹双轴跟踪平台和综合控制柜三部分组成。试验箱的外形尺寸为1800mm×1200mm×400mm，安装在双轴跟踪平台上，内部设置有智能喷雾机构和加热装置。双轴跟踪平台根据日点轨迹函数进行方位角和高度角的同时跟踪，双轴的跟踪精度均优于±0.5°。综合控制系统可实时控制跟踪、喷雾、加热、报警、数据采集等动作，包括喷雾子系统、太阳跟踪子系统、加热通风子系统、安全保护及报警子系统和数据采集子系统。该装置通过跟踪太阳，使试验箱正面一直正对太阳，从而强化太阳辐射；通过自主研制的表面湿润传感器，检测样品表面湿润度，再根据样品表面湿润度控制喷雾，从而强化干湿循环；通过在喷雾溶液中加入可溶性大气污染物（包括海洋性大气中的氯化物、工业大气中的二氧化硫等），实现污染物的强化；通过强化太阳辐射和设计加热系统，实现温度强化。

图7-18　海洋自然环境高加速试验装置

还有的综合自然加速试验设施是将自然环境的腐蚀试验与力学环境跑车试验结合，如美国的加速腐蚀耐久性试验（ACDT），如图7-19所示，不仅包括不同路面场地，同时有温度、湿度、盐雾等试验设施，可通过在车辆表面喷洒腐蚀性电解质、强化温度和湿度等因素以加速车辆腐蚀过程，1年能够模拟22年的实际使用情况。这也是各类环境试验设施的结合。

3. 大气自然环境—工况载荷耦合试验装置

装备产品实际使用过程中，不仅受到温度、湿度、太阳辐射等自然环境因素的影响，同时受到机械、光、电、磁等工况应力的共同作用，重现这种工况应力与自然环境因素耦合作用的试验技术也应运而生，如户外大气应力腐蚀试验技术、

图 7 – 19　加速腐蚀耐久性试验(ACDT)

自然环境—拉、压、弯、摩擦、振动等耦合试验技术等。目前户外大气应力腐蚀试验装置已投入使用,各种自然环境—拉、压、弯、摩擦耦合试验装置正在研发。

应力腐蚀(SCC)试验是对材料施加应变或载荷,模拟材料在使用时承力状态下对环境敏感性的试验。通常 SCC 试验方法较多,按应力加载方式可分为三大类,即恒应变法、恒载荷法和慢应变速率拉伸法。应变法,就是利用卡具或螺栓使试样产生弹性形变来获得应力,如 U 形试样、杯形试样、环形焊缝试样、多点弯曲试样、音叉试样、C 形环试样、DCB 试样、WOL 试样等的试验方法。其中,前三种为应力不能定量的试验法,后五种为应力预先定量的试验法。恒应变法的主要优点为简便、经济、试样紧凑;而其主要缺点在于,当裂纹产生后会引起应力松弛,使得裂纹扩展放慢或中止,以至于观察不到试样的断裂全过程。本方法适合工程选材试验。慢应变速率拉伸法,就是将拉伸试样放在特定的环境中(一定的腐蚀介质,或者给试样施加一定的电位等的条件下),在拉力试验机上,用固定的慢应变速率拉伸,直至拉断。应变速率通常为 $10^{-8} \sim 10^{-4}/s$。本方法主要用于实验室内快速选材,也适用于理论研究。其特点:①适用于实验室,而不能在实际服役条件下进行试验;②在短期内可获得试验结果。载荷法,就是通过砝码或砝码 + 杠杆系统,对试样施加固定应力。所谓固定应力,只是指在裂纹形成之前。而在裂纹产生并扩展后,加载应力随有效载面积减小而增大。其主要优点在于:①可以精确加载应力;②能获得诸如临界应力 σ_{th} 和载荷—寿命曲线等试验结果。临界应力 σ_{th} 和屈服强度或抗拉强度的比值,以及载荷—寿命曲线对材料评价是非常重要的);③与恒应变法相比,能更快获得试验结果。而其缺点在于试验设备较复杂。

　　户外大气应力腐蚀试验装置采用的载荷法,对材料施加载荷的同时进行户外暴露试验,模拟材料在使用时的承力状态,并可通过加大承力进行加速。适用于具有应力腐蚀倾向的金属及其合金金属。按照加载应力以及加载的方式方法,可分为静态恒载荷和动态载荷两种。静态载荷的作用方式,是采用恒载荷加载方法对拉伸试样施加拉应力,进行恒载荷大气应力腐蚀试验研究。图7-20所示为恒载荷大气应力腐蚀试验装置。

图7-20　恒载荷大气应力腐蚀试验装置

　　动态载荷的作用方式,是在恒载荷对拉伸试样施加拉应力的基础上,再叠加一个正弦波形的交变张力,进行低周拉—拉的大气腐蚀疲劳试验研究。大气动载荷腐蚀试验装置工作时,由砝码通过杠杆对试样产生一个静载荷,由加载模块对试样施加一定频率的正弦波形动载荷,产生最大的固定位移。动载荷的大小通过更换不同弹性系数的弹簧进行调整。图7-21所示为大气动载荷腐蚀试验装置及原理示意图。

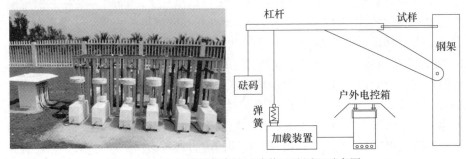

图7-21　大气动载荷腐蚀试验装置及原理示意图

　　4. 监测仪器和测试设备

　　所有自然环境试验站试验、测试仪器设备包括环境因素监测仪器,即可监控环境温度、湿度、太阳辐射、降雨、风速、环境介质等环境因素的仪器,如自动气象站,干湿球温度计,总辐射、紫外辐射计,环境介质的取样器具等;环境介质分析仪器,如分光光度计、离子色谱仪、常用的化学分析仪器和器具等。对装备及其材料、构件和器件的常规物理、化学性能参数和功能(效能)参数,以及材料的形貌、组成成分、界面、结构等内部微观信息进行测试的仪器设备也是自然环境试验不可或缺的,如扫描电子显微镜(SEM)、X射线电子能谱(XPS)、傅里叶红外光谱(FTIR)、X射线衍射(XRD)、电化学测试仪等。

7.1.2　空间环境试验设施

空间环境试验设施包括空间环境监测网和空间试验平台。空间环境监测网主要是对太阳、宇宙线、地磁、电离层和中高层大气等多种空间要素进行监测,如我国中科院空间环境监测网包括17个台站和40多台地基监测设备,能够提供上述空间要素地基太阳观测、高能太阳事件、电离层结构和输送、光学特性的环境数据服务、空间环境状态监视。图7-22所示为中科院空间环境监测网分布图。

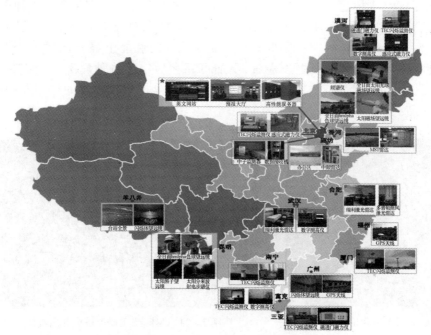

图7-22　中科院空间环境监测网分布图

空间环境的试验主要研究空间污染、真空热环境、辐射、空间碎片、等离子体（充放电）、中性粒子（原子氧）、平流层环境以及深空环境效应以及对航天器的影响，通常为实验室试验，但从 20 世纪 80 年代起，随着各国空间技术的发展，美国和欧洲、俄罗斯等国家合作，将国际空间站作为试验平台，先后开展长时间空间环境暴露下材料性能退化试验，主要有长期暴露装置（LDEF）、光学性能监测器（OPM）、"和平"号空间站环境效应载荷（MEEP）和国际空间站材料试验（MISSE）等。长期暴露试验装置于 1984 年 4 月 7 日由"挑战者"号航天飞机送入高 400km 倾角为 28.4° 的近圆地球轨道，目的是提供关于空间环境机器对空间系统、元部件和材料效应的长期数据。LDEF 在轨停留了 5.7 年，经历了半个太阳周期，绕地球 32422 圈，其获得的数据成为航天器设计的重要参考资料。图 7-23 所示为 LDEF 端面载荷。从某种角度说，目前，国际空间站已对几百种材料样品在空间站外进行了空间环境暴露试验，以研究太阳辐射、原子氧化腐蚀、热回路、微气象环境、轨道垃圾碰撞及飞行器污染物对材料的作用及影响，研究结果对美国工业界、科学界、空间局和国防部都有非常重要的应用价值。

2008 年，我国首次对空间材料试验样品进行空间环境暴露试验并进行了回收。"神七"飞船搭载了 4 大类 15 种材料，将它们紧贴于"神七"轨道舱外壁，进行了了四十多小时的真实太空条件下暴露试验。通过试验，发现多种润滑材料在空间环境中存在结构、性能上显著的改变，通过掌握这些数据，对发展更长寿命、更加可靠和稳定的特种润滑材料提供了重要技术支撑。图 7-24 所示是"神七"飞船上搭载并回收的空间材料试验样品。

图 7-23　LDEF 端面载荷

图 7-24　"神七"飞船上搭载并回收的
空间材料试验样品

7.1.3 空间电波观测网

电波环境是指宇宙空间、地球大气层、地球、人类活动等能对无线电波传播产生影响的环境要素及其所产生的无线电信号特征要素的集合。电波环境作为无线电波传播的空间和地域，包括从地（海）下、地（海）面、对流层（地面以上至约 20km 高度）、平流层（20～60km 高度）、电离层（60～1000km）和磁层及外空间（1000km 以上至宇宙空间），对电子信息化装备产品性能有着不可忽视的作用。

电波观测站网是电波环境观测、电波传播试验，长期积累数据，开展各种电波环境模式、模型和电波传播预测技术研究的基础设施。美国、俄罗斯、日本、澳大利亚、英国、法国等国都建有专门的电波观测网。美国根据环境对电子信息装备的影响，建立了地基电离层垂测站网、电离层闪烁监测站网、非相干散射雷达观测站网，并不断提高其自动化和网络化水平，同时大力发展天基观测手段，建立了天地一体化的军民统筹的空间环境观测系统体系。

2012 年，美国空军利用新一代垂测仪（NEXION）建设了网络化的全自动电离层探测网，计划至少建设 30 个观测站（含 6 个国内站），观测站规划布局如图 7 – 25所示。美国空军菲利普实验室建成电离层闪烁网判定系统（SCINDA），SCINDA 在全球低纬地区（驼峰区）建有 30 多个业务运行观测站和研究观测站，其布局如图 7 – 26 所示。

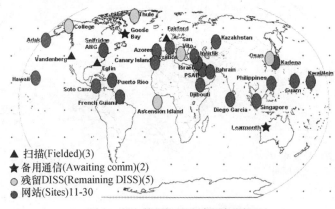

图 7 – 25　美国空军电离层探测网

澳大利亚为了保障"金达莱"（Jindalee）天波超视距雷达的正常运行，在 180°扇面前沿布置的电离层垂直探测、垂直/斜向探测和应答站有 20 个之多，还建有 1 个专门用于探测电离层污染的小型雷达，如图 7 – 27 所示。

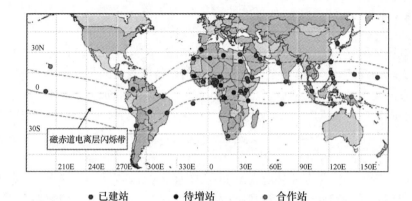

● 已建站   ● 待增站   ○ 合作站

图 7 - 26　美国空军电离层闪烁网

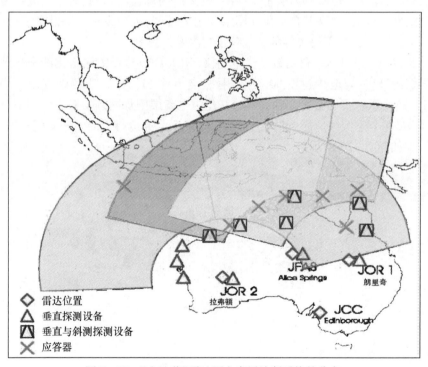

图 7 - 27　"金达莱"雷达网电离层诊断系统的分布

目前,我国电波观测站网已建成昆明(综合站)、青岛(中心站)、新乡、海南、重庆、广州、拉萨、苏州、北京、满洲里、兰州、长春、乌鲁木齐、伊犁、喀什、阿里、阿勒泰、西沙等 18 个国内电波观测站,南极长城站、南极中山站、北极斯瓦尔巴德群岛（Svalbard）、挪威特罗姆瑟（Tromsø）、芬兰叟丹凯拉（Sodankylä）、芬兰奥鲁（Oulu）、新加坡、北极黄河、智利康塞普西翁（Concepcion）等国外电波观测站。电波观测站网布局在地域上基本涵盖了我国主要电波环境。配备有电离层测高仪、斜测仪、UHF/L/S 频段电离层闪烁监测仪、卫星信标接收机、GNSS/BD 信号接收机、大气折射环境监测与应用系统、Ku/Ka 雨衰减监测仪等常规观测设备。图 7-28 是我国电波观测网全球分布图。

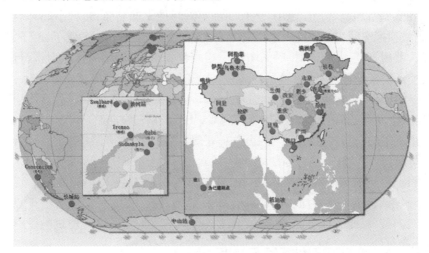

图 7-28　我国电波环境观测站网全球分布

7.2　实验室试验设施

实验室试验设施是再现装备产品使用过程中所经历的自然或诱发气候环境、机械环境以及化学和生物环境等效应的实验设备。GJB150A 中环境试验涉及的就是实验室试验设备。其特点是各种试验条件可控制、可重现。按照施加因素数量可分为单因素、双因素、三因素或多因素综合试验设备，如通常所见的温度试验箱、温度冲击试验箱、湿热试验箱、温度—湿度—振动试验箱、温度—湿度—高度（低气压）试验箱等；按照实验设施的容积大小可分为小型、中型、大型、步入式的环境试验箱等；按照施加应力类别可分为气候环境、机械环境、化学和生物环境试验设备等。

气候环境试验设备是最为普遍的环境试验装置，这类试验装置主要控制温度、湿度、太阳辐射、压力、雨等环境因素；如温度试验箱或热老化试验箱、湿热试验箱、光（氙灯、卤素灯、）老化试验箱、淋雨试验箱等。

机械环境试验设备如振动试验台、冲击试验机、跌落试验机、垂直(或水平)压力试验机、加速度试验机等,是再现装备寿命期内可能出现的机械应力环境效应的设备,也有气候环境与机械环境综合一起的,如温度—湿度—振动试验箱等。化学和生物环境试验设备主要有盐雾试验箱、霉菌试验箱、腐蚀循环试验箱等设备。通常上述分类没有明确的界限,往往是几种分类方式的综合,如步入式温湿度试验箱。

在实验室环境试验设施中,还有一种空间环境试验装备,也称空间环境模拟器,通过模拟空间主要环境因素,如振动、真空、冷黑、辐射、电子、质子、原子氧等,对航天器耐真空、太阳辐射、磁场和承受高能粒子辐射、太阳风等能力进行试验。如真空环境模拟器、空间冷黑试验装置(工程上也把这类冷黑试验装置称为"热沉")、太阳辐照环境模拟器、空间微重力环境模拟试验装置、空间碎片环境模拟试验装置、空间粒子辐射环境模拟试验装置以及原子氧、紫外综合环境试验设备等,其中最基本的空间真空试验设备,其主体是真空容器,通常有圆柱形箱形、球形、圆锥形等结构,因圆柱形设计强度高、材料消耗少、焊缝少、制造容易最为常用。

目前常见的实验室试验设备技术相对成熟可靠,并已大量形成商品,现在实验室环境试验设施逐步向多因素综合和大型化发展,实验对象也从材料、部件、分系统向整机、整个装备拓展,下面介绍几个代表性的实验室环境试验设施。

7.2.1 美国麦金利气候实验室

麦金利气候实验室隶属于美国空军系统司令部,位于美国佛罗里达坦帕湾,在 Eglin 空军基地内。最初是一个冷冻机棚,目的是制造低温寒冷环境,开展飞机整机及其部件的地冷气候试验。后来,几经改造,已经能够模拟出地球上出现的气候环境条件,试验各种类型的装备乃至人员。目前,该实验设施可以制造高低温、高低湿、太阳辐射、雨、雪、沙尘暴、多种冰冻条件以及其它环境。实验室已经接纳了美国陆军、海军、空军和海军陆战队 400 余架各类飞机、70 多个导弹系统、2600 多种军事装备的气候条件适应性试验,为不断改良和提高武器装备的各种性能提供大量而丰富的科学数据。

麦金利气候实验室由 6 个实验室构成,主实验室是一个隔热的飞机棚,内部总容积约为 92950m³,其大致尺寸为 76.8m 宽,61.3m 深,中间 21.3m 高,边上 10.7m 高,可以试验世界上最大型的飞机和很大的装备。1968 年为了能试验 C-5a "银河"战略运输机,特别在主试验室中增加一个区域。这一附加区域大约为 18.3m×25.9m,天花板高度 22.9m。包括附加区域在内,可用地板面积约为 5110m²。地板为钢筋水泥结构。边墙从地面到 8.5m 高用水泥和瓷砖建造。在水泥和瓷砖上面,整个建筑用钢制造。实验室的入口称为主门,包含了整个前边。大门建成自支撑和自驱动的方式,由两个部分组成,每个部分重约200t。图 7 - 29 是麦金利气候实验室的全貌和鸟瞰图,图 7 - 30 是麦金利气候实验室宽敞的内部。表 7 - 5 综合列出了麦金利气候实验室设施规模和部分能力。

图 7 - 29　麦金利气候实验室的全貌和鸟瞰图

图 7 - 30　麦金利气候实验室宽敞的内部

表 7 - 5　实验设施规模和部分能力

名称	尺寸	环境控制技术指标
主实验室	宽 76.8m、深 61.3m、中间高 21.3m、边高 10.7m；内部总容积约为 92950m³，可用地面面积约为 5110m²	温度范围： -54 ~ 74℃
设备实验室	长 39.6m × 宽 9.1m × 高 7.6m	—
全气候实验室	12.8m × 6.7m × 7.6m	温度： -62 ~ +77℃；降雨：381mm/h；风机：96.5km/h；可以下雪
温度高度实验室	长 4.1m × 宽 2.9m × 高 2.1m	温度范围： -62 ~ +60℃；模拟 24000m 高度的气压
盐雾实验室	长 16.7m × 宽 4.9m × 高 4.9m	

　　该实验室试验的典型装备如 F - 22 战斗机,开展了冷冻、烘烤、大雨冲洗、雪封、风吹、雾罩和湿化试验。整个试验并非静态,要求开动发动机。整个飞机被各种钢索拉住,同时连接到各个测力计;产生的热空气通过管道外排;新的冷空气从外面预备的大型储气罐中供给,以维持恒定低温环境条件。飞机发动机运行时间是 60min/次。储气罐充满冷空气时间需要 24h。图 7 - 31 是 F - 22 联合攻击机进行的冷冻和雪封试验。

图 7 - 31　对 F - 22 联合攻击机进行的冷冻和雪封试验

7.2.2　俄罗斯"火炬"设计局大型加速贮存试验系统

　　俄罗斯"火炬"设计局,拥有专用导弹试验大楼,用于各种导弹的环境试验,包括气候、力学、深冷、热强度等 21 个试验室,其中气候实验室的容积大小为 0.5 ~ 100m³ 不等,工作温度范围 -100 ~ +300℃,可开展小雨、大雨、盐雾、太阳辐射等试验,真空度为102mmHg;宇航产品环境试验时,温度可达7℃,真空度达107mmHg。环境实验室会同静态、热强度、冲击、振动、射频、雷击等诸多实验室可对导弹元器件、接插件、舱段、发动机乃至导弹整机进行各类环境试验。

"火炬"设计局根据多年的导弹环境试验数据和经验,研发了"加速运输试验系统"和"加速贮存试验系统,据此可以科学验证导弹贮存寿命。

1. 加速贮存试验系统

加速贮存试验系统,可用来研究在自然条件和长期贮存条件因素作用下,导弹产品的寿命与可靠性,并能经过很短时间的试验,给出产品寿命与可靠性的评定结果。比如:5个月的加速贮存试验就可等效10年自然条件下的贮存试验。如果5个月的加速贮存试验结果正常,就说明该产品寿命大于等于10年。

加速贮存试验系统,由加速贮存试验设备及方法组成,其加速贮存试验设备如图7-32所示。主要指标为:

试验筒舱空间尺寸:大于 $2 \times 2 \times 8 (\mathrm{m}^3)$

温度变化范围: $-65 \sim 80℃$

湿度变化范围:10% ~95%(在温度为10~80℃下)

气压变化范围:0.11 ~5.8MPa($H = 35\mathrm{km}$)

温度偏差: $\pm 1℃$

湿度偏差: $\pm (2\% \sim 5\%)$

温度变化速度:1.5 ~2.5℃/min

相对湿度精度: $\pm (2\% \sim 5\%)$

图7-32　加速贮存试验设备

加速贮存试验方法,是"火炬"设计局在积累大量材料、元器件自然环境贮存试验数据的基础上总结出来的。用这个试验方法,根据试验目的与试验件的品种及其物理特性,设置试验条件(如温度、湿度、气压等)与试验状态,采集有关试验数据,按照给定的算法进行数据分析,就能评定试验件的寿命与可靠性。比如:通过 5 个月的加速贮存试验,就能评定该试验件的寿命能否达到 10 年,并且能够预测 10 年的可靠性指标。如发现故障部件后予以替换,再进行试验,直至达到试验目的为止。C – 300 弹(不带发动机)在此开展了整机试验,自动记录温度、湿度的同时,可测试试件的其它性能参数。通过 6 个月试验,产品未发生故障,则计算出相当于在自然环境贮存 10 年不会发生故障,完好率 99.8%。

2. 加速运输试验系统

加速运输试验又称加速振动试验,主要是用于在各种运输条件作用下,用"加速"的方法,研究产品的振动稳定性。比如,一个工作日按 8h 计,那么 7 个工作日的室内加速运输试验,就等于 1000km 的公路运输试验对产品的影响效应。

加速运输试验系统,同样由加速运输试验设备及方法组成。

加速运输试验设备包括垂直振动试验台、水平振动试验台。振动台的振动频率达 200~300Hz。这套设备与方法,既可以进行筒弹加速运输试验,也可以进行全弹加速运输试验。

加速运输试验方法是"火炬"设计局花了 15 年,做了大量的各种运输试验,如公路、铁路、海上、飞机运输试验,采集了大量的试验数据,进行分析总结,不断验证修改完善而形成的一套方法与软件。

7.2.3　多因素综合实验设备

国内中国兵器工业第五九研究所研制的多因素综合海洋气候环境模拟加速试验装置,能实现光照、氯离子沉降、温度、湿度和风速五因素的同时施加和控制。为了避免盐晶积聚对光照的遮挡,该试验箱使用移动样品架,设计两种构形,即摆动式和旋转式。光源是一种由氙灯和紫外灯组成的复合光源,辐照度可控。同时开启两种灯可以提高加速倍率。通过试验谱控制各种因素的量值,即可实现新的多因素在综合海洋气候模拟加速试验,也可同时实现现行标准规定的氙灯光老化、紫外灯光老化、高温、湿热等试验。图 7 – 33 是多因素综合海洋气候模拟加速试验箱的基本结构示意,图 7 – 34 为试验箱的外观。

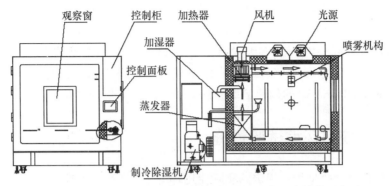

图 7 – 33 多因素综合海洋气候模拟加速试验箱基本结构示意图

图 7 – 34 多因素综合海洋气候模拟加速试验箱

试验箱主要参数：

工作室尺寸：1200mm × 1200mm × 1200mm

温度范围： – 5 ～ + 85℃

湿度范围：30% ～ 98% RH(空载、恒定状态时，无光照时)

　　　　　50% ～ 98% RH(空载、恒定状态时，光照时)

辐照度：1120W/m² ± 47W/m²

风速：0 ～ 2m/s

喷雾：连续、周期喷雾和表面湿润传感器控制方式任选，沉降速率可调。当选用连续或周期喷雾方式时，(开、停)时间在 5s ～ 999h 范围内连续可调。当使用表面湿润传感器控制方式时，喷雾开始时间由传感器湿润度设定值控制，并允许设置 5 ～ 3000s 的延迟开始时间；喷雾持续时间(3 ～ 300s)连续可调。喷雾溶液为 5% NaCl,溶液温度 0 ~ 85℃。沉降率 1 ~ 3mL/(80cm² · h)(16h 平均量,可调式)。

相对万宁站内暴露场,多因素综合海洋气候环境模拟加速试验对钢、铝、锌、铜的加速倍率分为 15.0 倍、12.3 倍、10.0 倍和 5.3 倍;对涂层的加速倍率为 8.6 倍;对 PE、PVC 和 ABS 的加速倍率分别为 4.3 倍、4.1 倍和 4.6 倍。

7.3 使用环境试验设施

使用环境试验是指在规定的实际使用环境条件下评估装备环境适应性的试验,其目的是评价整个武器装备及其设备对实际使用环境的适应能力。试验的环境条件是实际使用中会遇到的环境条件及负载、维护和操作条件,包括地形(地形)、气候或海洋(水)条件和装备工作时产生的诱发环境条件、装备的载荷环境和操作维修环境等。这些环境是综合作用于装备及其设备上的,远比实验室试验的单一环境和综合环境复杂,而且更为实际。严酷程度完全取决于工作剖面的设计,如果设计的使用环境条件合理且又有代表性,其试验结果就能反映产品对使用环境的适应性,但不能代表装备长期贮存环境的适应性。

使用环境主要靠试验区自然环境和受试产品自身运动来提供,不需要专门环境试验设备;所用的测试设备主要是测量装备内各舱、段的环境因素响应特性数据的传感器和记录仪,并依靠装备上的功能性能自检测系统实现有无故障的检测。如靶场、跑车试验场等,是使用环境试验的重要设施。

需要特别提到,GJB 4239《装备环境工程通用要求》实施指南认为,我国目前并未规范地开展使用环境试验。船舶工业开展的实船试验、兵器工业的车辆和坦克外场试验,似乎均属于使用范畴,但是由于其试验的环境剖面及载荷和功能一般并不按照 GJB 4239 中规定的要求进行设计,不能说是规范性的使用环境试验。

兵器工业开展的弹箭贮存试验,虽然更接近实际贮存环境的条件和要求,但和使用环境试验的评价要求还相差甚远。我国的航空和航天行业,由于武器装备自身投资高,没有能力研制生产一个专门用于使用试验的装备,因此使用试验基本没有开展。不过,航空行业试飞阶段的一些试验类似于使用试验,起到实验室试验无法起到的作用,但由于其飞行剖面并未按使用试验要求设计,也不能称为规范性的使用试验。目前只有美国在飞机研制中,专门生产几架飞机到不同地区的机场进行使用试验。因此,使用环境试验的内涵、方法还有待进一步研究和规范。

202

7.4 装备环境试验设施的发展趋势

从本书前面的内容可以看出,环境适应性是武器装备最重要的质量特性之一。设计武器装备时要尽可能考虑到未来装备所面临的所有环境,并用试验手段加以验证。因此,需要搭建各种环境试验手段。但是,搭建环境试验手段不仅费时、费钱,而且需要花费大量的人力。未来装备环境试验试验设施发展有以下趋势。一是大型化。越来越需要满足转机的试验需要,如美军麦金利气候实验室。二是网络化。为适应联合作战要求,需要开展分布式体系网络试验。三是综合化。目前一般环境试验,都是三综合、四综合试验设施,未来会出现五综合、六综合试验设备设施。四是虚拟化。虚拟现实技术发展,使虚拟试验设施成为可能。五是体系化。未来作战是基于信息系统的一体化体系作战需要与之相适应的试验设施。六是仿真化。随着对材料、工艺、结构等数据掌握,以对系统、设备相互关系及运行规律的掌握、建模技术发展,仿真试验将成为主要试验方式,未来有完全代替真实试验的可能性,到时可能真的不需要固定的实体试验设施。

参 考 文 献

[1] GJB4239 装备环境工程通用要求.

[2] 宣卫芳,等. GJB4239《装备环境工程通用要求》实施指南. 总装备部电子信息基础部技术基础局,总装备部技术基础管理中心,2007.

[3] 汪学华,等. 自然环境试验技术[M]. 北京:航空工业出版社,2003.

[4] 文邦伟,舒畅. 美国海军陆战队战术车辆腐蚀环境定量化[J]. 装备质量.

[5] 文邦伟,舒畅,吴曼林. 美军基于模拟仿真的加速腐蚀系统[J]. 装备质量,2007.

[6] 杨晓然,袁艺,李迪凡,等. 高加速自然环境试验系统的研制[J]. 腐蚀科学与防护技术,2012,24(6):489 – 493.

[7] 美国亚太拉斯材料测试技术有限公司. 亚太拉斯老化网络产品与服务.

[8] 杨晓然. 多因素综合海洋气候环境模拟加速试验研究报告,2015.

[9] 罗天元,等. 国外弹药贮存寿命试验与评价技术概述[J]. 装备环境工程,2005(4).

[10] J. Dwayne Bell(王艳艳,等译). 麦金利气候试验室的冰冻试验. 装备环境工程[J]. 2004,1(3):89 – 90.

[11] 吴汉基,蒋远大,张志远,等. 暴露试验是空间科学试验研究的重要组成部分[P]. 中国空间科学学会空间探测专业委员会第二十一届学术会议,黑龙江绥芬河,2008.7.

[12] 李存惠,史亮,张剑锋,等. 材料空间暴露试验综述[J]. 真空与低温,2011,17(4):193 – 196.

[13] 苏艳,何德洪. 跟踪太阳户外加速暴露试验装置探讨[J]. 表面技术,2009,32(6):72 – 74.

[14] GB/T 24516.2—2009 金属和合金的腐蚀大气腐蚀 跟踪太阳暴露试验方法

[15] GB/T 24517—2009 金属和合金的腐蚀 户外周期喷淋暴露试验方法

[16] WJ 20354 – 2016 自然环境试验场 暴露场

[17] WJ 20356 – 2016 自然环境试验场 试验库

[18] WJ 20355 – 2016 自然环境试验场 试验棚

[19] W. H. Abbott. A Decade of Corrosion Monitoring in the World's Military Operating Environments.

[20]《太阳风暴影响与对策措施》科普丛书,国防工业出版社,2012.

[21]《电波与信息化》,航空工业出版社,2009.

第8章　贴近实战环境试验条件构建

前面介绍的三种装备环境试验中,实验室试验属于模拟环境试验,是在实验室环境条件下的非工作状态环境试验。其余两种类型的环境试验(自然环境试验,使用环境试验),一般意义上讲,不属于贴近实际使用环境条件的试验。

自然环境试验一般选择典型自然环境地区,这个地区代表了比较典型的环境类型,在这个地区做试验环境严酷度相对比较高,比如冬季中国北方地区开展的耐高寒地区环境适应性试验就是一种自然环境试验,这种试验借助当地的气候条件,没有任何人为干预,是某一环境因素的试验,与实际的作战环境还是有一定差距的。

使用环境试验是在装备实际使用现场进行的一种自然环境试验,这种试验的环境条件是部队的实际使用现场条件,与部队将来实际作战的环境条件还是有一定差距的,而且目前这方面的专门试验做得并不是很多,主要是装备交付部队后,通过对使用现场环境信息的收集,评价装备在实际使用现场的环境适应性问题。

试验结果的有效与否主要取决于试验的对象、试验的环境条件和保障条件。试验对象随着研制的进展,不断改进,越来越接近最终交付的装备。试验的保障条件,包括参试人员,对试验结果的影响也是非常大的。但这些影响因素中最为关键的还是环境条件,环境条件决定了装备环境适应性,从大环境的角度讲,保障条件都可以作为环境条件的组成部分,因此,试验中应尽可能构建贴近实战的环境条件。但是,目前所进行的大量环境试验,大部分都是单一因素、单一装备、无对抗条件下的环境试验。在这种环境条件下,装备虽然能通过定型考核,但实际投入装备实际试验现场后,装备故障频发,形成作战能力和保障能力滞缓。

为了解决以上问题,我们必须根据实际的联合作战环境条件,构建贴近实战的环境条件,也可称为战场环境建设。

8.1　实战环境的定义与内涵

实战环境是实际作战环境的简称,实质上是一种战场环境。因此,研究战场环境,既要研究战场,又要研究环境。关于环境问题前面已作为详细研究,也提出了大环境概念,大环境也可以称为作战环境,是从联合作战的角度,研究武器装备所面临的环境影响因素。

根据2011年版《中国人民解放军军语》的定义[1]，战场是指敌对双方进行作战活动的空间。分为陆战场、海战场、空战场、太空战场，以及网络战场、电磁战场等。战场环境是指战场及其周围对作战活动有影响的各种情况和条件的统称，包括地形、气象、水文等自然条件，人口、民族、交通、建筑物、生产、社会等人文条件，国防工程建筑、作战设施建设、作战物资储备等战场建设情况，以及信息、网络和电磁状况等。

实战环境、作战环境、战场环境实质没有本质差别，只是不同的习惯叫法。但是国内外所包含的影响因素是有很大差别的。美军主要实施的是全球战略，要求武器装备能够适应全球作战，因此所考虑的环境因素是比较广泛的。也就是说环境因素与作战战略、作战原则和方案有很大关系。

所谓作战环境，美军是指气象、地形、特殊环境、核化环境、电子战、烟幕以及战场形势造成的紧张压力对军事行动的影响。但在作战行动中，上述因素往往是相互联系并紧密结合在一起来影响部队的战斗行动的。美军认为，作战环境是一切军事行动的基本条件，特别是自然条件对部队的动用、使用、防护和作战都会产生重要影响。为此，美军把作战环境看作是其军事理论的一项重要内容而纳入其作战纲要。对装备遭遇的各种复杂环境进行分类、挖掘、量化和性质特征刻画，这有助于更加深刻地了解其可能对装备性能产生的影响情况。

美军《参谋长联席会议主席手册》将可能影响作战任务完成的环境分为三类：物理环境、军事环境和民事环境，并把这些环境称为"条件"，也就是说任务是在某些环境下进行的。关于这个概念前面已作了详细介绍。

为适应我国总体国家安全观的要求，从形成基于信息系统一体化联合作战能力角度出发，必须对战场环境所考虑的影响因素进行适当的扩展，除了包括前面介绍的环境影响因素外，特别要强调装备保障的环境，也可以说是保障条件，没有这些保障条件或者这些保障条件不充分，装备是不能打仗的，也不可能打胜仗。综合以上考虑，实战环境影响因素如图8-1所示。

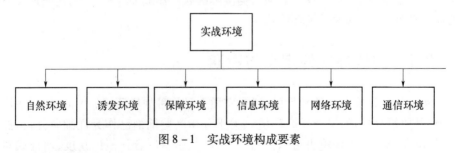

图8-1　实战环境构成要素

从图 8-1 可以看出,实战环境是开放的。也就是实战环境是敌对双方作战的共同基础,但战场随着国家安全战略需求、武器装备的发展而扩大,实战环境随着战场的变迁而演变。因此,实战环境是不断发展变化的。

8.2 贴近实战环境试验

要想使研制出的武器装备满足未来联合作战环境要求,必须从作战战略的选择开始定义实战环境的范围,提出环境影响因素的范围和指标,并将环境要求纳入装备设计予以落实,同时对设计的装备进行环境试验,以判断其环境适应性。这需要在不同研制阶段,不同产品层次开展不同的环境试验。

图 8-2 给出了基于联合作战的金字塔式的试验规划。这实际上是一个先进实用的试验鉴定体系,主要目的是考核武器装备的实战适用性[2]。

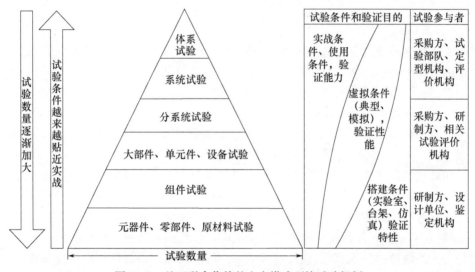

图 8-2 基于联合作战的金字塔式环境试验规划

从图 8-2 可以看出,这是一个金字塔式的试验规划。即对较"低层次"的产品进行大量模拟、台架或者实验室环境试验以发现问题,并改进设计与工艺,为较"高层次"产品的环境试验奠定基础。"层次"越高,则试验量就越少。当系统做完模拟试验后,即使复杂的系统还未做使用试验,但对其性能已有相当的了解。故对复杂系统再做少量试验,就可对其总体性能作出保证。

同时,从图 8-2 也可以看出,在较低产品层次也可以开展贴近实战的环境试验。例如,对某些新研制的组件、部件等,可以将其放在一个搭建模拟环境条件下做试验,也可以将其装配到类似现役装备,通过实际作战训练对其性能进行实战验证考核,也可以取得实战环境条件下的适应性考核。

当然,系统层面或者体系层面的环境试验也是必需的,这就需要构建贴近实战环境条件的实战战场或者称为贴近实战的试验场、演习场,将武器装备放在这个场地,可以比较真实地评判装备的实战能力水平。

8.3 贴近实战环境试验场地建设

美国国防部高级官员曾强调指出:逼真而充分的试验与评价是作出武器装备采购决定的前提。但是除非真实发生战争,否则装备实战的环境条件是不存在的,只有采取各种有效措施,保证战场环境尽可能逼真,比较真实地模拟实际作战环境。

8.3.1 贴近实战环境试验场地的分类

环境试验作为鉴定武器装备的重要手段,对于每项新定型的武器设备,首先要通过模拟环境试验,然后再分别按有关规定进行相关真实使用环境试验。应当规定:武器设备不经过贴近实战环境试验的考核,不准定型和生产,也不得交付使用。实战环境试验场地有不同的分类方式。

按照环境试验场地的隶属关系,可以分为国家级联合环境试验场地、总部级、陆军、海军、空军、火箭军、航空、航天、电子、网络等实战环境试验场。目前,我国环境试验场地隶属关系比较复杂,总部和各军兵种及国防军工集团公司都有一定规模的试验场,由于统筹整合力度不够,存在重复建设、利用率不高的情况。按照环境因素分类,环境试验场地分为自然环境暴露试验、实验室模拟环境试验,及利用实际使用现场进行的使用试验。按照武器装备的结构层次,环境试验分为系统整机环境试验、设备环境试验,零件、元器件、元材料等不同产品层次的试验。按照环境试验的方式,可以分为真实环境试验,模拟环境试验、虚拟环境试验和以上试验相结合的试验。

1. 真实环境试验

采用所有参与试验的设备、装备、人员,以真实(真实的人操作真实的装备)方式,在真实的环境中开展试验。这种试验的优点是比较直观,但是试验周期比较长、经费花费比较高,通常用在装备定型时的部队适应性试验。

2. 模拟环境试验

目前,大部分实验室环境试验大都是这种试验,但从国内情况来看,实验室环境试验的规模或者体积通常比较小,只能进行设备、部件级环境试验,属于

3～4种环境因素综合的一种试验方式,例如,采用"三综合"或者"四综合"环境试验箱开展类似试验,这方面与国外相比差距比较大。

美军建立了大量类似综合性试验场,例如北极、沙漠和热带环境试验中心,特别是隶属于美国空军系统司令部的麦金利气候实验室,能够模拟出地球上出现的几乎所有气候环境条件,如可以制造高低温、高低湿、太阳辐射、雨、雪、沙尘暴、冷冻、烘烤、大雨冲洗、雪封、风吹、雾罩和湿化试验,可以试验所有各种类型的装备乃至人员。大型模拟环境实验室已经接纳了美国陆军、海军、空军和海军陆战队400余架各类飞机、70多个导弹系统、2600多种军事装备的气候条件适应性试验,为不断改良和提高武器装备的各种性能提供大量而丰富的科学数据。实际上,美军麦金利气候实验室,不但可以进行装备的环境试验考核,同时也承担人员耐严酷严寒环境、耐受力的考核训练任务。

3. 虚拟环境试验

随着信息技术的广泛应用,虚拟环境试验技术得到普遍重视和应用。针对武器装备面临的热环境、机械环境,以及热噪声、热振动等复合环境,开展虚拟试验系统装配技术研究,建立虚拟试验平台;研究虚拟控制器建模技术及虚拟试验实施技术,对比分析虚拟试验与实物试验结果,编制虚拟试验指南。

由于模拟仿真技术具有不受实际环境影响、成本低、耗时短、适用范围广等特点,受到了高度重视,应当鼓励研发具有广泛应用前景的环境模拟仿真技术,以便将来广泛应用于装备的研制过程中,使其成为不同研制阶段中评价装备环境适应性、预测服役寿命时必须进行的辅助设计手段。

4. 多靶场互联的环境试验

体系化装备要在联合作战环境下部署和使用,试验鉴定也需要在联合作战试验环境下开展。传统试验靶场的建设往往是按作战任务领域或军种分配,如电子战靶场、常规兵器靶场、导弹航天靶场等,每个靶场任务职能相对单一。一件装备在一个靶场上或者在不同靶场上分阶段完成试验的传统试验方法,无法对装备体系的整体能力进行评估。新的靶场试验思路要求连接不同任务类型的试验靶场,构建联合作战试验环境,对整个装备体系进行试验鉴定。

1998年,美军启动了"基础倡议2010"工程,提出"逻辑靶场"概念,为多靶场的互联互通建立理论支撑;以此为基础,美国国防部又于2005年启动了"联合任务环境试验能力"计划,基于"逻辑靶场"概念和"试验与训练使能结构"体系结构技术,在全军范围内建立虚拟专用网络,连接美军已有试验靶场与设施,构建"真实、虚拟、构造的"分布式试验环境。

截至2013年5月9日,美军已经连接了72个各类试验靶场与站点(美军目前共有100余个试验靶场与基地),遍布全美陆、海、空军靶场和试验基地,开展了包括"空军系统互操作试验""联合攻击战斗机试验""联合电子战评估试验与鉴定"等在内的几十项分布式试验活动和任务。通过建设分布式试验环境,实现不同类型、不同地理位置的多靶场之间的互联互通,为联合作战试验环境提供永久性试验基础设施。

8.3.2　贴近实战环境试验场地建设的原则

在建设贴近实战环境试验场时,应当坚持如下原则:

1. 把握特点,摸清需求

贴近实战环境实际上是联合作战战场环境。要搞好贴近实战环境场地建设,就必须把握实战环境试验场地环境的规律特点。现代战争是陆、海、空、天、电、网多维一体化联合作战的战场,特点可概括为战场信息透明、体系和网络对抗、战场多维、快速精确等。同时联合作战战场环境不断发生变化,呈现出战场环境信息网络化、智能化、自动化和实时化特点;战场环境空间全球化、多维化、一体化,并向空间和网电领域扩展;作战武器装备信息化、精确化、束能化、隐身化、智能化等变化趋势,为实战环境试验场地建设带来更大的挑战。

武器装备的适用领域和范围对环境要求差距很大。而武器装备的作战领域和范围是与国家安全形势密切相关的,因此搞好实战环境战场建设,必须清楚对环境的真实需求。对于美军而言,美军实施的全球战略,要求武器装备必须能够在世界的任何地域都能适用,因此,必须在发展武器装备时,首要的任务之一是明确新武器装备的环境需求。

2. 因地制宜,就地取材

环境试验场地(特别是自然环境暴露试验场)大都建立在环境相对比较典型或者恶劣的地区。但大多数自然环境试验场地都相对于装备作战性能试验场地是独立的,维护场站运行比较困难。因此,需要根据我国气候、地形等自然环境特点,考虑部队现有环境试验设施,以及部队驻地地理位置,需要因地制宜,立足国家、部队和集团公司现有设施,选择实战环境场地。

3. 改建结合,注重综合

按照装备发展实战化需求,构建贴近实战的环境试验场地建设体系,对现有试验设施进行改造,增加设施、设备,提高试验能力。同时根据建设规划,新建一些环境试验场地。不管是改造还是新建,都必须考虑到试验场地、试验项目和试验能力等方面的综合问题,特别是需要增加一个综合性试验场地,以充分利用现有设施,减少浪费。

4. 立足联合,共用共建

现代战争是基于信息系统的一体化联合作战。前面介绍过,我国现有环境试验设施或者场地,环境因素相对比较单一,地区比较分散,试验力量也比较弱。在这种环境条件下的试验,与联合作战环境要求差距很大,达不到联合作战要求。

同时,需要加强与国家现有环境试验场地的共用共建设问题,能用国家的就不要另起炉灶,能共用的就不要另建。在军民融合大背景下,有些试验设施可实现军民共建共用以提高试验设施的利用率,扩大社会效益和经济效益。

5. 创新手段,实模并用

设计和试验手段创新大大加快了武器装备研发的进度和质量。传统和习惯做法已不能适应武器装备快速发展的需要,只有通过不断创新,才能满足武器装备快速发展的需要。目前,国内外都有成功的先例,如印度登火星计划只消耗了美国1/10的经费,用两年时间,就将飞行器投放到火星轨道。他们在总结成功经验时,有一条经验就是设计中充分运用了计算机建模与仿真技术,只做了一次"实模"就成功了。我国火箭发射成功率世界第一,其中在载人飞船计划中,建立了仿真系统,开展了十几万次计算机仿真,发现了大量新的故障模式,最近通过大量传感器,控制几十个参数,就可以保证飞行员安全和火箭飞行成功。火箭设计实现了由功能设计向可靠性设计的转变。因此,实战环境试验场地建设必须加强技术创新和手段创新,实物和模拟手段相结合,提高试验的效果,加快研发进度和质量。

8.3.3　贴近实战环境试验场地建设的思路

美军武器装备为适应其全球战略的需要,在国内外建立了能满足各类装备的试验场达 50 多个,覆盖了全世界各种典型的自然环境条件,且规模宏大。美军的试验与评价工作,分为研制试验与评价试验,在行政管理上相互独立,业务上相互联系协调,并明确研制试验着重验证部件、系统、样机和整个武器系统的技术性能。作战试验着重验证武器在实战条件下的适应性、作战性能、可靠性、维修性及保障性。环境试验是与战技性能的靶场试验有机地结合进行。同时明确从材料、工艺、零部件和产品到科研生产、运输、贮存、使用的各个环节都必须按有关规定和方法进行试验。不但要做模拟试验,而且更重视自然环境试验,当达到合格标准后才予以通过,充分体现了试验内容的系统性和科学性。

根据我国的实际情况,我们不可能投入如此大的经费开展如此多的试验。但需要对我国的试验设施(基地)进行整合,以发挥整体优势。

根据前面介绍的贴近实战环境试验场地分类,根据基于信息系统的一体化联合作战形成能力的要求,构建符合我国国情的试验鉴定体系。

(1)开展我国现有试验设施、手段和能力的调研、梳理和摸底,摸清现状,分析存在的问题和差距。这项工作必须从军民融合的角度,分析所有资源,然后按照联合作战要求对照存在的差距。

（2）按照基于信息系统的一体化联合作战能力要求，构建实用的武器装备试验鉴定体系，包括组织管理体系。建议借鉴美军的做法，在总部级设立试验与鉴定管理机构，负责领导全军的联合试验与鉴定工作，实现高度集中统一的管理。同时要减少试验重复，避免造成人力、物力的浪费，提高试验效益，减少不必要的重复试验，制定统一的综合试验政策，强调装备试验的集中统一管理，强调鉴定工作的独立性和专业。

（3）根据试验鉴定体系，制定"贴近实战环境试验场地建设总体规划"。建议将现有面向型号任务的条件保障建设转变为面向试验鉴定体系的条件保障建设，以提高总体能力，减少重复建设。然后，根据总体规划，按照轻重缓急，组织试验场地建设，特别是要优先考虑对现有试验设施进行现代化改造，扩展其能力，然后再考虑新建试验设施。

（4）建立保证贴近实战环境试验场地建设持续发展的体制机制。过去，我们建立了大量试验设施，但大都是一次性的，只管建不管运行维护，致使一些试验设施利用率并不高。建议建立管理机制，负责任务、资源、改进等方面的工作，以保证这些试验设施持续发挥作用。

8.4　贴近实战环境试验场地建设案例

8.4.1　美国麦金利气候实验室[3]

驱车从亚特兰大市出发，沿美国南方高速公路行使约 6h，即可到达被世界军界人士视为"神秘王国"的美国佛罗里达坦帕湾空军基地。倘若不是一架架战斗机不时掠过，很难察觉绿茵环抱的是一座庞大的军事基地。事实上，这里不仅是一个空军基地，还有一处不曾为世人所知的秘密实验室。美国诸军兵种部队的许多新型武器装备都从这里经过特殊的"考核"才走向战场。这个实验室，就是神秘而著名的麦金利气候实验室（图 8-3）。

图 8-3　麦金利气候实验室外观图

8.4.1.1 实验室建设背景

在第二次世界大战时期,美国介入全球冲突,这意味着飞机必须经受各种气候的考验,从阿拉斯加的北极严寒,中东的沙漠酷热,到远东的热带雨林。

在1942—1943年的冬天,本来十分善战的德国空军在低于0℃的气候条件下战机无法起飞。根据德军的遭遇和寒冷气候试验分队在阿拉斯加Ladd基地遇到的困难,美军清楚地意识到寒冷气候试验是必要的,并且必须找到可靠的试验方法。1943年9月9日,寒冷气候试验项目被指派给位于佛罗里达州Eglin基地的陆军航空验证试验场司令部(AAFPGC)。副团长阿色里·西·麦金利(Ashley C. McKinley)通过充分的论证,认为在人工控制气候条件下的试验将产生更丰富而有价值的结果,并且比在Ladd基地的试验要经济10倍以上。他进一步指出美国的所有飞机和装备都必须能够在 -54℃下工作,建议建造一个冷冻飞机棚以产生这样一种受控的极端气候条件。解决方案是在Eglin基地建造一个冷冻飞机棚。这一项目要求建造一个机棚式的建筑,尺寸足够大,能够容纳一个用于如B-29这样大型飞机试验的主试验箱、几个独立的制冷间、一些装备试验箱、办公室等。项目计划在1944年获得批准,原定于1945年3月建设完成,尽管具有极高的优先权,但由于巨大的技术挑战、战时材料短缺等原因,直到1947年5月,才进行第一次模拟北极环境试验。参试飞机包括一个Fairchild设备组、一架波音B-29、一架洛克希德的P-80、一架"北美人"P-51、一架洛克希德P-38和一架R5D直升机。试验期间,温度达到 -70°F(-57℃),大规模重造北极条件的第一次尝试获得成功。Eglin气候机棚的建成使新组建的美国空军获得一个最大和最重要的试验设施。由于麦金利上校在设计和建设中起了关键作用,在1970年麦金利上校去世后,Eglin气候机棚被重新命名为"麦金利气候实验室"。

8.4.1.2 实验室构成

麦金利气候实验室占地面积近30km²,是世界上最大的环境试验室。主室宽约250英尺,长260英尺,室中心高70英尺,最初的尺寸适合于同时测试两架并排放置的B-29"超级堡垒"轰炸机。在1968年,该室增加到现在的尺寸,以适应美军最大的飞机——洛克希德C-5A"银河"的需要。主室本质上是一个绝缘的飞机棚,配备有加热和冷却能力,可以在 -54~74℃之间任意控制温度,通常用于对全尺寸飞机进行环境试验。除了温度控制外,该室还有能力支持喷气发动机运转并在发动机运转时维持环境条件。为实现这项技术,试验室配备了两套独立的空气补充系统,在喷气发动机运转时实时供应经预调节温湿度的空气,以补充室内消耗的空气。图8-4为F-117A正在进行的冰冻试验。

图 8 - 4　F - 117A 飞机经受冰冻试验

在 1973—1975 年间,增加了盐雾、太阳、风、雨和粉尘实验室。"雨实验室"每小时可下 15 英寸的暴雨,并能下雪和结冰;"风实验室"从风平浪静到刮起 30m/s 的飓风,所用时间不到 3min;在"雷电实验室"里,刚才还是晴空万里、微风和煦,转眼之间就乌云密布、电闪雷鸣;"沙漠实验室"则装有 140 盏高能太阳灯,在灼热的灯光照耀下,室内温度与非洲沙漠正午时的闷热别无两样。"海洋实验室"仅水面面积就达 6km²,最深处有 15m,水温、海上风浪可以自行调节。

2001 年,麦金利气候实验室进行了大幅度的调整,合并了种类接近的实验室,如风、雨、雷电与主实验室组合为"自然实验室",可以制造高低温、高低湿、太阳辐射、雨、雪、沙尘暴、几类冰冻条件和几种其他环境。增加了信息战条件下的"信息能量实验室""太空实验室"等。目前拥有 8 个独立的气候实验室。这些功能各异、设备先进的实验室可以对 30 多种气候环境、天气条件进行研究和模拟。

由于麦金利气候实验室具备优越的"自然"条件和得天独厚的人工气象调节功能,美国大约有 55% 的武器装备都曾经做过它的"考生",它也成为美军名符其实的先进作战武器和特种作战部队迈向战场的第一位"考官"。

8.4.1.3　功能和任务

麦金利气候实验室主要有 3 个功能,即:武器装备"考核"功能、环境武器试验功能和特种部队训练功能。到目前为止,这个实验室已经接纳了美国陆军、海军、空军和海军陆战队 400 余架各类飞机、70 多个导弹系统、2600 多种军事装备的气候条件适应性试验,为不断改进和提高武器装备的各种性能获取大量而丰

214

富的科学数据,而那些只有通过"考试合格"的高性能武器装备才能在现代战争中大显身手。同时,实验室还研制了 10 余种用于现代战争战场的环境武器,有力地配合了美军海外部队的作战行动;而美军特种作战部队在这里通过进行复杂条件下的战场模拟训练,可以在未来错综复杂、残酷激烈的战场上游刃有余。

1. 武器装备"考核"功能——装备、保障、人员一体化考核

每种主要的美军武器系统及其相关设备都到 Eglin 空军基地的麦金利气候实验室经受严酷的环境试验。F/A - 22 于 2011 年在实验室经受了冷冻、烘烤、大雨冲洗、雪封、风吹、雾和浸泡等为期 3 个月的严酷考验,实验表明:F/A - 22 比大部分喷气式飞机的问题少得多,性能很好。

1）制定实验计划

F/A - 22 气候实验项目计划的编制于 2001 年初开始,但初步讨论在"猛禽"到达的四年前就开始了。F/A - 22 联合试验组介绍:"制定'猛禽'的实验计划相对比较简单,我们基本上先查阅以前对其他战斗机的实验记录,同时根据经验制定这一方案。F/A - 22 同样有环境规范。它预定在某些温度和一系列特殊条件下工作。我们研究这些要求并和需要做的实验相匹配,从这里开始实验计划的编制工作。"

同样,2001 年 7 月中旬,麦金利气候实验室即组织召开了"联合打击战斗机"（Joint Strike Fighter）实验的首次全体会议,JSF（F - 35）计划于 2007 年 5 月进入实验室。由于它是 STOVL（短距起飞,垂直降落）的特殊变种,实验将是一个挑战,实验室提前 6 年启动实验计划编制工作。

F/A - 22 被安装在主室内,这一飞机棚外面的大型温度计显示室内温度。在整个实验过程中,来自空军和承包商的技术员、工程师、维修人员和飞行员一直轮班作业,在任何时候都有大约 72 个与 F/A - 22 有关的人员在场（图 8 - 5）。

图 8 - 5　F/A - 22 进行安装和实验前准备

2）实验准备

麦金利气候实验室几乎所有的实验都是动态的,飞行员在驾驶员座舱就位（图8-6）,维修师和机组人员不断地忙碌着,飞行系统不停地运行,发动机也在运转。

图8-6 飞行员正在进入 F/A-22 驾驶舱

该实验室是世界上少有的几个喷气发动机可在密闭的机棚里运行的实验室之一,为了使发动机能够运转,必须有进气和排气口,进入的空气温度必须和实验室内的温度相同,否则将影响实验结果的准确性。

实验室从飞机棚外面的空气储罐里获取空气。空气储罐能实时提供80万立方英尺(2.3万 m^3)/min 的预调节的冷/热空气(根据实验而定),以更换发电机吸入的空气,排出和进入试验箱同样多的空气。如果空气储罐是空的,在需要提供特别冷或热的空气进行极端气候试验时,大约需要24h来完成预调节空气的补充。

实验室开展的每一项实验都是独特的,每个飞行器都有指定的要求和管道需求。就 F/A-22 而言,需要配备一个 Y 形导管,以缓冲飞机后面排出的废气并保持管子其它地方凉爽,在试验过程中保证飞机的两个发动机能够运行。实验室的现场工作人员建设和安装一个独立的导管,使飞机顶部小门上的辅助动力单元能够开启。

在实验室内准备就绪的"猛禽"看起来就像科幻小说里面的动物(图8-7)。安装有管道,飞机多处被捆绑(每处都装有张力计,以测量试验中机身所受的应力),栖息在桩子上,使起落架可以转动并可测量液压系统。飞机周围有几个小型、可动、模块化的房子,可供约20名实验人员(包括一个消防队长)居住。天花板或飞机上方的架子上安装有滑雪橇状的雪炮、地面风机、大量的热灯泡或造雨装置。实验室尽可能提供精良的设备、极端的气候条件、设计周详的试验,使整个试验运行与实际情况一致,以考核"猛禽"能否经受得住考验。

图 8 - 7　完成实验准备的 F/A - 22

3) 极端环境考验

飞机在一系列试验中经受各种各样的极端气候考验,每项试验均模拟 F/A - 22 的实际飞行环境。

单项试验从冷湿(Cold Soaking)试验开始,在"加温"到 - 40℃前,先要经受 - 54℃的考验;然后在飞机上积累 8 英寸厚的雪(约每平方英尺 20 磅),"猛禽"的上方面积约为 1 000 平方英尺($93m^2$),这将导致飞机上方承受 20 000 磅(9 072kg)的负载(图 8 - 8);再以大约每秒 44 英尺(13.4m)的速度进行风吹雪试验(图 8 - 9)。这仅仅是冷试验。

图 8 - 8　F/A - 22 经受积雪实验

图 8-9 F/A-22 经受风吹雪实验

雪化以后(把雪除掉,通过试验箱地面上的排水沟把雪水排到保留池),即开始热试验。试验从舒适的 80℉(27℃)开始,升温至 120℉(49℃)。随后的一系列的试验是使飞机经受 95℉(35℃)、75% 相对湿度以及 105℉(41℃)、80% 相对湿度,以观察飞机内部哪些地方会发生凝水。

接下来是雨试验。在一项试验中,"猛禽"在每小时 1.4 英寸的暴雨中浸泡将近 8h,主要观察飞机底部排水孔的工作情况。风吹雨的试验目是确定在武器排位或其他地方可能形成的水坑。然后进行一整夜的冻雨试验。形成的冰需要 1 200 加仑(5 455L)的消冰液对飞机进行解冻。结冰试验后,在 -18℃(0℉)进行地面雾冻试验和旋风结冰试验(发电机吸入地面水),以观察发动机进气口何处会形成冰。

不管实验室内的环境条件如何,飞行员和机务长均需绕行飞机一圈,然后飞行员进入座舱。在每种气候条件下,飞行员启动发动机并操作飞机上的各种系统。此时可以同步观察座舱如何变暖,飞机如何变暖,下雨时飞行员如何被淋湿。

在整个试验项目中,维护、装载和辅助设备与 F/A-22 同步经受试验。飞机在低温下中会发生很多问题。经历了冷湿试验之后,由于动力系统停止工作,座舱罩将不能关闭(图 8-10),在进行下一项试验之前,维修师需帮助飞行员手动关闭座舱罩。发动机在 -40℃下运行的试验开始。一旦辅助动力系统失效,就必须在寒冷中更换,在低温下更换辅助动力装置是实验考核的项目之一。在一项严酷的实验中,维护人员需要在 0℉(-18℃)的环境下,在 F/A-22 的主武器排位上安装 4 枚 AIM-120 空中拦截导弹,在一个侧面武器排位上安装一枚 AIM-9 空中拦截导弹,同时要在尾翼装上外油箱,将主油箱装满油,并全副武装化学和生物战武器。维护保障人员在风雨中更换电池,在风雪中进行起飞前和飞行后检查,像飞行路线机务长一样检查维修数据库的有效性。

图8-10　冷湿实验后F/A-22座舱罩需手动关闭

F/A-22在麦金利气候实验室用三个月得到的数据,在没有这个设施的地方要花几年的时间才能得到,并且费用要高得多。试验了可以想象到的每一种作战条件,掌握了F/A-22能够在哪些气候条件下工作。在实验室发现了几个异常情况,如发动机在寒冷中启动较慢,并且其他系统均依赖发动机的动力。发动机的动作顺序和动力分配是软件固定的,可以通过软件微调进行改善。

2. 环境武器研制功能——环境武器从实验室走向战场

开发环境武器是麦金利气候实验室的主要任务之一。美军目前所使用的90%以上的环境武器都是经该实验室研制成功并投入现代战争战场的,有力地配合了美军海外部队的作战行动。由于环境武器具有作战效益高、威力大、隐蔽性好的特点,被各国军事专家重视并形成共识,逐渐发展为系统开发和利用。

美国环境武器开发始于20世纪60年代以后,主要是利用云和空气中微粒的不稳定性特点,向云层、潮湿的空气中播撒相关化学物质或利用物理手段人为改变气候、天气条件,有针对性地制造不同状态战场环境来达到预期的作战目的。如播撒碘化银、干冰等催化剂,形成降雨、降雪,还可以在此基础上,增加云团的对流,使云团中的冰粒在上下对流过程中不断增大,进而形成冰雹。通过播撒气溶胶或燃烧红磷的方法,制造雾或人工造云、消云。通过物理方法在云体中、两块云体间或云体与大地之间,制造、诱发闪电或改变闪电的强度。通过开辟"紫外线窗口",即对大气层中的臭氧层进行破坏,改变大气中臭氧的浓度,将臭氧层"贯穿",使太阳的紫外线直接照射到地面。此外,还可以利用大地本身的不稳定性,用物理或化学方法激发大量的能量,产生人造海啸、雪崩,改变河道或航道、引爆火山、改变高层大气物理结构等。1971年初,美军在越南战场为掐断北越的运输供给线,利用西南季风的有利条件,在局部战场大量地投放碘化银,实施大规模的人工降雨,造成每小时降雨量达80mm的特大暴雨,致使著名的补给长廊——"胡志明小道"遭受极大损失。在未实施人工降雨时,补给线通常每周可通行9 000辆汽车,运送大约35 000t的战备物资,而在实施人工降雨后,每周只能通过900辆汽车,物资运送降到2 000t左右,使越南军队的战争保障受到严重打击。

3. 特种部队训练功能——"绝不想再来第二次"

由于麦金利气候实验室的特殊环境,美军一直把这里当作特种部队训练的主要场所。其特种部队队员通常是在系统学习了战场生存理论知识后才可以进入实验室训练,一般4天为一个周期,每次训练大约需要2~3个周期。实验室为队员们提供了类似热带雨林、非洲沙漠、冰雪极地、高原缺氧、海上生存等各种特殊或常见的气候条件,并配置了与气候条件相适应的各种动植物,供队员们进行适应性训练。训练中,队员往往有时不得不面对长时间的烈日,而得不到一滴水喝的现实,转眼间却是倾盆大雨迎头而下,一个个又成了名符其实的"落汤鸡";刚才还是风调雨顺,突然间就变得电闪雷鸣;队员们置身于毒蛇猛兽经常出没的森林中,既要时时提防它们的攻击,又要想方设法以此充饥裹腹;在"海洋实验室"里,队员被捆绑四肢后投入海水中,水慢慢地升上来,队员们要学会在海中自行解脱而不被淹死的技能,有时则要求队员长时间浸泡在冰冷的水中直到身体冻僵为止。更令队员们难以承受的是,在实验室里连续数日不睡觉、不进食,当他们"弹尽粮绝"时,却又陷入"敌军"的重重包围,而队员们又必须杀出重围获得生存。经过麦金利气候实验室几个周期的训练,特种员个个犹如死里逃生,连喜极而泣的力气都没有了。经受考验的队员们都说:"这里比战场还真实、还艰苦,绝不想再来第二次。"

4. "气候实验室"方兴未艾

麦金利气候实验室是无与伦比的国家资源,最大的特点是实用。它由美国BAE系统公司为空军运作,被称为国家历史机械工程的里程碑。

实验室的卓越表现,让美军尝到了事半功倍的甜头。为此,美军持续对实验室进行升级改造,仅1998年,该室就获得12亿美元资金投入。2001年,为大幅改善现有雾冻实验能力,并将冰冻能力延伸到飞行中冰冻领域,实验室启动了一个为期四年的项目,按照如下目标全部重新设计和重建其冰冻能力。这个新的冰冻能力项目计划制造世界上最大的人造冻云,模拟在14CFR的第25部分附录C(联邦航空局飞机冰冻认证要求)中描述的所有冻云条件。

（1）通过制作六个重新装配的冰冻架,将人工云的尺寸增加到先前系统（人造冻云截面积约 240 平方英尺,以 10～20 英里/h 的速度送到飞机处）的 3 倍;

（2）制造完全覆盖 14CCFR 第 25 部分附录 C 中的 LWC 和 MVD 的组合条件;

（3）实现客户和 FAA 可以接受的云的稳定性、均匀性和保持时间;

（4）在最大的云尺寸上风速增加到 75 英里/h,在此区域的 1/6 内达到 150 英里/h;

（5）组合对喷射水的解电离能力;

（6）组合对喷射水和雾化空气的加热控制。

该项目通过完全重新设计以前的地面雾冻体系来满足新的试验需求,改造焦点集中在保证云的均匀性和最大限度满足 FAA 要求的冰冻条件上。该体系包括水去离子化设备、工业用热水器、泵、空气压缩机、工业用空气加热器、喷射棒加压控制阀、极大的风机及其他许多设备。该项目已于 2005 年财政年度年底前完全运转。

近期,美国军方暗示,要以各兵种为单位,相应组建各自的气候实验室,主要进行有针对性的战场模拟训练,以提高部队在复杂战场条件下的战斗力。可以预见,随着现代高技术战争的进一步发展,"气候实验室"会有更大的用武之地。

8.4.2　美军电子靶场

海军陆战队在 11 月开展的代号为"大胆美洲鳄鱼"的演习中测试了海军研究办公室研制的模拟实战场景的"战术网络靶场"。网络靶场可仿真对手隐藏于嘈杂、密集电磁频谱中的通信信号,这是当今数字领域的战场之一[4]。

海军研究办公室战术网络特别项目官员克里斯蒂安·费茨帕特里克称,"战术网络靶场"的目标是将网络空间训练扩展至无线电频率物理环境,更好地整合信息能力与传统作战,支持具有战术优势的任务目标。

"战术网络靶场"包括网络、通信、传感器、无人系统和增强现实技术。此次演习中,第二海军陆战队远征部队在城市作战背景下利用网络、通信、传感器、无人系统和增强现实技术组合,协调网络战和电子战行动支持更大规模军事行动。海军和海军陆战队指挥官强调需提升网络能力,增强信息主导地位。海军陆战队"信息企业战略"特地呼吁开发现实作战环境中培训网络人员的技术。指挥官计划使用"战术网络靶场"提高联合信息作战靶场的能力。当前全军作战指挥官使用联合信息作战靶场测试、计划和评估信息战。

费茨帕特里克称,未来海军陆战队所有基地的城市作战培训靶场都将具备通信情报及网络战中海军士兵动态和全频谱训练的能力。

从事通信情报的海军陆战队员监控、拦截并解读无线电和雷达信号。"大胆美洲鳄鱼"演习中"战术网络靶场"测试展示的技术为通信情报/网络"增强现实眼镜"（海军研究办公室远征机动战和反恐部门与技术方案项目联合研制），演习人员无需信息过载便可开展信息战。"增强现实眼镜"将相关信息呈现在作战人员面前，以便其开展网络战，同时感知战场周围环境并操作武器系统。〔美国海上力量杂志 2014 年 12 月 15 日报道〕

8.4.3　陆军联合作战实验场

朱日和，蒙语的意思是"心脏"。20 年前，朱日和只是一个荒芜的装甲兵训练场。1998 年初，朱日和训练基地开始基地信息化建设[4]。

当时，基地方圆上万平方千米，少见人烟。在这"一穷二白"之上，开始建设"五大系统"，推动我军传统训练模式深刻变革。运用系统工程方法组织军事和工程技术专家攻坚破难，历时一年作出总体规划，历经 10 个月苦战，"五大系统"研发成功。一个以信息技术为支撑，以计算机网络为平台，集导调监控、辅助评估等"五大系统"于一体，着眼未来预留拓展空间的高技术体系，正式启动运行，演兵场成了"准战场"。2007 年，中央军委、总部把朱日和训练基地确定为我陆军唯一复杂电磁环境建设试点单位。

然而，复杂电磁环境是什么？如何构设？既是全军性难题，也是世界级难题。通过采集数以亿计的数据，从中探寻电磁信号规律。将数百种用频装备的电磁频谱绘制成图表，拟制出《陆军基地复杂电磁环境建设方案及规范》。用一年多时间完成"复杂电磁环境应用系统"，使基地实现第二次历史性跨越。

2011 年上半年，中央军委、总部决定：将朱日和训练基地建成全军唯一陆军联合作战实验场。基地是我军加快转变战斗力生成模式的强力之举，经过一系列新建和升级改造训练信息系统，打造成出多维复杂战场（由《光明日报》等报纸刊物摘编而成）。

参 考 文 献

[1] 中国人民解放军军语（全本）[M]. 北京：军事科学出版社，2011.
[2] 宋太亮，等. 装备大保障观总论[M]. 北京：国防工业出版社，2014.
[3] 网上资料.
[4] 网上资料.

第9章 电波环境观测与应用

21世纪是信息时代,信息技术使现代战争发生了深刻变化,作战方式已从以武器平台为中心向以信息平台为中心转变。如何保障信息系统和武器装备在复杂电磁环境下发挥最佳性能和作战效能,这对电波环境特性的研究提出了更高的要求。电波环境特性不仅是信息系统和武器系统可靠性设计和研制的重要依据,也是信息系统和武器系统作战环境保障的重要环节。

正如美国国防专家所指出的,"武器系统环境由于它不是一种武器或具体部件,而往往被忽略,但它的确影响着武器系统的性能。因此,武器系统环境从本质上将对美国武器系统长期优势的领先地位起着不可忽视的作用"。

9.1 概念与内涵

电波环境是指宇宙空间、地球大气层、地球、人类活动等能对无线电波传播产生影响的环境要素及其所产生的无线电信号特征要素的集合,是复杂电磁环境的重要组成部分。电波环境作为无线电波传播的空间和地域,包括从地(海)下、地(海)面、对流层(地面以上至约20km高度)、平流层(20~60km高度)、电离层(60~1000km)和磁层及外空间(1000km以上至宇宙空间),其分层结构如图9-1所示。几种典型的电波环境如下。

9.1.1 电离层电波环境

按无线电工程师协会的定义,电离层是地面60km以上到磁层顶之间的整个空间,在那里"存在着大量的自由电子,足以影响无线电波的传播"。电离层存在明显的垂直分层结构。按电子密度随高度变化,自下而上一般划分为D层、E层、F层和顶部电离层。电离层与短波系统最高可用频率、卫星导航定位精度以及空间目标雷达测量误差等有关。

此外,在正常的背景电离层上,有时会出现一些小尺度电子密度不均匀结构,称为电离层不均匀体,它能引起无线电信号幅度和相位的随机起伏,即电离层闪烁。电离层闪烁能影响甚高频至超高频段的星地链路性能,闪烁严重时,甚至导致系统功能失效。

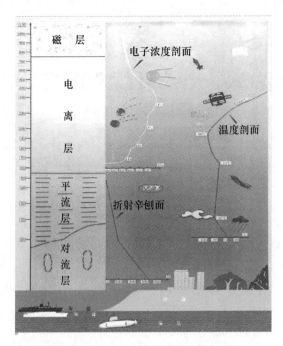

图 9 - 1　电波环境及其分层结构示意图

9.1.2　对流层电波环境

对流层是指大气接触地面的部分,具有明显对流运动的大气层。对流层大气和沉降物会对电波信号产生吸收、折射和散射,从而影响星地链路信道衰落深度、高精度靶场跟踪和测量等。在特定条件下,对流层大气垂直分布的不均匀性能导致无线电波在某一高度出现全反射,称为大气波导。出现大气波导时,通信、雷达等系统能实现超视距性能。强降雨引起的衰减是造成 Ku 及以上频段卫星通信系统性能下降的主要因素之一。

9.1.3　地(海)杂波环境

雷达杂波是指对雷达目标信息检测形成干扰的背景散射回波。陆地表面产生的杂波称为地杂波,海洋表面产生的杂波称为海杂波。地、海杂波不仅与地海面环境参数有关,而且还与雷达参数有关。由于地形地貌、植被覆盖的多样性和海面形态复杂多变且雷达类型繁多,使得地海杂波与地海面环境特性以及雷达参数之间表现出复杂的相互依赖性和关系不确定性。

9.1.4　无线电噪声环境

无线电噪声环境主要包括自然界无线电噪声和人为无线电噪声两部分,其噪声电平随频率、时间和空间位置而不同。自然界噪声源包括大气无线电噪声、大气层气体背景辐射、地球表面辐射、天体与银河系噪声等,人为噪声源包括电线辐射干扰、内燃机点火装置辐射、电气铁路干扰、工业、医疗、各种电器和照明设备辐射等。

9.2　电波环境的作用和意义

随着信息技术的发展,基于信息化系统体系作战能力的发挥已成为今后信息化战争胜负的关键,我军信息化武器装备能否"看得见""摸得着""打得准",不仅取决于信息化装备本身的性能,还取决于对电波环境影响的把握。电波环境已成为越来越重要的战场环境信息,在信息化装备设计和应用中扮演着重要角色。

9.2.1　为无线电信息系统规划设计提供数据支撑

任何无线电信息系统的规划设计都必须首先摸清其信号传播路径上的电波环境及其对系统性能的影响,否则就无法合理规划和设计系统的性能指标。如果低估了电波环境的影响,轻则不能达到系统的性能要求,重则导致系统无法正常使用;如果高估了电波环境的影响,增加了系统的复杂度,造成不必要的人力物力浪费,还可引起系统间的相互干扰,影响其他系统的正常工作。例如,我国某通信卫星由于设计阶段低估了电波环境的影响,致使我国南方地区用户的装备在夜间使用时经常中断。

利用电波观测站网开展电波环境观测、电波传播试验,长期积累数据,是发展支持无线电信息装备规划设计所需的各种电波环境模式、模型和电波传播预测技术的重要基础。因此,电波观测数据和研究建立的各种电波环境及其传播模式、模型和预测方法被广泛应用于雷达、通信、广播、导航、技侦等各类电子信息系统的规划设计,为国防科技工业电子信息系统装备的发展提供了重要支撑。

9.2.2　电波环境对信息化作战的辅助决策支持

电波环境特性的现报和短期预报对我军信息系统作战决策部门把握和利用电波环境的"天时"和"地利"、选择扬长避短的作战时机和制定相应作战方案、准确判断引起信息系统中断原因和制定应急预案,具有重要的辅助决策作用。

恶劣电波环境将极大影响电子信息系统的工作性能,如电离层暴和电离层强扰动事件可引起短波信息系统的性能下降,甚至中断。图9-2给出了正常电波环境和电离层强扰动下短波通信链路可通带宽的一个实例。2001年4月电离层特大强扰动期间,电离层扰动引起短波通信、侦测等信息系统大范围中断。中国电波传播研究所根据电波环境监测数据,及时发布了电离层扰动警报,为国家对战略局势的把握提供了辅助信息支持。

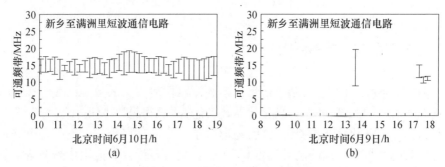

图9-2　电离层暴引起的短波系统中断

(a)正常通信带宽;(b)电离层暴引起的短波通信中断。

在我国低纬地区经常发生的电离层强闪烁,可引起 VHF/UHF/L 频段卫星通信、卫星导航、星载 SAR 和空间目标监视雷达等信息系统中断。电离层闪烁的区域分布如图9-3所示。太阳活动高年,L 频段的电离层闪烁衰落可达 20dB;低于 L 频段的电离层闪烁影响将更加严重。如此严重的电离层闪烁是绝大部分工作于 L 频段以下的卫星系统所无法忍受的。我国某通信卫星在我国南方地区夜间通信经常中断,中国电波传播研究所配合有关通信部门的联合观测表明,绝大部分通

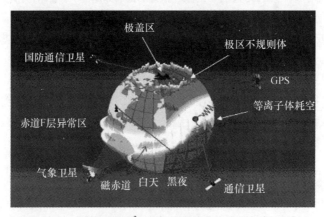

图9-3　可能引起 C^3I 中断的全球强电离层闪烁区域

226

信中断为电离层闪烁引起的,这一结论已引起我军相关部门的高度重视。

我国东南沿海地区经常发生无线电波反常传播条件,低空波导频繁,蒸发波导发生概率高达80%以上。在超视距传播条件下,一方面通过合理利用,把握时机,可大大提高我信息系统的作用范围,达到先敌发现,先敌攻击,为作战胜利赢得先机。但是,在反常传播条件下,传统的低空突防战术不再适用,在大气波导中超低空飞行的目标,将成为敌方在远距离最易发现和攻击的目标。因此,根据电波环境监测、现报和预报,评估武器系统在电波环境中的作战效能,使系统与环境相匹配,发挥最大的作战效能,才能规避电波环境造成的不利影响。

9.2.3　电波环境对信息化装备战术应用的支持

电波环境的有耗、随机、时变、非均匀、各向异性等复杂特性,使得在其中传播的无线电波信号衰减和发生波形畸变,导致系统性能下降。电波环境作为信息传输的通道,其变化直接影响信息的传输。例如,在太阳活动平静期,电离层的变化,影响着短波系统的工作频率和可用频段,是短波系统实时选频的基础;在太阳活动期,其引起的电离层空间天气变化,轻者导致信号衰减和可用频段变窄,严重的电离层骚扰可造成短波系统数小时到数天的完全中断。

微波超视距系统是利用海上大气波导现象,实现数百千米远超视距的目标探测、信号侦测和通信的重要手段,都必须合理地利用或规避大气波导反常传播的影响。随着精确打击、精确制导等对系统精度要求的不断提高,电波环境已成为信息系统实现高精度的关键制约因素。

由于电波环境引起的电波折射、闪烁、色散和时延,使得雷达探测的目标视在位置和速度不同于目标的真实位置和速度,如卫星测控、高精度目标探测、卫星导航、卫星高度计等要实现高精度的定位和测量,就必须进行电波折射修正。图9-4给出了对某型号雷达的电波折射误差修正效果。

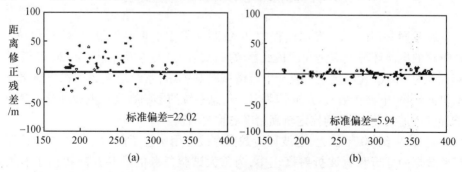

图9-4　对某雷达的电波折射误差修正效果

(a)模型修正效果;(b)实测数据修正效果。

此外,对于现代宽带、超宽带雷达系统,如星载 SAR 和地基空间目标监视雷达等,电波环境会导致雷达成像分辨率严重下降。因此,要实现星载 SAR 或 ISAR 成像高质量,必须对色散等电波环境效应进行补偿和修正。

9.2.4 电波环境对高新技术装备发展和重大试验任务的支持

高新技术装备的发展是依据对特定传播现象的观测发现和规律掌握发展起来的。例如,基于对电离层观测数据和电离层传播特性试验数据的积累,及其对传播规律的掌握,才产生了我国的天波超视距雷达系统。

对对流层散射传播的长期观测和传播特性的掌握,催生了对流层散射通信系统。同样,流星余迹通信系统、对潜通信系统、微波超视距雷达等装备的产生和发展无不依赖对电波环境的深入认识。充分利用电波环境的有利因素,发展更多像天波超视距雷达这样具有电波环境特色的新型装备,已成为发展新型信息化武器装备的重要环节,如图 9-5 所示。

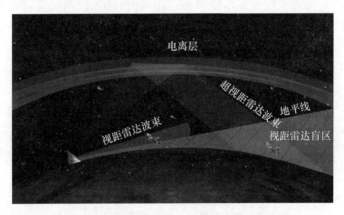

图 9-5　电离层环境对天波超视距雷达的支持

在我国"两弹一星"发展过程中,电波观测提供了重要手段和保障。例如,核爆炸的电波环境效应是我国核武器效应试验的重要组成部分。从 20 世纪 60 年代到 80 年代,我国建立了数十个核爆试验观测站,系统地观测和积累核爆炸对电波环境、电波传播,以及通信等电子信息系统的影响数据。电波环境也是影响导弹弹道测量、卫星测控定轨高精度的重要因素。

自 20 世纪 60 年代起,电波环境数据直接应用于包括洲际导弹等战略武器试验数据的分析和电波折射修正中,为重大试验任务的顺利开展提供了有力保障。

9.3　电波环境观测与研究进展

9.3.1　国外情况

电波环境观测与研究是国外主要国家和地区一贯关注的重要内容,美国、俄罗斯、日本、澳大利亚、英国、法国等国都建有专门的电波环境观测和研究机构。在美国国防部制定的"国防技术计划"和"国防技术领域计划"中,都涉及了与电波环境的有关内容。美国国防部和联合参谋部发布的"联合战斗科学技术和国防技术领域计划国防技术目标",在"传感器、电子和战场环境国防技术目标"部分中,提出了低层大气中电磁和光电传播、C^3I 战场环境现报、沿海战场作战支持(包括沿海的电波传播环境)等的技术发展目标。

美国为了提高电波环境对信息化作战的保障作用,在全球范围内建立了天地一体化的电波环境监测网,并开发了多种电波环境监测反演、现报预报和效应评估软件。在其观测数据和研究成果的支持下,建立了从电磁环境监测、分析、评估、预报到信息发布为一体的电磁环境保障体系,研制了各种电磁环境信息发布和对信息系统性能影响的评估系统,如美军研制并装备海军使用的高级大气折射效应预报系统 AREPS(Advanced Refractive Effects Prediction System),于 2008 年升级为射频系统性能评估系统 RFPAS(Radio Frequency Performance Assessment System)。该系统利用多种手段获得实时电波环境数据,实时预报电波的传播环境,并根据电波环境数据和预报结果对信息系统的作战性能进行评估预测,除提供探测概率、探测盲区、传输损耗、传播因子和信噪比等参数预测评估外,还提供电子攻防预案、预警机位置、电子监视措施、HF/VHF/UHF 通信辅助决策和硬件维护故障辅助诊断等多种辅助决策功能,为其信息化作战提供作用盲区、探测概率、预警探测雷达最佳部设高度、突防高度、最佳干扰效能、中断原因的判定等辅助决策分析。

再如,美军研制的空间环境网络发布系统 OpSEND(Operational SpaceEnvironment Network Display)和空间环境影响融合系统 SEEFS(Space Environmental Effects Fusion System)等借助其天地一体化的监测数据,具备了对全球范围的电离层环境预报和对信息系统影响实时评估能力、短期预报和灾害性事件的警报能力,并对电离层扰动引起的卫星导航定位误差、卫星通信衰落区域、短波通信覆盖范围等进行评估,并将这些影响及评估分发到相关用户,如图 9 - 6 所示。

为了给重大军事活动中的信息化武器平台提供可靠的环境信息保障服务,

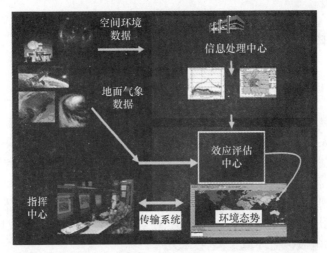

图 9-6　美国的空间环境效应融合系统(SEEFS)工作流程

美军研制了闪烁网判定系统(SCINDA)、通信/导航中断预报系统(C/NOFS)、空间环境网络发布系统(OpSEND)和空间环境影响融合系统(SEEFS)等借助其天地一体化的监测数据,具备了对全球范围的电离层环境预报和对信息系统影响实时评估能力、短期预报和灾害性事件的警报能力,并对电离层扰动引起的卫星导航定位误差、卫星通信衰落区域、短波通信覆盖范围等进行评估,并将这些影响及评估分发到相关用户,为美军信息化作战提供重要信息保障。美国 C/NOFS 系统的地面监测网布局如图 9-7 所示。

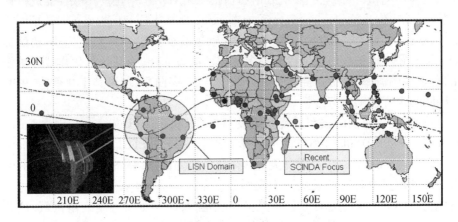

● 已有站　　　● 待建站　　　● 加盟站

图 9-7　美国 C/NOFS 系统的地面监测网

其他国家和地区也都非常重视电波环境在信息化武器装备中的应用支持。例如,为了保障"金达莱"(Jindalee)天波超视距雷达的正常运行,澳大利亚在180°扇面前沿布置的电离层垂直探测、垂直/斜向探测和应答站有 20 个之多,还建有 1 个专门用于探测电离层污染的小型雷达,如图 9 - 8 所示。

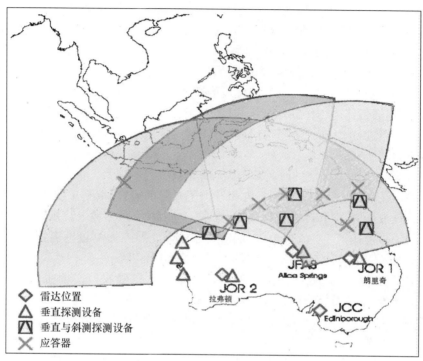

图 9 - 8 "金达莱"雷达网电离层诊断系统的分布

9.3.2 国内情况

电波环境观测与研究的重要性早已引起我国的高度重视。早在抗日战争时期,为了对"飞虎队"的通信进行保障,1943 年在重庆建立了我国第一个电波观测站,开始了电波环境的观测与研究。解放后陆续建立了北京、青岛、乌鲁木齐、兰州、广州、海口、满洲里、长春、拉萨等电波观测站,并在 20 世纪 60年代集中全国的主要电波传播研究力量研究成立了专门机构——中国电波传播研究所。

20 世纪 80 年代,为保障南极考察短波通信和南极电波环境研究得需要,相继建立了南极长城和中山电波观测站。随着国防科技工业和信息化武器装备发展对电波环境信息的需求日益增加,国家通过技术基础条件改造建设的不同渠道,不断增加对电波观测与研究的支持力度。

通过"十一五"以来的条件建设,更新了我国电波观测站网的探测设备,实现了从太阳、电离层、邻近空间对流层到全空域的电波环境感知能力,新建了苏州、西安、喀什等多个电波观测站,建设了"电波环境监测预报中心",极大拓展了电波环境感知的地域和空域覆盖范围,大幅增加了我国国防科技工业电波环境观测站网地基观测频域、空域、地域的数据类型和种类,使我国地基电波观测手段和数据获取能力达到国际先进水平。

几十年来,针对我国信息系统发展的需要,开展了电离层传播、对流层视距传播、卫星通信传播、对流层散射传播等大量实验和理论研究。对我国电离层和对流层环境进行了统计、分析与研究,形成了一批包括数据、模式、国际标准、国军标在内的研究成果。

1. 具备了较为坚实的研究基础和较好的统计预报能力

在电波环境统计和长期预报方面开展了大量的研究,取得了我国大量电波环境统计数据、模型和传播预报模式,形成了包括"中国参考电离层(亚大地区电离层预报模式)""对流层电波修正大气模式""外弹道测量电离层修正"和"雷达电波传播、折射与修正手册"等一批国家军用标准。

对流层散射传播模式、电离层闪烁统计模式、大气吸收模式、地面视距雨衰减模式、降雨最坏月转换模式等十余项研究成果已为国际标准所采纳,形成或修订了国际电联(ITU - R)标准,标志着我国在电波环境特性部分研究领域已处于国际领先水平。

这些研究成果已广泛应用于地面和卫星通信、雷达、侦测、测控、电子对抗、导航等各类电子信息系统,对我国各类电子信息系统起到了不可替代的保障作用。

2. 具备了较好的区域电波环境监测能力

我国已建成了覆盖国内大部分地区和南北极等重点国际区域的电波环境观测站网,如图9-9所示。近年来,更新了我国电波观测站网的探测设备,原有电离层垂测网和斜测网得到全面更新升级,并先后建立了Ku/Ka频段雨衰减监测网、UHF/L频段电离层闪烁监测网、华北地基电离层高分辨率监测网,新增了太阳射电频谱仪、非相干散射雷达、中频雷达(MF雷达)、对流层平流层雷达(ST雷达)、流星雷达、激光雷达、微波辐射计、大气波导测量和传播试验设备等国际上先进的观测手段,形成了从地海面、对流层、邻近空间到电离层全空域的地基电波观测能力,建成并运行维护国家电波环境基础数据库,全天候地积累电波环境数据资源。

图9-9　国防科技工业电波观测站网全球分布图

3. 具有长时期的数据积累

中国电波传播研究所建有国内数据种类最为齐全的电波环境数据库,积累了自1943年以来的国内电离层垂测数据、全球电离层国际交换数据、电离层TEC、电离层闪烁、我国及周边1000多个站点的气象地面数据、海洋气象数据和国内120多站点探空气象数据、国际电联电波环境及传播特性数据库、大气波导试验数据等大量电波环境及其传播特性数据,为开展电波环境特性及模化技术创新研究,奠定了重要数据基础。

4. 具备了一定的电波环境信息保障能力

为适应我军信息化建设快速发展和军事斗争准备扎实推进的需求,充分发挥电波环境对军队信息化建设的基础保障作用,在国内相关部门的支持下,中国电波传播研究所完成了"电波环境信息保障系统"的研制,并依托军网发布电波环境保障信息。

该系统在我国电波观测站网观测数据和国内外地理、气象、太阳和地磁等数据支撑下,将电波环境、电波传播和装备参数等相结合,利用系统的"预测预报""系统应用""在线分析""信息查询"等功能,实现电波环境预测预报、太阳风暴等引起的恶劣电波环境预警,典型信息系统在电波环境中的应用性能评估、系统辅助设计和电波环境信息查询,为我军指挥控制和信息化装备应用提供电波环境信息保障,具备了一定的电波环境信息保障能力,如图9-10所示。

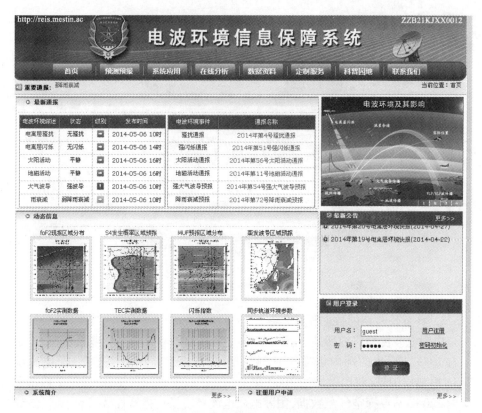

图 9 - 10　电波环境信息保障系统军网信息发布界面

9.4　发展展望

　　如前所述,电波环境已成为越来越重要的战场环境信息。加强电波环境信息技术研究,对提高电波环境我军信息化系统的保障能力意义重大。目前我国的电波环境信息技术和服务体系,与美欧等发达国家技术水平存在一定差距。为满足军工科研以及重大电子信息系统装备发展,以及信息化作战条件下战场环境信息保障的需求,尚需不断突破制约电波环境"感知、预报、应用和信息服务"能力提升的关键技术,支撑多形式、多方式电波环境信息服务保障体系的发展。

　　1. 电波环境感知能力

　　与欧美发达国家相比,我国在电波环境感知的空间覆盖性和要素全面性方面还存在不足。针对主要电波环境要素,如对流层折射率剖面、电离层电子密度剖面等,亟需突破电波环境遥感关键技术,同时重点发展天基感知技术,实现对全球范围内的电波环境实时感知。与此同时,基于电波环境与气象水文、电磁频谱等信息的关联性,持续开展电波环境要素挖掘技术研究,实现从其他观测或试验数据中提取电波环境信息的能力,以弥补电波环境观测数据的不足。

2. 电波环境预报能力

针对电子信息装备设计、研制、试验和应用全寿命周期所需的电波环境预报信息支持,充分利用国防科技工业电波观测网的数据优势,开展电离层、中高层大气和对流层电波环境预报技术研究,重点突破电波环境短期和准实时预报关键技术,发展电波环境数值预报技术,实现基于数据驱动的特定地区电波环境高精度预报和全球电波环境预报能力。

3. 电波环境应用能力

深入开展电波环境应用技术研究,重点突破山区、城市、街谷、海上等特殊传播环境和快速移动等复杂战场环境下装备发展所需的电波传播分析预测技术,发展电波环境控制技术,形成电波环境对电子信息装备作战运用和性能评估的技术支持能力。不断探索复杂电磁环境下的电波传播机理和规律,开发新的电波传播预测方法和技术,支持如对流层散射通信、微波超视距雷达等新概念电子信息装备的设计、研制和试验验证。

4. 电波环境信息服务保障能力

开展系统级电波环境信息保障、嵌入式电波环境信息保障等关键技术,提升电波环境对信息系统服务保障能力,建立多形式(长期、中长期、短期、准实时的预测预报)、多方式(数据、模式、网上发布、应用软件和系统设备)的电波环境信息服务保障体系。目前,我国已初步建立了电波环境信息技术和服务体系——电波环境信息保障系统,能为我军的信息化武器装备设计、研制、生产和使用提供全寿命的服务保障。相信在国家的大力支持和军内外技术力量的通力合作下,电波环境能在我军装备信息化建设中起到越来越重要的作用。

参 考 文 献

[1] 总装备部电子信息基础部,《太阳风暴影响与对策措施》科普丛书. 北京:国防工业出版社,2012.
[2] 电波与信息化.《电波与信息化》编委员,北京:航空工业出版社,2009.

第10章 装备面临的复杂电磁环境

10.1 复杂电磁环境的基本概念

　　复杂电磁环境是诱发环境,是复杂的战场电磁环境。按照 GJB 6130 – 2007《战场电磁环境术语》,复杂电磁环境定义为:"在一定的空域、时域、频域和功率域上,多种电磁信号同时存在,对武器装备运用和作战行动产生一定影响的电磁环境",战场电磁环境定义为:"一定的战场空间内对作战有影响的电磁环境"。

　　按照 2011 版《中国人民解放军军语》,复杂电磁环境定义为:"电磁辐射源种类多、辐射强度差别大、信号分布密集、信号形式多样,能对作战行动、武器装备运用产生严重威胁和影响的电磁环境",战场电磁环境定义为:"交战双方在战场上所处的电磁环境"。国军标和军语对战场电磁环境、复杂电磁环境的定义是基本一致的,只是对复杂电磁环境影响程度的描述有所不同。

　　战场电磁环境,是指战场空间内对作战有重大影响的电磁活动和现象,它是与陆海空天并列的"第五维战场"——电磁空间战场。由于电磁活动构成了对陆海空天各维空间的全面渗透,空域上纵横交错。电磁环境事实上已经上升为信息化战场上最复杂的环境要素。信息化战场上,来自陆海空天不同作战平台上的电磁辐射,交织作用于敌对双方展开激战的区域,形成了重叠交叉的电磁辐射态势,无论该区域的哪一个角落,都无法摆脱多种电磁辐射。时域上持续不断。利用电磁实施的侦察与反侦察、干扰与反干扰、摧毁与反摧毁持续进行,使得作战双方的电磁辐射活动从未间歇,时而密集,时而相对静默,导致战场电磁环境始终处于剧烈的动态变化中。

10.2 国外复杂电磁环境的发展情况

　　自海湾战争和科索沃战争以来,随着"电磁优势"在现代高科技战争中地位作用的不断增强,电磁环境信息已成为与气象水文、地理信息同样重要的战场环境保障信息,世界各军事强国都在不断加强电磁环境信息保障领域的建设,其中以美军在相关领域的技术优势最为突出。

美军从 20 世纪后期开始,就制定了相关的标准和规程,主要包括"装备频率分配应用程序(DD Form 1494)""系统电磁环境效应要求(MIL – STD – 464)""军事行动电磁环境剖面(MIL – HDBK – 235)""采办过程中的电磁环境效应和频谱支持指南(MIL – HDBK – 237)""电磁战场联合行动(CJCSM 3320.01)"等,在电子信息装备和武器装备的全寿命周期中严格执行电磁环境效应和频谱管理要求。美军研制的战场电磁环境模拟器(Combat Electromagnetic Environment Simulator,CEESIM),可模拟多场景的战场复杂电磁环境,用于支持各类电子信息系统的设计、性能测试和性能评估。

美军研制的闪烁网判定系统(SCINDA)、通信/导航中断预报系统(C/NOFS)、空间环境网络发布系统 OpSEND(Operational Space Environment Network Display)和空间环境影响融合系统 SEEFS(Space Environmental Effects Fusion System)等借助其天地一体化的监测数据,具备了对全球范围的电离层环境预报和对信息系统影响实时评估能力、短期预报和灾害性事件的警报能力,并对电离层扰动引起的卫星导航定位误差、卫星通信衰落区域、短波通信覆盖范围等进行评估,并将这些影响及评估分发到相关用户,为美军信息化作战提供重要信息保障。

随着现代战争从以武器平台为中心向以信息平台为中心的转变,复杂电磁环境成为制约基于信息系统的体系作战能力的关键因素,复杂电磁环境是各种用频装备发射的电磁信号、自然和人为辐射的无线电噪声信号以及电磁信号与环境相互作用形成的复杂电磁背景环境,主要由三部分组成:

(1)信息系统使用所处的各种电磁信号环境,包括合法用户无线电系统发射的电磁信号和非法用户发射的电磁干扰信号。

(2)影响电磁信号传输的电波环境,一方面由于对电波散射和折射等传播机理引起系统的电磁干扰,恶化电磁环境;另一方面,衰减和闪烁等各种传播效应直接影响信息系统的电磁信号的传输。

(3)引起信息系统信噪比恶化的各种电磁噪声环境,包括自然噪声和人为噪声。自然噪声包括雷电引起的大气无线电噪声,大气分子、云雨和地表辐射的无线电噪声和宇宙无线电噪声等;人为噪声包括电机和内燃机点火、电器、电子设备等产生的无线电噪声。

电磁发射信号和噪声信号一部分由信息系统所在的本地源产生,直接作用于信息系统;一部分由远方的源产生,这些信号和系统所需的有用信号一样受电波环境影响后作用于信息系统,对信息系统的性能产生严重影响。复杂电磁环境的组成和相互关系如图 10 – 1 所示。

未来的信息化战场是以电子技术和信息技术为基础在信息领域的对抗。各种电子设备的大量使用,使战场的电磁环境十分复杂,而复杂电磁环境反过来又会对参与其中的电子装备和武器装备效能产生影响,能否充分有效地利用电磁环境、控制电磁环境、夺取并保持电磁优势,是打赢信息化战争的重要前提和至关重要因素。

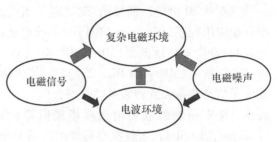

图 10 - 1　复杂电磁环境的组成和相互关系

因此,各国都广泛开展了电磁环境及其效应的研究。

从无线电设备开始使用以来,美国军方对电磁环境和电磁环境效应的研究就逐步展开。早期从 20 世纪 60 年代,主要考虑射频干扰(Radio Frequency Interference,RFI),这时美国国防部把电磁兼容(EMC)作为集成指标应用于武器装备设计、开发、采购和保存等各环节;后来扩大到电磁效应(Electromagnetic Effects),根据电磁环境的概念,1997 年开始美军把电磁环境效应作为顶层标准体系,建立了一系列的军用标准,即 MIL - STD - 464"系统电磁环境效应要求"。

这个标准的目的是为空基、海基、天基和陆基系统(包括相关的武器)建立电磁环境效应的认证标准和接口需求,适用于所有的新建设备和改造设备系统。系统在实际电磁环境中应用以前必须先进行该环境的安全功能认证。接口需求包括 14 个方面,并给出了具体的指标或相应的支撑标准。俄罗斯也十分重视各种电子设备的电磁兼容性,从 20 世纪 90 年代开始就重新制定国家标准和条例,并在各种法规和部门条例中规范了贯彻执行国家和军队电磁兼容性标准的程序。

针对联合作战条件下的军事训练,美军制定了一系列标准化文件,例如,参谋长联席会议文件《联合训练政策和指南》(CJCSI 3500. 01E)、CJ《联合训练计划》(CSI 3500. 02C)等,这些文件涉及部门和人员职责、训练大纲、联合训练系统、联合训练信息管理系统、数据交换、任务训练评估大纲等内容,从不同层次、不同角度阐述了联军训练、美军训练、联合训练、电子战训练、陆军训练的一般性要求、训练原则、组织实施与考核方法、训练设备和器材管理等。

1998 年 10 月,美国参谋长联席会议批准颁发《联合信息战条令》,成为美军复杂电磁环境下针对性训练的指导方针。该条令规范了信息与电磁频谱作战的内容,以及信息与电磁频谱作战的训练、演习、示范及模拟的方式和方法,牵引美军探索电磁对抗针对性训练。为构建真实的电磁环境,美军先后开发了"信息网络""仿真模拟""导控检测"三大技术平台,形成了一个以信息共享、互操作、网络化和任务预演为特征的动态一体化训练环境,全面模拟信息作战的电磁环境和资源保障。同时,美军还建立多种训练基地和场所,对实战环境中可能碰到的友方、敌方和民用信号进行模拟仿真,让部队在逼真的战场电磁环境中开展训练。

为加强对频谱管理的统一领导,美国于2006年4月成立了一个"一站式"国防频谱机构,并制定频谱管理法规,先后颁布了《联合电子战条令》《陆军野战手册PM24-2频谱管理》等法规,对电磁频谱形成了一整套管理规章。俄罗斯为了加强战场频谱管控,建立了完善的法律法规体系,规范协调国家、军队和社会的通信行为和利益。俄罗斯还制定了《俄联邦2010年前无线电频谱使用管控构想》,明确了电磁兼容性保障的措施和方法。2004年,俄联邦政府进行了行政体制改革,重新整合电信领域的管理机构,成立了俄联邦信息技术和通信部,并将国家频谱委员会并入,实现了对电磁频谱的集中管控。

从最初的射频干扰到电磁干扰、电磁兼容,再到电磁效应,直到现在的电磁环境效应,初期的研究主要从电子设备内部及其设备间的电磁干扰问题展开,研究的目的是确保设备及其元器件正常工作时相互影响在容许的范围内。随着科技的发展,各种军用电磁辐射体如雷达、通信等辐射源的功率越来越大,数量成倍增加,频谱越来越宽,使得电磁环境趋于复杂和恶化。电磁环境的性质发生了变化,能量由弱变强,频谱由窄变宽,效应由干扰变成了毁伤。而现代电子装备的电磁敏感度却越来越高,复杂电磁环境能使其性能降低、损伤甚至爆炸。因此,根据不同的电磁环境量化和细分电磁环境效应的各项指标,并针对不同指标研究电磁环境效应及其分析方法,是外军提高电子装备在复杂电磁环境中的适应和生存能力的主要思路。

从上述发展过程可以看出,外军对复杂电磁环境的认识随着战场电磁环境的日趋复杂和联合作战形式的不断成熟,经历了从单纯考虑武器装备的电磁兼容性,到检验武器装备的电磁环境效应,最终走向战场电磁频谱的集中管控。研究复杂电磁环境的目的就是为了研究复杂电磁环境与电子设备以及武器装备的相互作用关系,尤其是复杂电磁环境对电子设备和武器装备的作用机理和作用效果。美军电磁环境效应的一系列标准正是把电磁环境效应作为顶级标准统领电磁环境的研究和工业标准化。

10.3 复杂电磁环境的国内情况

2005年,胡主席在全军军事训练工作会议上提出了"加快转变战斗力生成模式,推进我军由机械化条件下的军事训练向信息化条件下的军事训练转变"的时代命题。

进入信息化时代,随着用频装备的大量增加,战场电磁环境日趋复杂,我军未来无论在哪个战略方向遂行作战任务,都将面临不同程度的电磁环境,提高我军在复杂电磁环境下的训练和作战水平,已成为决定未来战争胜负的重要条件。合同战术训练基地作为我军平时练兵的重要依托,担负着提高我军信息化条件下合同作战和联合作战能力的任务,把合同战术训练基地建设成为有形战场加无形电磁环境的复合性训练平台,是信息化条件下合同战术训练基地建设的发展方向。

2006 年,我国启动了合同战术训练基地复杂电磁环境建设工作。建设的核心就是要摸索复杂电磁环境的特点规律,打造构建复杂电磁环境的条件与能力,为部队训练提供一个逼近实战的战场电磁环境。复杂电磁环境建设涉及专业面广、装备品种繁杂、协调部门众多,是一项复杂的系统工程,既缺乏足够的技术积累,又没有经验可供借鉴。存在认识不统一、环境设置难、互连互通差、信息共享难、效果难评估等突出问题。标准化作为顶层设计的重要组成部分,已经成为复杂电磁环境建设的必然要求、关键因素和显著标志。

伴随 2006 年和 2007 年"砺剑"合同战术演习,遵照军委领导决策部署,总装备部组织全军有关单位,大力开展了复杂电磁环境标准体系建设和贯彻工作,建立了集合同战术训练复杂电磁环境构建、军事训练、装备建设于一体的复杂电磁环境标准体系,并在有关基地开展了标准实施试点工作,将标准贯彻到全军合同战术训练基地建设以及训练演练、装备试验与教学活动中,取得重大军事效益。依据标准研制的装备已正式列装;在一系列部队训练和"砺剑 - 2008""跨越 -2009""130A 战略战役集训"等重大演练演习活动中,标准广泛应用于演习方案拟制、环境构建、训练组织与效果评估,增强了训练和演习的实战性和有效性。

面向海、陆、空、战略火箭军等各军兵种,以信息化战争条件下的战场复杂电磁环境为研究对象,以作战训练中的战场电磁环境模拟构建为核心,系统集成训练组织实施与效果评估、电磁环境监测与导调控制、设备器材与信息系统研制生产、训练场地设置与建设,建立了覆盖复杂电磁环境基础理论技术、复杂电磁环境构建与应用、复杂电磁环境下训练组织等全要素、全过程的复杂电磁环境标准体系。从掌握的国外有关标准和资料来看,尚未发现有如此全面系统的关于复杂电磁环境建设的标准体系(与美军和北约标准化文件对比情况见表 10 - 1)。

随着我国军事和经济利益的不断深化和扩展,武器装备的活动范围不断扩展,所经受的各种环境也在不断扩展。可以说,环境无处不在,呈现出"全领域、全空间、全方位、全特性、全系统"等的特点,我们可以称为"大环境"。这个"大环境"有别于我们过去所研究的局部环境,例如自然环境、实验室环境、电波环境等。

表 10 - 1　与外军复杂电磁环境技术和相关标准情况比较

内容	外军情况	我军情况
总体	关于军事训练的有关文件较为完整,例如,《联合训练政策和指南》《联合训练计划》《美国陆军联合训练手册》《作战训练中心大纲》《美军联合部队训练战略》等,但未见到针对复杂电磁环境建设和训练的顶层文件和标准	建立了包括 51 项标准在内的完整的标准体系
标准体系	未见到外军有相应的标准体系	建立了覆盖术语概念、分类分级、环境构建、信息交换、态势绘绘、监测导调、装备器材、训练评估,系统完整的标准体系结构
概念定义	MIL - STD - 463《电磁干扰与电磁兼容性术语》,只包括了部分电磁环境方面的术语	完整全面地定义了战场电磁环境概念体系,覆盖了电磁环境和训练组织以及二者结合等三方面的术语定义
分类分级	美军《未来海军训练环境》等文件将训练场划分为五类:海军靶场、空军靶场、陆军靶场、海军陆战队靶场、海岸警卫队靶场等,没有具体规定电磁环境复杂度等级	定义了频谱占用度、时间占有度、空间覆盖率及计算方法,定量划分了复杂度等级
环境构建	STANAG 1307《北约海军作战电磁环境》、STANAG 1063《盟军海军通信演习》等文件仅规定了环境的一般要求,没有系统性的复杂电磁环境构建方法和要求	详细规定了各军兵种训练环境和各类基本信号环境参数指标、模拟设备布设要求、信号生成方法,可使复杂电磁环境构建量化可复现
监测导调	MIL - STD - 461 等系列标准规定电磁兼容控制方法、设备及系统性能要求、危害及防护等方面内容,不涉及复杂电磁环境监测和控制	全面给出了各种信号的监测要求和方法,并规定了复杂电磁环境数据元、数据采集及信息传输要求
训练评估	美军参联会文件 CJCSI 3500《联合训练计划》《作战训练中心大纲》等只给出了训练和考核的一般性要求,没有考虑复杂电磁环境因素,对复杂电磁环境下的训练评估可操作性不强	详细规定了各军兵种训练效果评估的指标体系、量化指标、评估模型和方法等,具有很强的针对性和可操作性

　　美国等军事强国十分重视环境对武器装备的影响。《美国国防部核心技术计划》中,就将"环境影响"作为第 11 项核心技术,充分考虑了其对武器系统产生的全面影响。

　　联合战役中网电一体化贯穿战役始终。电子战在现代战争的运用越来越广泛,作用更加突出,而网络战也早已步入现代战争。谁掌握了制电磁权,谁就掌握了制信息权,同时也掌握了战场上的主动权。

1998年的科索沃战争中,美英联军大量出动EA-6B"徘徊者"电子战飞机,向南联盟地区投放强电磁脉冲弹,爆炸后的电磁脉冲波,对方圆数十千米范围内的各种电子设备造成严重物理破坏,使南军以计算机和雷达为主构成的信息系统失去正常功能。伊拉克战争开始,美军采用强电磁打击与战略空袭相结合,对伊军的战场识别系统和信息系统实施瘫痪性打击,很快掌握了战场上的制信息权。这些无疑都对联合战役战场环境信息系统提出了新的挑战。

总之,应从多维或立体的角度重新认识环境,将环境类型进行大幅度的扩展和分类。过去,环境工程没有考虑作战环境永远是在不停变化的。因此,问题界定必须也要与时俱进。认识到当一次行动或者计划没有取得预期的进展时,就需要进行重新界定了。在任务执行过程中,当理想的条件发生改变,或者无法实现,或者通过目前作战方法不能保持的时候,指挥官需要进行重新界定。在作战过程中条件将不断地发生变化;由于作战环境中相关主体的交互与关系,这种变化是不可避免的。尽管军事组织通常在行动失败后具有更强的动机来反思与重新界定,但是行动成功后的重新界定同样重要。成功改变了作战环境,并创造了未曾预料到的可以充分利用主动权的机会。认识与预测变化对于设计与不断地学习是非常重要的。

10.4 加强复杂电磁环境工作建议

复杂电磁环境是信息化战争的显著特征,无论是在陆海空天哪个战场,军事行动不论发生在哪里,复杂电磁环境就会相伴到哪里,它直接作用于电子信息装备和武器装备的电子信息系统,进而影响作战体系,最终影响作战效果,甚至可以影响战争的成败。主动适应它就是主动适应未来战场,积极应对它就是积极寻求信息化条件下作战的制胜之策。仗在复杂电磁环境下打,士兵就要在复杂电磁环境下练。加强复杂电磁环境建设和试验训练,是实现建设信息化军队、打赢信息化战争目标的客观要求,是推进机械化条件下军事训练向信息化条件下军事训练转变的一个重要切入点和重要抓手,是提高部队信息化条件下作战能力的重要举措。

1. 加强复杂电磁环境下装备适应性试验工作

我国复杂电磁环境建设工作自2006年启动以来,取得了一系列重大成就,2010年陆军部队首个复杂电磁环境应用系统在试点单位北京军区朱日和合同战术训练基地建成,并全面形成组训和保障能力,这标志着我陆军复杂电磁环境下训练取得了突破性进展,将对我军军事训练产生巨大推动作用。在复杂电磁环境建设过程中,并未对复杂电磁环境下装备适应性试验问题进行专门研究。

当前,复杂电磁环境下装备(尤其是通用电子装备)适应性试验问题已经引起了各方的广泛关注,总部首长对此高度重视,指示要花大力气开展通用电子装备复杂电磁环境适应性试验研究,切实提升装备在复杂电磁环境下的实战能力。

2010 年,复杂电磁环境下通用电子装备适应性试验工作正式启动,并已完成多型电子装备的试验任务,定量评估了被试装备在复杂电磁环境下的作战能力。要进一步加强装备复杂电磁环境适应性试验工作,开展试验与评估关键技术研究,构建试验标准体系,在贴近实战的复杂电磁环境下考核装备作战适应能力和作战效能,进而缩短装备试验进度、提高装备作战效能、提升部队体系作战能力。

2. 加强复杂电磁环境下装备适应性试验标准应用研究

复杂电磁环境标准建设工作主要着眼于支撑合同战术训练基地复杂电磁环境建设,标准制定过程中,综合考虑了复杂电磁环境下装备适应性试验等诸多问题。下一步应当结合装备复杂电磁环境适应性试验工作以及正在同步开展的试验标准体系建设工作,重点开展试验标准的应用研究:①调研分析当前复杂电磁环境下装备适应性试验中存在的主要问题以及相关的标准化需求;②重点开展电磁环境数据与信息交换、战场电磁环境分类与分级、战场电磁环境监测三类复杂电磁环境标准的验证工作,给出标准适用性结论,提出修订标准建议;③研究提出复杂电磁环境下装备适应性试验方面新的标准需求。通过标准应用研究,将为装备复杂电磁环境适应性试验工作提供技术支撑,进一步发挥标准化工作在复杂电磁环境建设的作用。

参 考 文 献

[1] 王汝群,等. 战场电磁环境[M]. 北京:解放军出版社,2006.

[2] 柯宏发,杜红梅,等. 电子准备复杂电磁环境适应性试验与评估[M]. 北京:国防工业出版社,2015.

[3] 熊群力. 综合电子战(第 2 版)[M]. 北京:国防工业出版社,2010.

[4] 联合电子战条令 [M]. 中国人民解放军总参谋部第四部译. 北京:解放军出版社,2001.

[5] 戚世权,等. 制电磁权新论[M]. 北京:解放军出版社,2005.

[6] 伍仁和. 信息化战争论[M]. 北京:解放军出版社,2004.

[7] 中国人民解放军军语. 军事科学出版社,2011.

第11章　装备环境数据资源建设

目前,在信息化条件下、数字化条件下,人们比较关注数据资源或者信息资源。但从严格定义上讲,数据资源和信息资源两者还是有一定区别和联系的。数据是对客观事物的性质、状态以及相互关系等记载的物理符号或是这些物理符号的组合,也包含数值数据和非数值数据。信息是数据经过加工处理后得到的另一种形式的数据,这种数据在某种程度上影响接收者的行为,具有客观性、主观性和有用性。信息是数据的含义,数据是信息的载体。也就是说数据是反映客观事物属性的记录,是信息的具体表现形式。数据经过加工处理之后,就成为信息;而信息往往需要经过数字化转变成数据才能存储和传输。

现在还没有对数据资源建设或者信息资源建设的公认定义。但有关于数据资源管理的定义,即对各种形式数据继续收集、整理、存储、分类、排序、检索、计算、统计、汇总、加工和传输等的一系列活动的总称。从字面上讲,数据资源建设要比管理范围更大一些。数据资源建设可以理解为:数据资源建设机构,按照有关法律、法规和标准,对数据资源进行的需求分析、开发、分析、应用、保存等技术与管理活动,以达到充分利用、共享数据资源,降低成本,提高工作质量和效益的目的。我国非常重视信息资源建设,1997 年国家科委印发了《国家科委关于加强信息资源建设的若干意见》,对加强我国信息资源建设起到了积极的推进作用[1]。

联合作战、装备建设需要大量的数据资源,因此加强装备数据资源建设具有重大的现实意义和历史意义。然而,长期以来,对装备数据资源建设没有引起足够的重视,必须采取措施,扭转这种局面。

关于装备数据资源,目前还没有给出权威的定义和范围。从面前几章的介绍可以看出,环境数据资源是装备数据资源的重要组成部分,其范围甚至超出了装备建设的范畴,上升到联合作战的范畴,然而目前在装备建设中恰恰比较缺乏这些数据资源。环境试验数据资源建设是一项长期的基础工作,也是我国国防发展壮大的基石,是军队战斗力可靠生成的重要基础。

11.1　环境数据资源建设存在的问题

为了实现大环境工程专业的发展壮大,进一步体现出对国防工业的技术推动作用和贡献率,环境数据资源建设面临着艰巨任务。当前环境数据资源建设与成果仍不能满足联合作战和武器装备建设的需要,差距较大,需要加强。

(1)基础理论研究不足。武器装备与材料在自然环境、空间电波环境、复杂电磁环境中的性能演变和失效,相对于使用与工作状态是弱环境应力下的缓慢累积效应,环境影响因素较多,出现的问题也最多。当前,型号研制中也存在重视工作状态与诱发环境影响而忽视环境缓慢作用的短期行为,原因之一是缺少环境缓慢作用的基本知识与危害性认识。单一环境因素对装备性能影响的规律过去研究比较多,但装备性能退化或者出现故障,是多环境、载荷等多因素的交互影响,如何影响,目前还没有的到规律性曲线。作为专业人员,应加强自然环境影响的基础理论研究,改变研究相对薄弱的现状,提高认知度,解决重要及普遍问题的困扰。

(2)数据积累的目的性需要加强。不断解决工作中存在的数据与型号需求不对口、实用性差、代表性不强、完整性和系统性不够等诸多问题。通过强化需求调研,与型号设计研制单位的沟通、学习与交流等,使专业人员对型号、产品、工艺和制造等各个环节的认识得到加强。

(3)数据资源规模未能满足型号需求。基础数据资源是开展专业研究工作的重要基础,只有在大量积累数据的基础上分析监测数据、试验数据,才能为型号开展环境分析,环境试验与评价等工作提供有力保障。目前环境专业积累的基础数据规模尚小,地区范围还不能覆盖装备将来活动的领域,环境影响因素还不全面,还不能满足型号需求。

(4)数据深度采集不到位,深度加工不够,研究水平需要提高。试验检查、测试、实验室分析的配套数据较少,环境、材料、结构、机理的相互作用研究明显不足,研究问题的角度比较单一、问题的原因不太明确,通过研究找出解决问题的具体措施才能取得用户的高度认可,才能不断扭转制约数据资源服务广度与深度不够的局面。

(5)环境数据资源应用研究不足。环境数据资源建设未能从专业技术发展、型号设计、质量管理、部队使用与维修等多种情况出发,对数据可衍生出来的环境演变规律、选材手册与指南、验收标准与方法、防护工作建议等进行深入总结和提炼,使数据成果的技术支撑作用没有最大限度发挥。

(6)型号质量管理中,自然环境适应性要求不够具体和明确,没有形成量化考核指标,未完全纳入管理体系。一些研制和生产单位存在环境试验主动性不高的现实情况,不利于数据资源效能发挥。

以上这些问题虽然是针对环境数据资源建设的,实际上整个装备建设的数据资源建设也相对比较薄弱。这不仅仅是技术原因,更多的还是认识问题、观念问题、管理问题。从大的方面讲,环境数据资源管理是整个装备质量信息管理的重要组成部分。装备质量信息管理中遇到了大量困难[2,3],需要从深层上查找原因,要对症下药、标本兼治,采取强有力措施,使数据资源建设不断取得新进展。

11.2　环境数据资源的分类和内容

多年来,各试验研究机构开展的环境观测、装备环境试验数据和研究成果,都是国家的宝贵财富。但这些数据资源和成果中尚有很大部分没有得到充分的应用,没有对装备环境适应能力的改进和提高起到应有的作用。因此,加强环境数据资源建设,建立装备环境数据信息交流平台,整合利用国家各类环境监检测数据,使各环境监测中心、各试验机构的装备环境试验数据和研究成果实现共享,将可以极大地节约投资,使装备环境工程工作更加科学化、数据化,加快我国装备环境适应性能力的提高。

数十年来,我国环境研究积累了大量的数据和技术资料,但大都分散保存在各行业、各单位和个人手中,尚未建立起全国性或行业性的材料环境数据库和专家咨询系统,从而造成许多宝贵的数据得不到充分的应用和整理,以致存在着失落的危险。

在过去武器装备技术水平不高、作战使用环境相对简单的时期,武器装备大多存在一个比较笼统的不可使用的环境范围,而在可使用的环境范围内,其作战性能、可靠性和效益等,可能没有明显差别。

一般来说,环境参数值具有明显的时空变化特征,而多数情况下通过环境监测,特别是专业观(探)测所得到的环境参数值,只是在特定地点和特定时刻得到的数值,可能与一些对环境影响最敏感的部件所处的地点不完全相同。武器装备具有一定的尺寸,在其尺寸范围内不同部位之间的环境参数值可能变化很大,所以需要关注其对环境影响最敏感的部件所处的自然环境。

认真分析我国环境试验中所采集的环境数据种类,可以明显感觉到我们考虑的环境因素的数量和种类与国外相比差距相当巨大,相应的也就没有对这些环境因素(自然的或诱发的)对装备的影响进行过深入的研究,因此其对装备环境适应性提高的支撑作用也就无从谈起。

11.2.1　基于环境数据状态的环境数据分类

环境数据资源按照其状态,可以分为原始数据和加工过的数据(环境工程过程产生的非原始数据)。原始数据包括环境观测数据和环境试验数据,这两部分数据是可以直接获得的数据。非原始数据是经过加工、处理、分析等工作产生的有用的环境信息,供装备环境工程工作使用,也包括经环境工程工作确认后有用信息,以及环境工程工作产生的经验教训信息,非原始数据也可称为环境工程过程信息。环境数据资源的组成如图 11－1 所示。

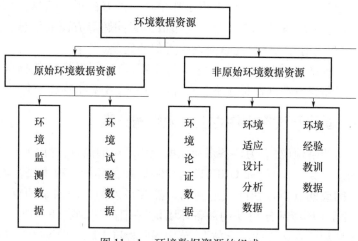

图 11－1　环境数据资源的组成

　　环境监测数据是利用国家各级相关部门的环境因素监检测机构多年来的数据,即国家环境数据资源,包括气象部门、环保部门、水文部门、专业环境试验机构、总参机构、国防工业部门、国际互换、文献、国外数据手册等获得的数据,编制内容丰富的国外及国内极值数据对比手册,梳理适合装备研制及使用的全寿命期的基本的装备全球服役环境手册数据。国家环境数据资源,所涉及的范围(包括地域、空域、海域等)、类型、数量都是以往专业环境试验机构检测能力所无法比拟的,必须且应当充分利用之,这应当是大环境工程最基础的系统工作之一。环境监测数据包括自然环境、空间电波观测、航天发射测控等方面的数据。这些数据前面几章已作了专门介绍。

　　环境试验数据是材料、构件、部组件以及整机等装备产品在典型或极端自然环境条件下进行环境适应性试验采集和积累的数据。它反映了产品在预期服役环境中的环境适应性,具有典型性、真实性和不可替代性。这些数据主要包括自然环境试验、实验室环境试验和使用环境试验等方面的数据。

　　环境论证数据是在装备作战需求论证期间应用和产生的数据,包括环境需求数据、环境要求数据和环境适应性要求等方面的数据。

　　环境适应性设计分析数据是装备产品环境适应性设计分析数据,包括材料、构件、装备及其部组件在自然环境中外观、力学、热、电、磁以及电化学等性能与功能特性参数的变化值等内容。数据形式有数值、曲线、图片、文字描述等。这些数据是根据大量观测数据分析得出的规律性的有价值的信息,包括形成的设计准则或者原则信息。同时还包括设计分析的结果信息,由总体、顶层环境要求分解、分析得出的平台信息等内容。

环境经验教训数据是在环境工程工作中产生的好的做法信息,以及由于环境考虑不周或者环境设计不充分造成的事故或者问题等方面的信息,这些信息的收集、整理和应用是为了避免重复发生类似的问题。

以上环境数据资源形成了一个完整的体系,可以叫做环境数据资源体系。按照体系的思路建设数据资源才不会有漏项、缺项,效率和效益才会更高。

11.2.2 基于环境数据属性的环境数据分类

装备环境严格地说,应为装备寿命期所经历环境的简称,国内外相关标准对装备环境的定义大同小异,如 GJB 6117 - 2007《装备环境工程术语》定义为"装备在任何时间或地点所存在的或遇到的自然和诱发的环境因素的综合",美国《工程设计手册(环境部分)》认为装备环境是"在任一时刻和任一地点产生或遇到的自然条件和诱发条件的综合体",英国国防标准 DEF STAN 00 - 35《国防装备环境手册》定义为"装备受到的各种条件和影响的总和";北约的定义是"所有物理、化学和生物条件的总和"。从这些定义可以看出,装备环境既涉及各种自然和诱发的因素,同时又与时间、空间密切相关。这些自然和诱发因素是组成装备环境这一综合体的各种独立的、性质不同而又有其自身变化规律的基本组成部分。按环境数据资源的其属性可分为气候、生物、化学、机械、能量等类型。环境数据分类见表 11-1。

表 11-1　主要环境数据及其分类

类别	因　　素
地表	地貌、土壤、水文、植被
气候	温度、湿度、压力、太阳辐射、降水、固体沉降物、风、盐、臭氧等
生物	生物有机物、微生物有机体等
化学	砂尘、污染物等
机械	振动、冲击、跌落、摇摆、静力负荷、加速度等
能量	声、电磁辐射、核辐射、冲击波等

对于装备在其全寿命期经历的自然和诱发环境因素,除了我们前面提到的大气环境、水环境、土壤环境、空间环境和电波环境的主要环境因素外,还包括装备平台、其它设备或者设备自身、人为活动产生的即诱发的气候、机械、化学、能

量等环境因素,如振动、冲击、跌落、摇摆、静力负荷、加速度、声、电磁辐射、核辐射,诱发的温度、湿度、气压等。

这些环境因素与装备相互作用,引起装备的材料、元器件和结构件疲劳、磨损、腐蚀、老化、性能退化或降级,造成装备性能下降乃至功能丧失的现象,通常称为装备环境效应。实际上,这里所提到的环境效应不仅限于其现象,还包括其产生的内在机理或原因等。

装备环境数据可认为是装备全寿命周期各阶段与其经历的环境以及两者相互作用产生的数据、信息的统称。不仅包含装备与环境两个客观事物本身的属性、状态、结构、特性等及其变化过程,也包括二者相互联系和相互作用的内容。GJB 4239《装备环境工程通用要求》实施指南认为装备环境数据包括装备寿命期环境剖面,装备(产品)将遇到的自然环境和平台环境条件(因素)、装备(产品)所经历的各种环境试验(条件和方法)及其结果、装备(产品)环境响应特性、装备(产品)的故障信息和纠正措施情况等数据。简单归纳起来,就是环境原始数据和装备环境效应数据两个方面。下面介绍这两方面数据的具体内容。

1. 环境原始数据

环境原始数据包括了装备全寿命期遇到的所有环境因素变化范围和特性,由于环境因素参数具有明显的时空变化特征,通常需环境监测或专业观(探)测得到。而且需要长期坚持,通过积累才能获得相关的规律。一般地,环境原始数据不仅有各种实时监测数据,如温度、相对湿度、降水,太阳辐射的年值、月值、日值和时值,各种装备平台的振动、冲击等实测数据;也有环境因素时间比例、发生频率、分布规律等周期性、趋势性和极值性等长期规律统计分析数据或预测模型等。

目前,国外最具影响力的装备环境相关标准中,如美军 MIL – HDBK – 310《用于研发军用产品的全球气候数据》、MIL – STD – 810G《环境工程考虑和实验室试验》新增的"第三部分 世界气候区指南"、英国 DEF STAN 00 – 35《国防装备环境手册》、北约(NATO)联盟环境条件试验出版物 STANAG 4370《环境试验》以及美国陆军条例 AR 70 – 38 的《研究、开发、测试和评价装备极端气候条件》等,从全球战略的角度出发,有各种气候类型或气候区域,及各类气候温度、湿度和太阳辐射昼夜循环,给出了世界范围的气候极值(包括全球 50 年记录的绝对最高温度、最低温度的分布图等)、极值风险水平,有的标准还提供了沿海/海洋条件和高空条件、装备贮存/运输条件等使用信息,以及按照装备自身结构形式、工作条件和使用平台如车辆、飞机、舰船、潜艇、弹药等遇到的诱发机械、气候、化学与生物环境描述,AR 70 – 38 还对地形因素、与大气红外干扰弹相关的天气提供了额外指导。

由此看出,环境数据信息包含了武器装备寿命期内会遇到的所有环境条件信息,其主要要素和内容见表 11 –2。

表 11 –2 环境信息数据的具体内容

环境数据类别		要 素	内 容
大气环境数据	气象因素	大气温度、相对湿度、风(风向、风速)、气压、降水(降水量、降水时数)、日照(日照时数、日照百分比)、太阳辐射(紫外、红外、总辐射)、润湿时间等	实时监测数据:自然环境试验站网的年值、月值、日值和时值数据(平均、最高、最低);
	天气现象	雨、雾、露、霜、雪、大风、雷暴、闪电、沙尘等	统计分析数据:典型地区主要环境因素的分布与规律模型,周期性、趋势性和极值性规律等
	大气介质(化学因素)	二氧化硫、氯离子、臭氧、氨(连续法)、二氧化氮、氯化氢、硫化氢、雨水组分(pH 值、硫酸根离子、氯离子)、大气降尘(水溶性、非水溶性)等	
	生物和微生物	霉菌、啮齿动物、昆虫和鸟类等	生物和微生物种类、生长方式等
水环境数据	—	水温度、盐度、溶解氧、pH 值、电导率、氧化还原电位、浊度、流速、水位等;凿船虫和污损生物等海洋生物	
土壤环境数据	—	温度、pH 值、含盐量、含水量、电阻率等,真菌、细菌及霉菌等生物和微生物等	
空间环境数据	—	太阳、宇宙线、地磁、电离层和中高层大气等	—
电波环境数据	—	地海面(下)介电常数、电导率,对流层折射率、降雨率,邻近空间大气密度、风场,电离层电子密度、不均匀体、临界频率等	实时监测数据等
平台诱发环境数据		温度、湿度、振动、冲击、跌落、摇摆、静力负荷、加速度、噪声等;诱发温度、湿度等	实测数据、统计处理的谱数据、预计模型等

2. 装备环境效应信息

装备环境效应信息反映了各种环境对装备产品及其电波传播特性的影响,产品特性的变化规律、机理等内容,如装备及其材料、构件、部组件等宏观性能、功能特性、微观性能参数及其变化等;也有产品使用、维护、维修、改进等信息,如装备贮存、运输、训练、维修过程发现的故障或失效模式、部位、机理以及纠正措施等。由于装备种类众多,产品层次复杂,级别不同,环境效应也各不相同,即使同一材料、器件在不同的装备、部位或防护体系下,其环境效应也存在差异。因此,装备产品的基本结构、组成以及试验、服役时间、条件、方式、方法等内容也是装备环境效应信息的主要内容。装备环境效应信息形式涵盖了信息的所有基本形式,如数值、曲线、图片、视频、文字等。

装备产品按其层次可分为材料及其保护层、器件、结构件、连接件等基础产品,整机、系统、分系统和设备等功能产品,每类产品都有其特点、性能和功能,不能一概而论,下面列举一些常见的环境效应数据要素和内容。

(1)性能功能参数:包括外观或等级、腐蚀性能、力学性能、物理性能、电性能、磁性能、光学性能、热性能、电化学特性等以及运行功能和工作性能;微观性能包括组分、结构、基团、形貌等。

对于材料及其保护层、器件、结构件、连接件等基础产品,宏观性能或功能特性、微观性能这些数据大多具有周期性、规律性,并可建立预测模型,是装备环境效应数据的基础部分,需要长期系统有计划地积累。

对于整机、系统、分系统和设备等功能产品,主要是运行功能和工作性能,除可直接测试、可量化的数据,有的功能性能是一次性或成败型的,有的需要进行概率性统计,这些数据通常用分布函数或失效率、故障率等表示。

(2)环境效应损伤、失效或故障模式、原因或机理分析、改进情况等信息,这些信息是装备环境效应信息的重要组成部分。

(3)电波传播特性主要有移动信道、地空链路信道、对流层传播信道、大气波导传播信道、电离层波导、高频传播信道、突发 E 层传播信道、流星余迹信道等观测试验数据。

(4)与装备贮存、运输和使用有关的常用使用剖面。

11.3 环境数据资源建设的现状

11.3.1 国内情况

过去,我国从环境试验角度对环境的监检测主要依靠已有环境试验站网的数据,进行积累[4]。但由于试验站点有限,因此环境数据非常有限。与此同时,目前,我国已建成有 1436 个测站的国家环境空气质量监测网和 1122 个测站的国家酸雨监测网,同时也加入了东亚酸沉降监测网(图 11 - 2、图 11 - 3)。另外,多达 2856 个县级区域(台、港、澳除外)至少有一个气象台站。同时,环境监测网在西沙设有国家环境背景综合监测站。如此庞大数量和分布的环境监测台站网,长期、连续观测、积累了海量的数据,应当充分利用起来,有利于从以往的少量的环境工程专业单位的环境监测站点,转向更大尺度上掌握全国环境状况,为装备服役环境指标的确定提供更广泛、更科学、更全面的数据支撑。

目前虽然我军对外宣传的是不搞对外扩张,不主动发起战争,目前的环境工

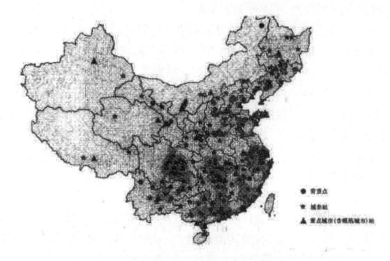

图 11 - 2　国家环境空气质量监测网测站分布

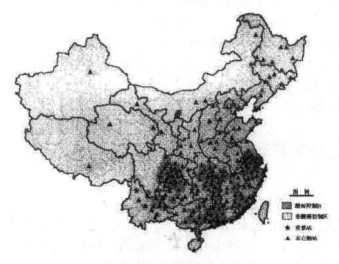

图 11 - 3　国家酸雨监测网测站分布

程工作对环境的监测主要关注国内典型环境,GJB 1172 - 86《军用设备气候极值》也仅仅列举了我国国内的环境极值。需要指出的是,GJB 1172 - 1991《军用设备气候极值》限于当时的认识和局限性,该标准中所规定的极端地区仅仅指的是我国境内气象要素极值的全国最高值或最低值出现的地方(军事行动难以到达的个别山峰或记录奇异的个别孤立地方除外),而且规定该系列标准仅仅适用于在我国地面上使用的军用装备。由于国家军用标准的这种规定,就造成了在装备环境指标论证时所采用的环境极值有可能不能满足实战化要求。例如,GJB 1172.2-1991《军用设备气候极值 地面温度》中引用的我国高气温记录极值为47.7℃(1986年7月23日出现于新疆吐鲁番)。但是,将来我国武器装备活动的范围可能加大,这个环境极值可能不满足实际需要。

经初步统计,目前国防科技工业自然环境试验研究中心采集积累的各类材料及产品环境适应性数据初具规模。从"十五"开始,环境适应性数据资源建设已经步入了良性发展轨道。目前,在数据生产基地建设、数据资源整合、规范采集与积累、质量保证、数据处理、数据库研究、数据手册编制等方面取得了长足进步,主要有以下内容。

(1) 装备材料环境适应性数据生产基地已经建成。主要包括7个大气环境和3个海水环境试验站、自然环境试验研究中心以及军工行业部门的环境试验机构,它们承担着数据采集、试验检测与分析,即"数据生产"的任务。

(2) 数据资源初步得到整合。有关单位强化了统一管理,通过跨行业重点项目的积极带动,出现了国防工业相关单位发挥优势、资源互补、联合攻关的好势头。将兵器、航空、船舶等环境试验单位各自积累的部分军工材料环境适应性数据进行了集中收集,并形成相应的数据手册,进一步使数据资源得到整合,使专业整体能力得到了加强。

(3) 统筹规划、统一规范数据积累的局面已经形成。在主管机关组织下,由相关单位牵头开展了数据资源建设专题研究等,对数据资源建设的专题研究方向等进行了顶层设计。在重点科研项目组织实施期间,完成了军工材料与构件环境试验与检测规程编制、环境因素监检测系列方法与标准制定。通过在各试验站推广使用,提高了试验数据、环境数据采集积累的规范性与可比性,提高了数据资源的利用价值和作用。

(4) 环境适应性数据处理与评价方法研究取得了重要进展。在利用环境适应性数据和环境因素数据评价材料的环境适应能力、分析环境因素对材料及产品的影响、研究材料在环境中的腐蚀行为、建立性能演变数学模型和预测贮存寿命等方面,进行了比较系统和深入的研究,解决了材料性能模糊综合评价、环境聚类分析、模式识别、性能衰变灰色预测模型建立、不同试验方式与方法之间的相关性研究、材料与产品贮存寿命预测等多项技术难题,研究深度不断加强。

(5) 针对环境适应性数据的复杂特点,开展了数据库构建。在系统收集、试验采集数据基础上,认真研究了多材料品种、环境、性能项目、定性定量和半定量数据的信息特点,研究了数据的规范化和要求,设计了环境适应性数据库的基本结构,初步具备了环境适应性数据库各项查询和使用的功能,为构建数据资源信息平台奠定了基础。

在空间电波观测和复杂电磁环境方面,也开展了环境数据资源建设,积累了大量数据并得到了初步应用,有效支撑了装备试验和研制工作。

11.3.2 国外情况

西方国家非常重视环境数据资源建设,从法律、条令、条令、标准、机构、研究等方面全方位推进环境数据资源建设。主要做法包括:

(1)有计划地持续积累各类材料环境适应性数据,材料环境试验更加注重系统性、长期性规律研究。国外环境试验起步很早,到目前已经形成了数据采集、试验评价、建立标准规范、数据成果推广应用的成熟体系。美国已将环境适应性数据充分纳入到武器装备设计、研制、生产和采办的各个阶段,并形成了有效的质量管理体系,在武器装备的全寿命期内发挥着重要的作用,大大推动了高新武器装备的发展。日本也十分重视自然环境适应性数据的积累。日本曾与美国、英国、比利时、法国、瑞典、德国和南非等国合作,在工业、农村和海洋环境,对Cor-TenA 钢、Cor-TenB 钢、含铜轴承钢和碳素钢等分别以不同朝向和角度放置,考验其在不同国家 3 种环境条件下的性能,自然曝露试验时间长达 16 年。国际标准化组织在 1986 年开展了 4 种典型金属材料在世界 64 个试验站的大气环境试验,掌握大气环境对材料的腐蚀影响。欧洲经济组织从 1985 年起在欧洲、北美的 39 个大气试验站进行了材料暴露试验,研究大气污染物对材料腐蚀的影响。

欧洲腐蚀联盟(EFC)于 1992 年在 8 个国家的 11 个试验站进行了海水腐蚀试验,研究欧洲海水对不锈钢的腐蚀性。目前国外工业发达国家都制定有自己的材料和产品环境试验计划,在试验对象上重点安排了一些材料和产品进行系统的研究,力求做到全面掌握部分材料和产品的环境适应性,为产品设计选材提供深度服务。另外,由于基试验也越来越重视长期数据采集和规律研究,因此当前发达国家已经把基础产品的环境适应性数据积累,作为一项支撑材料开发、产品设计、装备服役寿命提高的共性关键技术。如 1992 年发布的《美国国防部核心技术计划》中,把环境影响研究列为 11 项核心技术领域之一。

(2)武器装备的环境适应性规律研究,逐步从材料试验扩展到零部件、元器件和产品。第二次世界大战中暴露出军用装备大量的环境适应性问题,促使大规模、系统性的环境试验开始。美国海军武器中心在寒带、热带、沙漠地区等各种环境条件下进行了长达 15 年的武器装备的贮存和暴露试验。美国海军土木工程试验室、海军应用科研试验室和海军研究实验室从 20 世纪 60 年代末到 70年代末在太平洋表层海水和不同深度进行了 475 余种合金、20 000 余个试样暴露 3 个月到 3 年时间的环境试验。同时还在全球范围内 11 个海水试验站对碳钢及低合金钢、不锈钢、镍基合金、铜合金、钛合金、铝合金、复合材料、阴极保护材料等材料进行了长达 16 年的环境试验。另外,还先后进行了多种非金属材料、电子元件、火药和炸药在海水中的环境试验,通过研究取得了大量环境适应性规律。美陆军在 20 世纪 50 年代,开展了包装防护后枪械在各种自然环境条件下的长期贮存试验。为了验证气相缓蚀剂包装防护工艺的自然环境适应性,美军组织了大规模的、为期达 14 年之久的枪、炮等军械长贮试验。美军武器装备环境适应性研究的过程是:从材料、工艺到零部件、元器件,再到整个产品。

(3) 在环境适应性数据资源利用方面开展了大量的研究工作,在环境试验中引入先进的数据分析处理技术。在环境试验中,目前对基础数据的分析处理手段主要有环境影响分析技术、寿命预测技术、相关性分析技术、专家系统等,其中寿命预测技术和专家系统是近年研究的热点。寿命预测技术主要是采用人工神经网络技术、模糊数学、回归分析等技术对基础数据进行分析,建立数学模型实现预测。

(4) 实现了从数据积累向工程应用的转化。发达国家非常重视各种试验数据的管理和应用,形成了数据库、数据手册、标准规范等,为研究、设计和技术改进提供了科学依据,避免了设计的盲目性。依托长期系统的环境适应性数据积累,美国出版了腐蚀手册,开发了新的耐候材料和产品,并制定了大量的材料生产、产品设计、工程设计等一系列标准和规范。美国制定的各类环境试验方法标准,为世界各国普遍采用,其中不少已成为国际标准。美国腐蚀工程协会在 1985 年出版了《腐蚀数据手册》,美国金属学会于 1995 年出版了《腐蚀数据手册(第二版)》。美国海军通过对金属、高分子材料、复合材料、电子元件、火药和炸药等长期的、多种环境条件下的环境试验,积累了大量的系统试验数据,出版了《海水腐蚀手册》,指导海军装备的设计选材。

美军非常重视环境工程标准建设。以环境温度极值为例,美军的环境要求要比我们高,如表 11 - 3 所示。

表 11 - 3　环境温度极值比较

类别	数据来源		
	GJB 1172 - 1991	MIL - STD - 810G	媒体
高气温极值	47.7℃ [1986 年 7 月 23 日,新疆吐鲁番,海拔 34.5m]	58℃ (1922 年 9 月 13 号,利比亚萨尔瓦多)	56.7℃ [2012—9—15《参考消息》:世界气象组织 13 日宣布确认 1913 年 7 月 10 日在美国加利福尼亚州东南部的"死谷"国家公园测得的 56.7℃ 为全球目前地表最高气温纪录]

类别	数据来源		
	GJB 1172 – 1991	MIL – STD – 810G	媒体
低气温极值	– 52.3℃ ［1969 年 2 月 13 日，黑龙江漠河，海拔 296.0m］	– 68℃ ［1982 年 2 月 5—7 日在苏联，Verkhoyansk（海拔 105m），1933 年 2 月 6 日苏联，Ojmjakon（海拔 660m）；除了南极，一般公认的世界最低记录温度］	– 93.2℃ ［美国航天局 2013—12—9 宣称，卫星观测数据表明，地球上最冷的地方在南极大陆东部一条无人涉足的冰脊附近，这里有数个位置的地表温度在冬夜可降至 – 92℃ 以下，最低记录是 – 93.2℃］

美军标 MIL – STD – 810G 中收录了：①世界上最高的温度记录为 58℃（136℉）；②除了南极，一般公认的世界最低记录温度是 – 68℃（– 90℉）。而其附件则给出了全世界和分地区气候极值的相关资料。美军美国陆军条例 AR 70 – 38 的"研究，开发，测试和评价装备极端气候条件"、MIL – HDBK – 310"军用产品开发用的全球气候数据"[5]、MIL – STD – 810G、英军 DEF STAN 00 – 35《国防装备环境手册》、北约组织标准化协定 4370、AECTP 200 等，都是从全球战略的角度出发，所规定的气候极值都是世界范围的极值，而且给出了全球的 50 年记录的绝对最高温度、最低温度的分布图，并开展定期补充修订。这些基础性的环境工程工作，保证了其装备在世界范围的环境适应性要求规定。

11.4　环境数据资源建设规划

环境数据的主要作用是：为新研装备提出环境要求和环境适应性要求提供支撑；新耐环境，特别是耐蚀材料研究开发的重要依据；为装备设计提供材料选用、防护措施确定、封存包装和保管方法等依据；辅助材料服役性能的工程分析计算；为预估装备产品寿命提供修正和验证；修正实验室加速试验的量值、范围、变化率与持续时间，建立快速试验方法、完善试验手段。

当今武器装备的使用环境复杂多变，战备值班、训练、演习、运输及贮存环境对装备与产品的服役性能和使用寿命的影响很大。据统计，由于材料的环境腐蚀产生的故障与事故占 50% 以上。

我国将材料环境适应性数据积累作为一项长期国策，主要是为了解决材料的服役性能和使用寿命问题，这也是目前我国材料领域的薄弱环节。由于基础设施建设、重大工程建设、国防建设的质量和可持续发展的迫切需要，国家科技部从"十五"期间就建议,对环境适应性研究与数据积累予以重点扶植和长期稳定支持,不断提升原始创新能力。《国家中长期科学和技术发展规划纲要(2006 - 2020年)》指出,对面向国家重大战略需求的基础研究,要重点研究材料服役与环境的相互作用、性能演变、失效机制及寿命预测原理等。因此,材料与产品的环境适应性数据资源建设,既是我国的国情数据和宝贵资源,也是国防科技工业新一代武器装备研制需要预先掌握、优先开展的工作。数据资源建设的重要意义主要体现在以下方面:

(1)环境数据资源建设是环境适应性要求不断提高的客观要求。随着装备联合作战实战化要求的不断提高,对环境适应性提出了更高的要求。环境要求提出、环境适应性设计分析、环境试验与环境适应性评价是一个需要长期积累基础数据,并不断总结并从基础数据中发现规律,只有持续不断地积累和深入分析环境数据,才会不断地提高装备环境适应性的水平。

(2)数据资源建设和利用是提高环境试验应用水平的必然要求。要使大量的环境试验基础数据得到应用,必须建立有关的数据资源平台,缺乏有关的数据资源平台将大大影响环境试验的应用。

(3)数据资源建设是提高环境工程的效率和管理水平的要求。只有在共同的数据平台上积累环境数据才能够提高大环境工程的效率和管理水平。

(4)建设和利用基础数据资源是满足型号迫切需求的要求。在未来新一代武器型号的研制过程中,迫切需要数据充分、表征规范、分析深入的环境基础数据,环境基础数据资源的不完善,会大大影响环境试验在有关型号中的应用。

11.4.1　环境数据资源建设的目标

当前,环境数据资源建设和共享程度还非常低,然而,提高装备环境适应性水平的要求又不断提高,需要加强装备环境数据资源建设。

环境试验数据资源建设目标:以全面提升武器装备在联合作战、实战化条件下的环境适应能力为根本任务,建立各种环境资源数据库,构建完善的环境数据资源共享平台,通过实施"抓共性基础、促相关技术、重型号应用"的发展思路,增强环境数据资源及研究成果对环境工程专业壮大的保证作用,提高大环境工程专业对武器装备建设的重要支撑能力。

(1)抓共性基础:做好环境观测、环境试验及环境适应性数据采集,确保数据质量,加强基础理论研究,加快数据资源服务平台建设。

(2)促相关技术:深化装备在典型环境中的性能规律研究、环境适应性评价、材料环境失效诊断与寿命预测,推动腐蚀防护新技术发展。

(3)重型号应用:以需求为牵引,提高数据资源使用价值,强化数据应用技术研究,围绕环境演变规律、选材手册与指南、验收标准与方法、防护工作建议等开展工作。

11.4.2 环境数据资源建设的原则

环境数据资源建设的原则是数据资源建设客观规律的反映,是对数据资源建设实践的科学概括与总结。随着信息技术的飞速发展,环境数据资源不断扩展,已经从原来的环境试验数据、环境观测数据、环境工程数据,扩展为以联合作战为目标的大环境工程数据资源建设。数据资源建设的原则随着时代的发展,其内涵也是不断丰富和完善。具体说来,环境数据资源建设的原则主要归纳为以下几个方面:

1. 实用性原则

实用性原则是指环境数据资源管理机构,要从实际使用需要出发,规划、选择、搜集、整序、组织和管理环境数据资源,以最大限度地满足武器装备大环境工程信息需求。环境数据资源管理机构应当根据环境工程工作的需要或不同服务对象的实际需要进行环境数据资源建设,最终落脚在数据资源本身的"利用"而非"拥有"上。

2. 系统性原则

系统性原则就是在环境数据资源建设过程中,必须注重宏观和微观的数据资源系统各要素之间的联系,掌握和发挥各种类型数据资源的特点和优势,使其优势互补,协调发展,形成系统、完整、统一的数据资源体系,为用户提供全面、系统、快捷的服务。系统性原则要求数据资源建设站在装备建设总体发展的高度,不断满足用户需求的变化趋势和装备环境工程的发展规律,不断扩展环境数据资源的内容。

3. 标准化原则

标准化和规范化是管理工作的一项基础性工作,是在一定范围内获得最佳秩序,对实际或潜在问题制定共同的和重复使用的规则的活动。网络环境下,环境监测和试验站点不再是孤立的个体,而是整个信息网络中的一个节点,各个节点之间的数据交流与资源共享的实现,只有在同一的标准和规范下才能顺利进行。标准化与规范化直接关系到数字化建设的成败,在数据资源建设中起着举足轻重的作用,必须作为一条主线贯穿于数字数据资源建设的全过程。在数字化系统建设过程中,各环境数据资源管理机构应设计建造统一的技术平台和网络信息服务系统,选择通用的技术标准、协议与规范以及可兼容的应用软件和硬件,建立起支持多种协议、多种接口,具有良好兼容性与扩展性的开放式数字环境数据资源管理与服务系统,以便实现最大范围的共建共享。

4. 安全性原则

环境数据资源管理机构对数字数据资源进行加工、存储、传递与管理，并利用网络为众多的终端用户提供各种信息服务，因此，系统的安全非常重要。数字数据资源开发建设的安全主要涉及数据安全、网络安全、信息安全等多个方面。为保证数字数据资源的安全可靠，应尽量选用技术成熟、性能稳定的信息存储与网络设备，利用管理系统的监测、诊断、过滤、故障隔离、在线修复等功能保证网络系统的安全性和数据的可靠性；要树立产权意识和保密意识，在环境数据资源开发的过程中，不损害所有者的知识产权，不泄露国家或单位的有关机密。

5. 共建共享原则

信息技术的发展、网络环境的形成，使环境数据资源共建共享变得更为必要和迫切。数据资源种类的增加和价格的增长促使人们对环境数据资源共享的期望越来越高。基于现代通信技术、计算机网络技术以及数据处理自动化、网络化的发展，环境数据资源的共建共享进入了一个更新的发展阶段。共建共享原则是指一个行业、一个系统、一个部门、一整个国家，环境数据资源管理机构之间，建立广泛的合作关系，科学规划，分工协作，共同建设，相互提供利用，建立相互联系、相互依存的环境数据资源保障体系，实现数据资源的互通互联和全面共享。共建共享原则是把环境数据源建设的实用性、系统性、标准化、安全性等原则从微观领域带入宏观领域，丰富了这些原则的内涵，同时也使数据资源建设真正成为一项基础性的事业，对促进联合作战、武器装备建设大环境工程的发展与进步发挥更为重要的作用。

11.4.3　环境数据资源建设的内容

环境数据资源建设是环境数据资源管理机构根据其性质、任务和用户要求，有计划地系统地规划、选择、收集、组织各种环境数据资源，建立具有特定功能的数据资源体系的整个过程和全部活动。环境数据资源建设的最终目的是建立起可共享利用的环境数据资源体系。环境数据资源建设围绕这一体系展开，其主要内容可以概括为以下几个方面：

1. 环境数据资源法规制度建设

环境数据资源建设是一项政策性、基础性、科学性、系统性非常强的工作，为了确保环境数据资源建设取得实效，必须制定环境数据资源建设的顶层法规，起草《武器装备环境数据资源建设指导意见》。

只有数据标准化，才能实现联合作战，才能实施大环境工程。要按照全军顶层的数据标准、格式标准、接口标准、作战标准等标准要求，科学规范环境监测、环境试验鉴定中产生的各类数据，做好采集、整编、校核、入库和运用工作。

建立和推进军工材料环境适应性认证机构和制度,强化和规范材料和工艺的试验、验证和鉴定。规定所有的材料和工艺都必须有可靠的耐环境腐蚀数据,并且只有通过充分试验和验证的材料和工艺,才能进入数据库以推广和应用。实现从源头确保装备环境适应性处于高的水平和起点。在优化资源配置的同时,实现强化有效利用相关资源的目的。

2. 环境数据资源建设规划计划拟制

根据武器装备大环境观和大环境工程工作内容,环境数据资源建设内容范围广,涉及环境数据量大,将环境数据资源建设纳入装备建设规划,制定《武器装备环境数据资源建设"十三五"规划和计划》,编制环境数据资源建设路线图。

数据资源整体布局是一项非常复杂的系统工程。数据资源整体布局模式的构建应当与联合作战、武器装备建设和大环境工程建设需要相适应,只有适合国情,讲求数据资源建设的军事效益与经济效益,最大限度地满足大环境工程对数据资源的需求,才能使这一系统工程顺利建设。目前,我国环境数据主要包括几大领域:自然环境、空间电波环境、复杂电磁环境、诱发环境、作战环境等。由于历史发展原因,空间电波环境、自然环境、实验室环境、电磁环境由不同部门和单位负责,需要进一步整合力量,提高建设的效益和效率。

3. 全面开展环境数据库建设

要实现和提高武器装备和军事行动在真实环境下的战斗力,需要提出环境要求,并通过设计方案实现环境要求,同时需要对环境、武器装备、作战方案等进行全方位模拟、验证,这就需要大量的环境数据资源。需要利用各种环境工程途径所获取的环境数据,并建立各类数据库。环境数据库是实施大环境工程并进行环境仿真试验的基础。

4. 加快数据资源建设基本理论与方法研究

环境数据资源建设是一项较为复杂的系统工程,它离不开正确理论的指导。对环境数据资源建设基本理论与方法的研究是环境数据资源管理机构数据资源建设的重要内容。研究的主要内容包括:数据资源的含义、类型、特征、发展趋势及地位作用;数据资源建设的含义、内容、影响因素、基本理念、原则与意义;数据资源建设的政策、方法及其实施;原始数据资源的采集、开发、组织与管理;非原始数据资源数据库及网络数据资源建设;数据资源存储的含义、作用、条件与方法;数据资源共建共享的背景、目标、内容与体系建设;数据资源的评价,等等。

现代战争作战节奏快、持续时间短,点对点精确打击,一体化程度高,单个装备或系统价值高,环境信息化要求高。环境影响造成的重大事故发生频繁,影响深远。如"挑战者号"航天飞机、"亚太二号"卫星、"哥伦比亚号"航天飞机等的失事,都造成了广泛的、深远的影响。其主要原因是缺乏多学科交叉的、深入定量的环境影响研究。在高技术条件下,军事与气象的关系已经发生了深刻的、决定性的变化。以往我们在环境工程中,较少或基本没有考虑气象环境对装备的影响问题,较多关注的是长时环境对装备的缓慢作用机理的研究,缺乏考虑短时、剧变的气象环境条件对装备的影响的研究,如大风、暴雨、雷电、雾霾、暴雪等对装备的影响。

5. 环境数据资源共享平台建设

前面已经介绍,国家、国防和军队系统分别建立了不同的环境试验网络和环境数据系统,有的还建立了数据资源平台,主要包括自然环境试验网站和数据平台、空间电波观测网站和数据平台、实验室试验和数据库、材料环境试验中心和数据库等。根据我国的国情,国家不可能打破现有的这种隶属体制,去建设一个所谓的全国性信息中心,但可以在现有业务系统上分别建立信息中心,然后设立一个全国性的权威机构,站在全国的角度对环境数据资源建设进行统筹规划,合理布局,通过分工协作,尽可能获取所有重要的环境数据资源以满足大环境工程建设的信息需求。此外,整个国防工业应当建设一个多层次、多功能的环境数据资源保障体系,形成武器装备大环境数据共享平台,实现信息共享平台的高效运行,满足武器装备研制生产对基础信息资源的共享应用需求。针对积累的专业基础数据资源和科技情报,系统规划设计共享应用平台,定期、定向发布更新信息资源。建立"军民结合、寓军于民"的管理体制和运行机制,促进科研、管理人员的观念转变,加强信息技术、数据库的资源有效共享和应用,实现国家投入效益最大化。

6. 环境数据资源应用和再利用

装备环境监测、环境试验中的数据建设尤为重要,它是装备发展阶段最新鲜、最系统、最客观、最权威的数据,既可以向前推进我军作战仿真试验建设,指导装备需求论证、研制和关键技术攻关;也可以向后服务部队作战运用和应用。装备环境监测和环境试验和使用中的环境数据,要及时反馈到装备论证和科研生产中去,实现良性循环、迭代发展,才能发挥更大作用。

11.4.4 装备环境数据资源的应用

从前面装备环境信息两个方面的要素和数据内容来看,信息要素涉及装备研制、试验和订购各方,涵盖了装备不同产品层次,贯穿于装备全寿命期各个阶段,还由于武器装备本身的重要性和特殊性,这些信息与数据无处引进、不可替代,是支撑各国武器装备建设的重要基础数据资源,为装备环境分析、环境适应性要求、设计、试验、维修维护提供指导和依据,为改善和减缓环境对装备使用效能的影响提供支撑,是装备环境工程工作的基础。

我们从装备环境信息在国外装备环境标准、手册中所占分量和对其应用的要求可看出其作用。2006 年 9 月发布的英国 DEF STAN 00 – 35《国防装备环境手册》第四版中 6 个部分，第 4 部分"自然环境"、第 5 部分"诱发机械环境"和第 6 部分"诱发气候、化学与生物环境"，纳入了武器装备寿命期内会遇到的环境条件信息，在其第 1 部分"控制与管理"中认为这三部分内容是装备制定环境要求的指南，而环境要求是总体技术要求和装备研制计划合同的组成部分，是系统验收的环境基线，设计师用于确定装备经受特定环境的程度，环境工程师提出环境试验要求，装备验收的主管协调工程师用其构成开展环境一致性评估的基线，同时还可用于可靠性和安全性评估。法国 NF C20 环境及环境试验系列标准，包括环境条件、环境条件分类、环境试验程序等。澳大利亚国防部 2009 年发布 DEF(AUST)5168（第 2 版）"气候和环境条件对军事装备设计的影响"。2008 年底，美国出版 810G。810G 对 810F 进行了修改，不仅包含了 810F 的内容、延续了 810F 的主导思想，而且增加了世界气候区域指导作为第Ⅲ部分。世界气候区域的内容可以指导确定世界各地不同气候区域武器装备寿命周期内的气候条件。另外美国 MIL – HDBK – 310 是 MIL – STD – 810 进行气候试验评价的信息资源，两者的关系如图 11 – 4 所示。

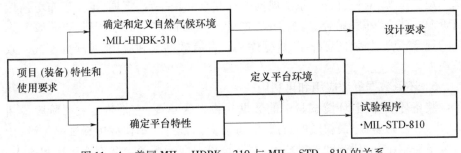

图 11 – 4　美国 MIL – HDBK – 310 与 MIL – STD – 810 的关系

在 20 世纪 70 年代，美军装备总部曾委托若干研究机构、大学和军事工程单位编辑出版了一套篇幅巨大的《环境因素手册》，作为《工程设计手册》的主要组成部分，并根据 1973 年 9 月美军方的一项指令陆续公开发表，提供给工程技术界使用。

《工程设计手册（环境分册）》是一部重要的环境工程工具书。书中汇集了极其丰富的环境工程基础知识，实用性很强。该手册共 5 册：第一册是基本概念，全面系统地说明了环境的重要性，定性地描述了各种环境因素、环境分类、环境定量概念和各种各样的环境影响等。第二册（自然环境因素）和第三册（诱发环境因素）分别详细地介绍了 13 个自然气候因素和 8 个诱发机械、电磁等环境因素对武器装备的影响及相应的测量方法与预防措施。第四册是装备寿命期环境,重点介绍了人员和设备使用中遇到的真实的综合环境,强调了实际环境的复杂性和开展综合环境试验的重要性,提供了有助于弄清楚某一特定环境的大量参考资料。第五册是环境名词术语,内容涉及材料保护、产品设计、试验验证、使用维修和可靠性等质量保证方面的许多技术领域。

通过实施专项计划,在全国乃至全球典型环境中系统开展材料、防护工艺、元器件、部组件、分系统、整机等的环境试验,及时将积累的各类数据固化为相应的数据手册、标准规范和数据库,逐步发展到专家系统,指导材料的选用和不同环境下防护要求的确定,以及验证考核与评价,是各国的通用做法。如美国 MIL – HDBK – 1568B《宇航武器系统腐蚀预防和控制的材料及规程》、MIL – HDBK – 17《复合材料军用手册》等,指导了装备设计选材,从设计源头确保先进武器装备的研制质量。

由此可以看出,装备环境信息是武器装备环境分析、设计选材和环境防护的重要依据,其作用:①为评估装备产品预期服役环境的严酷性提供基础数据和参照基准;②提供材料选用、防护措施和环境控制要求确定、封存包装和保管方法依据,为装备产品战技指标制定、基础设施建设、防护方案论证设计服务;③指导装备试验与鉴定的试验量值、范围、变化率与持续时间确定和修正;④提供产品失效的主要环境影响因素和作用机制,为改进措施提供指导;⑤新耐蚀材料研究开发的重要基础;⑥为装备服役性能的工程分析计算、产品寿命评估提供修正和验证。

尤其信息化战争中,电波环境数据信息还为无线电信息系统规划设计提供数据支撑;通过电波环境特性的现报和短期预报可对军队信息系统作战决策部门把握和利用电波环境的"天时"和"地利"、选择扬长避短的作战时机和制定相应作战方案,准确判断引起信息系统中断原因和制定应急预案,具有重要的辅助决策作用。另外,充分利用电波环境的有利因素,发展更多像天波超视距雷达这样的新型装备,已成为发展新型信息化武器装备的重要环节。

11. 5　环境数据资源建设发展方向

（1）研究对象多元化、成体系,由单一材料、工艺、结构向材料、工艺、结构相结合的组合件、受力件、元器件和通用零部件转变。未来 5 年或 10 年,研究对象应按照通用性、共用性和基础性原则,在关键材料、工艺基础上,加强了样品系统性设计,增加零部件、元器件,使关键材料、防护工艺、零部件、元器件形成比较科学的体系,从而使研究对象得到提升、研究内容向纵深发展。研究对象的多元化,能提高装备设计选材、评价、数据资源利用的综合效率,对装备发展发挥更大作用。

(2)数据积累系统和实用,突出重点,由注重数据的广度向广度与深度相结合转变,做到数据积累同规律研究、机理分析、试验评价研究相结合。材料及零部件种类多,新材料、新产品开发日新月异,工作全面铺开跟不上产品开发脚步。未来在数据积累研究方面,将更加注重系统性要求,对重点材料与产品可提供环境适应性解决方案的深度服务。在满足重点型号研发的前提下,优先安排复合材料、铝合金、涂层等关键材料及零部件问题多、研究价值高的基础产品开展系统性研究,提高试验的品种、牌号在军工材料与零部件中的覆盖率,形成数据采集、试验评价、方法装置、数据应用等系列成果,增强基础产品寿命预测、防护改进、质量管理的支撑基础,扩大专业服务的影响力。

(3)加强数据成果的应用和推广,推动数据资源向工程应用转化。环境适应性演变规律及数据应用研究,将突出装备研制急需的应力腐蚀、疲劳、断裂等性能,突出组合件、受力件和通用零部件的性能与功能变化。形成的方法、装置可用于设计选材与产品研发,编写的环境适应性数据手册能为产品设计提供实用性指导。通过持续数据积累,逐步编制完成各类军工材料的系列数据手册,填补我国没有环境适应性专业数据手册的空白,探索专业数据的积累形成、管理、定向发布、咨询和共享的机制和途径。为装备设计、生产、使用与维修人员提供深层次的选材服务,扩大数据应用范围,在国防建设和国家经济建设中发挥更大作用。

(4)环境数据资源建设成平台体制发展。在未来5年或10年要继续发挥数据资源建设对专业发展的带动与引领作用,组织利用好国防科技工业环境试验资源,在关键材料、零部件等军工基础产品环境适应性研究领域发挥重要作用。搭建与新型装备研发同步或预先服务应用的平台。通过数据资源建设及相关技术研究,解决装备设计选材中遇到的数据缺乏问题,持续建设好数据应用平台。建立集智创新、联合攻关的研发平台。组织国内与国防科技工业相关单位开展联合研究,能够较好地发挥各行业及各单位的专业特长,合理利用优势资源。形成强有力的联合攻关能力、沟通协调机制、管理模式的联合研发平台,将为专业技术创新、高水平队伍人才培养奠定坚实基础。持续的数据资源建设,将会不断丰富和持续完善我国军工材料的环境适应性数据体系,指导装备设计选材,提高装备全寿命周期环境适应性水平。还将对技术基础专业形成强有力的技术推动,使环境试验与评价、数据服务能力处于国际一流水平。

11.6 加强环境数据资源建设对策建议

未来联合作战、装备成体系发展,对环境数据资源的需求将更加旺盛,环境数据资源建设将是一项非常重要的专业领域,具有广泛的应用领域和发展前景。

(1)完善环境观测、监测手段。作为环境试验的单位多年来积累的环境极值数据,采用的是传统的测量方式方法,这些极值数据与当地的极值有一些较大的不同,特别是温湿度极值与离地距离关系巨大。而传统的温湿度观测数据的实施方式方法,最初主要是针对人的需求而建立和测量的。特别是测量的百叶箱内的温度,距地有较高的距离,这也是不符合装备及人员的实际服役环境条件的。例如,当人员处于平躺、俯卧、埋伏、下蹲时,特别是侦察人员处于埋伏状态时,携带的装备距地也较近,弹药、枪械、侦察设备等所处位置的温湿度就与标准方法测得的数据相差较大,而在考核和试验装备环境适应性时却采用的是标准环境数据所测得的极值,这实际上是从装备环境适应性论证环境开始,就采用了不适当的环境极值数据,因此当装备定型服役后,必然会存在环境适应性差的问题。

(2)加强环境影响量化分析。环境影响定量化是环境试验室建设的关键技术之一,是"节点瓶颈",无论是进行武器装备评估还是作战模拟研究,都认为考虑环境的定量化影响是非常必要的,但都认为是非常困难的,所以长期以来研究进展缓慢。其原因主要是环境影响和环境变化都很复杂,随机性比较突出,实现定量化难度很大。环境影响定量化子系统的目的是,给出大气环境对武器装备和军事行动的部分或全系统的定量影响模型(公式、数据表或模型),较典型的是"效益函数"。制定试验条件需要从实际的环境数据出发,有了大量可用的实测环境数据,用统计方法分析这些数据即可制定出相应的试验条件,这样的试验条件最符合实际情况。

根据环境影响因素分析、严酷环境要求和装备使用地域区划图,进行环境因素综合分析,拟定环境适应地区及区划参数(主导环境因素、环境参数特征值和环境参数指标值),逐步确定使用地域区划图和适应地区区划图。

我们在重新思考和认识环境时,首先应当尽可能梳理与装备质量、可靠性、环境适应性等有关的环境因素或动因,然后对这些环境因素进行分类分级,按照影响程度的高、中、低进行判断,同时甄别出那些装备采办部门即使花费大量的人力物力而仍然无法改进和控制环境或控制进程的,按照有所为、有所不为的原则;按照近期目标、远期目标原则;按照实现难、易原则;按照技术或管理成熟度原则;按照投资大小原则;按照顶层、基层原则;按照轻重缓急原则等进行综合考虑。

因此,大环境工程就不能仅仅局限于按照国内出现的极值环境确定装备的环境适应性指标和设计准则,不但要认识到这方面的缺陷,而且要在今后的工作中逐渐完善和加强。按照我军装备在未来可能服役的国外极值环境进行相应的环境工程工作,需要花大力气认真对美军编制的《工程设计手册(环境部分)》、英国国防标准 DEF STAN 00 – 35《国防装备环境手册》、北约联合出版物 AECTP100 – 600 进行进一步消化,参考制定我军类似的国家军用标准或者手册、指南等,为装备环境适应性指标的论证和环境适应性水平评价提供环境数据支撑。

(3)加强环境数据资源基础建设。随着我国新型装备对环境适应性要求越来越高,为此需要进一步加强环境试验方法、标准、规律、设备的研究,就必须充分利用过去的技术积累,因此建立能够共享的材料环境数据库和专家咨询系统成为当前一项刻不容缓的任务。环境工程数据资源共享系统的建设,将为我国型号研制设计、生产、维护、使用和改进提供灵活方便的数据检索,同时在可靠的数据库基础上进行专家咨询,将对装备服役寿命预测提供科学的数据基础。

(4)加强装备大环境工程学科交流。定期设定一定的热点主题,组织召开多部门、多层次的装备环境工程学术交流会议,为环境工程的相关部门和人员提供交流和学习最新信息的平台,及时将工业部门、科研院所、军方等部门的技术和管理人员所掌握的技术和管理信息、研究成果进行交流,让有关研制、设计、采购、生产、质量控制、采办、管理决策等各个环节的技术和管理人员提供最新理论、标准规范、试验技术、监检测技术、成果应用等信息服务,为上级主管部门提供环境工程专业发展决策的信息支撑,建立装备环境工程信息交流共享平台。

另外,环境观测数据、环境适应性数据是武器装备环境分析、设计选材和环境防护的重要依据,也是我国国防科技工业长期可持续发展的战略资源。通过环境基础数据持续采集积累,完善服务于武器装备环境分析和设计、试验与评价、腐蚀防护的数据资源平台,为武器装备研制生产提供数据支撑;建立和完善武器装备设计选材的军工材料与构件环境适应性数据资源共享机制、服役环境影响分析的环境因素数据管理系统,夯实数据资源基础,将有力推动环境试验数据采集、试验技术、数据资源管理和应用技术的快速提高。

参 考 文 献

[1] 国家科委,《国家科委关于加强信息资源建设的若干意见》.1997.4.28.

[2] GJB 1686A,《装备质量信息管理通用要求》,原总装备部技术基础局,原总装备部技术基础管理中

心,2008.

[3] 宋太亮,等. 装备建设大质量观[M]. 北京:国防工业出版社,2010.

[4] 唐平,黄晓霞. 环境试验数据资源建设的思[J]. 装备环境工程,第 11 卷第 6 期.

[5] MIL – HDBK – 310, Global Climatic Data For Developing Military Products,23 June 1997.

[6] DEF STAN 00 – 35 Environmental Handbook for Defence Materiel, PART 4 – Natural Environments, Sept 2006.

[7] DEF STAN 00 – 35 Environmental Handbook for Defence Materiel, PART 5 – Induced Mechanical Environments, Sept 2006.

[8] DEF STAN 00 – 35 Environmental Handbook for Defence Materiel, PART 6 – Induced Climatic, Chemical and Biological Environments, Sept 2006.

[9] MIL – STD – 810G Environmental Engineering Considerations and Laboratory Tests, October 2008.

[10] AMCP 706 – 115 Engineering Design Handbook. Environmental Series, Part One, Basic environmental Concepts.

[11] AMCP 706 – 116 Engineering Design Handbook. Environmental Series, Part Two, Natural Environmental Factors.

[12] AMCP 706 – 117 Engineering Design Handbook. Environmental Series, Part Three, Induced Environmental Factors.

[13] AMCP 706 – 118 Engineering Design Handbook. Environmental Series, Part Four, Life Cycle Environment.

[14] AMCP 706 – 119 Engineering Design Handbook. Environmental Series, Part Five, Environmental Glossary.

[15] AR 70 – 38 Research, Development, Test and Evaluation of Materiel for Extreme Climatic Conditions .

第12章 装备自然环境腐蚀影响及损失

12.1 自然环境与腐蚀

12.1.1 自然环境

自然环境是指在自然界中由非人为因素构成的那部分环境。自然环境,通俗地说,是指未经过人的加工改造而天然存在的环境,是客观存在的各种自然因素的总和。自然环境中的各种因素及其交互作用会对装备的功能、性能、寿命等产生影响。因此,有必要掌握各类环境的特征和变化规律,研究环境对装备的影响,从而改进设计、采取必要的防护措施,以减缓环境对产品的不利影响。

自然环境是材料和产品在制造、运输、贮存和使用的寿命期内经历的最基本环境,主要包括大气环境、水环境、土壤环境等。

12.1.2 腐蚀

金属与周围环境介质之间发生化学或电化学作用而引起的破坏或变质被称为腐蚀。高分子材料在贮存和使用过程中,性能会逐渐变坏,以致最后丧失使用价值,人们通常习惯把高分子材料性能变坏的现象称为老化。现已发现几乎所有材料(包括陶瓷、玻璃、混凝土、有机高分子材料等)在环境作用下都存在腐蚀或老化问题。随着材料科学的发展,人们逐渐把环境对高分子材料等有机材料的破坏或变质也广义地称为腐蚀。

"腐蚀是一种悄悄进行的破坏,由腐蚀造成的损失是十分巨大的。腐蚀过程是金属氧化的过程,一旦发生便不可逆转。"材料是指可以用来制造有用的构件、器件或物品的物质,包括金属材料(钢、铝、铜、钛等)、无机非金属材料(水泥、石墨、陶瓷、玻璃等)、有机高分子材料(橡胶、塑料、纤维等)和复合材料(玻璃钢、碳纤维等)。

各种装备总是在一定的环境(自然环境或工业环境)中服役。而装备是由各种类型的金属或非金属材料构成的,因此从本质上讲,装备的腐蚀也就是材料的腐蚀。材料在使用过程中因遭受环境的作用而性能下降、状态改变、直至损坏变质,通常就称为"腐蚀"或"老化"。腐蚀不仅给国家带来重大的经济损失和大量资源与能源的消耗,还会给设备、装备、桥梁、建筑物及人身安全带来威胁。

钢铁是世界上产量最大的金属材料,在人类的生产和生活中有着广泛的用途,装备制造、铁路车辆、道路、桥梁、轮船、码头、房屋、土建均离不开钢铁材料。钢铁材料在人造结构材料中始终是最重要的,同时它也是使用量最多的功能材料。在可预见的将来,可能还没有材料能够取代钢铁材料的地位。但令人遗憾的是,钢铁材料又是腐蚀最严重的金属。根据国家统计局公布的《2013 年全年经济数据》显示,2013 年我国钢材产量首次突破 10 亿 t,而据估计,我国每年被腐蚀的钢铁令人吃惊地占到我国钢铁年产量的 1/10。

按照美国政府和工业界的研究,美国每年因腐蚀损失超过 2200 亿美元,相当于国民生产总值(GNP)的 3% ~4%。由此可见,腐蚀会对人类社会资源和财富带来惊人的巨量损失。而通过应用现有技术防止和控制腐蚀,可以避免总腐蚀损失的 15% 以上。

12.1.3 自然环境试验

自然环境试验是指在典型或极端自然环境条件下对产品及材料、工艺进行的环境适应性试验与研究,目的是通过自然环境试验,系统积累材料和产品的环境腐蚀数据,掌握其腐蚀行为和规律,为材料和产品耐环境腐蚀性能的改进提供数据支撑。自然环境试验包括大气环境试验,水环境(海水、淡水)试验和土壤环境试验三类。

自然环境试验的主要特点为:

(1)强调在极端和(或)典型环境条件下进行试验。极端环境是指具有最高(最低)环境因素量值的环境,如极冷环境、极热环境等;典型环境是指能够代表某种气候类型环境特点的环境,如热带海洋环境、高原环境、沙漠环境等。

(2)具有溯源性。溯源性指对于数据或结果具有能够追踪到数据链或结论源头的能力,通过自然环境试验能够追溯产品发生各种变化的真实原因,自然环境试验数据是开展环境工程的重要基础。

(3)是一项科学与实践活动。其含义主要应考虑两方面,一方面是对试验结果的评价,包括环境的典型性和推广意义分析、产品环境适应性的评价、产品失效规律和原因分析等;另一方面是追溯性研究,包括评判实验室试验方法可信度、试验结果可靠性等,也包括持续系统积累数据,为实验室环境试验标准、规范制定及剪裁提供重要资源与依据。

大气是包围地壳外部的混合气体层的总称。近大气层大气的成分很复杂,除了氧气和氮气外,还有氢、二氧化碳、氦、氖、氪、氙、臭氧等气体。氮和氧分别占空气总容积的 78.09% 和 20.95%,其他气体的总和还不到空气总容积的 1%。

大气层中还含有一定数量的水和各种尘埃杂质,是形成云、雨、雾、雪的重要物质。大气中还有由于人类的生产和生活活动,使大气受到污染而形成临时性的异常组分。大部分高浓度的污染物,会对装备产生影响。在自然环境试验中,通常根据材料和产品的使用环境,将大气环境分为地面大气环境、空中大气环境和空间环境。其中,地面大气环境指的是离地最近,最贴近地面的大气层,是动植物赖以生存和人类活动的场所,也是材料和产品经历的最基本环境,任何装备在寿命期的某些阶段都处于地面大气环境中。地面大气环境是对流层贴近地面的一部分,这里受地壳影响特别大,大气间摩擦力很明显,受地面物理特征及气候的影响很大,不同海陆、纬度、季节及昼夜之间相差也很大。该环境有丰富的天气现象,如雨、雪、云、雾等,又是水蒸汽、大气污染物的集中地。因此,研究地面大气环境对装备的影响,是自然环境试验一项重要的工作。

水环境包括海洋、河流、湖泊、沼泽的水体和地下水等。舰船、潜艇等装备直接在水中使用,受水环境的影响很大。不同环境的水,对装备的影响程度不同。天然水的化学组成非常复杂,因其含可溶性气体、可溶性盐类及有机物的种类、性质、含量不同而有很大差异。尤其是近代工业生产和人类活动对水源的污染,使各类水系的化学组成变得更为复杂。但相对说来,在一定范围内仍具有恒定的化学组成。海洋面积占地球表面积的70.9%,是最大的水环境。浩瀚的海洋不仅是一个极为丰富的自然资源宝库,而且是各类物资的主要运输环境,是各类舰艇船只频繁活动的舞台。海水中由于含有大量盐类,是最严酷、腐蚀性最强的自然环境。世界海水表层的盐度平均为34.7‰,通常盐度随海水深度加深而下降。表 12-1 是世界各海洋表层海水的盐度。

表 12-1 世界各海洋表层海水的盐度

海洋区	盐度/‰	海洋区	盐度/‰
太平洋	34.4 ~ 37	白令海	19 ~ 23
大西洋	35.4 ~ 38	波罗的海	2 ~ 4.5
地中海	37 ~ 39	亚速海	9 ~ 12
红海	41 以下	中国海	30 ~ 34
黑海	17 ~ 18.5	一般河流	0.1 ~ 0.3

土壤环境由土粒、土壤中溶液、土壤中气体、有机物、无机物、带电胶粒和非胶体颗粒等多种成分构成,是非流动性、非均质的电解质,是多相(气、固、液三相)多孔的复杂体系。土壤环境对材料和工程设施(如建筑物的基础、地下管网、通信管线等)的影响,比大气、海水都更为复杂,对材料或工程设施的腐蚀呈现强烈的差异性和多变性。在某一地区材料或工程构件的土壤腐蚀的结论和规

律,一般只适用于该地区的有限范围,对其他地区就很难应用。

材料是国家建设和社会发展的支柱和重要基础。国家经济建设、国防建设和高新技术的发展都离不开材料,而材料总是在一定的环境(自然环境或工业环境)中使用。材料腐蚀不仅给国家带来重大的经济损失和大量资源与能源的消耗,还会给设备、装备、建筑物及人身安全带来威胁。

绝大部分材料都在自然环境(大气、水、土壤)中使用,因此,开展材料在自然环境中的腐蚀试验,通过长期的观察与检测积累腐蚀数据,并结合实验室的分析研究,掌握各类材料在典型自然环境中的腐蚀规律,对于控制材料的自然环境腐蚀,减少经济损失,为新材料的研究开发、传统材料质量与性能的提高,以及防腐蚀标准与规范的制定提供科学依据,特别是为国家重点工程建设和国防建设中的合理选材、科学用材、采取相应的防护措施、保证工程质量和可靠性提供科学依据具有十分重要的数据支撑作用。

12.1.4 腐蚀的经济损失

若是给"材料腐蚀"这个词组一个时态,它永远都是"现在进行时"。腐蚀带来的危害是多方面的,大部分腐蚀是从渐变到突变,是"慢性病",不易引起人们的重视,等积累到一定程度成为破坏性突发事故,才引起人们的关注。材料及其制品的腐蚀问题不但遍及工业的各个部门,也和人们的衣、食、住、行息息相关。材料一旦腐蚀出现问题,小则造成经济损失,重则威胁生命。

材料提前失效造成的经济损失包括直接损失和间接损失。美国腐蚀工程师协会根据调查问卷结果,估计 1975 年美国在腐蚀控制措施上的直接费用为96.7 亿美元。直接损失包括:更换设备和构件费、修理费和防护费等;间接损失包括:停产损失、材料及制品失效引起的产品的流失、腐蚀产物积累或腐蚀破损引起的流失、腐蚀产物积累或腐蚀破损引起的效能降低、腐蚀产物导致成品质量下降等所造成的损失、环境污染损失费和人身伤亡事故的赔偿费等。

大量事实说明,材料的提前失效,主要来源于材料在运行环境、制造环境和自然环境的作用下引发的腐蚀、磨损(摩擦磨损腐蚀)、疲劳(疲劳与腐蚀疲劳),它们给世界各个国家都造成过重大损失,引发过许多重大事故,几乎每一天都有不止一次的悲惨事故发生。

事实上,美国、英国、日本等世界工业先进国家都进行过较为系统的腐蚀调查。腐蚀损失包括直接损失和间接损失。早在 1922 年,英国的 Hadfild 发表文章指出,钢铁由于生锈(包括防蚀和因腐蚀而更换的材料费在内),全世界一年的腐蚀损失额超过 7 亿英镑。由于腐蚀预防措施相对到位,日本因腐蚀带来的直接经济损失不到其 GNP 的 2%,而腐蚀界普遍认为腐蚀损失通常占各国 GNP

的3%~5%。腐蚀的影响和损失是全局性的,严重影响国家经济的很多方面,其对一个国家来说损失的总量是巨大的,影响着各行各业。

2001年美国发布第七次腐蚀损失调查报告显示,腐蚀造成的年损失2760亿美元,1998年以来美国因腐蚀带来的直接经济损失占国民经济总产值的3.1%。腐蚀在美国经济的单项开支中是最大的,仅次于卫生保健。大部分损失是由于公路和桥梁、输送管道、储罐、汽车、船舶、下水道系统等加工制造过程中使用的钢铁的腐蚀。腐蚀的成本是金钱和生命,它们会导致危险性故障,并增加各个应用环节的费用,从公共事业到交通等等。

据中国工程院2003年"中国工业与自然环境腐蚀问题调查与对策"研究表明,我国因腐蚀造成的年直接损失达2000亿元人民币,如果加上间接损失,则高达5000亿元人民币,约占国民生产总值的5%。我国军事产品不同程度地受到自然环境的腐蚀破坏,尤其是舰艇、沿海空军飞机、发射井架、两栖作战装甲车辆、沿海通用装备等受的腐蚀情况更严重。表12-2为世界各国的腐蚀损失调查情况。

表12-2　世界各国的腐蚀损失调查结果

国别	统计年份	腐蚀损失
美国	20世纪40年代后期	尤利格(Uhlig)曾计算过美国在20世纪40年代后期所有的直接腐蚀损失约为55亿美元
	1975年	1978年美国国会指导美国国家标准局(NBS)与BCL实验室(Battelle Columbus Laboratories)进行研究,即著名的NBS-BCL研究,研究结果表明:美国1975年所有工业的金属腐蚀总损失820亿美元,占GDP的4.9%;可避免损失330亿美元,占GDP的2.0%。其中,交通总损失314亿美元,可避免损失231亿美元;航空器总损失30亿美元,可避免损失6亿美元;其他工业总损失476亿美元,可避免损失93亿美元
	1995年	北美特种钢工业协会聘用Battelle作NBS-BCL研究的修正报告,反映经济增长、通货膨胀以及20年来科学研究和技术进步所带来的改变。所有工业的金属腐蚀总损失2960亿美元,可避免损失1040亿美元。其中,交通总损失940亿美元,可避免损失650亿美元;航空器总损失130亿美元,可避免损失30亿美元;其他工业总损失1890亿美元,可避免损失360亿美元
英国	1957年	6亿英镑
	1969-1970年	13.65亿英镑(1969年合32亿美元),占当时英国GDP的3.5%,其中大约3.1亿英镑(占整个损失的22.7%)是潜在的可以避免的
	1985年	100亿英镑

国别	统计年份	腐 蚀 损 失
联邦德国（西德）	1968－1969 年	190 亿马克(60 亿美元)，占 1969 年 GDP 的 3%。其中，可避免损失为 43 亿(15 亿美元)，占整个损失的 25%
	1982 年	450 亿马克
瑞典	1964 年	瑞典部分腐蚀损失，主要是涂层防腐蚀的花费，约为 3 ~ 4 亿克朗(合 58 ~ 77 百万美元)，其中可避免损失约为 25% ~ 35%
	1986 年	350 亿克朗
芬兰	1965 年	腐蚀损失约为 1.5 ~ 2 亿马克(合 47 ~ 65 百万美元)
苏联	1969 年	60 亿卢布(合 67 亿美元)，约为 GDP 的 2%
澳大利亚	1973 年	直接损失为 4.7 亿澳元(合 5.5 亿美元)，占 GDP 的 1.5%。但由于间接损失可能等于或超出这个值，估计总腐蚀损失占 GDP 的 3%。澳大利亚腐蚀产生的费用约占 GDP 的 2%
	1982 年	澳大利亚腐蚀协会的统计数据约为每年 80 亿澳元，其中空军和海军的腐蚀损失每年超过 5000 万澳元
印度	1960－1961 年	15.4 亿卢布(合 3.2 亿美元)
	1985 年	400 亿卢布
意大利	1989 年	480000 亿里拉
日本	1976－1977 年	直接腐蚀损失为 25000 亿日元(合 92 亿美元)，占 GDP 的 1.8%
	1997 年	3.938(万亿日元，按 Uhlig 法计算)；5.258(万亿日元，按 Hoar 法计算)
中国	2000 年	中国工程院"中国工业和自然环境腐蚀调查"表明，每年直接损失 2288 亿人民币。若计入间接损失，则腐蚀总损失可达 5000 亿人民币，约占 GDP 的 5%，约 400 元/(人·年)

从各国调查的结果来看取得完整的统计数据几乎是不可能的，但是各国调查的大体趋势是一致的，其中准确的典型案例也彼此相符。因此，在同一行业中，以局部的抽样来推断行业的腐蚀损失是可信的。

腐蚀造成的经济损失因各工业部门的特点不同而有所差异。英国 Hoar 腐蚀控制委员会向英国技术部提出的关于 1971 年的调查报告表明，腐蚀损失最为严重的四个部门是运输、海洋、建筑和石化，这四个部门的腐蚀损失分别占整个腐蚀损失的比例为 25.64%、20.51%、18.32%、13.19%，共占整个腐蚀损失的

77.66%,其他部门(包括食品、冶金及加工、动力、供水、政府部门等)仅占22.34%。作为重要载运工具之一的飞机对安全性要求格外高,腐蚀失效是影响其安全性的重要因素。美国1995年统计表明,仅因飞机金属结构的腐蚀损失每年就达130亿美元。1982年国际航空运输协会对其成员公司的调查统计表明,因腐蚀导致飞机定期维修、更换机件所需费用平均为每架次每飞行小时10~20美元。

腐蚀问题不能及时解决则会阻碍科学技术的发展,从而影响生产力的进步。现代电子技术需要极高纯度的半导体材料,而生产设备的微量腐蚀,便会污染产品,降低性能。美国"阿波罗"登月飞船储存 N_2O_1(氧化剂)的钛合金高压容器产生应力腐蚀开裂,使登月计划受阻;若不是后来研究出添加质量分数为0.006的 NO 来控制应力腐蚀开裂的办法,登月计划就会推迟许多年。

统计表明,每年全球因设备和工程结构腐蚀而报废的金属约占金属年产量的30%,其中1/3完全无法回收,这样全世界每年就有上亿吨的金属因腐蚀而损耗掉了,仅我国每年因腐蚀报废的钢铁就相当于上海宝钢全年的产量。据推测,全世界平均每90s就有1t钢因腐蚀而完全变成铁锈,速度十分惊人。腐蚀不仅浪费了材料资源,而且也耗费了生产材料时所需要的能源和水源等。

据世界腐蚀组织(WCO)在《对于材料破坏和腐蚀控制世界必须进行知识传播与研究发展》的《白皮书》中指出:"在全世界,腐蚀对经济和环境的破坏方面(包括公路、桥梁、油气设施、建筑、水系统等)。目前,世界年腐蚀损失可达1.8万亿美元",约为地震、台风、水灾、干旱等自然灾害总损失的6倍。若按国际货币基金组织2015年4月发布的2014年世界经济总量77.3万亿美元计算,即使按腐蚀界估计的全世界每年由于腐蚀引起的损失在各国的 GDP 中3%的低限考虑,保守估算2014年全世界腐蚀损失也达2.3万亿美元。

随着人们对材料腐蚀规律的认识,材料科学的进步,腐蚀防护技术的提高,腐蚀损失的比例是可以逐步降低的。但由于全世界经济的迅猛发展,即使损失比例有降低,但腐蚀损失的绝对值仍然十分惊人。研究表明,若能充分利用现有的防腐蚀技术,实施严格的科学管理,就有可能使腐蚀损失降低15~30%。通过腐蚀控制,不但可以减少经济损失,同时还可以节约大量的能源,降低大量的资源浪费,避免更大的环境污染和人身伤亡事故的发生。

12.1.5 世界腐蚀日

世界腐蚀组织(WCO)是于2006年在纽约注册成立的非营利学术组织,由美国腐蚀工程师协会、中国腐蚀与防护学会、欧洲腐蚀联盟、澳大利亚腐蚀协会四个组织联合发起。世界腐蚀组织是一个代表地方及其国家的科学家、工程师和其他团体的世界性组织。在腐蚀和防护的研究中,致力于知识的发展和传播。

2009 年经过世界腐蚀组织各成员的讨论并一致通过了在世界范围内确立每年的 4 月 24 日作为"世界腐蚀日",其设立的宗旨是唤醒政府、工业界以及我们每个人认识到腐蚀的存在,认识到每年由于腐蚀引起的损失在各国 GNP 中平均超过 3%(中国约达 5%)。腐蚀不仅给国民经济造成巨大损失,还会对人们的安全、健康和生活质量造成重大影响。警醒人们要重视腐蚀问题,用科学的武器应对腐蚀,同时为人们指出控制和减缓腐蚀的方法。

12.1.6 全球腐蚀调查

2014 年,美国腐蚀工程师协会(NACE)和其他一些非营利、政府组织和企业共同发起了全球腐蚀调研项目——"国际预防措施、应用方法和腐蚀技术的经济学研究"(IMPACT)。这是首个全球范围、系统的大型公益性腐蚀成本调查研究,将由多个国家齐心协力共同完成。

该项研究超越腐蚀对经济影响的范畴,它强调如何将腐蚀技术与企业的管理系统结合起来来优化腐蚀决策从而节约成本、提高安全性和保护环境。全球腐蚀调研项目 IMPACT 主要目标之一为检验腐蚀管理在建立工业最佳实践中的作用,它能够最大限度地节省腐蚀损失,提高公共安全和加强环境保护。

全球腐蚀调研项目主要关注四大行业:能源(石油、天然气、煤炭和核能)、交通(铁路和海洋)、基础设施(桥梁和高速公路)和公共设施(电力和水/废水)。调查内容主要包括:

(1)全球腐蚀成本的评估;

(2)腐蚀管理系统框架,记录一系列的计划、执行和企业不断提高对现有资产腐蚀管理的过程和程序;

(3)对现有的腐蚀管理实践进行评估和基准测试,包括对数百家公司的案例研究和调查结果;

(4)腐蚀管理工具,比如生命周期成本;

(5)教育、培训项目与机遇;

(6)有效腐蚀管理的预防策略。

2016 年 3 月,美国腐蚀工程师协会国际公司在 NACE CORROSION 2016 腐蚀大会上,初步公布了全球腐蚀调研项目——"国际预防措施、应用方法和腐蚀技术的经济学研究"(IMPACT)的结果,全球腐蚀成本估算为 2.5 万亿美元。

12.1.7 腐蚀的利用

腐蚀总体来讲对生产、生活、环境是不利的,但任何事物都具有两面性,在某些特定情况下,腐蚀也有其有益的一面。

最常见的例子就是利用铜刻蚀技术来制作电路板,其原理是利用铜在三氯化铁溶液中的腐蚀作用。具体方法是将铜箔镀在由电木、纤维编织布及环氧树脂压制而成的绝缘板材上,然后使用硝基磁漆涂覆需要保护的部分,再用三氯化铁溶液刻蚀掉未被涂覆硝基磁漆的部分,将硝基磁漆溶解掉后,就得到了人们所需的电路板。

另外就是利用腐蚀来降解材料,如可降解镁合金心血管支架、骨内固定器件及可降解食品袋等。可降解镁合金心血管支架在植入体内环境初期时会对病变血管起到一定的支撑作用从而防止病变血管发生负性重构。随着植入体内环境中时间的延长,支架会发生缓慢的腐蚀而降解,可以避免血管内膜增生及再窄的发生。

同样是利用材料在人体内的腐蚀行为,镁合金可降解体内固定物,不仅具有良好的力学性能与生物安全性,而且在使用一定时间后该合金自动消失,避免了传统上需要进行二次手术取出固定物对患者造成的痛苦及经济负担。

众所周知的可降解农用塑料膜,就是利用自然环境因素如太阳紫外线辐射将高分子的塑料降解为可被环境吸收的小分子物质,进而变为无害成分,以消除白色污染。

当然腐蚀还有许多其他应用,比如金相侵蚀、化学加工及电解抛光等。我们所要做的就是要趋利避害:既要找到办法来抑制有害的腐蚀,又要对腐蚀善加利用。

12.2 环境腐蚀对武器装备的影响

12.2.1 环境腐蚀对武器装备的危害

武器装备是特殊用途的产品,与民用产品最大的不同在于,其中有较大比例的产品出厂以后并不立即投入服役使用,而是入库长期贮存,特别是弹药,有的甚至需要贮存数十年,但又必须保证经过长期贮存后仍能正常使用。很多武器装备甚至从未启封,到一定的贮存年限后,就自动进入报废期。这是因为在和平时期,武器装备需要大量生产并贮存,才能确保一旦战争爆发,有充足的武器弹药能够供应。

腐蚀对武器装备的安全可靠性和国防建设有着重要的影响。武器装备的战斗力与环境密切相关,武器装备不适应预定腐蚀环境带来的危害和造成经济损失或军事失利的教训比比皆是,甚至触目惊心。世界军事史上无数战例都证明了这点。早期如拿破仑和希特勒远征俄国(苏联)战争、日俄战争、朝鲜战争、越南战争、马岛之战;近期如海湾战争、科索沃战争,其结局均表明:因不适应低温、热带海洋、热带雨林、湿热和沙漠等环境,武器装备严重腐蚀、海洋生物附着、长霉起雾、虫蛀鼠咬、结冰凝露等,导致机械故障、控制失灵、通信中断、弹药失效而造成失败和人员伤亡。惨痛教训表明:如果武器装备在研制、生产和使用过程中不重视自然环境的影响,结果可能导致军事上的失败。据报导,同一装置,在实验室条件下,单位时间内失效数若为1,在野外地面上使用则为2,军舰上使用则为10,飞机上使用则为20。由此可见,武器装备可靠性问题相当多的是由使用环境条件恶劣所致。

腐蚀对武器装备的损坏是普遍存在的,有时还很严重,在造成严重经济损失的同时,也对武器装备的安全性、可靠性、使用性产生巨大影响。如美军 F-16 战斗机由于不当使用石墨润滑脂导致发动机油路控制阀门的电子连接器电偶腐蚀,造成一个编队中至少 7 架飞机失事;英国的雷达,在欧洲时平均故障间隔时间(MTBF)为 116h,在地中海时为 61h,在东南亚仅为 18h;20 世纪 80 年代,据美国国防部对价值 180 亿美元、总重量近 380 万 t 的三军库存常规弹药进行调查表明,由于美国本土、欧洲、太平洋等地区环境造成的腐蚀和变质,仅陆军维修和销毁弹药就高达 11 万多吨,造成巨大经济损失。美国海军"独立"号近海战斗舰被腐蚀问题困扰,正面临"慢慢消失"的窘境。这使得海军和建造该舰的奥斯塔船厂关系紧张。美海军发现"独立"号战舰的动力系统存在严重的腐蚀问题,情况糟糕到这艘服役才一年多的军舰将不得不被送进圣迭戈的干船坞,进行舰体更换工作。"独立"号近海战斗舰的舰体大部分由铝合金构成,不同于首艘近海战斗舰"自由"号的钢结构舰体,这是舰体发生腐蚀的原因之一。"独立"号近海战斗舰的腐蚀不仅仅是氧化问题——通常情况下细致的维护和清理可以防止氧化问题的发生。这艘 127m 长的战舰发生这样的问题是由于一个重大的设计缺陷。奥斯塔船厂在一份声明中对此进行了解释,认为是由于两种不同金属电接触后,以不同速率腐蚀而造成的。海军分析专家针对此次腐蚀问题认为,舰体的金属结构并不仅仅是生锈,而是彻底腐蚀不见了。在"独立"号的喷水式推进器上,钢材叶片壳体与周围的铝合金接触,发生了严重的电偶腐蚀问题。

腐蚀同样给国防建设各部门带来巨大的经济损失,有统计资料表明,每年由于腐蚀原因造成全球军用资产损失高达数十亿美元。

12.2.2　武器装备腐蚀典型案例

我国武器装备受环境腐蚀的影响也相当普遍,特别是海洋环境下的腐蚀比较严重。下面为我军武器装备海洋环境腐蚀的典型案例:

（1）120年前改变了中国历史进程的甲午海战，中国的战舰"志远号"实际上并不比日本的战舰水平差，但却最终丧失了战斗力而被击沉。后期经过研究认为，生物污损导致舰船无法提速是其中不可忽视的问题之一。北洋水师的许多战舰都受到了生物污损的影响，速度跟不上，导致了甲午海战战败的结局。

（2）沿海、海岛部队军械弹药由于受潮、腐蚀，每年有大批报废，仅某型火炮弹药在2~3年内就有近千吨报废，经济损失巨大；我国南部沿海库存的战术导弹有效期不到10年；大潜深的潜艇密封和水密材料不适应深水区的腐蚀环境而失效，造成危险。

（3）某舰载直升机的服役寿命不到陆上的20%；某型飞机不适应我国海南的湿热环境出勤率低于20%；海军航空兵在海南使用的某型发动机叶片工作20h大部分就开始腐蚀，最短工作6h就开始腐蚀，导致飞机大面积停飞。

（4）某型高速鱼雷快艇的铜合金螺旋桨因严重的空泡腐蚀有的航行8h后螺旋桨就报废。海军四艘鱼雷快艇在一次战斗中埋伏在某岛屿近两周，其中一艘铝壳艇就因腐蚀和海生物生长而无法开动，造成严重危险，所布放的水雷也因腐蚀和海生物附着，致使引信失效、雷体脱离锚系点而逐波漂流。我国研制的某型铝壳鱼雷快艇，不到半年7mm厚的艇底板已腐蚀去3.5mm，严重影响到该型艇的设计定型。

（5）某型护卫舰修理出厂后仅147天，就因腐蚀引起船底穿孔而被迫停航进坞维修。某舰服役不到3年就发现舱底严重腐蚀，被迫停航检查修理近半年，耗资百余万元。海军南海地区舰艇每次小修时更换腐蚀的钢板达到1/3，中修时的换板率超过50%。

（6）海军舰船腐蚀的直接损失占海军维修费用的50%，而舟桥部队每年的维修费用中约70%用于腐蚀防护。

12.3 腐蚀对环境与安全健康的影响

12.3.1 腐蚀对环境的影响

环境问题全球化、多样化、复杂化、长期化及影响日益深远，使环境安全逐渐成为国际社会广泛关注的热点。腐蚀造成生产中的"跑、冒、滴、漏"，使有毒气体、液体、核放射物质等外逸，不仅污染周围的环境，而且会危及人类的健康和生命安全。

材料及产品的腐蚀是不可逆转的自然趋势，它无声无息地威胁和改变着环境。材料与环境之间的相互作用，不仅要研究环境对材料腐蚀的作用，也要研究材料腐蚀对环境的作用。国际先进国家早已意识到随着工业的发展,环境污染加速了材料的腐蚀,同时带来的大量腐蚀产物也对环境有污染作用。

材料在腐蚀的同时,其腐蚀产物不可控制地要流失到大气、水、土壤等自然环境中,给环境带来严重的影响,而这些材料腐蚀对环境的污染一直被忽视。腐蚀不但会缩短材料及产品功能性能的正常发挥,缩短产品使用寿命,同时也可能引起事故,更严重的时候,还可能引起有毒、有害物质的泄漏,引发环境污染事故,如水污染、大气污染、土壤污染、核污染等。2010 年 4 月 20 日英国石油公司墨西哥湾"深水地平线"钻井平台海底阀门腐蚀失效导致爆炸,致死 11 人,随后 3 个月海底原油涌出超过 400 万桶,成为美国海域最严重的环境灾难。

由于材料及其制品的提前失效具有一定的隐蔽性,更容易在人们没有觉察的时候造成严重的环境污染,如输油管线腐蚀开裂导致大量的原油泄漏,造成土壤污染;核电站因材料及设备部件的提前失效造成设备损坏而导致核环境污染等。

12.3.2 腐蚀对安全健康的影响

人类生活的自然环境,按环境要素可分为大气环境、水环境、土壤环境、地质环境和生物环境等。从人类开始开采矿石,使用化石燃料,尤其是自工业革命以来,向水体、大气和土壤中排放了大量的废水、废气、废物,造成环境质量恶化,从而引起全世界的关注,使得环境保护成为人类生存和可持续发展必须面对的重大课题。

一些重金属离子会对人体产生严重伤害。例如,与三价铬相比,六价铬的毒性较强,大约是三价铬的 100 倍。在临床上,六价铬及其化合物对于人体的伤害,通常表现在三个方面:①损害皮肤,导致皮炎、咽炎等;②损害呼吸道系统,引发肺炎、气管炎等疾病;③损害消化系统,误食甚至长期接触铬酸盐,极易造成胃炎、胃溃疡和肠道溃疡。专家还强调,过量摄入六价铬,严重的还会导致肾功能衰竭甚至癌症。

腐蚀不仅造成经济损失,在污染环境的同时,也就意味着影响人类健康与安全。如腐蚀产生的一些重金属离子(如六价铬离子)会污染饮用水、土壤和农作物等,进而通过饮食摄入而影响人类健康;汽车、火车、飞机等运输行业,摩天轮、过山车、蹦极等娱乐行业,可能因设备腐蚀问题而造成人身伤亡事故;工业生产设施、设备的腐蚀,可能造成重大财产损失和人员伤亡。如山东青岛 2013 年 11 月 22 日中石化因东黄输油管道与排水暗渠交汇处管道腐蚀减薄,导致管道破裂、原油泄漏引起爆炸,事故共造成 62 人死亡,136 人受伤,此次事故造成直接经济损失 7.5 亿元;1980 年 3 月我国北海油田钻井平台海底桩腿上的焊缝被海水腐蚀,万吨重的平台在 25min 内倾倒,123 人遇难,造成近海石油钻探史上的罕见灾难;2014 年 8 月我国台湾高雄发生燃气爆炸事故,导致 22 人遇难、270 人受伤,原因是"管道老旧造成的接缝泄漏,或是雨水造成的管道腐蚀",从而造成燃气泄漏、引起爆炸;1990 年美国轻水堆核电站由于腐蚀的原因不仅引起 13 亿美元的经济损失,而且导致人员被辐射达 104 人;1984 年 12 月,美国联合碳化物公司在印度博帕尔市的农药厂泄漏了 45t 甲基异氰酸酯剧毒物,造成 3500 多人丧生,20 多万人中毒;1985 年 8 月,日航一架波音 747 客机由于机身增压舱端框应力腐蚀断裂而坠毁,机上 524 人全部遇难。

12.3.3 腐蚀对人类生活的影响

与人们日常生活相关的行业,可能会因设备腐蚀造成水、电、气等停供,造成人们生活的不便。如 2011 年 11 月,四川宜宾南门大桥发生断塌事故,该大桥在投入使用的第 11 年,17 对吊杆生锈,其中 4 对断裂,与桥面连接脱扣悬吊的承重钢管中露出了锈迹斑斑的钢缆。桥塌后每天有 12 万人不得不乘渡船过河,不但打乱了人们的正常生活秩序,同时仅半年的人员和车辆的渡河花费就接近2000 万元,而该桥当年的工程造价仅为 1800 万元。

12.4 环境腐蚀性划分

材料在工业环境中的腐蚀数据和腐蚀规律,世界各国基本相同,可以通过实验室试验进行研究,或引进与参照国外资料参考使用,而各国自然环境条件却各不相同,差别很大。材料自然环境腐蚀情况十分复杂,影响因素很多,难以在实验室进行模拟,必须通过现场试验才能获得符合实际的数据。我国地域辽阔、海岸线长、土壤类型多,有 8 个气候带,7 类大气环境(农村、城市、工业、海洋、高原、沙漠戈壁、热带雨林),5 大水系(黄河、长江、松花江、淮河和珠江),4 个海域(渤海、黄海、东海和南海),40 多种土壤,环境条件差别大,同一材料在不同自然环境中的腐蚀速率可以相差数倍至几十倍。因此,需要开展在各种典型环境中的腐蚀调查,积累各种材料在我国自然环境条件下的腐蚀数据和规律,以及我国自然环境(大气、水、土壤)腐蚀性数据,通过长期试验积累数据,形成我国自然环境腐蚀数据体系,建立可供使用的数据库,才能满足国家经济建设、国防建设和国情调查的需要。

12.4.1 大气环境腐蚀性分类

在所有腐蚀现象中,大气腐蚀所占的比重最大,充斥了地球的各个角落。大气腐蚀是材料腐蚀中最为普遍的一种形式。材料及其制品在生产、运输、贮存和使用的过程中,都会受到大气环境的作用而发生腐蚀损坏。

金属材料的大气腐蚀主要是受大气中所含的水分、氧气和腐蚀性介质(也包括雨水中杂质、烟尘、表面沉积物等)的联合作用导致的破坏,空气中污染物的存在又会加速腐蚀过程。

大气腐蚀的主要特点包括:

(1) 临界湿度。在潮湿的大气中金属表面通常形成一层含有电解质和阴极去极化剂的水膜。水膜的形成,与大气的相对湿度密切相关,当相对湿度超过某一临界值时,金属的腐蚀速度急剧增高,此相对湿度值即称临界湿度。此时,金属表面形成完整水膜,金属的腐蚀从化学腐蚀转变成电化学腐蚀。在大气中,多数金属的临界湿度值为 $60\% \sim 70\%$。表 12 - 3 为几种常用金属的临界湿度值,当有污染物存在时,可使临界湿度降低。

表 12 - 3　几种常用金属的临界湿度

金属	铁	铜	铝	锌	镍
临界湿度/%	70	60	76	>70	>70

(2) 液膜 pH 总是接近于 7。虽然工业大气由于严重污染,pH 值可能很小,显酸性,但是随着腐蚀反应的进行,溶解于液膜中的 H^+ 逐渐被消耗,若污染物不能及时溶于液膜中,pH 值又会接近于 7。

(3) 液膜起到对离子和去极化剂的输送作用。由于温湿度的波动,金属表面极薄的液膜"内部"处于连续的变化状态,空气中氧和其他介质的溶解度也随之变化,通过液膜把阳极区反应生成的金属离子和去极化剂输送到阴极区,在 pH =7 时,氧化还原反应是最主要的阴极反应。

(4) 在大气条件下,金属受到腐蚀后总是形成固体腐蚀产物而附着于金属表面。固体腐蚀产物的存在,是因为形成的腐蚀产物迅速超过在电解液中的溶解度,使电解液过饱和,形成晶核而结晶的过程。腐蚀产物形成后会对大气腐蚀产生很大影响。随着锈层的结构和厚度的不同,起加速腐蚀或抑制腐蚀的作用。

大气腐蚀是一种电化学腐蚀过程,在此过程中,液膜非常薄,存在着交错的增加或减少。因为电解液接近中性,金属是否受大气腐蚀取决于金属类型。在大气腐蚀中,通常形成一层附着在金属表面的锈层,并对大气腐蚀速度有重要的影响。大气腐蚀性数据对开发产品和耐蚀性鉴定具有重要作用。表 12 -4 为常用金属在几类大气环境中的长期暴露试验结果。

表 12 - 4　常用金属在几类大气环境中的长期暴露试验结果

金属	年平均腐蚀速度(10 ~ 4mm/年)					
	工业大气(纽约)		海洋大气		农村大气	
	10 年	20 年	10 年	20 年	10 年	20 年
Zn	50.5	56.5	15.8	15.8	8.5	11.0
Al	8.0	7.2	7.0	6.2	0.2	0.8
Cu	11.8	13.5	13.0	12.5	5.8	4.3
Pb	4.8	3.8	3.8	5.3	4.8	3.3
Sn	11.8	13.0	22.8	28.0	4.5	—
Ni	32.0	36.0	1.0	1.5	1.5	2.2

国际标准化组织颁布的 ISO 9223 ~ 9226 标准是应用广泛的大气腐蚀性评估的国际标准,该标准给出了根据标准金属试样在环境中自然暴露试验获得的腐蚀率及综合环境中大气污染物(SO_2 和 Cl^-)浓度和金属表面润湿时间进行大气腐蚀性分类的方法。表 12 - 5 为标准金属在不同腐蚀性等级下暴露第 1 年的腐蚀速率。

表 12 - 5　标准金属在不同腐蚀性等级下暴晒第 1 年的腐蚀速率

等级	腐蚀性	腐蚀速率 r_{corr}				
		单位	碳钢	锌	铜	铝
C1	很低	质量损失:g/(m² · 年)	≤10	≤0.7	≤0.9	忽略
		厚度损失:μm/年	≤1.3	≤0.1	≤0.1	—
C2	低	质量损失:g/(m² · 年)	$10 < r_{corr} \leq 200$	$0.7 < r_{corr} \leq 5$	$0.9 < r_{corr} \leq 5$	≤0.6
		厚度损失:μm/年	$1.3 < r_{corr} \leq 25$	$0.1 < r_{corr} \leq 0.7$	$0.1 < r_{corr} \leq 0.6$	—
C3	中等	质量损失:g/(m² · 年)	$200 < r_{corr} \leq 400$	$5 < r_{corr} \leq 15$	$5 < r_{corr} \leq 12$	$0.6 < r_{corr} \leq 2$
		厚度损失:μm/年	$25 < r_{corr} \leq 50$	$0.7 < r_{corr} \leq 2.1$	$0.6 < r_{corr} \leq 1.3$	—
C4	高	质量损失:g/(m² · 年)	$400 < r_{corr} \leq 650$	$15 < r_{corr} \leq 30$	$12 < r_{corr} \leq 25$	$2 < r_{corr} \leq 5$
		厚度损失:μm/年	$50 < r_{corr} \leq 80$	$2.1 < r_{corr} \leq 4.2$	$1.3 < r_{corr} \leq 2.8$	—
C5	很高	质量损失:g/(m² · 年)	$650 < r_{corr} \leq 1500$	$30 < r_{corr} \leq 60$	$25 < r_{corr} \leq 50$	$5 < r_{corr} \leq 10$
		厚度损失:μm/年	$80 < r_{corr} \leq 200$	$4.2 < r_{corr} \leq 8.4$	$2.8 < r_{corr} \leq 5.6$	—

注:依据 GB/T 19292.1 - 2003/ISO 9223:1992《金属和合金的腐蚀 大气腐蚀性 分类》

因此,研究大气环境的腐蚀特性及其行为并对环境的腐蚀性进行分类分级,充分认识大气环境因素对材料的作用规律是十分重要的。腐蚀等级是一个技术性特征,它为有特殊应用要求在大气环境中使用的材料选择及保护措施,尤其对使用寿命的选择提供了科学依据。

12.4.2 中国大气环境腐蚀性

大气环境腐蚀性的定性分类主要从温度、湿度、腐蚀介质3个方面进行划分。根据气温可划分为热带、亚热带、温带、寒带等不同的气候区。按照大气污染性或环境特征将大气环境分为工业大气、海洋大气、城市大气和乡村大气等。各种环境因素中,对腐蚀影响最大的是大气相对湿度(RH),GB/T 15957 – 1995 "大气环境腐蚀性分类"根据 RH 的大小,将大气环境分为3类:①干燥型(RH < 60%);②普通型(RH60% ~ 75%);③潮湿型(RH > 75%)。

根据气候条件我国可分为:

(1)温带气候区。包括我国长江流域以北的广大区域。该区域又可细分为北部、中部和南部三个区。其中北部温带气候区仅为我国最北部的黑龙江省的漠河一带,所占面积不到全国面积的1%;中部温带气候区为黄河以北的广大地区,占国土面积的30%左右;南部温带气候区为黄河流域及淮河以北的广大区域,占国土面积的15%左右。温带气候区的西部为大面积的干旱区,占全区面积的3/4,东部约1/4面积为亚湿润区。

(2)亚热带气候区。淮河以南包括长江流域、珠江流域及长江与珠江之间的广大地区,占国土面积的30%左右。该区除北部有部分亚湿润区域外,其余大部分地区为湿润区。

(3)热带气候区。珠江流域以南,包括海南岛、雷州半岛及西双版纳等地,占全国面积不到1%,该区特点为常年炎热潮湿。

(4)高原气候区。以西藏为主,包括四川西部及青海省大部分地区,占全国面积20%左右。

表12 – 6和图12 – 1为 A3 钢在我国不同地区的腐蚀率及比较。

表 12 – 6　我国不同地区 A3 钢腐蚀率

试验地点	地理位置		环境类型	腐蚀速率/(μm/年)			
	北纬	东经		1 年	2 年	4 年	8 年
沈阳	41°46′	123°26′	温带亚湿润区城市大气	45.30	24.50	15.80	8.25
鞍山	41°08′	123°59′	温带亚湿润区工业大气	51.25	30.06	19.50	9.69
包头	40°40′	109°55′	温带干燥区城市大气	14.84	11.52	67.60	5.80
北京	39°59′	116°16′	温带亚湿润区城市大气	31.70	18.90	12.40	9.90
青岛	36°06′	120°25′	温带湿润区海洋大气	62.80	40.50	29.50	24.90
成都	30°48′	104°05′	亚热带湿润区城市大气	68.30	48.84	27.59	22.91

试验地点	地理位置		环境类型	腐蚀速率/（μm/年）			
	北纬	东经		1 年	2 年	4 年	8 年
武汉	30°38′	114°04′	亚热带湿润区城市大气	47.00	26.40	21.10	10.30
江津	29°19′	106°17′	亚热带湿润区工业大气	69.00	52.80	32.40	21.70
广州	23°08′	113°19′	亚热带湿润区城市大气	56.50	36.60	25.50	16.50
琼海	19°02′	110°05′	热带湿润区城市大气	28.70	17.50	17.60	27.30
万宁	18°58′	110°05′	热带湿润区海洋大气	42.00	31.30	48.30	91.40

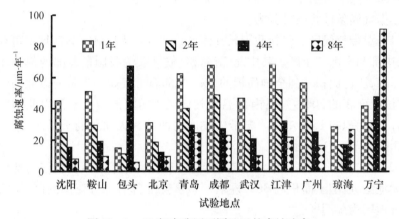

图 12 - 1 A3 钢在我国不同地区的腐蚀速率

　　我国大气腐蚀性特征及区域划分：①我国西部广大地区（占国土面积的 1/2 左右）是较干旱的区域，大气相对湿度常年低于 60%，腐蚀现象非常轻微；②我国东部地区有较明显的大气腐蚀现象，其腐蚀速率高低分布随地区的纬度不同而变化，趋势是由北向南随着纬度的降低腐蚀速率逐渐增高；③我国东部地区大致可由长江为界分为南、北两部分，北部虽有腐蚀现象，但多属于轻微级别；南部广大地区多属于中等腐蚀级别，仅最南端的少部分地区腐蚀稍重；④在典型气候环境中，海洋大气对腐蚀的影响最大，因此沿海城市钢腐蚀速率明显超过内地城市，但这种影响在距海岸线 20km 以外则逐渐减弱；工业大气对腐蚀的影响次之，随着时间的延长，这种影响也逐渐减弱。

　　依据 GB/T 15957 - 1995《大气环境腐蚀性分类》，我国疆域内，大气腐蚀区域大致可划分为五个区：①微腐蚀区（RH < 60%，年平均腐蚀速率 < 8.0μm/年），包括新疆、西藏、青海、宁夏、甘肃、内蒙等广大西部区域，占我国疆土面积的 50% 左右；②弱腐蚀区（RH = 60% ~ 70%，年平均腐蚀速率 8 ~ 10μm/年），黄

河以北广大地区,占我国疆土面积的 15% 左右;③轻腐蚀区(RH = 70% ~75%,年平均腐蚀速率 10 ~15μm/年),黄河以南,长江以北广大地区,占我国疆土面积的 14% 左右;④中腐蚀区(RH = 75% ~80%,年平均腐蚀速率 15 ~20μm/年),长江以南广大地区,占我国疆土面积的 20% 左右;⑤较强腐蚀区(RH > 80%,年平均腐蚀速率 20 ~30μm/年),海南岛、雷州半岛及西双版纳热带湿润地区,占我国疆土面积的 1% 左右。

大气环境腐蚀性等级是表征某一地区的大气环境腐蚀严酷性的指标,可直观地反映出不同地区大气环境腐蚀性的强弱或对材料腐蚀的影响。

根据 ISO 9223HE ISO 9224,结合我国大气腐蚀网站材料暴露试验与环境因素测试分析结果,增加一个非常低的等级和非常高的等级,将大气腐蚀性划分为七个等级,见表 12 - 7。根据有关规定,可确定我国大气腐蚀网站各地区的大气腐蚀等级,见表 12 - 8,可以直观地看出我国不同地区的大气腐蚀性的相对强弱,并且根据金属材料在我国与世界其他地区的腐蚀数据,可以得到我国与世界其他地区的大气腐蚀性排序。

表 12 - 7 大气腐蚀性等级划分

等级	腐蚀性	按材料十年暴露的平均腐蚀速率(μm/年)				
		碳钢	低合金钢	锌	铜	铝
C0	非常低	< 1	< 0.1	< 0.05	< 0.005	< 0.002
C1	很低	1 ~ 10	0.1 ~ 0.5	0.05 ~ 0.1	0.005 ~ 0.01	0.002 ~ 0.01
C2	低	10 ~ 50	0.5 ~ 5	0.1 ~ 0.5	0.01 ~ 0.1	0.01 ~ 0.025
C3	中等	50 ~ 150	5 ~ 12	0.5 ~ 2	0.1 ~ 1.5	0.025 ~ 0.2
C4	高	150 ~ 250	2 ~ 30	2 ~ 4	1.5 ~ 3	0.2 ~ 1
C5	很高	250 ~ 350	30 ~ 100	4 ~ 10	3 ~ 5	1 ~ 3
C6	非常高	> 350	> 100	> 10	> 5	> 3

表 12 - 8 我国大气腐蚀站网大气腐蚀性等级

试验站	钢		锌		铝		铜	
	暴露 1 年	暴露 10 年	暴露 1 年	暴露 10 年	暴露 1 年	暴露 10 年	暴露 1 年	暴露 10 年
北京	C3	C3	C2	C3	C4	C3	C2	C2
琼海	C3	C4	C2	C2	C5	C3	C2	C4
武汉	C3	C3	C3	C3	C4	C3	C3	C3
广州	C4	C4	C4	C4	C5	C4	C4	C4
青岛	C4	C4	C4	C4	C5	C4	C4	C4
江津	C4	C4	C4	C4	C5	C4	C3	C4
万宁	C3	C5	C5	C3	C4	C4	C3	C3

12.4.3　海水腐蚀性

海水环境是最严酷的自然环境,其腐蚀性也最严重。金属在海水中的腐蚀,属于电化学腐蚀。海水电化学腐蚀过程有以下特点:

(1)氧消耗型腐蚀。海水接近中性,并含有大量溶解氧,因此除了特别活泼的金属,如镁及其合金外,大多数金属和合金在海水中的腐蚀电化学过程都是氧去极化过程,腐蚀速度由阴极极化控制。

(2)海水中金属易发生局部腐蚀破坏。在海水中的金属构件,局部腐蚀类型主要有点蚀、缝隙腐蚀、冲击腐蚀、空泡腐蚀、电偶腐蚀和腐蚀疲劳等,这些腐蚀往往与冶金因素或结构设计有关。

(3)Cl^-含量高。海水中 Cl^- 浓度高,对于钢铁、锌、镉等金属在海水中发生腐蚀时阳极过程的阻滞作用小,增加阳极过程阻力对减轻海水腐蚀的效果并不显著。因此不锈钢在海水中也会由于点蚀而遭到破坏。只有通过提高合金表面钝化膜的稳定性(如添加钼),才能减轻 Cl^- 对钝化膜的破坏作用。另外,有一些以金属钛、锆、钽、锡等为基础的合金也能在海水中保持稳定的钝态。

(4)海水是良导体。海水电阻较小,导电性好,因此在海水中不仅有微观腐蚀电池的作用,而且还会产生宏观腐蚀电池。在海水中由于异种金属接触引起的电偶腐蚀有严重的破坏作用。

在海水中,电位差较大的金属间的接触,会引起电偶腐蚀,将导致电位较负的金属加速腐蚀。海水的流动速度,金属的种类以及阴、阳极电极面积的大小也是影响电偶腐蚀的因素。例如在静止或低流速海水中,碳钢由于电偶腐蚀使其腐蚀速度增加的程度仅与电极面积大小成比例,而与所接触的阴极金属本性几乎没有关系。而当海水流速很大时,达到氧去极化不成为腐蚀的主要控制时,与碳钢接触的阴极金属极化性能将有明显的影响,碳钢与钛组成的电偶对远不如碳钢与不锈钢组成的电偶对引起腐蚀速度增大的程度,原因是阴极钛比不锈钢更容易极化。

消除或控制海水中金属间的电偶腐蚀,可以在两种金属的接触处加上绝缘层,或在组成电偶的阴极表面涂上一层不导电的保护层。在海水中金属间的电偶作用距离可远达 30m 或更远。

海水腐蚀环境大致可分为飞溅区、潮差区、全浸区和海泥区。金属在各个腐蚀环境中的腐蚀速度有很大差异。钢板桩在各区带中腐蚀速度变化的示意见图 12-2。

碳钢和耐海水低合金在不同海区带的腐蚀比较结果,见表 12-9。

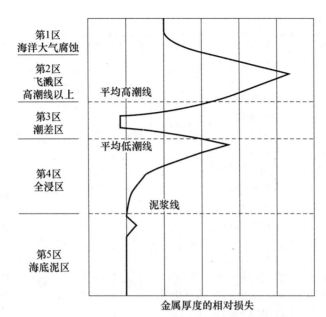

图 12－2　钢板桩在不同深度海水中腐蚀速度的变化

表 12－9　不同海区带中碳钢和低合金钢的腐蚀率

海区带	腐蚀率/（mm/年）	
	碳钢	耐海水低合金钢
海面大气	~0.2	0.04 ~ 0.05
飞溅区	0.3 ~ 0.5	0.1 ~ 0.15
潮差区	~0.1	~0.1
全浸区	0.10 ~ 0.15	0.10 ~ 0.15
海泥区	~0.1	~0.06

表 12－10 为不同钢种在中国海域的耐蚀性比较。

表 12－10　不同钢种在中国海域的耐蚀性

海域	地理位置	环境特点	全浸区	耐蚀性	潮差区	耐蚀性	飞溅区	耐蚀性
青岛	东经 120°25′ 北纬 36°06′	濒临黄海,属海洋性季风性气候;海水年均温度 13.6℃,年均盐度 32‰,pH 值 8.1,溶解氧 8.2mg/L;潮汐为正规半日潮	CrMoAl、CrNiMo	好	MnMoNb、V、CrNiMo	较好	CrNiMo、CrNiMoAl	好
			MnMo、CuPTi	较好	CrMoAl、CrCuSi	差	MnMo、Mn	差
			Mn、C	较好	CuPTi、Mn、Q235	好	CuPTi、CrMoAl	好

海域	地理位置	环境特点	全浸区	耐蚀性	潮差区	耐蚀性	飞溅区	耐蚀性
厦门	东经118°04′ 北纬24°27′	地处东南海域台湾海峡,属典型亚热带海洋气候;海水年均温度20.9℃,年均盐度27‰,pH值8.2,溶解氧6.8mg/L;潮汐为半日潮	CrMoAl、CrNiMo	好	CrNiMoAl、CrMoAl	差	08A1、Mn、MnMo	差
			MnMo、CrMnCu	较好	Q235、CF	好	CrNiMo、CuPTi	好
			Mn、CuPT	较好	Mn、C	好	MnCu、MnNb	较好
三亚	东经109°15′ 北纬18°18′	地处南海,属典型热带海洋气候;海水年均温度27℃,海水盐度34‰,pH值8.3,溶解氧5.3mg/L;潮汐为不正规全日潮	CrCuSi、CrMoAl	好	CrNiMo、CrCuSi	差	08Al、C、Mn	差
			CrNiMo、CrNiMoAl	较好	CuPTi、C、Mn	好	CrNiMo、CrNiMoAl	好
			Mn、C、MnMo	差	MnMo、CrMoAl	差	CrMoAl、CuPTi	好

海水环境除了海水中含有腐蚀性极强的盐分外,还存在大量的贝类或藻类等海洋生物。这些海生物易附着在船舶或海上构筑物表面并且生长。海洋生物的附着和生长不仅对金属腐蚀造成影响,而且由于额外的沾污负荷能使海上建筑物过载,造成事故,例如使浮标失去浮力而失灵。对于在海洋里航行的船只,不仅使油耗增加,有时甚至造成机械故障。海生物的存在有时还会造成管道的堵塞。

海生物附着对金属腐蚀造成的影响有以下几个方面:

(1)海生物覆盖在金属表面部分与未覆盖金属表面部分,由于含氧量的差异,而形成氧浓差电池。覆盖部分因氧的供应受到控制形成阳极,而未被覆盖部分形成阴极,从而产生局部腐蚀;若覆盖处产生了缝隙,还容易诱发缝隙腐蚀。

(2)海洋生物的生理作用会产生氧、二氧化碳和硫化氢等腐蚀性物质,硫酸盐还原菌的作用则产生氧,使生物附着的金属表面的海水成分发生了变化,使腐蚀性增强从而加速了金属的腐蚀。

(3)有涂层保护的表面上有海生物附着时,涂层发生剥离,也会加速金属的腐蚀。

(4)如果在金属表面附着的生物层连续而紧密,就有可能有效地阻止氧的扩散,有时也会使金属的腐蚀速度降低。

288

12.4.4　土壤腐蚀性

土地是人类生产、生活的最基本的物质条件。土壤与大气、海水环境一样，也有腐蚀性。土壤的腐蚀性随其所处地理位置、气候区、组分的不同，其腐蚀性也千差万别。土壤腐蚀主要影响各类管道、桥梁、建筑、通信与电力线缆等基础设施的安全及寿命，在军事上则主要影响军事通信线缆和地雷等。例如，中原油田1993年管线与容器由于腐蚀穿孔严重，更换油管590km，直接经济损失7000多万元人民币，而产品流失、停产、效率下降、污染环境等间接损失达2亿多元人民币。调查发现，不锈钢、锌和铝制品在我国库尔勒沙漠环境中，出乎预料地出现了较为严重的腐蚀，分析认为是当地土壤中含有大量的盐类化合物造成的。

选择典型地区、典型土壤进行材料或部件的实地埋藏，测试土壤的腐蚀性，积累长期腐蚀数据，称为土壤环境试验。土壤及土壤腐蚀具有以下主要特点：

（1）土壤多相性。土壤是由空气、水、土粒组成的复杂的三相体系。土粒中含有多种有机组分和微生物、带电粒子和黏液胶体等物质，实际的土壤一般是这几种不同组分按不同比例组合在一起，形成不同的土壤环境。

（2）土壤的导电性。土壤是一种电解质，有导电性。土壤的空隙及含水量的程度影响着土壤的透气性和电导率的大小。

（3）土壤的酸碱性。大多数土壤是中性的，pH值在6.0~7.5之间。有的土壤是碱性的，如我国北方的盐碱地，pH值在7.5~9.0之间；也有一些土壤是酸性的，如沼泽地和腐殖地等，pH值在3.0~6.0之间。由于土壤的酸碱度不同，其电化学特征和腐蚀速度大小都有区别，一般认为：pH值越低，土壤的腐蚀性越强。

（4）土壤的不均匀性。土壤的形状有粒状、片状和块状，结构极不均匀；有些土壤中的水分与土壤的组分组合在一起，有些紧紧粘附在固体颗粒的周围，有些可以在微孔中流动；土壤中的氧气，有的溶解在水中，有的存在于土壤的毛细管和缝隙中，由于湿度和结构不同，土壤的含氧量可以相差几百倍。一般来说，土壤的电阻率能比较综合地反映某一地区土壤的特点。土壤越潮湿、含盐量越多、颗粒细、含黏土比例高，则电阻率越小；反之，土壤越干燥、含盐量越少、颗粒粗、含砂粒比例高的土壤的电阻率高。土壤中含氧量在干燥的砂土最高，在潮湿的砂土中次之，在潮湿而密实的黏土中最低。由于充气不均匀，易造成氧浓差电池腐蚀。

（5）土壤中的微生物。土壤中微生物对金属的腐蚀也有很大的影响，其中最有害的是厌氧的硫酸盐还原菌、硫杆菌和好氧的铁细菌。

美国早在1912年就在全美95种土壤中建立了128个土壤腐蚀试验站，埋藏338种材料，约2.6万件，历时45年，为其各类基础设施的腐蚀防护设计提供了极为宝贵的长期腐蚀数据支撑。

我国在 1959 年—1961 年,开始在全国各地建立土壤腐蚀试验网站。从 1986 年起,"材料土壤腐蚀研究"得到原石油部、建设部、邮电部和中国科学院 4 个部门的联合资助,我国的土壤腐蚀研究进入快速发展时期。为了更好地反映在不同类型土壤中腐蚀状况的差异,在全国各地选择了具有代表性的 15 个典型土壤 38 个试验点作为腐蚀研究基地。并以碳钢在这些土壤埋点中的腐蚀失重作为划分土壤腐蚀等级的依据。表 12 - 11 为以碳钢腐蚀率划分的我国土壤试验站的腐蚀等级。

表 12 - 11   我国土壤试验站的腐蚀等级

试验站腐蚀等级	最大腐蚀率 /g/(dm² · 年)	土壤试验站
特强腐蚀	6 ~ 8	新疆中心站(荒漠土)、伊宁站(荒漠土)、阜康站(荒漠土)、乌尔禾站(荒漠土)、深圳站(赤红壤)、敦煌站(荒漠土)、玉门东站(荒漠土)、华南站(赤红壤)
强腐蚀	4 ~ 6	大港中心站(滨海盐土)、百色站(红壤)、广州站(红壤)、成都昭觉寺、南充站、长辛店站(褐土)、西安气象站(褐土)、泸州阳一井、成都中心站(潮土)、鹰潭站(红壤)、三峡站、成都铁中站、托克逊站(棕漠土)、哈密站(棕漠土)
中等腐蚀	2 ~ 4	沈阳中心站(黑潮土)、济南站(黄潮土)、昆明站(红壤)、泸州飞机坝、泽普站
弱腐蚀	<2	舟山站、大庆中心站(苏打盐土)、轮沙三井站(氯化物盐土)、仪征站、鄯善站、玉门镇站(灰钙土)、张掖站、玉门东站(荒漠土)

注:试验样品为碳钢

表 12 - 12 为几种金属薄板在 4 类典型土壤中的腐蚀速率。

表 12 - 12   地下埋设金属薄板的腐蚀率

材料	土壤种类	腐蚀率/(μm/年)	
		1 年	3 年
铝	沙砾土	已穿孔	已穿孔
	盐碱土	深坑	已穿孔
	沼泽土	深坑	已穿孔
	黏土	已穿孔	已穿孔

材料	土壤种类	腐蚀率/(μm/年)	
		1 年	3 年
铜	沙砾土	4.8	3.0
	盐碱土	3.6	8.8
	沼泽土	3.8	3.0
	黏土	1.3	1.3
铜/430 号不锈钢/铜	沙砾土	4.3	3.0
	盐碱土	4.1	11.2
	沼泽土	5.1	2.8
	黏土	2.3	1.3

12.5 我国的腐蚀与控制行动

12.5.1 中国的腐蚀调查

由腐蚀造成的经济损失在世界各国国民经济中占有很大的比重,可达到 GNP 的 3~5% 之多。深入调查我国各行各业的腐蚀现状,并结合典型腐蚀案例建立适合各行业的经济模型,为进一步提高人们对于腐蚀危害和进行防护重要性的认识,对提高我国整体腐蚀防护水平具有重大战略意义。

1980 年 7 月,国家科委腐蚀学科组向化工、石油、冶金、纺织、轻工、二机和建材等 7 个部门发放《腐蚀管理与腐蚀损失调查表》,并进行了走访。由于缺乏统计数据,以及调查内容和调查方法不完善,只反映了几个部门和企业的腐蚀损失。

1986 年,武汉材料保护研究所的腐蚀调查结果表明,1986 年我国机械工业的腐蚀损失达 116 亿元。

1999 年,中国化工防腐蚀技术协会在"中国国际腐蚀控制大会"的报告中指出:"据统计中国化工腐蚀损失约占总腐蚀损失的 11%,1998 年我国因腐蚀造成的损失已达到 2800 亿元,腐蚀严重的石油和化学工业的损失已达到 300 亿元左右,化工生产中因腐蚀造成的事故约占总事故的 31%"。

1999 年,中国工程院启动"中国工业与自然环境腐蚀问题调查与对策"咨询项目,从而开展了建国以来我国所进行的规模最大的一次行业腐蚀调查。这次调查由 4 位院士和能源、交通、建筑、机械、化工、基础设施、水利、军事设施与装备等 8 个重点工业部门以及 30 多位腐蚀专家组成调查组,经过历时 3 年的调研,结果表明了我国腐蚀损失的普遍性和严重性,出版的《中国腐蚀调查报告》全面报告了自然环境中和石油化工、能源和交通等工业环境中的腐蚀状况和防腐蚀工作现状,分析和估计了我国当时的所有腐蚀总损失。调查显示:我国由于腐蚀所造成的直接、间接经济损失每年多达 5000 亿元之巨,相当于国民经济总产值的 5% ,其中 80% 以上的损失是由自然环境腐蚀造成的。

2014 年 5 月,中国科学院海洋研究所与美国腐蚀工程师协会签署《全球腐蚀成本调研项目中美合作协议》。这是第一次全球范围、系统的大型公益性腐蚀成本调查研究,将由多个国家齐心协力共同完成。该项目启动后,全球将在同一时间采用统一的方法和标准展开工作,研究成果将向社会公布,并在全球范围内免费共享。该项研究将提供一整套具有公信力的科学详尽的腐蚀成本数据与防腐蚀策略,使相关部门的决策者们把腐蚀防护作为重要的考虑因素,从而最大程度地减少腐蚀对经济、公共安全以及环境的影响。中国的腐蚀成本调研工作是腐蚀预防、技术应用和经济性国际调查项目(IMPACT)研究的重要组成部分,调查领域主要包括能源、工业、基础设施、交通运输和水务行业。

2014 年 6 月,中国工程院启动“腐蚀成本经济性分析与防腐蚀策略调查预研”项目,该项目拟主要调查 26 个行业和领域。以往的腐蚀调查主要目的是调查腐蚀损失情况,在此次全国腐蚀调查中,腐蚀损失调查只占整个研究工作的 20% ,而 80% 的精力将会集中在对防腐蚀策略的调研及经济模型的建立上。

2015 年 6 月,中国工程院启动“我国腐蚀状况及控制战略研究”重大咨询项目。该项目由 30 余位院士共同牵头,联合上百位腐蚀与防护领域专家,拟用两年时间,调查包括基础设施、交通运输、能源、水环境、生产制造及公共事业五大领域的腐蚀状况。具体来说,将针对铁路、机场、公路桥梁、港口码头、水利工程、建筑、船舶、飞机、火车、企业、石油天然气工业、城市供水、海洋平台及开发、海底管道、海洋石油装备等 30 多个行业部门开展腐蚀成本和防护策略的调研,结合现代数学、经济学的理论及方法,获取中国腐蚀总成本,免费向公众发布数据。该项目不仅是技术咨询,还将成为政策性咨询,重点在于提出防腐蚀方法,不仅要为企业提供解决方案,更要为政府立法、制定政策等提供支持。

12.5.2 中国自然环境腐蚀站网及数据资源共享平台建设

材料环境腐蚀试验站是进行材料(制品)在自然环境中腐蚀数据的长期积累和基础性试验研究的基地,对国家经济、生态环境的可持续发展,以及国防事业的发展都具有非常重要的作用。

我国大气、海水、土壤腐蚀试验网站于20世纪50年代末开始建设,60年代初作为国家重要科技任务列入1963—1972年国家科技发展十年规划。1978年又列入全国技术科学发展规划。"六五"期间国家科委把"常用材料大气、海水、土壤腐蚀试验研究"列为国家基础研究重点项目。"七五"期间由国家科委和国家自然科学基金委员会共同组织,并有11个部门,包括机电部、冶金部、中国科学院、化工部、航空航天部、建设部、邮电部、石油天然气总公司、船舶总公司、有色金属总公司、兵器工业总公司联合资助的国家自然科学基金重大项目。

2009年9月,科技部通过整合和利用国家已有的重点野外观察站或行业部门的试验站,进行了新的总体布局,建立了由28个试验站组成的国家材料环境腐蚀站网,覆盖了全国不同区域和不同类型材料服役的大气、水环境和土壤系统,是我国开展材料环境腐蚀数据积累、共享和基础性试验研究的重要基地。国家材料环境腐蚀站网的大气环境腐蚀试验站13个,布局考虑了我国南北不同的气候带、东西不同海拔高度的大气环境变化,城市、乡村、海洋、工业污染等不同气候类型,以及热带雨林、沙漠戈壁等特殊类型的大气环境;水环境腐蚀试验站6个,布局考虑了海水、淡水及咸水等;土壤环境腐蚀试验站9个,布局考虑了国家重点建设地区腐蚀性比较强的主要土壤种类,如酸性土、滨海盐土、内陆盐渍土等,见表12-13。国家材料自然环境腐蚀试验站网分布见图12-3。

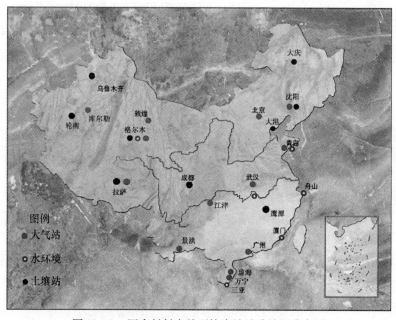

图12-3　国家材料自然环境腐蚀试验站网分布图

293

表 12 - 13　我国典型自然环境试验站概况

试验站类别	试验站	地理位置		环境特点
		东经	北纬	
大气	拉萨	91°09′	29°29′	平均温度 7.5℃,平均相对湿度 46%,年总辐射量 7600MJ/m²,年总日照时数 3028h,年降水总量 444.8mm。具有空气稀薄、氧含量少、气压低、昼夜温差大、日照长、太阳辐照强、降水稀少等特点,是国内太阳辐射高值中心区
大气	江津	106°15′	29°19′	平均温度 19.2℃,平均相对湿度 80%,年总辐射量 3042.3MJ/m²,年降水总量 905.9mm,降水 pH 值 4.6,典型亚热带湿润型城郊酸雨环境气候
大气	广州	113°13′	23°23′	年平均温 23.5℃,年平均湿度 78%,年降雨量 1945.5mm,年日照时数 1394.6h,年辐射总量 4590.0MJ/m²
大气	敦煌			年平均温度 10.8℃,最高温度 45.6℃,最低温度 -28.6℃,年平均湿度 38%,年降雨量 39mm,年日照时数 3257.8h,年辐射总量 6425.4 MJ/m²,距离库木塔格沙漠 120km,典型干热沙漠气候。具有气温高、昼夜温差大、相对湿度低、太阳辐射强、降水稀少、沙尘暴频发等特点
大气	沈阳	123°25′	41°46′	平均温度 7.8℃,年平均降水量 734.5mm,中温带亚湿润城市大气
大气	库尔勒	86°16′	41°21′	塔克拉玛干沙漠边缘,典型盐渍沙漠大气环境特征
大气	万宁	110°05′	18°58′	平均温度 24.6℃,平均相对湿度 86%,年总辐射量 4826MJ/m²,年总日照时数 2154h,年降水总量 1515mm,降水 pH 值 5.4,典型高温高湿海洋大气环境
大气	琼海	110°28′	19°14′	平均温度 27.4℃,平均湿度 87%,平均降雨量 2134mm,平均日照时数 2078.9h,年辐射总量 5190.49MJ/m²,典型热带湿润乡村气候
大气	北京	116°16′	39°59′	北温带湿润区半乡村大气
大气	漠河	122°23′	53°01′	平均气温 -1.7℃,平均相对湿度 64%,年日照时 2400h,年降雨量 486.4mm,历年极端最低温度 -52.4℃,极端最高温度为 38.5℃,平均年温差达到 76.4℃,一年仅有 100 天左右无霜期,典型低温、高寒气候环境,典型北寒带寒冷型森林气候

试验站类别	试验站	地理位置		环 境 特 点
		东经	北纬	
大气	青岛	120°25′	36°03′	年平均气温 12.3℃,年平均湿度在 72% 左右,年降水总量 600mm 左右,年日照时数 2100h 左右,典型南温带湿润型海洋性气候
大气	吐鲁番	89°12′	42°56′	平均温度 17.4℃,相对湿度 27.9%,年总辐量 5513MJ/m²,年总日照时数 3200h。年平均降雨量为 16.4mm,蒸发量高达 3000mm 以上。高于 35℃ 的炎热日在 100 天以上,6–8 月最高气温基本上都在 40℃ 以上,极端最高气温为 49.6℃,地表温度多在 70℃ 以上,全年有效积温 5300℃ 以上,无霜期长期达 210 天左右,典型大陆性干热带荒漠气候
大气	武汉	114°04′	30°36′	典型城市大气特点,亚热带湿润气候区带
大气	西沙	112°20′	16°50′	年平均气温 27.0℃,相对湿度 82%,年日照时间 2700h,年降雨量 1600mm,平均风 4.2m/s,四周风大浪高,岛上空气中的盐雾含量长年居高不下
大气	西双版纳景洪	100°40′	21°35′	平均温度 21.6℃,年最高温度为 34~38.3℃,年平均降水量 1713mm,年平均相对湿度 83%,年平均日照 1716h。典型热带雨林气候大气环境
海水	三亚	109°32′	18°13′	中热带海洋气候,南海海区,气温、水温高,季节温差小;日照时间长,阳光辐射强烈;海生物(含细菌)一年四季生长旺盛
海水	青岛	120°25′	36°03′	濒临黄海,属海洋性季风性气候;海水年均温度 13.6℃,年均盐度 32‰,pH 值 8.1,溶解氧 8.2mg/L;潮汐为正规半日潮
海水	厦门	118°04′	24°27′	平均温度 20.9℃,溶解氧浓度 5.3ml/L,盐度 27%,pH 值 8.2。平均潮差 3.84m,海水平均流速 0.20m/s,典型亚热带海洋气候,潮汐为半日潮,海生物旺盛
海水	舟山	122°06′	30°00′	具有低盐、混浊、泥沙含量大、海生物附着少等特定海区特点,亚热带南缘海洋性季风气候
淡水	武汉	114°04′	30°38′	长江水域,pH 值 7.0~8.2,中性偏碱,氯离子含量为 7.7~15.3mg/L,每年夏季高水位期含量低,而冬季枯水期氯离子含量较高,水中 SO_4^{2-} 含量比氯离子高,达 33~52.3mg/L,溶解氧 5.9~12.6g/L
淡水	郑州	112°	34°	黄河水域,平均气温 13.2℃,年平均日照 2354.3h,历年无霜期 184~218 天,平均年降雨量 550~800mm。具有暖温带、温带和寒温带的多元气候。其水质特点包括:Cl^-、SO_4^{2-}、电导率比较高,具有一定泥沙含量

295

试验站类别	试验站	地理位置		环 境 特 点
		东经	北纬	
盐湖水	格尔木	95°06′	36°50′	盐湖卤水，含盐量约32.5%。水深1.5～2m，年平均温度17.5℃，年平均降雨量38.3mm，年平均蒸发量3067mm
土壤	拉萨	91°08′	29°40′	高山草甸土，pH值8.5，含盐量0.007%，电阻率0.018Ω·m，排水状况良好，1m以下未见地下水，水分含量8.35%，地表几乎无植被，干沙土类型
土壤	库尔勒	86°16′	41°21′	戈壁荒漠土，pH值8.95，含盐量0.62%，含水量3.98%，电阻率2.0Ω·m
土壤	格尔木	94°55′	36°50′	盐渍土，地表层含盐量高达50%，土壤pH值约8.7，含水量17.15%，电阻率1.0Ω·m。土表含盐量高达50%以上，可见白色块状盐类结晶，50cm以下降至10%左右。在地表土中，阴离子中氯离子含量25%，硫酸根离子含量10%。阳离子中主要为钠，约占18%，其次为钾和镁等。高原温热带极度干旱气候区，最高气温34.9℃，最低气温−33.6℃，最大温差23.8℃，年平均气温5.33℃，平均相对湿度27.7%。年平均降水量24.24mm，年平均蒸发量可达3564.4mm
土壤	大庆	124°52′	45°55′	土壤苏打盐土，pH值10.3，含盐量0.17%，含水量35.0%，电阻率5.1Ω·m
土壤	大港	117°32′	38°43′	滨海盐渍土，土壤电阻率低、地下水位高，矿化度大（100～208g/L），含盐量很高，平均含盐4.73%，最高7%以上。土质粘紧，透气性不良，土壤次生盐渍化严重，pH值8.5
土壤	成都	104°10′	30°35′	草甸土，pH值7.6，含盐量0.04%，含水量30.1%，电阻率17.7Ω·m，亚热带湿润气候，雨水充足。年平均气温16.2℃，极端最高气温37.3℃，极端最低气温−5.9℃，年平均降水量947mm，年平均蒸发量1020.5mm，年平均相对湿度82%，0.8m深度土层年平均地温18.5℃
土壤	沈阳	123°25′	41°46′	菜园型草甸土，是直接受地下水浸润，在草甸植被作用下发育而成，pH值6.9，含盐量0.04%，含水量29.7%，电阻率32.9Ω·m
土壤	鹰潭	117°03′	28°14′	酸性红壤，土壤化学性质、电性质具有红壤的典型特征，其物理性质也可代表红壤的不同质地类型

国家材料环境腐蚀站网,成为跨地区、跨部门联合开展重大科学研究的野外基地和数据生产与共享的平台,实现了在"整合、完善、提高、共享"原则下基于材料自然环境腐蚀数据生产、汇交、共享和服务理念的国家野外科技资源整合与共享,促进了资源高效配置和综合利用,是基础性、公益性的科学事业,是落实国家中长期科技发展规划,提高我国材料科学原始创新能力的战略举措。

2005 年,国家科技部搭建了基于互联网的国家材料环境腐蚀数据共享与服务网——中国腐蚀与防护网(http//www. ecorr. org),该网是我国材料腐蚀领域最权威、种类最全、数据量最大的共享数据服务库,是国家级的腐蚀与防护专业网站,被纳入"国家科技基础条件平台门户网"项目,可向用户提供公益性的专业数据、定制化的技术服务,以及全方位的行业资讯。中国腐蚀与防护网的权威性主要源自国家材料环境腐蚀平台,是建立在我国半个多世纪材料腐蚀试验研究的基础上,在国家长期大力支持下,该平台积累了大量宝贵的材料腐蚀数据,为国家重大工程建设、重大科技专项、企业创新提供了重要科学数据支撑。我国的三峡工程、西气东输、大飞机专项、"天宫一号"都采纳了该平台的数据和技术服务。通过该网站,企业可以获得腐蚀数据、选材设计、腐蚀评价、寿命评估、服役安全、风险评估等"一站式"技术服务。不但如此,企业还可以获得专业的防腐蚀技术解决方案。

12.5.3　海洋工程装备材料腐蚀与防护关键技术基础研究

随着地球陆地资源的逐渐枯竭以及人类不断拓展生存空间的要求,国际间的竞争重点已从陆地转向海洋,因此,海洋具有潜在的巨大经济利益和战略性的国防地位。发展海洋装备,建设海洋工程是推进和实施国家海洋战略的重要内容。

海洋装备和海洋工程长期处于严酷的海洋腐蚀环境下工作,服役中无法回避的问题是海洋工程材料在海洋环境下的腐蚀损伤、腐蚀失效和生物污损。我国拥有 1.8 万 km 的海岸线,近 300 万 km^2 的蓝色国土,我国海洋经济总量已接近 6 万亿元(占 GDP 的 9%),称得上名符其实的海洋大国,但离海洋强国的地位尚有很大距离。海洋环境下,海洋工程材料的腐蚀和生物污损问题每年给国家造成近万亿元的经济损失,已成为严重制约重大海洋工程技术和装备发展的技术瓶颈之一,其失效问题更是严重影响海洋工程和装备的可靠性和寿命,材料的腐蚀失效机理与防护技术已成为我国海洋工程领域都亟待解决的问题。

虽然进入 21 世纪以来,随着我国海洋开发的不断深入,重大海洋基础设施,如海港码头、跨海大桥、海洋平台、海底管线,以及瓣型海上风电设施、各类舰船和潜艇等海洋交通和军用设施等正在建设。我国在海洋运输、海洋资源利用、沿岸及离岸工程建设等方面取得了巨大成就,这些基础设施决定着海洋资源开发利用的水平。但与之相关的海洋工程材料仍面临着诸多问题,海洋苛刻的服役环境,使得海洋基础设施出现极为严重的腐蚀问题,严重影响海洋基础设施的使用寿命和安全性。如涉及舰船、海洋平台、油气管线及离岸建筑用的高品质钢铁材料、钛合金、有色金属、复合材料以及防护涂料等大量依赖进口,相当一部分国产材料质量不稳定,很多材料的关键应用技术落后,这些严重制约了我国建设海洋强国的步伐。因此,国家提出了"提高海洋资源开发能力,发展海洋经济,保护海洋生态环境,坚决维护国家海洋权益,建设海洋强国"的发展战略。

2014年,我国启动了国家重点基础研究发展计划"海洋工程装备材料腐蚀与防护关键技术基础研究"项目。项目以我国海洋重大工程装备对材料腐蚀和防护技术的重大需求为研究背景,以我国海洋环境服役的低合金高强钢、高强耐蚀合金、减摩耐磨材料等为主要研究对象,系统深入地开展压力、溶解氧、温度、湿度等海洋环境因素,海洋生物、微生物等生物因素,以及力学载荷等多重环境耦合作用下的材料腐蚀损伤、磨蚀失效和生物污损行为与机理的基础研究,解决海洋中服役的装备用材料在设计、制造与保护中的实际工程问题,为实现海洋工程结构高性能和长寿命安全服役奠定基础。突破高湿热严酷海洋大气用耐候钢、海洋工程用690级以上低合金高强钢、深海极端环境用超级不锈钢、长效防腐防污涂层和新型耐磨材料5种典型材料研发过程中材料设计、制造与腐蚀性能关联不足的局限性,解决国家重大海洋工程和装备对高性能海洋环境防护材料的需求难题,形成示范性成果,稳定一支以海洋腐蚀与防护为背景的研究队伍,建立具有国际竞争力的海洋环境腐蚀科学基础研究基地。

12.5.4 深远海环境腐蚀研究

深海一般指500m以下的海洋环境,海水压力、海水氧含量、温度和海洋生物是深海环境中最为重要的四个特征因素。水深每加深100m海水压力就会大约增加1MPa;海水含氧量在海平面下100m附近达到最低;1000m以下的深海环境,温度几乎恒定在4℃左右。

随着近浅海资源长期开采日渐枯竭,从近浅海走向深远海已成为海洋资源开发的总趋势。目前我国在深水技术上还存在很大差距,反映在深海勘探、钻井装备、海底管道等重大海洋工程建设的诸多方面。因此,加快我国能源战略所涉及的船舶制造、深海勘探、钻井平台、海底管道等重大海洋工程建设步伐,才能缩短与世界先进水平的差距。

目前世界上仅有少数国家开展了深海材料的腐蚀试验,美国海军研究实验室、海军水文局、海军水下兵器站曾联合在700~2000m范围内的深海条件下研究了各类常用金属的腐蚀性能;英国在 20 世纪 70 年代调查了铝镁合金在太平洋表层海水和深海中的腐蚀行为;苏联曾在太平洋研究过 6 种金属材料在 5500m 范围内的深海腐蚀性能;印度国家海洋技术研究所在 21 世纪初,采用三个阶段的实海挂片方法研究了 22 种结构材料在印度洋中 500 ~ 5100m 深度的腐蚀行为。

随着我国"蛟龙号"深海潜水器突破 7000m 大关,深海探矿、海底高精度地形测量、可疑物探测与捕获、深海生物考察等功能已初步实现,这方面的需求将越来越多,因而深海潜水器必将得到大力发展,相应地,这方面的研究在未来也会成为我国腐蚀研究的"亮点"。对于深海这种极端环境,我国的研究正在起步并且形成协同研究的格局,目前研究方向主要针对深海腐蚀异常现象的试验观察和现役防腐涂层体系在深海高静水压力环境下的失效机制进行探讨,并对该环境下涂层失效过程的电化学分析方法进行尝试。因此,开展材料及产品在深远海海域的环境腐蚀效应研究,积累相关的腐蚀数据,应当是我国环境腐蚀研究的重点方向。

12.5.5　船舶和海洋工程装备用高性能钢材推广应用

船舶和海工是海洋钢结构物的两大体系,其建造都需要大量的钢铁产品,钢材占其建造成本的 20% ~ 30%,船体用钢量占其总质量的 60%。目前,我国船舶与海工用钢已能满足国内市场的大部分需求,但部分高级别的特种钢材仍大量依赖进口。特殊用钢主要指具有高强度、大厚度、抗层状撕裂、大热输入焊接、耐腐蚀、超低温韧性、高止裂性能的钢板,其生产工艺严格,对设备稳定性要求高,开发难度大。耐蚀钢随着深海开发和远洋航运的发展,对船板及海洋结构的耐腐蚀性提出了越来越高的要求,包括耐大气腐蚀、耐海水腐蚀以及耐原油腐蚀。其中,油船货油舱耐蚀钢是近十年来国际上研究开发的重点。

油船是国际间原油运输的重要工具,其货油舱主要采用耐蚀性较差的 AH32、AH36 钢板,采用涂层方式进行腐蚀防护。对于涂层保护形式,需定期进行涂层维护,耗费高、工期长,且施工环境恶劣。2010 年,国际海事组织(IMO)将使用耐蚀钢认定为保护涂层的可替代方案,2013 年,IMO 船用耐蚀钢性能标准正式实施。在工信部的组织下,我国宝钢、鞍钢等企业开展了基于 IMO 标准的船用耐蚀钢应用技术研究。目前,已基本完成了 E36 级别耐蚀钢及相关焊材的开发。鞍钢钢板已经申报船级社认证,并向 3.8 万 t 级"大庆 435"油轮示范改装船货油舱内底板和上甲板供货 1000 多吨。

此外,为了提高海洋结构物的寿命,需要开发耐海水腐蚀性以及耐海洋微生物腐蚀性良好的钢板,特别是在南海海域高湿热、强辐射、高 Cl⁻ 海洋环境中。我国耐海水腐蚀钢已经过了多年发展,开发了 Cr－Mo－Al、Cr－Cu－Mo 等多种成分体系的耐海水腐蚀钢,但一般都应用于近海。如宝钢开发的 Q345C－NHY3 向东海洋山深水港码头供货 30 万 t 以上。其他钢种,如 10Cr2MoAlRE、08PVRE、09MnCuPTi、0MnPNbRE、10NiCuAs、10CrMoAl 等已通过鉴定,但尚未推广,在大型固定式和移动式海洋结构件上应用较少。

在船舶方面,随着人类环保意识的提高,清洁能源如石油气和天然气在能源消耗方面的比重将逐渐提升,液化石油气和液化天然气在国际上的运输将变得更加频繁,催生 LPG 船与 LNG 船的大量应用,这就需要大量低温钢,如 9Ni 钢和 Invar 合金等。原油轮,货油舱耐腐蚀板用钢量占到总用钢量的 40%～45%,以建造一艘 30 万 t 级超大型油轮为例,船体结构总用钢量近 4 万 t,其中货油舱部分用钢量约 1.7 万 t,占整个船体结构总用钢量的 42%,耐原油腐蚀钢板具有巨大的市场需求。对于高止裂船板,在集装箱船方面,主要应用于舱口围栏;对于散货船,可应用于舱口盖和甲板装置,以及有侧肋骨的船侧板;对于油轮,可应用于船舷侧板、船底侧板。目前,多家船级社标准已对船板的止裂性能提出要求。

近年来,我国骨干钢铁企业纷纷加大了对船舶和海洋工程装备用钢的研发力度,在海洋平台用高强度钢板、海洋平台桩腿用钢、耐低温液化天然气(LNG)船用钢、原油船耐蚀钢、超大型集装箱船止裂钢等高性能钢材研制方面已取得不同程度的进展,但实船应用业绩还很少。当前,我国钢铁行业与船舶和海洋工程装备行业面对激烈复杂的国际竞争,迫切需要打通产业链,组成集团军。

2014 年,工业和信息化部原材料司、装备工业司,联合中国船舶工业行业协会、中国钢铁工业协会、中国船东协会、中国船级社以及国内骨干造船企业、钢铁企业、航运企业、海洋石油开发企业、相关科研单位成立工业和信息化部船舶和海洋工程装备用高性能钢材推广应用协调组,旨在通过加强政府、协会、钢铁生产企业、船舶和海洋工程装备制造企业之间的协调与配合,建立起上下游产业联合参与、集"产学研用检"于一体的推广应用机制,推进船舶和海洋工程装备用钢材品种升级换代和产业化。协调组建立定期会商制度,通报工作进展情况和重要信息,研究有关重大问题及工作方案,推动相关设计建造规范、标准的制定和价格形成机制的建立,规范竞争秩序,引导合理分工,实现利益共享、合作共赢。

12.5.6　腐蚀防护学术交流

腐蚀是普遍存在、不可避免的现象,但通过合适的技术手段和方法,可以减轻和延缓腐蚀的速度。为了在倡导低碳经济的今天,发展耐腐蚀、长寿命绿色材料,综合运用最新、最有效、最经济的腐蚀控制技术,从而降低腐蚀速度、延长寿命、减少污染、降低能耗、控制排放已成为材料设计、开发新产品、提高产品质量、增进企业竞争力的主要手段,也是企业提高自主创新能力、推动科技进步发展的主要突破口和有效途径,为从"中国制造"转变为"中国创造"提供强有力的技术支持。腐蚀科技工作者有责任有义务为此做出技术创新,把最新的科技成果与大家分享,促进产学研用合作,共同为我国腐蚀与防护事业的发展做出贡献。

中国腐蚀与防护学会是我国最重要的腐蚀与防护技术组织,定期举办全国性的腐蚀学术交流会,即全国腐蚀大会,每一届大会都会针对当时的技术热点确定交流研讨的主题,为广大腐蚀产、学、研、用部门提供最新技术的交流平台,引导和促进最新技术及产品的交流、融合与应用,如第六届全国腐蚀大会的主题为"耐蚀长寿绿色新材料新技术新产品"。

从1998年以来,海峡两岸材料腐蚀与防护研讨会每两年交替在大陆和台湾举行。该研讨会系列为两岸同行提供了一个很好的交流与合作的平台,使得两岸腐蚀科学领域的学术交流与合作越来越广泛,促进了腐蚀科学与防护技术的发展。

为了更好地解决国家经济和国防建设中存在的环境腐蚀问题,相关部门或单位也会发起特定方向的腐蚀研讨会,如随着我国建设海洋强国战略的确立,海洋资源的加快开发,沿海经济的飞速发展,中国工程院化工冶金与材料学部、中国腐蚀与防护学会、中国有色金属学会、国家材料环境腐蚀平台和中国机械工程学会表面工程分会共同举办了中国海洋腐蚀与防护技术领域的第一次大会——"2014海洋材料腐蚀与防护大会",大会以"走向深蓝:材料跨越 防护先行"为主题,对海洋新材料腐蚀行为和机理、防护技术的现状和应用、技术难题、未来行业的技术发展进行了深入探讨;"2015第二届海洋材料腐蚀与防护大会"会议主题为"聚焦海洋新材料,关注防护新技术"。

12.6 美军装备腐蚀费用分析

12.6.1 美军装备腐蚀费用概况

美军为满足其全球战略的需要,将大量装备部署在世界各地,包括极具腐蚀性的沿海或海上环境。腐蚀对各类装备造成了不同程度的影响。随着装备腐蚀的不断加剧以及海外恶劣作战环境的影响,装备腐蚀已成为影响美军装备战备完好性水平的主要因素之一。腐蚀不仅影响装备战技性能、战备完好性和安全性,而且会造成巨大的经济损失。

调查表明,美军装备与腐蚀相关的维护费用每年大约为 200 亿美元,为防御系统维护费用预算的 20%~40%,是武器系统全寿命周期费用中最大的部分。据日本腐蚀费用调查委员会报告,日本 1997 年武器生产额为 4593 亿日元,其中腐蚀费用占 1%,即 46 亿日元。1982 年澳大利亚腐蚀协会的统计数据约为每年 80 亿澳元,其中空军和海军的腐蚀损失每年超过 5000 万澳元。而这仅仅是用于维修腐蚀损坏所需人力和材料的直接费用,如果考虑包括装备停用期及由于腐蚀损坏引起的性能减少和降低这样的间接费用,则全部腐蚀费用将会显著增加。

近年来,美军装备腐蚀费用呈指数增长,占维修费比例也越来越大,陆海空三军均面临严重的腐蚀费用控制问题。美装备与基础设施的腐蚀费用见表 12-14。

表 12-14   美装备与基础设施的腐蚀费用

年份(财年)	装备名称	年腐蚀费用/亿美元
2004	陆军地面车辆	20
2004	海军舰船	24
2005	国防部直属部门基础设施与设备	18
2005	陆军飞机与导弹	16
2005	海军陆战队地面车辆	6
2005—2006	海军与海军陆战队飞机	26
2005—2006	海岸警卫队飞机与舰船	3
2006—2007	空军飞机与导弹	36
2006—2007	陆军地面车辆	24
2006—2007	海军舰船	25
2006	国防部直属部门其他设备	51
2007—2008	海军陆战队地面车辆	5
2007—2008	国防部直属部门基础设施与设备	19
2007—2008	陆军飞机与导弹	14
2008—2009	空军飞机与导弹	45
2008—2009	海军与海军陆战队飞机	26
2010(估计值)	国防部年度腐蚀总费用	229

如何对装备腐蚀费用进行精确统计,科学分析,准确查找出装备腐蚀费用产

生的关键环节与原因,制定合理的应对措施,已成为美军装备保障领域亟待解决的关键问题之一。

2003 年,美国政府问责局(GAO)在一份题为《降低腐蚀费用,提高装备战备完好性》报告中就要求国防部"制定标准化的方法用于收集、分析腐蚀费用数据"。随后,国防部"腐蚀预防与控制综合产品组"(CPCIPT)组织制定了以"费用树状分析图"为核心的腐蚀费用统计分析方法。目前,该方法已得到了政府问责局的认可,国防部要求各军种对该方法予以推广。

据统计分析,美陆军装备腐蚀费用主要是使用频度过大、作战环境恶劣等因素造成的,某些车辆腐蚀修复费甚至达到了车辆购置费的 65%。美空军装备腐蚀费用主要是由机群整体老化引起的,占到空军全部腐蚀费用的 50%以上。美海军装备腐蚀费用主要是恶劣的使用环境造成的,如充满盐分的海水、经常在陆地海洋两栖环境下使用等。

表 12 – 15 为 2007 财年美海军装备按舰船类别划分的腐蚀费用情况。

表 12 – 15   2007 财年美海军装备腐蚀费用

舰船类别	数量	维修费/亿美元	腐蚀费/亿美元	腐蚀费占 维修费百分比
水面战舰艇	102	39.25	11.15	28.4%
潜艇	70	28.06	4.09	14.6%
两栖舰	35	17.47	7.07	40.5%
航空母舰	12	19.46	4.99	25.6%
其他舰船	21	3.42	1.04	30.4%
总计	240	107.66	28.34	26.3%

12.6.2   美军装备腐蚀费用的分类

为便于分析,美军对装备腐蚀费用采取了三种分类方式:①按维修级别进行分类,分为基地级维修、野战级维修中产生的腐蚀费用以及"非正常途径上报"(ONR)的腐蚀费用;②按维修类型进行分类,分为修复性维修和预防性维修中产生的腐蚀费用;③按照装备组成进行分类,分为结构件和部件的腐蚀费用。

1. 按维修级别分类的装备腐蚀费用

基地级维修腐蚀费用是指在装备大修或部件、组件、系统改造过程中产生的腐蚀费用。野战级维修腐蚀费用包括在基层级和中继级维修中产生的腐蚀费用,其中,基层级维修腐蚀费用是指基层部队在装备检查、保养过程中产生的腐蚀费用,中继级维修腐蚀费用是指定维修机构在对基层部队提供直接支援级维修保障过程中产生的腐蚀费用。非正常途径上报的腐蚀费用是指没有在常用维修报告系统中确认的腐蚀预防与控制费用。例如,由非维修专业的技术人员检查装备产生的费用或与腐蚀相关的培训费用。

2. 按维修类型分类的装备腐蚀费用

一般情况下,与腐蚀问题发生后采取措施相比,在预防性维修中解决潜在的腐蚀问题更有助于节省费用,也有助于保持装备的战备水平,但二者必须取得一定平衡,否则不利于降低腐蚀总费用。图 12 - 4 为预防性与修复性维修腐蚀费用变化曲线。如图 12 - 4 所示,如果二者的比值过高或过低,腐蚀总费用都会居高不下,只有二者保持适当比例,腐蚀总费用才会达到最低值。

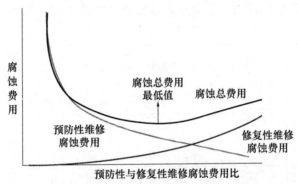

图 12 - 4　预防性与修复性维修腐蚀费用曲线

为便于统计,美军将与腐蚀有关的人力工时费、材料费、设备费、培训费以及研究与开发费作为统计指标用于计算预防性和修复性维修中产生的腐蚀费用。其中,与腐蚀有关的设备费、培训费以及研究与开发费均算作预防性维修中的腐蚀费。人力工时费与材料费按照以下标准归类:

(1) 用于修复和处理腐蚀损伤(如表面处理和喷砂)的人力与材料费,计入修复性维修腐蚀费。

(2) 用于获取被腐蚀装备的人力与材料费,计入修复性维修腐蚀费。

(3) 用于被腐蚀装备维修申请与规划的人力费,计入修复性维修腐蚀费。

(4) 用于清洗、检查、喷漆以及采取预防性手段的人力与材料费,计入预防性维修腐蚀费。

(5) 用于建设腐蚀治理车间的人力与材料费,计入预防性维修腐蚀费。

3. 按照装备组成分类的装备腐蚀费用

美军将装备分为结构件和部件两部分分别统计腐蚀费用。其中,结构件是指无法从系统或终端产品上拆卸或分解的主体结构,如飞机的机体、坦克的底盘等。部件是指可从系统上拆卸并能单独从军方或商业供应渠道订购的器件。

按结构件和部件分类统计的方式有两个方面的优势:①军方可将装备各个部分的腐蚀费用情况反馈给装备设计部门,从而便于对设计进行改进或在其他装备设计中预防严重腐蚀问题;②由于武器系统寿命实际上就是结构件的寿命,因此,这种分类统计方式也能评估武器系统老化与结构件腐蚀之间的相互关系。

12.6.3 美军装备腐蚀费用分析工具

美军目前主要依靠树状图和数据结构表对装备腐蚀费用进行分析,清晰直观且便于开展分析。

1. 基本树状图

图 12-5 是最基本的树状图模板,采用的是按维修级别分类的方式统计、分解装备腐蚀费用。其中,费用分解到最后一层均用 A、B、C 等表示,称为"费用代码",如 A 表示基地级维修中与腐蚀有关的人力工时费,D 表示野战级维修中与腐蚀有关的材料费。

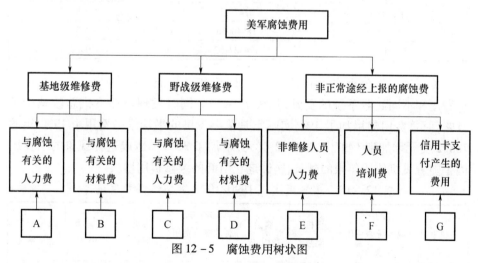

图 12-5 腐蚀费用树状图

2. 树状图的细化

在基本树状图的基础上,还可针对某一项具体经费进行细化。与基本树状图类似,费用分解到最后一层也用费用代码等表示,如 A1 表示建制维修中与腐蚀有关的飞机人工费,B2 表示合同商维修中与腐蚀有关的飞机材料费。

12.6.4　美空军腐蚀维修费用

美军将腐蚀维护定义为全面的腐蚀检查,包括因腐蚀引起的所有修理维护、清除及重敷密封剂和所有涂料的清理和重涂。无形或间接费用,如飞机停飞期;任务执行能力的效果或导致的非战备状态;由于腐蚀维护引起的贬值,如外观和结构的重复磨损等在研究中都没有涉及。其他没有涉及的无形或间接费用包括建筑腐蚀控制设施的费用;建筑和维持训练技师的正式腐蚀学校的费用;在腐蚀控制工厂生产、配发和安装专门的腐蚀控制设备的费用。

美空军统计了 1997 年其各种机型的年度腐蚀维修费用。表 12 – 16 清楚地表明大部分直接腐蚀维护费用应该归结于飞机的修理和涂漆,其次则是清洗和车辆维护。另外,修理费用占了全部总腐蚀维护费用的80%。

表 12 – 16　美国空军 1997 财年总腐蚀维修费用

项目	费用/美元	百分比/%
修理	572352704	72.0
清洗	28443783	3.6
油漆	145951530	18.4
车辆	23291759	2.9
军需品	6247341	0.8
其他	18540036	2.3
总计	794827153	100.0

美军进一步分析比较了 1990 年和 1997 年飞机的费用,列出了全部腐蚀维护费用和不同武器系统的贡献,见表 12 – 17。同时发现虽然飞机总数减少了21%,而总费用却增加了4%,实际则是单架飞机的平均维护费用由 1990 年的78832 美元增加到 1997 年 104872 美元,增加了33%。造成这种现象的主要原因是随着飞机使用年限的延长,腐蚀老化引起的维修费用增长。

表 12 –17　美军用飞机 1990/1997 腐蚀维修费用统计

飞机型号	1990 年腐蚀维修费用/美元	飞机架数	腐蚀费用/%	1997 年腐蚀维修费用/美元	飞机架数	总腐蚀费用/%	飞机架数变动情况
A – 10	25611157	524	4.25	4326700	375	0.69	– 149
B – 1	1267086	76	0.21	7326979	95	1.17	19
B – 52	95751947	228	15.90	39545321	94	6.29	– 134

飞机型号	1990 年腐蚀维修费用/美元	飞机架数	腐蚀费用/%	1997 年腐蚀维修费用/美元	飞机架数	总腐蚀费用/%	飞机架数变动情况
C－130	137963143	694	22.91	50351736	694	8.01	0
KC－135	113554678	644	18.86	205561487	602	32.72	－42
C－141	68621286	231	11.40	102584893	220	16.33	－11
C－5	17019858	126	2.83	104595003	126	16.65	0
CLS	3286630	180	0.55	6301275	321	1.00	141
E－3	3698062	32	0.61	19851017	32	3.16	0
F－111	41778986	245	6.94	7749299	37	1.23	－208
C－10	666302	52	0.11	7439773	59	1.18	7
F－15	23325398	749	3.87	29194683	737	4.65	－12
F－16	17010711	1260	2.83	15728095	1513	2.50	253
T－37	2278434	527	0.38	1326593	420	0.21	－107
T－38	13105291	812	2.18	23894508	451	3.80	－361
直升机	4854452	179	0.81	2511531	215	0.40	36
A－7	1600922	214	0.27	—	—	—	－214
A－37	345047	58	0.06	—	—	—	－58
F－4	26867597	746	4.46	—	—	—	－746
F－5	72943	7	0.01	—	—	—	－7
OV－10	3438883	54	0.57	—	—	—	－54
合计	602118813	7638	100.01%	628288893	5991	99.99%	－1647

老化对飞机武器系统费用的影响差别首先体现在飞机的大小和使用年限的不同,可以毫不夸张地讲,每架陈旧的飞机都是花钱的机器。总的来说,老化飞机的耗费占到空军花费的全部腐蚀维护费用的一半多。预计随着飞机的继续老化,这些腐蚀维护费用还将增加。例如,生产于 1955—1963 年之间的 KC－135 加油机,尽管它的历史比较长,但它依然是美空军的主力加油机。KC－135 虽然仍能长期执行任务,但需要重点关注的是它没有进行腐蚀预防。此外,因为没有资金来更换加油机,因此美军决定该型飞机将一直服役到 2040 年。但如果没有广泛彻底的腐蚀维护,那么因腐蚀引起的结构老化将使 KC－135 的寿命年限达不到 2040 年。由于确定要延长 KC－135 的服役期——实际上已经彻底超出了它的腐蚀设计寿命,腐蚀维修支出从 1990 年的每架平均 176327 美元增加到了

1997 年的 341464 美元,即增加了 94% 。美空军认为从 1990 年到 2000 年这第一个十年期的费用,机身机库维修费用将因 2 ~ 3 个因素而引起增加。在此以后,如果所有由于腐蚀而损坏的危险构件都被修理或更换,估计费用会变得稳定。

对美空军腐蚀费用研究中,获得了以下的一些重要的分析评价结果:

(1) A - 10、C - 130 和 F - 16 飞机腐蚀维护费用减少比飞机数量减少更大的现象。A - 10 费用的减少是由于针对其腐蚀问题,采取了对腐蚀区域进行广泛的腐蚀处理,而不再需要反复维修的结果。C - 130 腐蚀维护费用的减少是由于 C - 130E 完成了重大的机翼修改、C - 130H 延迟交货(在制造中比 A、B、E 型采用了许多更有效的腐蚀控制技术)的结果。F - 16 费用的减少应该归功于较新的飞机数量的大幅增加。

(2) B - 1 和 E - 3 两机型的腐蚀维修费用有大幅度增加。这是因为在进行该研究以前(1990 年),还没有航空站腐蚀维修的报告,那时计划的航空站维修程序刚启动。因此,它们的数据比通过了计划的航空站维修的平均百分数更大。

(3) F - 111 计划的航空站维修费用显著地减少是因为该机型被计划逐步淘汰。

12.7 环境腐蚀和防护资源积累

12.7.1 环境腐蚀与防护数据资源

自然环境试验是指在典型或极端自然环境条件下对产品及材料、工艺进行的环境适应性试验与研究。自然环境试验始于 1839 年,一位名叫 R·Mallet 的英国科研人员在河流入海处的水上和岸上进行了金属样品的挂片试验,他采用垂直挂片方法,暴露时间为 2 年。1926 年美国材料试验协会(ASTM)在宾夕法尼亚州大学暴露场开展暴露试验,标志着规模化自然环境试验的开始 。第二次世界大战中暴露出许多武器装备环境适应性问题,促使美军建立寒区试验场,随后相继建立了热带试验场、沙漠试验场和材料试验场等,这也标志着军用自然环境试验站网的形成。经过发展和不断改进,经过近 180 年的不断改进和发展,自然环境试验已经发展成为一门以材料和产品的腐蚀、老化为基础,涉及多种学科和技术的交叉学科,已成为获取材料乃至装备环境适应性的最真实可靠的方法。

产品及材料的腐蚀是基本的自然现象,不可避免。但是,通过一定的腐蚀预防与控制技术手段,可以一定程度地延缓腐蚀发生的速度,包括研发耐蚀材料。

例如,为了研究各种元素的影响,美国 U. S. S. 公司对数量多达 3000 种的低合金钢进行了长期自然环境暴露试验,在 1933 年成功研制了作为耐候性低合金钢而著称的含有 Cu、Ni、Cr、P 的 Corten 钢。

常用的腐蚀预防与控制技术包括研制耐蚀材料、合理设计结构、正确选用材料、表面前处理、工序间防锈、表面转化膜、金属覆盖层、涂料涂装、防锈封存包装、电化学保护、工况介质环境处理等。为了保障产品能够有比较好的耐环境腐蚀的能力,就需要从产品设计、生产、运输、贮存、维修人员乃至用户都能够具有一定的腐蚀防护知识。

某些产品在设计阶段,为了明确的目的需要进行选择材料。对一个复杂的系统来说,差不多必须要选择数千种材料。例如,美军 F/A – 18 E/F 飞机使用了 3000 ~ 5000 种独特的材料,其中包括 278 种在通用电气公司的 F414 喷气发动机上使用的特殊材料。因此,材料工程师和相关工程技术人员就必须进行例行的材料选择,必须预先充分考虑到材料与其使用环境的环境适应性问题。但事实上,很少能够自始至终地做到这一点。对像飞机蒙皮这样主要材料的选择决定,材料工程师通常都会考虑。而对那些小的但重要的部件,则可能是由机械工程师负责做出选择的。机械工程师一般很少或不讨论环境对材料的作用问题就做出材料选择的决定,因为他们没有受过这方面的训练。可以认为正是因为这些教育方面的不足,才导致了设计以及后来的美军国防系统的严重腐蚀问题。

人类在长期不断地与腐蚀进行斗争的过程中,积累了海量的材料与产品的腐蚀数据、环境因素数据、环境介质数据以及种类繁多的腐蚀预防与控制技术资源。但是,这些投资总量巨大的巨量数据资源,都分散在不同国家、不同部门、不同单位、不同课题组和技术人员个人手中,特别是原始数据基本上都散落在各个课题组甚至个人手中。由于信息交流不畅,大量的相关数据无法发挥应有的作用,进而造成大量重复而无效的投入。例如,美国国防部、能源部、运输部、商业部和国家航空航天局等许多政府机构在腐蚀预防和控制领域进行了大量的投资,包括材料及防护体系在腐蚀环境的加速试验和自然暴露试验。这些工作计划中,有许多都是从事与单个系统有关的明确的技术问题。这些问题也许已经解决,但由于存在获取信息渠道不畅的障碍,很少将这些实际的解决办法转移到其他也需要的部门,而这些部门可能因不了解已有现成可用的解决办法或措施,进而重复投资相同的问题,由此造成时间、金钱和人员的浪费。随着时间的流逝,这些单个计划的结果仅仅是增加了腐蚀知识,但全部问题仍然相同。在材料选择期间缺乏系统化的方法去利用过去的腐蚀研究结果。同时,政府各个部门的研究有重叠之处,却不能及时、有效地利用现有技术信息资源。

美国曾进行了可能是首次的全面、全景式的美国政府腐蚀知识库调查。调查表明现有数万个与腐蚀有关的技术报告,指出美国花费了数百万美元来研究特殊材料/涂料暴露于模拟或实际使用环境的性能。这些信息可以直接用于今天的设计和系统,但却因为获取困难而很少被采用。在材料选择期间必须充分认识到正确地预先考虑腐蚀的重要性。如果过去的系统已经通过了苛刻的设计评审,那么要采用预备材料来代替就变得十分昂贵。如果在材料选择期间例行公事般地参考数据库,就可以最明确地使系统稳定而没有经历不利的腐蚀问题。另外,如果这些信息成为在线电子文档,那么在设计阶段与其使用有关的费用将会最少。扩大的材料选择要充分考虑环境的作用,将减少与腐蚀有关的维修和物主的全部费用。

为了确定美国政府腐蚀知识库的范围,美国先进材料和加工工艺信息分析中心(AMPTIAC)及非破坏性测试信息分析中心进行了一系列的文献调查,以获得对现有资料信息数量的正确评价。

研究表明,各个相关政府部门都单独维持着它们自己的技术知识库。如AMPTIAC维持着一个很大的与材料有关的,包含有大约220000份技术报告、期刊杂志论文和相关的1000种左右书籍的技术库;在这些文献中与腐蚀密切有关的差不多有23000份报告。而在国防技术信息中心(DTIC)的国防研究发展测试与评价在线系统(DROLS)找到了差不多38000份参考文献。由于这两种藏品都包含国防信息资料,它们的确有相当一部分是交叉重叠的,但可以十分保险地说最少都有38000份国防部腐蚀报告。在国家航空航天局、能源部、运输部和商业部的数据库中也有大量类似的腐蚀报告。国家航空航天局数据库中与腐蚀有关的报告超过27000份,能源部差不多有43000份,运输部超过4000份,商业部则差不多有7000份。

虽然这些藏品和国防部的(包括AMPTIAC)仍然有潜在重叠,但它们却很少引人注目,因为这些部门的任务很少与国防部重叠。这些资料的一部分可能是期刊杂志论文、会议录和其他有著作权的信息。然而,应该指出的是有超过总数10%～20%的资料是建立在以往的经验上的,剩余的资源则被看作是高价值的政府技术报告。按照合理而保守的估计,来自政府资源的与腐蚀有关的报告总数在50000～100000份。考虑到如此庞大的技术资料的数量,如果能够有效地利用这些政府知识库中非常有价值的信息,必将非常有助于管理和控制腐蚀。

12.7.2 美军对腐蚀数据存量资源的利用

美国政府现有腐蚀知识库确实是未能被充分利用的国家资源。这些信息可以明确地帮助减少腐蚀费用,对新的和最新的国防部系统和基础设施都是如此。美军认为如果改善获取这些知识库的渠道,以下三个领域将获益最大:材料选择、腐蚀研究成果的优先考虑和改进维修规程。

1. 材料选择

在材料选择期间更多地利用现有腐蚀知识,不仅可以在军方,而且可以在美国政府的不同部门之间增加优势技术的能力。美军正在开展的国防部政策的改革,要求计划管理者在武器系统、支援设备和基础设施的设计和发展期间更多地关注腐蚀问题。必须强制性地要求承包商交付更加耐蚀的产品将是实现合同要求的唯一办法。应该纠正设计人员缺乏获取和应用腐蚀知识方面的现象,而培训是解决方案的一部分,但更需要的是提供利用最有用的信息来确保材料选择决策过程所需要的信息和手段。

2. 腐蚀研究成果的优先考虑

腐蚀研究致力于腐蚀预防、减缓和检测技术,它始终是国防部与维持现有设备、系统和基础设施的有关议程的一部分。很不幸,研究成果在应用方面差强人意,而仅仅是支持或服务一个紧急需要,因而只是狭隘的应用。随着时间的过去,伴随这些紧急需要的完成而提供的技术解决方案,使累积的腐蚀知识自然增加;所有这些其实都有所关联,应该能够应用来解决装备今天或明天的腐蚀问题。

由美国国防部腐蚀预防和控制综合产品组(CPCIPT)领导所确定的主要挑战之一是"围绕问题获得武器"。也就是说,绝对有必要详细说明腐蚀的范围和程度、所有的形式和表现、以及发生或可能发生的所有地方。部分问题通过过去的工作已经有解决的办法。因此,需要确定哪些部分的腐蚀知识空间已经被"充满",同时需要更多简明的实践去确定"空洞"。利用现在称为"再发现"的对预先已有腐蚀知识库的认识利用,就能够发展新的方法来帮助减少军方内部多余或重复研究的可能。分析现有的研究,包括由美国国防部、国家航空航天局、能源部、运输部和商业部发展的信息,应该能够实现确定什么样的现有腐蚀信息可用于帮助遇见的当前需要的目标。彻底的先期细查文献资料,通过有效利用现有技术,计划管理者就能够简化和减少对额外腐蚀的研究。因而主要的问题就变成如何能够快速细查现有数据库来确定现存信息或确定差错范围?现在,这是一个重要性的程序——要求专家创立技术库及像先进材料和加工工艺信息分析中心(AMPTIAC)这样的机构。如果现有知识库用电子文档形式修改,问题就会显著减少,因为获取现有数据几乎成为瞬间的事情。

3. 改进维修规程

通过在一个相关系统的基础上发展维护另外一个系统的更好技术,现有腐蚀知识库能够潜在地减少维修费用。重头做起来实现技术目标是非常昂贵的道路。甚至像决定一种新的腐蚀预防化合物可行性这样的事情都可以从增加的知识库获取渠道中受益。

把知识库与很少有全面确保腐蚀减缓技术这样充分的知识背景的专家相比,知识库有其独特的优势。充分利用知识库是快速查明能做什么和不能做什么的最可靠的手段。

通过多年、多部门投资而积累形成的现成的数据资源库,是极其宝贵的国家和人类共同的财富,充分挖掘、提炼和应用其中的信息,不但能够立即解决目前在装备等各个领域存在的曾经已解决的相同问题,而且能够节约人力和时间成本,减少不必要的停机或停工问题,缩短维护维修时间,进而间接提高了装备等的战备完好率。

12.7.3 外军装备环境腐蚀交流平台

1. 世界军事防腐大会。

2005 年 6 月,在意大利召开了主题为"降低成本策略"的首届世界军事防腐大会。大会由美国陆军部的欧洲科研室和那不勒斯大学的航空工程系组织。于2003 年在意大利拉维罗发起的国际腐蚀和陆用车具研讨会上,欧美各国科学家、承包商以及军方人员交流了各自所掌握的信息与经验,让一个共同面对腐蚀管理方面的问题诸如保养和维修、鉴别与防护、腐蚀处理新趋势的掌握、环境兼容性材料的使用以及降低成本战略等的友好联盟稳步发展。作为这次研讨会的自然产物,与会代表认为很有必要组织召开世界军事防腐大会,使防护措施和减低成本战略变得更具体,进而更加贴近军用硬件系统需求。全世界军事组织都面临着类似的问题。这个代表大会即世界腐蚀联盟,将起到促进地区性组织与美国以及其国防部腐蚀策略和监督办公室建立合作关系的作用,参加这次研讨会的成员都会成为这个新成立的世界腐蚀联盟的基础力量。

2. 美军腐蚀峰会

美军腐蚀峰会是为了改革在武器系统方面的腐蚀问题、潜在的腐蚀解决方案、腐蚀技术差异等确定的腐蚀议题。该会议更远的目标是为了共享成功案例、文献需要和能力。会议把计划管理人员、工程师、仓库和设备人员、来自政府的厂商、工业和学术界的各类人员聚集在一起。明确的主题和讨论的用途包括电子学、装备、直升机、导弹系统、地面车辆、基础设施、野外维护、保护涂层、先进材料、微电子学、微电机系统、非金属材料老化和环境问题。

3. 美国三军腐蚀会议

美国三军腐蚀会议由美空军于 1967 年发起召开。会议的目的是通过这个论坛促进在军队之间和联邦政府的腐蚀技术专家和感兴趣的国防承包商之间，有一个有关军事系统的最新腐蚀问题的开放的交流平台。因此，这些会议提高了国防部腐蚀控制和预防努力的透明度，提高并促进了国防部腐蚀问题的新颖的和创新的解决方案的诞生。信息的交流鼓励合作努力将帮助发展综合的腐蚀预防和控制技术。而且，这些会议给国防部提供了来自腐蚀领域的公认的专家的反馈、评价和建议。在国防部、私营企业、学术界和其他政府部门之间的这些交流的全部目标就是通过预先的腐蚀和预防技术来实现减少全寿命周期费用的目标。

4. 美国空军腐蚀计划会议

美空军腐蚀预防和控制办公室提出每年与国防部机构一起共同讨论他们的腐蚀预防和控制计划的状况，特别是讨论腐蚀需求、问题和最近被认可的材料及方法措施。

5. 美国船舶和近海涂装及腐蚀会议

美国船舶和近海涂装及腐蚀会议是由海军舰船腐蚀控制论坛、全国涂料涂装协会国际船舶和近海涂装会议、美国海军和工业腐蚀技术交流会、国家造船研究计划 SP－3 会议和潜艇维护会议等 5 个相关的计划会议合并而形成的一个新的会议。

该会议关注控制腐蚀的技术和战略，在提供腐蚀控制技术的公司和需要各种各样应用的腐蚀控制解决方案的军事或商业机构之间建立并培养对话平台。会议的参与者包括来自工业、政府和军队的人员。主题范围包括涂装、腐蚀控制技术和战略、政府管理。

6. 联邦航空局/国防部/国家航空航天局老化飞机联合会议

该会议是由老化飞机联合委员会（JCAA）组织和推动的，从事共通问题和与军用和商业飞机老化的技术方面的联合。发展先进的和执行新技术，老化飞机系统和机群管理是会议介绍的焦点。主题包括预防或减缓结构、电气、电子设备或发动机的故障、腐蚀、非破坏性检查和健康监测。

12.8　先进腐蚀控制技术研发方向

12.8.1　腐蚀控制的作用

腐蚀无时无刻不在发生，即使是被人们称为不锈钢的材料，实际上也是会被逐渐腐蚀掉的。因此，可以毫不夸张地讲，腐蚀在悄无声息的破坏和吞噬着世界各国的经济肌体。国际腐蚀统计结果表明，腐蚀损失通常占 GDP 的 3% ~5% ，腐蚀总损失是台风、洪涝、干旱等所有自然灾害损失的 6 倍,可以说腐蚀严重地阻碍了各国社会的健康和可持续发展。

2003 年,中国工程院"中国工业和自然环境腐蚀调查"表明,我国每年直接损失 2288 亿人民币,若计入间接损失,则腐蚀总损失可达 5000 亿人民币,约占 GDP 的 5%。我国 2015 年 GDP 为 67.7 万亿人民币,若仅按 GDP 的 3% 计算直接腐蚀损失,则直接腐蚀损失即达到 2 万亿元人民币的惊人数字。若我国按万元 GDP 消耗 1t 标准煤计算,腐蚀造成的能源损失约为 2 亿 t 标准煤。科学研究表明,如果采取积极科学的腐蚀控制措施,每年至少可减少 30% 的腐蚀损失,即 6000 亿元,相当于节约 6000 万 t 标准煤的能源消耗。同时,腐蚀控制还可减少废弃物排放,延长设备使用寿命,是非常便捷有效的节能减排措施。

采取适当的腐蚀控制措施能够减缓腐蚀发生的速度,同时也就能够延长材料和产品的寿命。腐蚀控制的效果与腐蚀控制的投入是相关的,并不是投入越多,损失越小,而是在一个此消彼长的叠加区才能达到最佳的经济效益。图 12 - 6 是腐蚀损失与腐蚀控制费用的策略示意。

由于经济在发展,社会财富的总额也在累积,而腐蚀却在时时刻刻、无声无息地吞噬着这些存量的社会财富,人类的财富在悄然缩水。由于腐蚀损失

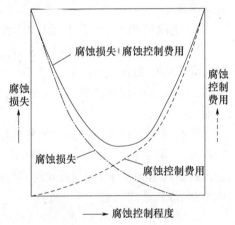

图 12 - 6　腐蚀控制策略示意

数量惊人,腐蚀控制能够减少的损失也极其巨大,因此腐蚀防护也就是一个具有广阔市场容量和前景的产业。

腐蚀控制是一项长期、持续改进的系统工程,涉及产品论证、设计、材料选择、制造、运输、贮存、使用以及维护保养等全寿命周期的各个环节。因此,应当在全寿命周期内贯彻和体现积极的腐蚀预防与控制理念,建立贯穿产品全寿命周期的先进的腐蚀控制与防护体系,满足产品安全、高性能和长寿命设计要求,才能确保产品能够最大限度地发挥其功能性能,实现长寿命工作周期。

腐蚀控制主要包括耐蚀材料开发、表面处理与电镀、涂料涂装、电化学保护、防锈封存与包装以及维护维修等。这些腐蚀防护产业分别处于产品寿命周期的不同阶段,其防护的机制不尽相同,但其目的都是为了延缓腐蚀的发生。这些防

护手段和措施综合应用,才能实现尽可能延长产品寿命期的目标。

腐蚀控制产业的最大功能优势在于,以防腐蚀技术和措施可挽回因腐蚀造成的损失。目前,我国防腐蚀产业的服务对象从原来的集中在石油、化工行业,扩展到电力、船舶、桥梁、冶金、公路交通、水利、食品、医药、航空航天、国防、燃气、供水等各行各业,从陆上到海上,从地上到地下,从民用到军用,从国内到国外,都有用武之地。

先进腐蚀控制技术是相对于普通、常规的防护技术而言的。先进腐蚀控制技术是为了解决特定行业、特殊环境的腐蚀防护而开发的技术,是能够解决某些行业急需的重大关键技术,其一旦突破,就可能为该行业的发展带来巨大的经济效益或社会效益。

12.8.2 先进耐蚀材料开发

耐蚀材料是指耐腐蚀性相对于现有材料更好的材料。耐蚀材料中金属类居多。一种新型耐蚀材料的研制成功,通常会给一个产业链带来巨大的经济效益。

一种产品的生产制造,首要的就是选择构成产品的材料,同样的产品可以选择多种不同的材料,其成本可能存在巨大的差异。采用耐蚀材料,虽然会提高产品总的材料成本,但却可以降低表面处理、涂料涂装、维护维修、售后服务、停机待机等环节的费用,总体成本可能不会增加甚至可能会大幅降低。另外,选用耐蚀材料,不但首先保证了产品有更长的使用寿命,同时还可以降低对资源耗费和对环境的影响。

例如,为了防止因油轮货舱底部的腐蚀导致原油泄漏引发重大事故,从1999 年开始,日本造船协会组织成立了包括研究所、船级社、船东、造船企业和钢铁生产商等在内的技术研究小组,对原油油船的腐蚀行为进行详细研究,通过揭示原油油舱内上甲板和货油舱底板的腐蚀产生机理以及腐蚀过程,建立了原油油舱仿真测试方法。基于该研究成果,日本各钢铁生产商开始研发新型的原油船耐蚀钢,并获得了工程应用。表 12 - 18 为日本研发的新型原油船耐蚀钢的用途及性能特点概况。

表 12 - 18　日本研发的新型原油船耐蚀钢

生产厂	牌号	质量等级	用途	性能特点
新日铁住友金属	NSGP - 1	AH32	原油运输船和巨型油船	耐蚀性约为传统钢板的 5 倍,可以省却为了防止腐蚀而进行的涂装工序,既提高船舶安全性又环保。通过 2.5 年实船试验,最大腐蚀坑仅为 2.8mm,而传统钢板的腐蚀坑深度达 6.3mm

生产厂	牌号	质量等级	用途	性能特点
新日铁住友金属	SMICORE	DH32 级	甲板和底板	在原油罐上甲板部位,钢板厚度的减少量为传统钢板的 60% 左右;在底板部位,没有发生深度超过 2mm 的孔蚀,孔蚀深度为传统钢板孔蚀深度的 25% ~60%
JFE 公司	JFE - SIP - OT	DH36	船板	在原油舱腐蚀环境下的腐蚀速率仅为传统钢板的 1/7,并且可提高涂漆钢板的耐蚀性,涂漆钢板的点腐蚀深度仅为传统涂漆钢板的 65%
神户制钢	—	AH32	原油仓	针对原油中单质硫和原油中含有低 pH 值氯化物溶液这两个原油舱的主要腐蚀因素,在钢中添加合金元素,使钢在原油腐蚀环境下,表面生成的腐蚀产物成为稳定的保护膜,防止硫与钢材基体接触,起到抑制腐蚀反应的作用。钢的成分还可提高点腐蚀坑内液体的 pH 值,减缓阴极反应速度,起到抑制点腐蚀的作用。在硫腐蚀下的点腐蚀速率仅为传统钢的 1/4,在低 pH 值氯化物溶液下的点腐蚀速率仅为传统钢的 1/5

因此,应当在满足功能、性能的前提下,综合考虑经济可承受性,从源头开始,提倡优先选用综合性能优良的耐蚀材料,特别是那些材料用量巨大的大型设备和基础设施,如舰船、飞机、车辆、工程装备、桥梁、集输油/气/水管道、高速公路等行业。如油船货油舱用钢量占油船用钢总量的 30% ~40%,从我国油船年用钢情况看,货油舱用钢量每年应在 200 万 t 左右。耐蚀钢以其高效的防腐蚀效果、施工方便、维修成本低、无或低环境污染的优势,逐渐降低涂料防腐成本,将成为油船防腐蚀的主流是必然趋势。我国的钢铁、造船相关行业应进一步紧密合作,共同开发,加快推进原油船货油舱耐蚀钢的研发和应用研究,尽快投入工程实际应用,使其成为新的经济增长点。

12.8.3　先进功能涂层

涂料最初是为了防止腐蚀和装饰而发展起来的一项技术,目前已成为一个庞大的产业,而且是产量、用量最大,用途最广泛的防腐蚀产业,如图 12 - 7 所示。2015 年,我国涂料总产量达 1710.82 万 t,销售额达 4142.2 亿元,位居全球首位,其中推动防腐涂料行业不断增长的动力除来自钢结构、桥梁、船舶、石油炼化装备等传统产业外,更有海洋工程、新能源装备等各种新兴产业的崛起所带来的全新市场需求。同时,环保法规的日趋严格和健全也不断引领着我国防腐涂料产品体系的升级换代,从而创造了新的市场发展空间和机遇。

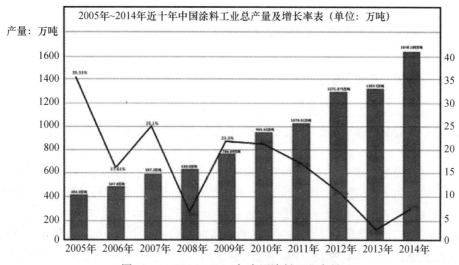

图 12-7　2005~2014 年中国涂料工业产量

功能涂层,则是同时具备一定特殊功能的涂料。例如美国空军研究实验室材料和制造部门资助 IBC 材料和技术有限公司为导弹发射器开发出一种新的涂层,这种新型纳米陶瓷涂层可以使导弹发射器的耐腐蚀和耐磨性能提高 10 倍以上,可以用于 F-15、F-16、F-18 和其他飞机平台上的 LAU-12X 先进中程空对空导弹(AMRAAM)发射器。

在海洋环境中使用金属,腐蚀始终是一个重要的问题。因为形成腐蚀电池,清洁光滑的表面将很快凹凸不平,在恶劣的海洋环境下,小面积的腐蚀将迅速扩展,使得整个组件的能力受损。软保护系统,如油脂和抗腐蚀涂料,会迅速被降解,甚至完全被消耗,因此硬保护涂层可能更加有用。深海及海底环境是机械部件工作极其严酷的环境,在那里,盐水以及砂等粗糙颗粒的腐蚀效应加上在压力下工作的挑战,保持工程部件润滑及其寿命就成为广泛关注的话题。特别是在石油和天然气工业中,投资非常高,一个设备上的单一部件失效会产生数百万美元的损失。很明显,这是一个只有通过目前所能提供的最好的现代技术来保护部件使其达到最高质量才能满足需求的行业。美国研发的 Hardide 纳米涂层大大提高了钢铁及其他材料表面承受严酷的海底环境的能力。这种新型涂层技术采用化学气相沉积(CVD),在表面结晶钨/碳化钨。测试结果表明,该涂层硬度是硬铬镀层的 12 倍、高速氧燃料(HVOF)涂层的 4 倍。Hardide 涂层比铬的光泽要差,但实际上更致密更不透水。将其应用于海底设备上,能够承受磨损且抗腐蚀,即使是在海底的高压环境下,相比于老式涂层技术,该涂层具有更高的抗腐蚀,纳米技术涂层提高在恶劣海洋环境中的使用寿命。Hardide 涂层通常只有 $50\mu m$ 厚,但其耐磨程度相当于厚得多的其他涂层。这意味着精密部件可以保持更真实的规定尺寸和工程公差。

12.8.4 新型高效电化学保护

电化学保护除了海/淡水中的船舶、埋地和水下管道,还广泛用于港口码头的钢桩及混凝土基础、桥梁、化工容器、热交换器、埋地电缆的金属护套及海洋平台等。

港湾设施种类繁多,有固定式结构,如钢板桩和钢管桩建造的码头岸壁、栈桥码头以及船坞、闸门等;也有浮动式结构,如趸船、浮船坞、浮鼓等。这些钢结构设施在长达数十年的设计使用寿命期间遭受水介质和潮湿大气的腐蚀,尤其是在海洋环境下的腐蚀,其平均腐蚀速率高达 $0.3 \sim 0.4mm/$年,局部腐蚀速率达到 $1mm/$年,使钢桩穿孔,甚至断裂,严重影响到它们的安全使用。采用阴极保护或者与涂料一起进行联合保护是港湾设施防腐蚀最常采用的手段。受阴极保护的钢结构的腐蚀速率可降低到 $0.02mm/$年以下,使用寿命延长一倍以上,所需的阴极保护费用仅为这些设施总造价的 $2\% \sim 5\%$,因而非常经济。

传统的牺牲阳极保护方法,虽然用途广泛,但也存在着需要消耗大量金属阳极的问题。如某远洋集装箱船仅营运了 $6 \sim 7$ 年,压载水舱已经发现约有 5%的涂层剥落,并伴随有坑蚀现象,同时发现局部部位发生穿孔泄漏。为了抑制该船压载水舱的进一步腐蚀,采用了铝合金牺牲阳极保护。经计算,需要安装 230 块铝阳极,每块重 32kg,合计总重达 7360kg,设计使用寿命为 15 年。由此可见,阳极金属材料的消耗量惊人。另外一个问题是,如此重量的阳极材料的安装,不但降低了船舶的有效载重,对商业船舶来讲,势必给船方造成巨大的经济损失;而对军舰来讲,则降低了舰船航速、减少了弹药或后勤补给物资的装载量。因此,开发更加高效的电化学保护技术,特别是高效牺牲阳极材料,是电化学保护的重大关键技术。

12.8.5 先进阻蚀密封技术

金属材料的腐蚀主要源于环境中的水分及污染介质,因此,只要阻断金属材料与水分和污染物的直接接触,就可以降低发生电化学腐蚀的机会,达到控制腐蚀的目的。开发应用耐湿热、抗盐雾涂料兼具有防潮拒水、高柔韧性、"三防"涂层是最佳解决方案;结构孔和缝隙采用具有较强的渗透性的渗透型缓蚀剂,可以进入极小的缝隙和孔内,将结构表面的水分和盐分置换出来,并覆盖一层具有防腐蚀作用的膜层,增强抗腐蚀能力。

例如,美国海军金属加工中心正在研发一种性价比更高、寿命更长的电化学腐蚀保护方案,用以解决海军舰船上不同金属连接处发生的电腐蚀,方法是将一种隔离材料整体应用在海军特定的合金紧固件上。目前防范不同金属间电气连接的隔离套筒由于装配失误和缺陷容易遭受破坏,该研究选择一种耐用性更高的商用材料直接应用到紧固件的制造过程中并满足海军所制定的要求。预计项目成果将解决 6 艘 LPD 17"圣安东尼奥"级船坞登陆舰法兰装配中发生的电化学腐蚀问题,这些法兰主要用于 LPD 17 中钛制海水管路系统的装配,预计该项目将降低 LPD 17 全寿命周期中潜在的腐蚀问题所引起的维修成本。等待进一步研发和验证的隔离材料预计将为 LPD 17 钛制管路系统节约 30% 的维修成本,目前该管路未来五年的维修成本预计将不低于 120 万美元,而再下一个五年将增长到 410 万美元。综合项目小组成员包括海上系统司令部腐蚀控制小组(NAVSEA 05P2)、海军水面作战中心卡德洛克分部、海面威胁作战项目执行办公室(PMS 470)以及美国海军金属加工中心。目前项目组正在对套有隔离材料的紧固件进行力学性能测试以及对隔离材料进行局部测试,最后测试结果将提供给 NAVSEA 05P2 编写材料选择信息文档和采购规范。最后,美国海军金属加工中心将修改 LPD 17 钛制管路中套有隔离材料的紧固件的安装顺序,在 2015 财年的第二季度 LPD 维修周期到来时在日本佐世保美国海军基地首次应用该项目成果。

12.8.6　超疏水材料及超疏水化处理技术

通过改变材料的表面自由能和表面粗糙度获得的新型材料,灵感来自于自然界中的荷叶。因为水滴在荷叶上形成一个球形,而不是铺展开来,像这样的表面,就是"超疏水表面"。超疏水表面可以有效地防止水沾染和润湿,并且表面的灰尘、杂质也会被雨水带走。

超疏水表面具有自清洁、非润湿、防污及防生物附着等优异特性。超疏水表面用于金属防腐,是基于超疏水表面可以将金属基材与腐蚀介质隔离开,防止金属基材发生腐蚀。超疏水膜层能应用于金属防腐蚀领域,主要与其可以屏蔽腐蚀介质有关。

近 20 年来,仿荷叶的人造超疏水表面不断涌现。然而,这项技术由于种种限制,一直未能大规模地应用。现有的很多超疏水表面,都容易被油污染失去超疏水性。

对于超疏水涂层的研究,目前大多局限于超疏水涂层的自清洁、非润湿防污及防生物附着性能,对其环境耐久性及自修复性则研究较少,而环境耐久性和自修复性对于超疏水涂层的工程应用相当重要。铝、镁等轻合金作为工程结构材料,常用于航天、汽车等领域,使用环境苛刻,经常会受到摩擦等。因此,超疏水涂层想要用于铝、镁等轻合金上,不仅要具有优良的防腐蚀性能,还要求具有一定的环境耐久性和自修复性。

在超疏水领域里,还有一个重要的问题——强度问题。由于超疏水表面依托于微米/纳米量级的微观结构,这种结构极易磨损,从而导致超疏水表面有着"不结实"的弱点。英国伦敦大学学院在《科学》杂志发表的研究成果提出,在黏胶上喷涂超疏水涂料的方法可以有效改善超疏水涂料易磨损的弱点,将超疏水领域的"脆弱"的弱点交给更加成熟的黏胶技术去克服。在具体的生产实践中,无论是大到挖掘机防水,还是小到自家涂墙,都可以根据需要选择属于自己的胶去做"中介"。换言之,胶有多给力,超疏水表面就有多给力。并且,相比于直接喷涂结实的超疏水涂层,这种两步法(胶+涂料)更加安全灵活。安全性体现在,如果不小心直接把超疏水涂料喷在皮肤上,拿个纸巾就可以擦掉;灵活性体现在,可以根据具体情况,选取合适的胶,进而调整超疏水涂层的强度。天然气、石油管道内壁表面涂上超疏水分子膜,能够防止管道腐蚀,提高油气的传输效率。将其涂在远洋轮船船底,可以防污、防腐。由于其防水、防腐蚀、抗菌的特殊效果,如今已经成为国际热门的研究领域,可以在环保、工业、医疗等各种领域大展身手。

12.8.7 石墨烯涂层技术

石墨烯具有优异的热性能、力学性能以及电学性能,目前已成为全世界的关注焦点与研究热点。石墨烯用于涂料中可制备纯石墨烯涂料和石墨烯复合涂料,前者主要是指纯石墨烯在金属表面发挥防腐蚀、导电等作用的功能涂料;后者主要是指石墨烯首先与聚合物树脂复合,然后以复合材料制备功能涂料。石墨烯可显著提升聚合物的性能,因此石墨烯复合涂料成为石墨烯的重要应用研究领域。

石墨烯是迄今为止发现的力学性能最好的材料之一,添加石墨烯到各种功能涂料中都能很大程度提高涂膜的力学性能。石墨烯材料在电子、光学、磁学、生物学、传感器、储能、催化等领域表现出了其独特的功能和作用。其所具备的各种突出的物理、化学性质也引起了涂料领域技术专家、大学和科研院所对石墨烯材料在涂料中的应用这一课题的普遍关注,并由此开展了深入系统的研究工作。

石墨烯的共轭结构导致其与水、有机溶剂以及聚合物的相容性较差,因而增加了其在涂料领域中的应用难度。为解决该问题,可在制备石墨烯的过程中先进行功能化改性,再按需要进行还原。石墨烯经功能化改性后既保留了原有性质,还附带了改性基团的反应活性,能有效提高石墨烯在涂料体系中的分散性、相容性,甚至可赋予涂料体系某种特殊功能,因此石墨烯的功能化改性是其在涂料领域应用中必不可少的重要一环。

石墨烯的共轭结构使之具有很高的电子迁移率和优异的电学性能,这是人们最希望可以利用的性能。传统的导电涂料通过加入导电性物质作为添加剂来达到涂膜导电的目的,导电性添加剂通常为金属或金属氧化物颗粒(如银粉、铜粉、氧化锌等),以应用较为广泛的银粉为例,其用量、粒径和形态都对涂料的导电性能有很大影响。相比银粉,石墨烯除了有很好的导电性能外,还具备优异的力学性能及热性能,是极佳的导电涂料添加剂。

研究认为:带有大量含含氧基团的功能化石墨烯,它与树脂、高分子材料的结合力强,极其适合作补强材料或功能化材料。目前石墨烯的应用方式多数是将石墨烯作为功能性填料进行添加,由此带来一个关键问题是如何解决石墨烯的分散稳定性难题,需要对石墨烯进行改性。研究表明,经化学改性的石墨烯和氧化石墨烯的表面具有丰富的官能团(羟基、羧基、环氧基),可以在聚合物机体中实现纳米级分散,从而有效地赋予和改善了聚合物的性能。石墨烯另一个应用方式是通过有机/无机复合的方法制备成石墨烯复合材料,实现石墨烯的稳定分散及其特种功能的发挥。

研究人员通过机械的方法将多层石墨烯转移到金属镍的表面,然后采用电化学方法来观察其缓蚀情况。结果表明:带多层石墨烯涂层的镍腐蚀速度比裸镍的腐蚀速度慢 20 倍,而带 4 层金属石墨烯涂层的金属镍腐蚀速度比裸镍要慢 4 倍。石墨烯涂层相当薄,但是其防腐蚀作用至少与 5 层传统的有机涂料相当。基于这样的实践基础,研究石墨烯对金属腐蚀的保护作用成为了涂料领域技术研发的一个重要方向。

将石墨烯作为填料填充到环氧树脂涂料中,通过涂膜附着力测试、浸泡实验测试、塔菲尔极化曲线测试等方法来探究了涂层的防腐性能。结果表明,石墨烯的加入有效提高了涂层的防腐性能。石墨烯良好的防腐性能主要来自于其优良的导电性、独特的二维片层结构,以及其表面疏水等特性。利用石墨烯的高硬度、高强度、高韧性、高透明性可制备用于汽车、家具、地板、文物等领域的保护涂料,并有望获得具有抗划伤以及轻微划伤自修复功能的涂膜。

将石墨烯添加到导电涂料、防腐涂料、阻燃涂料等涂料体系后涂料的综合性能大幅提高,如所需涂层厚度降低,涂层附着力、耐磨性增加,尤其是在导电涂料、环氧富锌涂料(耐盐雾可达 2500 h)、水性防腐涂料(耐盐雾提升超过 30%)中具有突出的性能表现。石墨烯所具有的独特性能使其在各个领域都展现了巨大的潜力与应用前景,目前已成为国内外科研的热点。

12.8.8　先进海洋工程装备防护技术

进入 21 世纪,海洋成为世界政治、经济、军事竞争的制高点,没有先进的海洋科学技术,不能实现海洋安全、维护海洋权益,就不能实现国家的真正强大。以最大限度利用海洋为目的的海洋科学研究、海洋技术开发等已上升到各国最高层次的战略性规划与决策范畴。

海洋工程设施包括桥梁、港口、码头、通信台站、海底线缆、输油管道、海洋石油平台、海上风电、滨/临海机场等,其中95%以上是钢结构和钢筋混凝土结构。海洋环境是各类装备面临的最严酷的腐蚀环境,海洋装备面临的环境包括海洋大气环境、海水环境、海底环境,存在各种复杂类型的严重腐蚀问题。因此,海洋工程装备腐蚀防护更加复杂,在各部位的腐蚀保护中,海底泥土区和海水全浸区应以电化学保护为主,海水潮差区和浪花飞溅区应以复层矿脂包覆防腐技术为主,而海洋大气区以使用成熟的涂层技术进行保护为主。

2010 年《国务院关于加快培育和发展战略性新兴产业的决定》明确将海洋工程装备产业纳入重点培育和发展的战略性新兴产业。2011 年,国家发改委、科技部、工信部和能源局发布《海洋工程装备产业创新发展战略(2011 – 2020)》,目标是贯彻落实国务院加快培育发展战略性新兴产业的精神,增强海洋工程装备产业的创新能力和国际竞争力,推动海洋资源开发和海洋工程装备产业创新、持续、协调发展,同时工信部出台了《海洋工程装备业中长期发展规划》。

国家对海洋工程装备产业的重视度不断提高,为海洋工程装备腐蚀防护产业创造了全新的市场发展空间,例如,深海设施长效防腐及防护技术已被列为《海洋工程装备产业创新发展战略(2011 – 2020)》战略重点中制约我国海洋工程装备自主创新能力的关键技术之一。

实践证明,腐蚀问题已成为决定海洋工程装备服役寿命长短的关键因素,其腐蚀防护与控制是一项相当复杂的系统工程,亟需加强先进高性能防护技术的开发与应用,全面提高海洋工程装备服役使用寿命。

12.8.9　先进环境友好型腐蚀控制技术

腐蚀控制工作贯穿产品全寿命周期,采用的腐蚀控制技术也非常多,令人遗憾的是有部分防腐蚀效果非常好的技术却对人身健康及环境有极大的危害,主要包括含铬电镀、氰化物电镀、铬酸盐表面处理、亚硝酸盐防锈等。由于铬、镉、亚硝酸盐对人体有致癌作用,而氰化物是剧毒物,这些物质在表面处理、电镀作业生产中对现场生产人员有伤害,而生产后的废水废物排放则会污染水体和土壤,进而危害人类的健康。

先进环境友好型腐蚀控制技术包括研发新型无铬电镀、无氰电镀、无铬酸盐处理技术、无亚硝酸盐防锈剂,避免含铬、含镉、氰化物、铬酸盐、亚硝酸盐废水排放;研发新型水性涂料、水性防锈剂、水基金属清洗剂,减少有机溶剂的使用,降低有机溶剂挥发对空气的污染;研发水性切削液,减少机油用量,节约成本;研发低磷酸盐清洗剂,减少含磷酸盐废水排放导致的水体富营养化;研发不含亚硝基的高效环保型的防锈包装材料,避免有毒气相防锈剂挥发对人体健康和环境的危害;研发新型无害防锈颜料,以及应用于重防腐涂料的无毒缓蚀剂等。

总之,腐蚀控制是一项系统工程,不但关系到产品能否正常发挥其功能性能,同时也关系其使用寿命的长短。随着各种工业活动对环境影响的加剧,在学术界、非政府组织和各级政府的共同努力下,世界各国日益重视环境保护和环境安全,可持续发展观逐渐深入人心。这就要求材料及产品在研制、生产、维护维修、使用、销毁的整个周期过程中,应当采用绿色环保的材料,尽可能减少对环境的影响,特别是要减少环境恢复的成本费用,以及对装备操作和使用人员的身体健康的损害。从大的方面来讲,世界未来的发展趋势目前已经从原来考虑环境对材料及产品的影响,改变到产品对环境的影响上来。因此,积极大力开发环境友好型腐蚀防护技术是整个腐蚀控制行业未来的发展方向。

12.8.10 美国腐蚀工程师协会腐蚀防护技术创新奖

美国腐蚀工程师协会(NACE)成立于 1943 年,目前已成为一个国际性的腐蚀组织。该协会从一成立就建立了一套完整的组织和管理体系,其中最具特色的一年一度的年会充分反映了其工作效率、效果和效益的最完美的统一以及其对国际腐蚀控制行业的技术进步与创新所起到的推动作用。NACE 年会内容极其丰富,主要包括技术专题报告会、技术委员会会议、展览会、特殊演讲会、国际腐蚀论坛会等。例如,NACE 技术委员会会议由各个分技术委员会讨论和制定当前的腐蚀对策、发展动向、标准制修订任务、重大项目的技术创新和进步等问题。年会期间的各类会议,都注重新技术的开发研究,同时又抓住方向性的东西。每个技术委员会都要制定本专业的主攻课题,有关分组根据各自的情况,围绕着研究课题、技术研讨、论文报告、标准制修订等内容进行讨论,发表意见并制定各年度计划。NACE 年会犹如腐蚀界的奥林匹克盛会。

美国腐蚀工程师协会十分注重发挥各方面的作用,尤其是注重发挥各分支机构、技术委员会的作用,各部门的工作相对独立,而又非常出色。由于技术委员会团组涉及各工业领域,其分会组织又分布世界各国,因此其活动内容覆盖了方方面面,世界各地都有 NACE 的培训、工程师论证、定期和不定期的各种技术交流会、信息发布会等。NACE 就像一部发动机,有力地推动着国际腐蚀控制工作的进程,为广大腐蚀控制工作者提供了技术创新的平台,大大促进了腐蚀控制技术经济的进步。

2014 年 7 月,美国《材料性能》杂志邀请在世界各地进行腐蚀控制的行业——包括个人、公司、组织和政府机构——提名第三届腐蚀(防护技术)年度创新奖的候选项目。建立年度奖计划的目的是为美国腐蚀工程师协会的国际成员和客户提供一个机会以展示他们减轻和减缓腐蚀的技术,并得到行业的认可,只有当今最具创新的技术才能获此殊荣。

腐蚀控制行业总共提名 21 个创新项目,代表了在涂层、阴极保护、材料和设计、仪器设备、测试、完整性评价、化学处理以及其他腐蚀防护和减轻技术方面所取得的突破性进展。最终评选出了 8 个腐蚀防护技术创新奖,都是这方面前沿技术的领先者。

1. 活性环氧富锌底漆

有机富锌涂层系统中,锌阳极使用非常细的锌粉作为涂层薄膜中的添加剂。但由于需要大量锌粉才能得到较高的防腐蚀保护性能,所以常常会对涂层的力学和粘接性能产生不利影响。因而,有机富锌底漆的配方对于整个涂层系统的阴极保护(CP)所提供的腐蚀防护是否成功,就是一个非常关键的因素。研究小组发现了一种组合锌粉、空心玻璃珠和专利活化剂的新技术。已证实在有机富锌底漆中锌的活化能够大大改善钢的阴极保护性能,而空心玻璃珠的应用还改善了涂层膜的阻隔和抗裂纹性能。此技术使用的锌粉量较少,从而提高了涂层的力学性能。此外,玻璃珠还作为一个平面以形成不溶解的锌、氧、和氯化物的复合物而产生抑制效应。活化的富锌有机底漆提供独特的腐蚀保护产品,与现有有机富锌底漆相比较,它综合了氯离子抑制、水渗透性低以及更高的抗裂纹性能。

2. 氧化铝奥氏体合金族

氧化铝形成的奥氏体不锈钢是一种新的高温合金族,能在许多工业环境下提供优异的高温抗腐蚀性能。氧化铝奥氏体不锈钢在提供其独特优异的高温抗腐蚀性能的同时,还保证奥氏体形成范围内的抗蠕变强度,并且不牺牲传统高温不锈钢的低成本、优良成型性能和焊接性能。其杰出的抗腐蚀性能是因为形成了氧化铝表面保护层,比传统的氧化铬不锈钢(并且在某些情况下还比镍基合金不锈钢)能用于更高温度,并且使用时间更长。氧化铝奥氏体不锈钢的这些独特属性是许多发电、化工和制造业特别需要的,在这些行业中使用更耐高温和寿命更长的材料可以显著降低成本和节约能源,并能降低环境污染排放。氧化铝奥氏体合金族是根据五项美国专利(2010 到 2014 年发布的),并包括几种锻造、碳化物的加强级不锈钢。

3. 易安可陶瓷涂层

易安可是一种双组分、直接喷涂应用型涂料,使酸碱材料化合而在室温下生成陶瓷层。此技术对碳钢提供了最高级别的防腐蚀性能。涂料在有碱性无机盐的情况下与钢形成磷酸盐,并建立起一层磷酸镁铁非晶体层。此磷酸镁铁屏障层与钢形成化学键结合,具有很高的抗腐蚀性能,并且是永久性的。在此惰性层的上面是陶瓷层,构成了几乎是彻底的腐蚀抑制涂层。即使在不可能发生的陶瓷层和惰性层都裂透了并发生腐蚀点的情况下,此涂料也能提供自我修复性能,陶瓷层会向金属表面持续渗出磷酸盐。此磷酸盐将通过与任何氧化铁结合形成阻止腐蚀的磷酸铁以及其作为一种催化剂建立起某种形式的羟基氧化铁的方式来终止和防止进一步腐蚀。如果在钢表面形成了六方纤铁矿,即建立起了一层屏障,以几个数量级的幅度来降低进一步腐蚀的速度。

4. 便携式阴极保护检测断流器

MicroMax GPS300 是美国创新公司最新一代便携式全球定位同步断流器,设计专门用于阴极保护检测,其最首要的特点是使用简单。可用简单明了的内置键盘或者通过 USB 接口进行编程。用户可存储和使用多达 9 个不同的断流配置。易于使用的特性极大降低了编程误差以及准备和安装时间,让用户有充分时间去做检测和收集数据的实际工作。此外,MicroMax GPS300 的优点还包括:编程简单(用内置键盘或通过 USB 接口);坚固耐用(能承受最极端的处理和气候条件);易于安装在内部的小型整流器;电源可靠(可使用直流或交流电源或者普通整流器电源);使用灵活(能适应任何断流计划,如连续、每天、定时以及干预模式,创新公司独有的干预模式能帮助操作人员确定每个阴极保护源对自己或其他操作员正进行测试结构的影响);设计制造巧妙,能防止交流零电压干扰开关的断流同步(这就减少了整流器和断流开关元件的压力,降低了整流器和固态继电器失效的可能性);兼容性(能与现有的 MicroMax 断流器、AI 的 RM4010 和 RM4150 遥控监测器和其他基于全球定位系统的断流器共同工作);扩充性(能与 Allegro 现场数据计算机、Bullhorn 遥控监测系统、管道顺从系统等进行无缝连接);以及符合规范要求(GPS300 的综合功能确保操作员能遵照美国运输部法规的要求)。

5. 检测管内腐蚀机器人

结构完整性公司与战略合作伙伴迪亚康特(Diakont)公司合作开发出了新颖的脉动电涡流传感器(SIPEC),并将此传感器与机器人管内检测(R – ILI)装置结合在一起。这种传感器相对于可比技术有若干优势,包括提高了空间分辨率和改善了信噪比。SIPEC 脉动电涡流传感器还能在运动过程中获取数据。

SIPEC 的运载工具是迪亚康特公司的 RODIS R – ILI(机器人管内检测)履带爬行装置。RODIS 机器人爬行装置配置有双履带以便在水平面上爬行,还有一个头部单履带可延伸到顶住管道内壁,以保持爬行装置的稳定性。头部单履带还提供必需的附着力,以便将爬行器牢牢固定在管内位置上,进行较复杂几何配置管道的检测。RODIS 机器人爬行装置利用坚固的牵引系统,能用来检测普通管内检测装置不能到达的管内位置和很难或不可能直接进入的管道内表面(包括内部腐蚀和有衬里的管道)。此技术能评价管道内部或外部的腐蚀,传感器不必直接接触管道表面(传感器离开表面距离达 15.8 mm),特别适用于检测有衬里的、腐蚀严重的或者有结垢的管道。

6. 兆赫兹腐蚀/涂层测量仪腐蚀

应用研究和光电(ARP)公司的兆赫兹测量仪用于测量腐蚀,以及工业和商业涂层厚度。这种无损、无接触的测量方法能检测涂层下的腐蚀特性和/或涂层厚度,工作原理是用兆赫兹射线(T – 射线)探测涂层系统,并利用不同成分涂层在特定入射角度下,入射光与相干和漫反射光的干涉光谱图,作为延迟时间响应的函数。分析干涉光谱图和干涉峰值的位置,加上某些经验模型,就可导出特定涂层的厚度。

7. 试样管交流/直流测试站

TRITON 是首个供应市场的试样管测试站,提供技术可靠的交流和直流试样管,结构上独立的装置易于安装在任意试验位置。每一项性能,从重载试验开关到粘接锌阳极终端,都设计为使 TRITON 测试站耐用、易于安装和使用。清晰标明的面板使现场测试更容易。凹进式香蕉插头终端能防止意外接触带电管线。重载军用标准分离开关提供持久耐用连接。一个 $1cm^2$ 试样管适于精确测量交流电流密度。一个 $100 cm^2$ 试样管适于测量"接通"和"瞬时断开"电势。一个 $100cm^2$ 本地试样管适于测量真实的"本地"电势。自定义的外部标记易于现场识别。设计的固定式铜/硫酸铜参比电极能测量"无电阻"试样管电势。预安装的 6 AWG 美标电缆初级管线连接和搭铁线能迅速连接锌阳极或其他交流电耗装置。预安装的 10AWG 美标次级电缆连接用于测试"接通"管线的电势。

8. 阴极保护远距离监控器

监视装置 SentraLink 阴极保护监控系统是一项突破性的设计概念,即远距离监控阴极保护(CP)应用。有许多远距离现场需要采集阴极保护数据,以及其他专用传感器(压力、水箱水位、应变计、腐蚀探测器、瓦斯探测等)所生成的数据。监视装置 SentraLink 阴极保护监控系统综合两个电压测量输入值以测量阴极保护数值(整流电压、整流电流、结构对地电势),带两个传感器输入通道。每一个传感器输入通道可用于双芯或三芯电缆配置中的 4 ~ 20mA、0 ~ 5V 或 0 ~

326

10V 传感器。SentraLink 阴极保护监控系统向传感器提供一个 24V 激励信号，激励信号的持续时间是可编程的，以便适应任意传感器。SentraLink 阴极保护监控系统的现场应用包括现场监控（监视套管整流电压、整流电流以及水箱和废水箱的液面高度）；储气罐监控（监控整流器或管道对地电势和压力）；以及测试站和套管交叉口监控，特别是将电势测量和腐蚀速度测量（来自 ER 或 LRP 探测器）相互用于管道完整性管理时。

参 考 文 献

[1] 杨武等译.R·温斯顿·里维. 尤利格腐蚀手册[M]（原著第 2 版,中译本）. 北京:化学工业出版社,2005.

[2] 文邦伟. 日本自然环境试验概况[J]. 表面技术,2003,32(5):5.

[3] 文邦伟,胥泽奇. 外军装备环境适应性典型案例[J]. 装备环境工程,2005,2(3).

[4] 文邦伟. 美军对有效利用现有腐蚀数据存量的再认识[J]. 装备质量,2005(4).

[5] 文邦伟. 美国政府腐蚀技术报告资源[J]. 装备质量,2005(5).

[6] 汪学华. 自然环境试验技术[M]. 北京:航空工业出版社,2003.

[7] 柯伟. 中国腐蚀调查报告[M]. 北京:化学工业出版社,2003.

[8] 刘道新. 材料的腐蚀与防护[M]. 西安:西北工业大学出版社,2006.

[9] 王振尧,于国才,韩薇. 我国自然环境大气腐蚀性调查[J]. 腐蚀与防护, 2003,24(8).

[10] 中国腐蚀与防护网,http//www. ecorr. org.

[11] 曹楚南. 中国材料的自然环境腐蚀[M]. 北京:化学工业出版社,2005.

[12] 宋太亮,等. 装备保障使能技术[M]. 北京:国防工业出版社,2013.

[13] 张伦武. 国防大气环境试验站网建设及试验与评价技术研究[D]. 天津:天津大学,2008.

[14] DoD Corrosion Prevention and Control Integrated Product Team, Proposed Method and Structure for Determining the Cost of Corrosion for the Department of Defense, August 2004.

[15] General Accounting Office Report Entitled "Defense Management: Opportunities to Reduce Corrosion Costs and Increase Readiness", GAO – 03 – 753, July 2003.

[16] David H Rose, George A Matzkanin. Improved Access to Corrosion Research Will Reduce Total Ownership Costs. The AMPTIAC Quarterly, Volume 7, Number 4, Dec 2003.

[17] GB/T 19292. 1 – 2003/ISO 9223:1992《金属和合金的腐蚀 大气腐蚀性 分类》.

[18] CC Technologies Laboratories, Inc. to Federal Highway Administration (FHWA), Office of Infrastructure Research and Development. FHWA funds Cost of Corrosion Study. CORROSION COSTS AND PREVENTIVE STRATEGIES IN THE UNITED STATES—APPENDIX BB DEFENSE. Report FHWA – RD – 01 – 156, September 2001.

[19] United States General Accounting Office. DEFENSE MANAGEMENT Opportunities to Reduce Corrosion Costs and Increase Readiness. GAO – 03 – 753, July 2003.

[20] United States General Accounting Office. DEFENSE MANAGEMENT Additional Measures to Reduce Corrosion of Prepositioned Military Assets Could Achieve Cost Savings. GAO – 06 – 709, June 2006.

第13章　绿色装备发展

13.1　绿色装备及其发展现状

随着环境污染的日益严重和不可再生资源的日渐枯竭,可持续发展思想广泛传播,资源节约和环境保护已日益引起人们的重视。绿色作为一种理念已逐渐普及于生产生活中,如绿色家电、绿色食品、绿色建筑等,在满足需要的同时,减少了环境污染,节约了资源。装备建设是国防事业发展的重要组成部分,走绿色发展道路有利于促进军事、环境和经济的协调发展。

13.1.1　绿色装备的定义及内涵

传统武器装备在制造、使用及销毁时,都会对环境及人体产生危害,并且具有空间上的迁移性和时间上的延续性。研究武器装备的绿色化有利于从源头控制军事环境污染,节约资源能源,节省军费开支,有效地促进军事、环境、经济的可持续发展。

绿色装备又称环保装备,是指借用"绿色环保"的概念,在装备全寿命周期内,在满足军事性能的前提下,运用绿色设计理念和技术,设计生产的资源节约型、环境友好型武器装备,对自然环境不产生或者少产生污染,有利于环保和不破坏生态平衡的、最大限度地提高资源利用效率,降低资源消耗,尤其要降低战略性稀缺资源消耗,减少环境污染和人员伤害。绿色装备主要体现于对自然环境不产生或者少产生污染、使用的危险性降低、资源能源的节约等。

分析绿色装备的定义,其内涵主要包括以下5个方面:

(1) 战略意义大。装备资源注重节约军事性很强的战略稀缺资源,如尖端武器装备研制生产需要的必不可少的稀土资源、有色金属等,这种节约更具军事性和战略性,事关装备长远建设与发展,资源节约战略意义重大。

(2) 节约潜力大。装备资源涉及装备建设的各个方面,所使用消耗的资源价值大、战略性资源比重大。由此,做好装备资源节约工作,节约潜力巨大。

(3) 技术含量高。装备资源节约只有紧紧依靠科技创新,有效拓展装备资源节约空间,才能提高装备资源节约效益。通过应用装备资源节约技术,如节材、减排、延寿、废旧装备与器材处理等技术,特别是充分利用信息技术的联通性和融合性,把装备建设各个分系统和各类资源整合成一个配置有序的大系统,实现装备资源节约目标。

(4)涉及内容广。装备资源节约涉及装备工作的方方面面。它既包括节能、节水、节油等内容,又包括装备节材、装备延寿、自主修理、集约利用、资源再生等具有装备特色的内容,还包括资源优化、资源管理等内容;既涉及硬件资源节约,又涉及软件资源节约。装备资源节约还涉及全军装备各个系统、各个部门,是全系统的综合性节约,涉及内容广。

(5)系统性强。装备资源节约贯穿于装备科研、采购、使用管理、维修及退役报废的全寿命周期,各个环节相互关联、互为影响,是一项多层次、多环节的综合性工作,必须结合装备建设实际,深入实践,实行统筹、统建、统管、统用,促进军民融合、任务整合、平战结合,充分发挥装备资源的最大利用效率。

13.1.2 绿色装备发展需求分析

随着环境问题的日益严重,20世纪90年代以来,各国的环保战略开始了一场新的转折,全球性的产业结构调整呈现出新的绿色战略趋势,向着资源利用合理化、废弃物产生少量化、对环境无污染或少污染的方向发展,绿色产品、绿色设计、绿色制造、再制造工程等绿色思想、绿色技术应运而生,全球掀起了一股"绿色浪潮"。

制造业在将制造资源转变为产品的制造过程中,以及产品的使用和处理过程中,会同时产生废弃物,形成制造业对环境的主要污染源。我国制造业直接创造GDP的1/3,是我国的战略性产业,但同时又是当前环境和资源浪费的主要源头。中国制造业经历了50多年的发展,从总体上看,依然没有走出资源消耗型,没有摆脱传统的高投入、高消耗、高污染、低产出和低效益为特征的发展模式;另一方面,由于我国原材料的品质较低,导致原材料的使用量增加,产品设计冗余量增大。我国制造业的能耗占全国一次能耗的63%,可以说制造业是能耗大户,单位能耗偏高,由此带来了对能源、资源的较多依赖。同时,据世界银行估计:环境污染给中国带来相当于3.5%~8%的GDP的损失,按《中国统计年鉴》(2007)2006年我国GDP为21.76万亿元,环境污染给中国带来的损失为7329亿~16752亿元。由于制造业量大面广,因而对环境的总体影响很大。制造业一方面是创造人类财富的支柱产业,但同时又是环境污染的主要源头。如何使制造业尽可能少地产生环境污染是当前环境问题研究的主要方面,欧美等发达国家自20世纪60年代开始兴起节约能源、保护环境的运动。到70年代,德国生产的汽车可回收翻新的零部件达75%,柯达公司生产的一种绿色相机的机芯和部分电子件可多次回收重复使用,宝马公司推出了零部件回收率达80%的绿色汽车。

军队肩负着维护国家安全的重担,很多时候在资源利用方面享有至高无上的权利,生态文明建设应该作为军队发展建设的重要标准,对军队来说尤为关键。装备制造业是制造业的核心,装备制造业的绿色化也就显得尤为重要。装备制造业的绿色化是促使"高污染、高能耗、低效率"产业进行空间转移、整体转型和全面升级的必然要求。大力推进绿色装备建设,为建设资源节约型、环境友好型社会、促进产业结构调整和发展方式转变发挥重要的支撑作用,进一步提升传统装备资源节约和环境友好,即在保持或提高装备保障能力和作战能力的前提下,在装备科研、采购、使用管理、维修保障以及退役报废装备全寿命周期过程,综合运用经济、技术、法规制度、宣传教育等手段和途径,促使装备全系统节约资源和保护环境,实现以最少的资源投入、最低的环境污染和生态破坏获得最高的军事和经济效益,保障装备建设的可持续发展的战略形态。主要包括:有利于节约资源和保护环境的装备生产、训练和消费方式;低耗材、无污染或低污染的装备技术、工艺;对自然资源、生态环境和人员健康无不利影响的各种研发建设活动;符合资源禀赋和生态条件的装备发展布局;人人节约资源、保护环境的道德风尚和社会氛围;节约资源和保护环境的法规制度等。

胡主席对装备建设可持续发展高度重视,特别强调装备建设要在确保质量和标准的前提下,从研发、生产过程和产品性能等方面,积极推进节能降耗,努力形成低消耗、低排放、高效益的武器发展方式,不断提高武器装备建设的效益。装备建设是国防事业发展的重要组成部分,走资源节约型和环境友好型发展路子对促进军事、经济和环境的协调发展具有重要战略意义。

13.1.3　绿色装备发展现状

13.1.3.1　国外现状

进入21世纪,世界主要军事国家,比如美国,都开始重视军事环境保护工作,将国防环境安全视为其国家安全战略的一部分,从组织管理、科研生产、装备保障、宣传培训等多方面加强军队环保工作。

美国国防部重视武器系统在研制、采购和管理中对环境的影响,成立了专门的组织机构——环境执行指导委员会,提出了绿色武器的概念,要求武器系统从设计、生产、使用到报废等全生命周期过程中尽量使用环保材料和技术,以减轻对环境的污染及人员健康的损害,同时节省环境修复费用。

1995年,美国国防部环境安全认证组织和战略环境研究发展组织联合发起了"绿色子弹"计划,旨在减少小口径武器在制造、使用及最终处置过程中产生的挥发性物质、臭氧消耗物及重金属等危险物质。该计划由美国能源部众多机构联合努力实施,其主要成就是研制出了替代传统含铅子弹的钨合金子弹。钨毒性较低,对环境污染小,且钨合金子弹的准确性、毁伤性和穿透性可以满足甚至超过弹药性能的要求,已研制出的无铅弹头可供现役的 5.56mm、7.62mm、9mm 和 12.7mm 标准口径的子弹使用。钨合金弹头通过使用粉末冶金术将高密度金属钨与更轻更软的金属锡和锌混合而制成,粉末冶金术的应用能够调节子弹的密度及机械强度,促进子弹具有可控制的冲击性能,以满足训练和作战的需要。其中 5.56mm 口径的子弹已经通过合格性测试并投入生产,用于所有步兵都配备的 M-16 步枪中。通过使用环境友好的钨合金子弹代替含铅子弹,美国防部每年节约生产成本 500~3000 万美元,每个户外训练场固体垃圾处理费相对减少 250 万美元,户外训练场对金属铅的监测费减少 10 万美元,600 个室内靶场共节约 9000 万美元。

美海军作战部提出的"ESS-21"概念强调全面遵守环保法规,重视舰船对环境的低危险或无害化、对污染物的自主处理能力、环保措施的经济性。发展环保舰船所要达到的总体目标是:符合有关国家、地区和国际上的环保法规的规定,对环境负面影响小,尽最大可能在舰船上处理和消除产生的废物,不过分依赖岸上设施卸载废物,使废物管理的后勤费用降至最低以及舰船上有害物质使用量达到最小。在"ESS-21"概念的指导下,海军部的新型攻击潜艇在设计、生产和使用的过程中充分考虑了环保因素,运用了大量的环保材料,服役后,整体上减少了 50% 的危险废弃物排放和 50% 的放射性废料。同时,铅压载物和铬酸盐废弃物的回收问题得到解决,降低了操作风险,燃料的泄漏量也由于减小了燃料系统的体积而得以减少。

据最新报道,2016 年 1 月份,美国海军首次部署"大绿舰队",倡议 5 艘生物燃料混合动力军舰赴海外执行常规任务。该混合燃料由 10% 的牛脂与 90% 的石油组成,可以在无需改变相关设备及操作程序的条件下为舰船提供动力。该燃料每加仑(约 3.8L)的采购价格为 2.05 美元,低于传统燃料价格。截至 2016 年 1 月,海军岸上基地已采购 11 亿 W 可再生能源,接近海军整体能源需求的 1/2。海军部提出"大绿舰队"倡议,目的是推动海军与陆战队使用高效节能能源及替代能源,以加强作战能力及行动的灵活性。其核心是一个使用替代能源的航母打击战斗群,其中包括核动力航母以及由先进生物燃料混合物提供动力的护航军舰。根据美国海军的目标,在 2009 年应该实现岸上作业的 50∶50 比例生物燃料混合物目标。在 2012 年,海军"环太平洋"军演期间,试验了使用 50∶50 比例生物燃料混合物为"尼米兹"航母打击战斗群及其飞机提供动力,首次演示了"大绿舰队"概念。该生物燃料混合物由石油、海藻油和废弃烹调油组成。

美军研制的 JSF 战斗机采用"绿色"发动机和符合环保要求的日常维护保养品,如水基底漆、密封剂清洗溶剂、表面涂层清洗剂、油箱密封剂等,并用无油漆涂料或聚酯薄膜来代替油漆,使之成为"无油漆飞机"。C-17 运输机,每架使用 73 万多颗铆钉、59 万颗钛钉,这些铆钉、钛钉在组装之前需要涂一层密封胶。过去使用的密封胶有毒,后来研制出了一种新型环保的替代胶,不仅减少了 23 万 h 的劳动量,而且还节省了 20 万美元的资金。美国陆军与昆腾技术公司联合研制的一款新型高速越野车,以压缩氢燃料电池为动力,用来为监视、目标指示和通信作业提供电力。与动力为汽油和柴油的车辆相比,该车性能优越,在作业时几乎是安静的,并且在各种运行模式下均不产生任何排放物。

英国国防部在其《可持续发展和环境手册》中强调了环保的重要性,要求"绿色设计"被用于所有现代武器,任何武器系统都能通过设计使其对环境的影响最小化。世界最大武器制造商之一的英国宇航系统公司(BAE)致力于设计新一代的"绿色"武器,包括不含铅的子弹和低毒素火箭弹,其目的在于减少武器中"破坏环境和威胁人类"的成分。一个专家组专门负责检查公司生产的所有武器,确保材料和生产过程尽可能环保。该公司已于 2003 年停止生产贫铀武器,还计划通过减少危险成分,生产出环境友好的飞机、战车和大炮。

德国慕尼黑大学科研小组对大约 50 种有可能用作绿色引爆药的化学物质进行了研究。在引信中,导爆药必须易于引爆,以确保子弹能够迅速出膛。研究人员先测试引爆这些物质需要多大能量,再测试其破坏力。在历经 5 年的测试过程中,从 50 种候选化合物中选中了 5 种硝基化合物,主要包括叠氮化氢(N_5H_5)和三硝基三叠氮苯(TNTA)。N_5H_5 在燃烧过程中只产生 N_2 和 H_2,爆速特别高。TNTA 与氧化剂(如硝酸铵)混合点燃时会发生爆炸,产生无害的氮气和二氧化碳。这种绿色炸药目前正在进行商业测试,有望在今后 2~5 年内投入使用。

以色列军事工业公司正在发展一种用于坦克炮的榴弹,以钢制弹头取代铅弹头,内装高能炸药,不但提高了打击混凝土目标的性能,同时减小了污染,提高了其环境协调性。

此外,正在研制的绿色武器还有不会意外爆炸、可无限期存放、不必在火药过期后进行销毁的"迟钝"炮弹,将废弃的炸药转变成肥料、将豆油作为飞机燃料的研究以及可以减小摩擦声、延长机器寿命的纳米润滑剂的研究也在进行中。

13.1.3.2 国内研究现状

徐滨士院士在我国最早提出了武器装备的再制造工程。通过全生命周期设计和管理,运用表面工程技术、信息技术、微纳米技术和生物技术等先进技术和产业化生产手段,武器装备的再制造实现了对废旧武器装备的修复改造,节约了资源和能源,减少了报废产品对环境的污染。全军装备维修表面工程研究中心在海军猎潜舰上推广的新型电弧喷涂防腐技术,使猎潜艇钢结构的防腐寿命从5年提高到15年。重载坦克车辆零件经过应用等离子喷涂技术再制造后,比新品的相对耐磨性提高了1.9～8.3倍,寿命也提高了2～3倍。张明君等对核武器绿色制造的关键技术进行了研究,提出了通过基于复杂产品建模技术和异构信息集成的网络化协同技术、数据挖掘和特种知识库建立、流程再造技术、特种材料加工工艺和绿色评价系统研究等实现核武器的绿色化。咸兴平等运用人机工程学等绿色设计理论对非致命武器进行了分析,从满足武警装备的各项战技指标,考虑武器装备对作业环境及受体对象影响的角度出发,以解决非致命武器的致命性问题、材料选择和武器报废处理等一系列问题为目标,研究了非致命武器的绿色设计方法。

13.2 绿色装备的研制与采购

13.2.1 绿色装备发展论证

在装备论证时,将治理污染以及保护环境的思想运用到装备制造中,在确保装备作战性能的前提下,尽可能考虑装备对环境的作用和影响,减低对环境的影响。绿色装备论证通常依据以下原则开展。

(1)环境友好,安全保障。有效控制污染物的排放,确保武器装备从生产到使用乃至废弃、回收处理的各个环节都对环境及人体无害或危害最小。

(2)资源高效,能源低耗。考虑所用资源的再生能力和跨时段配置问题,避免因资源的不合理使用,加剧有限资源的枯竭,尽可能使用可再生资源、能源,保证最大限度地利用资源、能源。

(3)性能优良,费用节省。保证武器装备满足原有功能要求,并在此基础上尽可能改进优化。减少不必要的损耗,使研制、试验、使用及维护的费用最低。

13.2.2 从研制开始推行"绿色设计"

1. 绿色设计定义

技术研究表明,产品性能的70%～80%是由设计阶段决定的,设计阶段是产品生命周期的源头,设计的浪费是最大的浪费。传统产品设计中很少考虑产品对环境所产生的影响,采用的设计理论与方法是以人为中心,以功能为主,以满足人的需求和解决问题为出发点,设计过程中仅考虑产品的基本属性FQLC(功能、质量、寿命、成本)等,其指导原则是产品能制造出来并能够使用即可,很少或根本没有考虑产品对环境的影响以及资源和能源的利用率和回收问题。按传统设计方法生产制造出来的产品,在其使用寿命结束后大多成为一堆废弃垃圾,资源、能源浪费严重,特别是其中的有害物质还会严重污染环境,影响人类的生活质量和生态环境,影响经济发展的持续性。在这种情况下,考虑产品环境影响的绿色设计产生了。

绿色设计是指在产品生命周期全过程的设计中,充分考虑对环境和资源的影响,在满足功能、质量、开发周期和成本的同时,优化设计因素,使产品及其制造过程对环境和资源消耗的总体影响减到最小。美国威廉·麦克唐在《从摇篮到摇篮》一书指出,现代工业设计思想是从摇篮到坟墓的设计思想,思想方式是直线型的,只关心生产,并快速、廉价地送到消费者手里,而其他的事情却没有考虑。绿色设计是将 3R(Reduce,Reuse,Recycle)直接引入产品研发阶段,将"减量化"放在首位,零部件的设计应"小而精",在满足可靠性的条件下,零件结构越小,所用材料越少,可节约资源的使用量,同时对环境的污染也相应减少,使零件的"绿色"性能得以提高。

绿色设计充分考虑环境因素,进行产品的全生命周期设计,包括从产品的概念设计到生产制造、使用乃至废弃后的回收、重用及处理处置等各个阶段。其过程及考虑因素如图 13-1 所示。

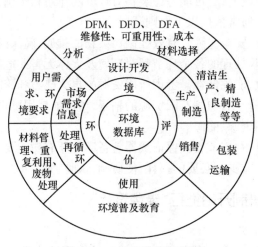

图 13-1　绿色设计示意图

2. 绿色装备设计内容

绿色装备设计的基本思想是在设计阶段就将环境因素和预防污染的措施纳入装备设计之中,将环境性能作为装备设计的目标和出发点,力求使装备对环境的影响为最小。绿色装备设计内容包括：

（1）可回收性设计。可回收性设计是指在装备设计初期充分考虑其零件材料的回收可能性、回收价值大小、回收处理方法、回收处理结构工艺性等与回收性有关的一系列问题，最终达到零件材料资源、能源的最大利用，并对环境污染为最小的一种设计思想和方法。如金属壳体的回收利用和药剂的再生利用等。

（2）可拆卸性设计。武器装备往往使用多种不同材料，可拆卸性设计可以使大量零部件材料得到重复利用，避免浪费，同时解决了因废弃物的处置而带来的环境污染问题。可拆卸性要求在武器设计的初级阶段就将可拆卸性作为结构设计的一个评价准则，使所设计的结构易于拆卸、维护方便，并在装备报废后可重用部分能充分有效地回收和重用，以达到节约资源和能源、保护环境的目的。可拆卸性设计要求在装备结构设计时改变传统的连接方式，代之以易于拆卸的连接方式。

（3）人性化设计。人性化设计是指武器的设计应该满足操作安全、携带方便等要求。装备的安全是指对生产者和使用者而言，在生产制造和操作使用武器时所受危害最小，以保证人员的健康和安全。装备的安全设计是在确保命中打击目标的同时保证使用者的安全，如在设计军火弹药和爆炸品时，精确考虑作用条件，以避免其在制造、测试、搬运、运输、贮存和处理过程中灾难事故的发生。同时，为提高作战效率，尽量采用简洁轻便的设计，以易于行军携带和使用。

（4）其他方面的考虑。装备绿色设计的内容还包括成本分析、设计数据库的建立等。成本分析时，考虑污染物的替代、武器拆卸、重复利用成本和相应的环境成本。在每一设计决策时进行武器成本分析，以便设计出的武器"绿色程度"高且总体成本低。创建设计数据库在武器绿色设计过程起着举足轻重的作用。设计数据库包括武器寿命周期中与环境、经济等有关的一切数据，如材料成分、各种材料对环境的影响值、材料自然降解周期、人工降解时间、费用，制造、装配、使用过程中所产生的附加物数量及对环境的影响值，环境评估准则所需的各种判断标准等。

3. 绿色装备设计的实施

（1）绿色设计为先导。在装备的整个生命过程中，将资源与环境方面的因素纳入到装备设计中，确保装备战技性能、成本以及质量等因素，同时还要对这些因素进行优化，确保在装备生命周期中其对环境和资源的影响降低到最低。

（2）贯彻"三化"设计。设计装备过程中，要贯彻系列化、模块化以及标准化理念。装备的整体结构通过"三化"理念融合到一起，在这个过程中需要一些多功能以及复合化的装备组成零件，利用合理的零件连接方法，进而减少装备零件数目。

（3）推进并行设计。在并行设立理论中，装备的设计包括初样设计、生产过程设计以及详细设计，在这三个设计过程中要有用户、环保者、制造者以及设计者的共同参与,不断改进装备的设计,进而确保设计出的装备具有环保性。

(4) 选择环保材料。选材时考虑装备的使用条件和性能,了解材料对环境的影响,既要强调其使用性能,方便使用、耐用,同时尽量选用无毒、无污染、无辐射材料及易回收、可重用、易降解材料,选用环境功能材料。如果不能找到符合要求的环境材料,则应尽量选择具有相同功能、对生态环境所造成的污染损害较小的替代材料,保证材料的可回收性以及再生性。其中,选择环境友好的火炸药是预防、控制装备对环境产生污染的有效途径。传统弹药在引发、爆炸及贮存过程中会产生大量有害物,是武器装备污染环境、危害人体健康的主要直接来源。研制绿色火炸药就是寻找易于引发、所产生推动力大且在引燃时产生的物质毒性小的替代物,如无铅点火药和起爆药、无毒发射药、洁净固体推进剂、无铅双基推进剂等都属于绿色火炸药。

4. 重点突破绿色设计关键技术

重视科研阶段的绿色指标,包括装备材料绿色选择、材料节约型设计、能源节约型设计、环境友好型设计、装备宜人性设计、可拆卸性设计、可回收性设计和可再制造性设计指标等,带动和督促装备产业链上的供应商进行绿色制造,尽可能在装备设计时,使用绿色、无毒、无害原材料,尽可能使装备的能源效率最高、结构容易升级和易于回收拆卸再利用,以延长装备的有效使用周期,并充分考虑废旧装备的分类拆卸和回收再利用,通过企业售后服务延长装备的使用寿命,降低资源、能源的消耗,减少废物的产生。

装备绿色设计具体技术及方法如图 13 − 2 所示。

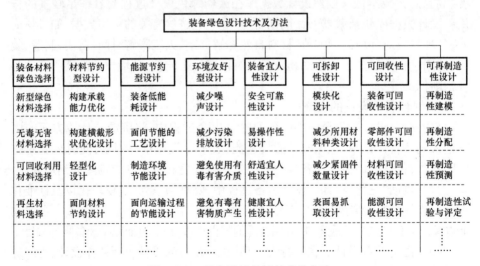

图 13 − 2　绿色设计关键技术及方法

5. 绿色设计示例——发动机绿色设计

发动机是几乎所有大型装备中对环境影响最大的部件,因此,应设计低公害的发动机,如采用低油耗、低排放、低噪声和高效率的环保型水冷增压柴油机能大大降低对环境的负荷。绿色发动机的实现主要从以下两方面入手:一是从发动机的结构方面进行改进,改进喷油器的结构使喷油雾化好、功率大,压力室容积小,使燃油完全燃烧,减少 CO 和 HC 的排放,保护环境;②使用绿色燃料。采用绿色燃料不失为保护环境的一个好方法。如生物柴油具有普通柴油不可比拟的优点,如:不含硫、铅、卤素等有害物质,无毒性,系可再生能源,而且生化分解性良好,健康环保性能良好;无须改动柴油机,可直接添加使用。生物柴油是典型"绿色能源",使用生物柴油对推进能源替代,减轻环境压力具有重要的战略意义。

13.2.3　采用绿色制造技术及工艺

1. 绿色制造定义

绿色制造(Green Manufacturing,GM),又称环境意识制造(Environmentally Conscious Manufacturing,ECM),其概念为:在保证产品功能、质量的前提下,综合考虑环境影响、资源利用效率的现代制造模式,它借助各种先进技术使产品在设计、制造、包装、运输、使用到报废及回收处理的整个生命周期中不产生环境污染或环境污染最小化,资源利用率最高,能源消耗最低,实现企业经济效益与社会效益的协调优化。其目标是使产品从设计、制造、包装、运输、使用到报废处理的整个产品生命周期中,对环境的影响(负作用)最小,资源效率最高,并使企业经济效益和社会效益协调优化。

绿色制造是综合考虑环境影响和资源效率的现代制造模式,它通过推行绿色制造技术,使产品在其整个生命周期中,对环境的影响(负作用)最小,资源效率最高,并实现企业经济效益,谋求企业、社会、环境三者的协调优化。

绿色制造具有以下基本特征:

(1)全球性。绿色制造的研究和应用将愈来愈体现全球化的特征和趋势。

(2)配套性。以绿色设计和制造技术为中心的配套系统(绿色营销、绿色标志、绿色教育、绿色法规等相关配套的社会支撑系统)是绿色制造工程的发展方向。

(3)集成性。将更加注重系统技术和集成技术的研究。例如,产品和工艺设计与材料选择系统的集成、用户需求与产品使用的集成、绿色制造的问题领域集成、绿色制造系统中的信息集成、绿色制造的过程集成等集成技术的研究将成为绿色制造的重要研究内容。

（4）智能性。人工智能和智能制造技术将在绿色制造研究中发挥重要作用。

2. 绿色制造的实施

（1）采用虚拟技术。虚拟制造技术是由计算机图形学、计算机仿真技术、多媒体技术等发展起来的一门交叉技术，在装备研发过程中应用基于仿真的设计、优化设计、虚拟原型的制造、多种加工方案筛选的并行工程，可免去传统制造模式中的样机试制，减少资源的消耗。F-35攻击机项目"从设计到飞行试验全面数字化"的提出，使定型试验周期缩短30%。对比"爱国者""罗兰特""尾刺"导弹采用虚拟技术研制情况统计，靶弹数减少30%～60%，研制费节省10%～40%，研制周期缩短30%～40%，军事经济效益显著。

（2）采用环保设备。利用先进的焊接设备能够有效减少产品的生产成本，而且产品的质量也会大大提高、产品生产的时间也会大大减少。

（3）采取环保工艺。许多毛坯件的制造需要数控切割，要遵循废料最小原则，优化排料，尽量做到使某一零件的废料成为另一零件的原料，实现原料的综合利用；为减轻零件重量、节约材料，可尽量采用锻造、压铸、粉末冶金等工艺。采用干式加工技术，避免因冷却液造成的废弃液体的处理。采用薄板焊接或高效焊接，减少消耗，缩短工期。例如在"大型总段造船法"被应用于苏联"流水化建造航母"的事业中取得明显效益。"库兹涅佐夫"号于1985年下水时，"瓦良格"号的24个超大型总段（长32m，宽38m，高13m，重约1400吨）已在船坞旁的平台上装配好了，只等两台天车和数十台龙门吊协作搬进船坞里面，在总段依次吊上船坞后，焊工们就能按部就班地将安装对接缝逐一衔接起来，极大地降低了消耗，缩短了建造周期。

（4）采用"绿色材料"。各种新材料的研究应用为绿色装备建造插上了腾飞的翅膀。如20世纪70年代逐渐兴起的纳米材料研究已经产生多项成果。纳米膜能够探测到由化学和生物制剂造成的污染，并能够对这些制剂进行过滤，从而消除污染。半导体纳米粒子可以制备出光电转化效率高的、即使在阴雨天也能正常工作的新型太阳能电池。合理选择和使用切削液、润滑液，或者采用先进的干式切削加工和磨削加工等，减少切削液对自然环境的污染。

（5）优化物流。遵循能源消耗最少原则，尽量减少整个加工过程中的能源消耗，尤其是不可再生能源的消耗，对整个生产过程也要进行物流优化，减少生产辅助时间，降低零部件生产过程中的加工等待时间和搬运时间，从而节省能源。某装备厂对变速器箱体的加工路线进行了优化，将所需的加工设备进行重新布置，实现了流水作业，生产率提高了几倍，大大节省了半成品件的搬运时间，也减少了搬运设备和能源消耗，节省了大量的人力和物力。

3. 推进绿色装备制造体系研究

进一步加强顶层策划,形成规划实施的强大合力与制度保障。以促进绿色武器装备制造创新发展为目标,在绿色装备制造科技工作、资金投入、统计评价、人才培养、军民融合以及环境营造等方面,建立和健全发展支撑机制。

(1)完善产学研用相结合的体制机制。强调承制部门的关键作用,不断促进绿色装备生产技术的创新,集中力量进行新工艺和新生产技术的研发,生产出绿色装备制造平台以及制造工具。

(2)加大对绿色制造理念的宣传。增强绿色制造理念以及工业生态学的教学力度,对生产人员进行绿色技术工艺等方面知识的培训,努力培养出优秀的技术工作者。

(3)完善绿色装备制造技术规范和标准。严格进行绿色装备生产制度的规范制定,不断改善国内绿色武器装备生产制度体系的制定,加强绿色生产技术在设备生产以及装备制造中的利用,实现绿色生产知识生产的产业化。如在装备用电、油耗等指标上,可借鉴节能减排利益分摊机制,在满足标准规范基础上,按照节约的能耗,用户与承制单位按照一定比例分享节能收益,这方面在新能源领域已经有了不少成熟的机制。

(4)加强与其他技术的衔接。在新产品试制阶段,采用一些先进的设计方法,一方面可以节省资源、能源,另一方面也可以减少在产品试制阶段对环境的影响。合理利用民用市场中的"服务机器人"以及"智能制造"等技术,用这些技术来保证绿色装备的生产制造,也就是说要加强智能化技术等在军用装备中的利用。组成专项的研究小组对绿色装备的研发以及应用等过程进行研究。

13.2.4 绿色装备采购

13.2.4.1 绿色装备采购的内涵

绿色采购指通过优先购买和使用环保产品或服务,减少对环境不利的影响因素,最大程度降低或消除在制造、运输、使用、处理和回收利用等过程中对环境的不利影响。绿色装备采购是指优先购买和使用环保装备,减少对环境不利的影响因素,最大程度降低或消除运输、使用、处理和回收利用等过程中对环境的不利影响。

绿色装备采购除具有一般采购所具有的特征外,还具有学科交叉性、多目标性、多层次性、时域性和地域性等特征。

1. 学科交叉性特征

绿色装备采购涉及环境科学、生态经济学、循环经济学等理念,必须结合环境科学、生态经济学和循环经济学的理论和方法对采购活动进行管理、控制和决策,这也正是绿色采购研究方法复杂、研究内容广泛的原因所在。

2. 多目标性特征

绿色装备采购的多目标性特征体现在采购活动要顺应可持续发展的战略目标要求,注重对生态环境的保护和对资源的节约,注重经济与生态的协调发展,追求经济效益、消费者利益、社会效益与生态效益4个目标的统一。从可持续发展理论的观点来看,生态效益目标是前3个目标的保证。

3. 时域性和地域性特征

时域性指的是绿色装备采购活动贯穿于装备的生命周期全过程,包括绿色装备的生产、物流手段到采购程序的确定、购后保障以及报废装备的回购等全部过程。地域性特征指绿色装备采购需要采购业务管理机构、采购机构、供应商的共同参与和响应。

13.2.4.2 绿色装备采购的影响因素

绿色装备采购的影响因素很多,一般可以划分为采购商内部因素和采购商外部因素。

1. 内部因素

内部因素主要包括采购组织结构与采购人员。合理设置组织机构和人员对采购成本和采购效果是至关重要的。科学设置组织机构,建立健全规范的管理体系是从源头上提高采购运作效果的关键。采购人员是采购部门中直接与供应商接洽、采购物资产品的人,是采购活动的具体从事者。采购人员选择不当会严重影响绿色装备采购的效果,这就要求采购人员必须具有较高的职业素养和知识技能。

2. 外部因素

外部因素一般包括供应商、消费者(主要指军方)、政府、市场等。供应商管理是绿色装备采购的重要保证。采购的管理流程是扩展到上游供应商的统筹安排,设计一种能最大限度地降低风险、强化竞争优势的合理的供应结构。军方理智地选购绿色装备,对环境友好型装备的消费选择可以向企业发出绿色需求的信号,刺激企业进行绿色采购与生产,推动企业向可持续、再循环的绿色生产经营策略转变。政府会通过经济、法律、行政等措施影响绿色装备采购。例如,政府利用财政、税收等优惠减免政策激励绿色产品的生产与消费;通过产品质量标准和环境标志,规范绿色产品;通过不断完善法律、标准等管理手段来引导、规范、维护和激励生产者、经营者和消费者向绿色市场迈进。市场的竞争有利于采购商付出比较低的采购成本,也会迫使供应商采取各种手段以最低成本进行生产。

13.2.4.3 绿色装备采购的实施

绿色装备采购的实施首先有来自领导层的支持和推动,并建立相应的绿色装备采购战略;其次要对用户需求进行有效的分析,拟定绿色装备采购的清单,以此选择相应的绿色供应商,供应商选择成为执行绿色采购战略的中心环节;第三是制定绿色采购的产品标准,这需要采购部门与其它职能部门的密切配合,标准要合理,过于苛刻或松懈都不行,绿色采购标准是以后执行采购的指南,制定时需要准确、细致的调查与分析;第四,企业内部要对绿色采购的绩效进行及时评判并做相应的改进;最后需要强调的是,在整个采购过程中,各个环节的信息调查与分析都是很有必要的,相应的信息管理系统是必不可少的,而且信息交流是双向的、动态的,这种畅通的信息流保证整条供应链的正常生产需求。绿色装备采购模型如13-3所示。

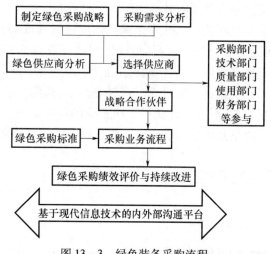

图 13-3　绿色装备采购流程

1. 制定科学、合理、可行的采购战略

绿色装备采购基于环境压力和军队内部的社会责任,因此,无论是绿色装备采购的用户或企业之间在制定绿色采购法规、绩效评价标准等方面,以制定比较合理的绿色制度和采购标准。由于我国目前还没有出台专门的绿色采购法,装备采购部门应根据装备采购经费、使用需求等合理制定绿色装备采购战略。

2. 制定采购的标准

（1）关于装备的绿色标准。以 ISO14001 标准和国家有关的法律、法规以及行业规范,并结合相应的技术条件提出科学合理的装备技术标准。包括装备的设计要求、包装、运输、保管、使用、回收、处置等环节的绿色要素的要求。如果没有制定可行的采购标准，很容易使绿色装备采购的战略目标流于形式。

（2）绿色供应商的选择标准。依据绿色装备采购战略和装备的绿色标准，进行供应商选择标准，充分考虑供应商的绿色管理战略、现有技术装备水平、实际生产能力、经济实力和长远合作的可行性，筛选出适合的绿色供应商。

3. 共享信息平台的建立

传统的采购过程是典型的非信息对称博弈过程。而绿色供应链采购管理中，要求供应商能够以合适的时间、价格、方式把物资送到合适的地点，必须依赖有效、及时、准确的信息。企业内部的需求分析、部门之间沟通也需要有效的信息平台。可以说，没有发达的现代信息技术就没有今天的供应链管理模式。构建统一的内外部信息平台是是有效运转的重要技术支持。

采购－供应企业之间的信息共享是绿色供应链管理成功实施的重要保证。1991 年 Cramer 等人的研究结果表明：行业之间或行业内部只有非常不正规和零星的环境信息交换。整体上而言，制造企业和供应企业之间的环境信息最多，但与客户之间的信息交换就非常匮乏。更进一步讲，通常大企业拥有足够的资源并在市场上占据主要地位，因此获得供应企业的环境信息就相对容易。而充分、有效、及时的环境信息沟通有利于改善绿色供应链的整体绩效。

13.3　绿色装备保障

13.3.1　绿色装备维修

13.3.1.1　绿色维修的定义及内涵

一个产品的寿命周期从设计、研制、生产、销售、使用、维护到最终废弃处理，其中使用和维护阶段通常是寿命周期中最长的阶段，而维修是产品使用阶段的一项重要活动，产品寿命周期中的全部维修活动消耗资源、能源以及维修过程中所产生的各种废弃物的量都是比较大的。而且从产品全寿命费用组成各部分所占比例也可以看到，维修所占的费用比例是最大的，说明维修消耗了相当数量的资源。当保持社会可持续发展成为一种趋势，更多的产品从设计直到报废处理都要充分考虑资源消耗、对环境影响等问题，维修作为产品寿命周期中使用阶段的重要活动，同样也应该考虑环境因素，在产品维修过程中体现环境意识，进行考虑考虑环境意识的维修——绿色维修的研究。

所谓考虑环境意识的维修就是从维修方案的设计、维修性设计到维修工艺的使用、材料的选择、维修管理等维修的方方面面都要考虑环境意识。从产品的整个寿命周期内综合考虑维修的环境影响,在设计上,考虑产品的维修性,使设计出的产品维修不仅简便、迅速、经济,而且环保;在维修过程中,从维修设备、工艺、材料等方面都综合考虑提高资源、能源的利用率,减少废弃物排放。即节能、节材、高效、环保等因素。同时,绿色产品、绿色设计、绿色制造的研究为考虑环境意识的维修的研究奠定了一定的基础。

绿色维修是综合考虑环境影响和资源利用率的现代维修模式。其目标除达到保持和恢复产品的规定状态外,还应满足可持续发展的目标,即在维修过程中及产品维修后直至产品报废处理时间段内,最大限度地使产品保持或恢复原来的规定状态,又要使维修废弃物产生量最小,资源利用率最高。

绿色维修的内涵主要体现在以下几个方面:

(1)绿色维修是对资产的合理维修。合理的资产维修要求以最少的资源和能源消耗,对环境影响最小的情况下修复资产的性能,并通过各种技术和方法(如 LCA 技术)鉴别、分析并采取措施消除维修过程可能对环境的损害。

(2)绿色维修是具有优良环境性能的维修。从产品的维修性设计开始,到使用阶段的维修活动,涉及的维修材料、维修工艺以及废弃件的处理,绿色维修要求与维修相关的每个环节都对环境无害或危害最小,把减少维修对环境的影响作为主要目标。

(3)绿色维修是最大限度地利用资源的维修。维修需要消耗许多资源,尤其是大型的机电设备的大修,绿色维修要求在完成维修任务的前提下,尽量减少维修资源的使用量,减少稀有昂贵材料及有毒、有害材料的使用,同时提高资源的利用率,减少人为的浪费。

与现有维修相比,兼顾经济效益和环境效益的绿色维修具有如下特点:

(1)绿色维修增加了维修的约束,同时扩大了维修的目标。绿色维修以社会持续发展为最终目标,以最少的资源消耗、对环境负面影响最小的情况下,完成维修任务。

(2)绿色维修的"绿色"贯穿于产品的整个寿命周期内,体现在维修的各个方面。从设计阶段的维修性设计、维修方案设计开始,到定型阶段的维修性评审、维修性试验、使用维护阶段的维修活动,直至报废处理后废弃件的回收利用等整个寿命周期都贯穿绿色的理念,从设计、工艺、材料、设备、管理等环节都贯穿和体现着绿色理念。

(3)绿色维修是一个动态演变的体系。绿色维修与其它绿色技术是息息相关的,绿色维修在其应用发展过程中需要不断地吸取设计、制造、材料等相关领域中的最新研究成果,不断更新观念和技术。

13.3.1.2　绿色维修的内容

1. 绿色维修理论研究

以现有维修理论为基础。绿色维修理论的研究采取在原有维修(维修性)工程理论的基础上,将绿色理念融合于其中,从维修及维修性的定义、内涵,维修及维修性部分概念的界定上,将环境影响作为重要约束,并充分考虑节约资源、能源,来定义维修、维修性及其相关概念。在维修性设计准则、定性定量要求上体现绿色特性;维修及维修性分析技术、维修工作类型的选择、维修级别的确定、维修评价指标等方面充分考虑节能、降耗、减少废弃物排放、废弃件的回收处理等问题。

把对环境影响纳入故障判断准则。故障后果过去分为安全性(指人、物资安全)、任务性、经济性三类。而按绿色维修,对于尽管不直接影响人、物资安全或任务完成,或造成经济损失,但导致环境污染或危害的事件或状态,也应作为故障(见故障概念的拓展)。一般的管道渗漏,通常只造成直接经济损失,属经济性后果;但若渗漏有害气体、液体,则会污染环境,对环境安全构成威胁,属于环境安全性后果,应当同直接危害人、物资安全同等对待。故障判据的改变,将引起维修理论中许多相关设计和分析技术的改变。

把减少对环境负面影响和利于社会持续发展作为维修决策的目标或约束条件。过去,维修决策的主要依据是设备运行或贮存中的安全(指人、物资安全)、可用(或准备状态)、任务成功和费用。而今天,必须把环境安全、节省资源消耗作为主要目标或约束。这里的维修决策是广泛的。比如:对设备损坏或故障是修复或是报废(即"一次性使用");设备是否做预防故障的工作;如果需要做维修工作,做什么工作,在何时、何地、由谁(维修级别)做工作;修复或预防性更换的产品层次等。这种种权衡都要以对环境保护和对节省资源、社会持续发展是否有利为依据,作为优化目标或约束可以定性或定量地描述。

2. 绿色维修工艺技术

绿色维修工艺是对传统工艺技术的变革,结合先进材料科学与技术和先进制造技术而形成的先进维修技术。对绿色维修工艺技术,从功能方面可分为三种类型,即节约资源的工艺技术、节约能源的工艺技术、环保型的工艺技术等。

(1) 节约资源的工艺技术。节约资源的工艺技术是指在修理生产过程中简化工艺系统组成、节省原材料消耗的工艺技术。如通过优化毛坯,减小加工余量,降低原材料消耗;通过提高刀具寿命,选用新型刀具材料,降低刀具材料的消耗;减少或取消切削液的使用;简化工艺系统组成要素等。节约资源的实现可以从维修性设计和维修工艺两个方面着手。在产品设计方面,可通过减少零件数量、减轻零件重量、采用优化设计技术等使原材料利用率最高;在维修工艺方面,可通过优化毛坯制造技术、优化下料技术、少或无切削加工技术、干式加工技术等减小材料消耗。

（2）节省能源的工艺技术。修理加工过程中要消耗大量的能量，这些能量的一部分转化为有用功，而大部分则转化为其它能量形式而消耗掉。消耗掉的能量总是伴随着各种各样的有害损失。如摩擦损失掉的能量伴随着磨损而导致机床过早地丧失应有的精度；转化成热量的能量会使工艺系统温度升高，影响加工精度；损失的能量还可能会引起设备震动和噪声，降低工艺系统的可靠性，并污染环境，对修理操作者及周围环境造成不同程度的危害。目前，采用的方法主要有减磨、降耗或采用低能耗工艺等。

（3）环保型工艺技术。修理生产过程是一个输入/输出系统，当给系统输入加工工程所要求的各要素时，系统会输出除最终目标的产品外，还会输出对环境、操作者等有影响或危害的物质，如废液、废气、废渣、噪声等。环保型工艺技术就是通过一定的工艺环节，使这些物质尽可能减少或完全消除，提高系统的运行效率。最为有效的方法是在修理工艺设计阶段全面考虑，积极预防污染的产生；同时也增加末端治理工艺。如快速激光成型技术，采用微型设备，实施纳米级的修复，不仅可以节省原料，而且可以减少固体废弃物的污染；采用先进的表面工程技术，在防止污染产生的同时，提高修复后产品的性能；焊接工艺中的明弧焊接改为埋弧焊接，有效降低紫外线辐射和光强辐射；电镀工艺中考虑采用无氰电镀液。

3. 绿色维修材料与设备

随着各个领域绿色技术的研究，在材料和设备领域中也有了许多研究成果，绿色材料，先进、节能、高效的设备出现在各相关领域中，维修领域中也出现了可用于维修的绿色材料和先进的维修设备。应当开发和应用的有：

（1）先进结构的材料。开发少污染的先进结构材料。在先进结构材料中开发重点为：①高强、高模、低密度材料；②高温材料，因为热机热效率随工作温度而增加；③耐蚀、抗腐、抗氧化、耐疲劳材料，因为裂纹始于表面，表面改性与表面防护是发展重点；④纳米材料。纳米材料由于物质颗粒在小到原子或分子尺寸以后具有的尺寸效应、表面效应或量子效应，使纳米材料表现出传统固体材料不具备的一些特殊性能。纳米材料不仅光、电、热、磁、化学、力学性能发生变化，而且具有辐射、吸附、催化等方面的新特性。在绿色维修材料应用中，纳米材料的应用主要体现在应用纳米颗粒、纳米薄膜等纳米材料进行材料制备，可以起到节约材料、提高性能的作用；采用纳米模块进行纳米级的修复，可以起到精确维修的作用。

（2）先进功能的材料。开发具有先进功能的材料和传统污染材料的新型替代材料,用环境负荷小的材料替代环境负荷大的材料,减少材料对环境的影响。采用有毒有害物质的替代材料、环境分解材料、可再生材料以及其他与环境有关的先进材料。如采用氟里昂的替代品防止臭氧层的破坏、开发无磷洗涤剂作为含磷洗涤剂的替代品防止湖泊富营养化;采用新型的切削液、清洗剂、电解液等,替代原有的使用后污染严重的材料切削液、清洗剂、电解液。

(3) 各类能耗少、污染小的新设备。如采用滚丝杠代替滑动丝杠,用滚动导轨、贴塑导轨取代滑动导轨,减少摩擦,降低能耗;用调速器取代变速箱,既可减少摩擦,又可提高传动精度。

(4) 新型的加工刀具。传统的高速钢、硬质合金刀具磨损较快,造成切削力增大,能耗增加。采用新型硬质合金刀具、多晶立方氮化硼刀具、陶瓷刀具、金刚石涂层刀具等,可降低加工过程中的刀具磨损、提高刀具寿命,同时,新型刀具对材料进行高速切削时,材料的切削性能得到极大改善,使能耗明显降低。

13.3.1.3 绿色维修的实施

20 世纪八九十年代,国外已经将装备维修与社会持续发展和环境保护联系在一起。德国 Tschuschk 提出,"对于所谓的可持续发展,维修是一项关键的技术";美国的 Blanchard 把减少维修对环境的影响作为产品维修性的重要目标。目前,外军在一些新型航空装备研制过程中,已开始贯彻绿色维修思想,提出了一些绿色维修性要求,在使用和维修过程,注重采用绿色技术,进一步促进了表面工程与再制造工程的发展与应用。美军已率先开展了绿色维修的研究并付诸实施,如:为降低维修能源与资源消耗,实现基于状态的维修,重点发展信息融合的故障诊断和状态监控技术;为节约维修保障费用,实现装备精确保障,重点发展以网络为中心的维修技术;为减少维修对环境的影响,提高装备维修效能,重点发展智能维修和虚拟维修技术;为节省维修时间,提高应急修复能力,重点发展战场抢修新技术等。然而,大多数的发展中国家军队还没有摆脱传统的维修观念。

(1) 深入开展绿色维修基础理论研究。要加强绿色维修理念和基础理论的创新研究,提高对绿色维修重要性的认识,尽快在装备维修中推行绿色维修模式,改变传统观念,适应当今社会的绿色化大趋势,促进装备绿色维修的实现和发展。绿色维修基础理论研究应包括:绿色维修的概念和模型,绿色维修设计原理和技术,绿色维修检测原理,绿色维修工艺理论,绿色维修材料基础等。

(2) 大力开展虚拟维修技术的研究及应用。虚拟维修技术是采用虚拟现实技术进行装备保障特性设计和验证,以及开展维修训练的先进技术。它突破了空间、时间的限制,可实现逼真的装备装配和故障维修操作,提取任何关于装备的已有资料和状态数据,检验装备的性能。虚拟维修技术具有以下优点:①能提供更加有效地评价和影响新设计的能力;②不必建造昂贵的实物模型,降低了研制费用,节约了研制时间;③可将保障特性分析中使用的核对表和程序合成到虚拟维修系统中,有助于实现保障特性分析的标准化;④虚拟维修可实现更强的信息交换,使共享信息所需的费用显著降低。利用虚拟维修代替实物修理,节约成本,减少废弃物排放,保证了维修人员的安全健康。

(3)加强绿色维修技术的推广应用。目前在修理实践中,应用比较广泛的环保修理工艺主要有:

① 零件清洗技术。零件清洗是机械零件修复、维护重要的一项步骤。零件清洗造成的废水、废液污染也是维修带来污染的主要来源之一。对于清洗技术,目前采用的绿色工艺有:使用毒性较小的溶剂(如二元酸、酯类、胺类、醇类等);用水清洗剂代替溶剂;尽量在清洗过程中避免水污染和溶剂的相互污染;采用水清洗剂时使用油分离或过滤法回收溶剂。

② 表面工程技术。表面工程技术是用于修复(设备)零部件表面磨损、烧蚀、划痕、拉伤、裂纹、破孔、折断等损伤的维修技术,扩展的表面工程技术还包括粘接技术。表面修复技术能为设备的修复提供备件、节约能源和材料,从而在提高维修质量、扩大修复范围和延长设备寿命等方面发挥重要的作用,是维修中应用最为广泛的一类技术,其种类有很多,如热喷涂技术、电刷镀技术、表面强化技术等。近些年,随着各类先进表面工程技术的出现,经过表面修复技术处理后的零部件,具有比基体材料更高的耐磨性、耐腐蚀性、耐高温性和其他特殊功能,从而提高设备零部件寿命,大大降低因腐蚀和磨损带来的材料损失和能源浪费,起到节能、节材和降低污染的良好作用。常用的先进的表面工程技术有:a. 热喷涂技术中的高速电弧喷涂技术。该技术以电弧为热源,将融化了的金属丝材用高速气流雾化,并以高速喷涂到工件表面形成涂层。该技术节省了材料和能源,降低了生产成本,提高了喷涂效率,并且大大的增强了零部件的表面性能。b. 表面粘涂技术。该技术以高分子聚合物与特殊填充物组成粘接修复剂,涂敷在零部件表面,实现零件耐磨、耐腐蚀、耐压、绝缘等,该技术不会对修复的零部件表面产生影响,而且工艺简单,不需要专门的设备,省时省料、高效无污染。c. 新型的复合技术。如双重处理和多层涂层技术、热喷涂与激光重熔复合、电镀与扩掺技术的复合等处理材料或金属材料的表面,增强材料表面性。目前有许多关于表面修复技术的新技术,这里不再一一表述。

③ 机加工技术。零件修复中,机械加工是最基本、最重要的方法。多数失效的零件需要经过机械加工来消除缺陷,最终达到配合精度和表面粗糙度的要求等。机加工技术主要有切削、磨削、铸造等。目前可采用的绿色新工艺主要有:a. 切削液的改进。切削液是机加工造成污染的主要原因之一。因此,在机

加工中,科学合理地选择和使用切削液,淘汰环境污染较大的油基切削液,尽量采用乳化液、合成切削液等水基切削液;在切削液添加剂中,淘汰亚硝酸盐、铬酸盐、磷酸盐、氰化物、甲醛等有毒物质,多采用硼酸脂类、钼酸盐等无污染添加剂。b. 采用干式切削加工。选择合适的刀具和材料,如采用新型硬质合金、陶瓷等有足够的耐高温磨损性能的材料作刀具材料,在切削过程中刀具与工件以及刀具与切屑的接触区不使用切削液。干式切削形成的切屑干净、清洁、无污染,易于回收和处理。c. 采用"汽束"喷雾冷却技术,将冷却液雾化,减少冷却液的用量,避免传统的浇注法和冷却法耗用大量冷却液。

(4)加强绿色维修法规制定和宣传。1996 年国际标准化组织(ISO)颁布的 ISO14000 环境管理体系标准是国际上企业界关于绿色生产的规范,它的宗旨和目标是支持环境保护、预防污染和实现可持续发展。我国依据 ISO14000 也建立了相应的标准体系,但在维修方面还没有相关的法律法规及相应的标准体系。国家与军队有关部门应尽快建立绿色评价体系、绿色技术标准、绿色材料标准及维修排污标准等相关法规,规范装备维修的绿色环保要求,使得装备绿色维修做到有法可依。与此同时还要加强绿色维修法规的宣传教育工作,使人们在思想上改变传统观念,认识到节能、环保的重要性,大力推进绿色维修技术在装备维修中的应用。

13.3.2 装备使用绿色化

要实现装备生命周期的绿色化,对装备实行绿色使用也是必不可少的。军用装备使用多数处于自然环境中,所以其性能受使用环境温度、污染、路况及天气等因素的影响很大。采取绿色使用策略,通过绿色保养、维修,可以有效防止机械类装备故障,保证设备的完好率,相应减少了废弃排放物对环境的危害,提高装备寿命,也就是节省了资源。

(1)减少机械杂质的影响。机械杂质一般是指灰尘、土壤等非金属物质,这些杂质到达机械的配合表面之间,加速零件的磨损,擦伤配合表面,破坏润滑油膜。因此对于工作在恶劣环境的工程机械要使用优质、配套的零部件,做好工作现场的机械防护工作,防止各种杂质进入机械内部。

(2)减少温度的影响在工作中,各个零部件的工作温度都有各自的正常范围。液压传动系统液压油的正常工作温度为 $30 \sim 60℃$,低于或超过此范围就会加速零件的磨损,引起润滑油变质。因此,要防止在低温或高温下进行超负荷运转。

(3)保证正常的工作载荷。工程机械工作载荷的大小和性质对机械的损耗有着重要的影响。零件的磨损随载荷的增加而成比例增加,因此要注意不能在超过机械所能承受的最大负荷下进行工作,避免造成非正常的破坏。

（4）保证对机械的合理润滑。机械的磨损是使其各种零部件走向极限技术状态的主要原因之一。解决机械零部件的磨损问题,关键就是保证对机械的合理润滑,要合理选用润滑剂,经常检查润滑剂的数量和质量,按照设备保养手册的规定严格进行定期保养和检修。

（5）液压元件和液压油的正确使用。在液压系统正式工作之前应用冲洗液对其进行彻底的冲洗,达到规定的清洁度要求后,再注入新油;液压油需要定期进行抽样检查,分析其清洁度,如不符合要求,必须立即更换。

（6）绿色保养、维修与绿色制造目标相对应,设备维修技术以最少的资源消耗,保持、恢复、延长和改善设备的功能,实现材料利用的高效率,减少材料和能源消耗,从而提升经济运行质量和效益。一般来说,通过维修恢复一种产品的性能所消耗的劳动量和物质资源,仅是制造同一产品的几分之一甚至十几分之一,这种消耗的减少就意味着对环境污染的减少,从而有利于社会的持续发展。

（7）先进的绿色维修技术。随着电子测量、信号处理以及计算机技术的发展,较常用的振动监测、噪声监测、温度监测、油液分析、无损探伤等故障诊断手段,逐渐形成一门综合故障诊断技术。故障诊断技术可以在设备运行过程或基本不拆卸的情况下,监测设备的运行技术状况,预测设备的可靠性,判断故障的部位和原因,因此,能够防止突发故障和事故的发生,减少事故性停机,较科学地确定设备修理间隔期和内容,降低维修成本,保证安全生产,节约能源。据统计,采用该项技术后,可减少75%以上的机械设备事故,维修费用降低25%～75%,已成为提高机械设备安全、稳定、可靠、长周期、满负荷地优质服务以及实现绿色维修的关键技术。

基于状态维修以及日本厂商提出的"低成本快速修理法"也是延长机械或零件使用寿命的有效方法。实施此法,除了机械设计时采用维修性设计,提高机械的维修性外,在维修实践中还可以实现零件换位。装备底盘的许多零件,如装甲底盘的履带销、柴油机缸套等,在运行中往往承受单向负荷,从而造成不均衡的磨损,如果适时地更换零件的位置,使它们的磨损均衡,则可延长其使用寿命。

通过以上绿色使用方法,可以有效地减少机械故障,减少零部件之间的磨损,提高了机械寿命,特别是液压元件,减少磨损,也就减少了工作油的泄漏,尽可能地减少对环境的污染。

13.3.3 报废装备的绿色处理

装备报废并不意味着寿命的结束,报废后的处理构成了产品生命周期的最后一个环节。建设资源节约型社会的核心是节约资源与能源,实现这一目标的有效手段是贯彻落实循环经济的"4R"(Reduce 减量化,Reuse 再利用,Recycle 再循环,Remanufacture 再制造)战略,以尽可能少的资源和能源消耗,尽可能多地满足社会发展的需求,使废旧资源中蕴含的价值得到最大限度的开发和利用。

"4R"中只有"再制造"(Remanufacture)能够赋予废旧资源更高的附加值,因而它的作用最为显著。再制造既是一种节约资源的先进制造,又是一种保护环境的绿色制造。绿色再制造体现在如下几方面:减少报废设备或其零部件直接掩埋对环境造成的固体垃圾污染;避免采用回炉、冶炼等回收方式时对环境的二次污染;其加工是从已成形的零部件开始,从而大大减少了零部件初始制造过程(铸锻焊、车铣磨)对环境的污染和危害。以国外再制造一台 5100 型复印机为例,相对于新品制造而言,可减少排放 81% 的废水、62% 的固体废物、77% 的 CO_2 等废气。

中国重汽济南复强动力公司是我国第一个发动机再制造基地,已开发出具有自主知识产权的纳米喷涂、纳米电刷镀、高速电弧喷涂、微脉冲冷焊、粘涂等多项表面工程技术,使废旧零部件再制造率由国际上的 73% 提升到 90%,达到国际领先水平。

要实现废弃装备零部件处理的污染最小化及综合成本最优化,装备在设计初始阶段就要考虑报废件处理简单、费用低和污染小,零部件要解体方便、破碎容易,能焚烧处理或可作为燃料回收,还要借鉴汽车行业的处理经验,大比例地实现装备的再制造。

13.4 绿色装备发展认证

13.4.1 绿色认证概述

绿色认证是指为保护广大消费者人身和动植物生命安全,保护环境,依照法律、法规实施的一种产品合格评定制度。绿色认证包括两方面:①指产品生产过程中的环境管理标准——ISO14000 体系认证和产品使用;②回收过程中的环境标准——环境标志。一旦获得了这两个相辅相成的绿色认证,就相当于拿到了跨越绿色壁垒的通行证。通过绿色认证的产品一般标识"绿色标志"。

绿色标志最早开始于 1978 年,德国率先开始采用"蓝色天使"绿色标志。随后,加拿大、日本、法国等国也相继建立自己的绿色标志认证制度,丹麦、芬兰、冰岛、挪威和瑞典等北欧国家于 1989 年也开始实行国家之间统一的北欧绿色标志。据统计,目前已有近 40 多个国家和地区推行了绿色标志制度,并且绿色标志涉及的产品范围也越来越广,截至 2008 年底,全球绿色标志产品种类已达几百种,产品近万种。目前绿色标志已在全球范围内刮起一股"绿色浪潮"的冲击波,并显示出强大的生命力。

绿色认证的主要特点:国家公布统一的目录,确定统一适用的国家标准、技术规则和实施程序,制定统一的标志标识,规定统一的收费标准。凡列入强制性产品认证目录内的产品,必须经国家指定的认证机构认证合格取得相关证书并加施认证标志后,方能出厂、进口、销售和在经营场所使用。国际标准化组织于1995 年 4 月制定并颁布了 ISO14000 系列国际标准,在全球范围内推行"绿色认证"制度,即推动全球商品的生产与流通在环保规范下进行,无"绿色认证"标签的商品将被禁止进入市场。

ISO14000 系列环境管理标准通过对企业推行环境管理体系和对产品实施环境标志("十环"标志)认证制度的双绿色战略,从组织管理上、产品的研制开发上全方位、最大限度地减少人类活动所造成的环境污染,节省资源,改善环境质量。ISO14000 系列国际标准包括环境体系、环境审核、环境标志、生态评估和环境行为评价等若干方面。它将环境管理贯穿于企业的原材料、能源、生产、工艺设备、安全审计等各个项目管理之中。从程序上看,实施环境标准是对一种产品进行"从摇篮到坟墓"的全过程环保控制,从而使产品从原料到生产再到回收利用,全过程对环境的影响最小。

我国的绿色认证最初是从绿色食品认证开始的。1993 年我国发布中国环境标志图案,次年 5 月中国环境标志产品认证委员会成立,1995 年初发布首批环境标志产品目录。为了与国际接轨,1997 年 5 月中国环境管理体系认证指导委员会成立,正式将 ISO14000 环境管理体系内化为我国国内标准。

目前,我国的绿色认证一是绿色食品认证;二是对生产的全过程进行监控的绿色体系认证(ISO14001),也叫环境管理体系认证,另外,还有绿色产品认证(ISO14024)、产品生命周期评价(ISO14040);三是环境标志产品认证,它是只针对于产品,对产品环境行为做出评定的认证;四是绿色选择认证,从国际惯例上讲,绿色选择或消费者选择属于Ⅱ型环境标志。它是对企业自我声明性质的环境行为给予认可的一种评定,其标志是 ISO14022。

绿色认证制度的实施,无论对企业、消费者还是国家,乃至全球,皆有重大意义。对于企业来说,绿色标志有利于产品的差异化,可以提升企业的形象和标志产品的形象。对于消费者来说,绿色标志有利于消费者辨别绿色产品,增强环境保护意识,满足消费需求;有利于消费者获得准确的信息,保护消费者的合法权益。对于国家来说,利用绿色标志有利于规范市场秩序,有助于国家指导产品制造者将环境因素贯穿于整个产品的开发过程,推动生产模式的转变;有利于国家的可持续发展;有利于在国际贸易中打破绿色贸易壁垒,促进国际贸易的顺利进行。

13.4.2 企业开展绿色认证现状及成效

当前,我国企业开展绿色认证工作已初见成效,在国内外形势的促动下,企业推行绿色化发展的势头非常明显。主要表现在:

(1) 企业社会责任意识开始形成。随着绿色观念在我国地逐步推广,企业日益认识到,作为社会的一分子,企业应当承担可持续发展的社会责任。同时,由于许多消费者要求提供健康、无害的产品,因而许多企业也开始关注其在公众心目中形成的绿色形象,因此将生产绿色产品作为企业经营的宗旨和竞争的法宝。例如海尔集团,早在 1996 年就建立起环境管理体系,1997 年 6 月获得 ISOI4001 国际环境管理标准认证,成为我国第一家全部产品整体通过绿色产品认证的企业。现在,我国绝大多数大中型企业都已采取行动,根据企业产品的自身特点,加入各自的绿色认证行列,纷纷走向绿色发展道路。

(2) 我国绿色环境标准已进入全面实施阶段。截至 2011 年 9 月底,我国约有 531 项工业类国家和行业环境保护标准正在推广实施,其中能效限额标准 137 项,环境标志产品、环境保护产品和环境保护工程技术规范标准分别为 86 项、84 和 46 项,清洁生产标准 58 项,水污染控制排放标准 49 项,固体废物污染控制标准 26 项,大气污染控制排放标准 45 项。这些标准的实施,大大加速了企业推进绿色化发展的进程,为规范和有效地开展绿色认证提供依据和保障。

(3) 绿色经营成为越来越多企业的选择。1992 年 11 月,我国代表参加了在香港举行的国际市场营销研讨会,充分接触到国际性的绿色营销理论。1997 年我国第一部《绿色营销》专著的问世,标志着我国国际绿色营销理论的形成。在实践方面,我国已有越来越多的企业在营销中抓住经过绿色认证并加贴绿色标志产品这一策略开展营销活动,引导消费者购买绿色标志产品。

(4) 提高了资源生产率,减少排放对环境造成的损失。企业通过绿色认证,建立和实施环境管理体系,在不同程度上提高了资源生产率,减少排放对环境造成的损失,从而降低无害化处理所需的环境成本支出。如北京松下彩管公司,在实施 ISO14001 体系中,通过降低排气温度这一项工艺改革每年可节省 130 万 $kW \cdot h$,改造涂屏工序清洗系统每年节水 12.7 万 t;明基电脑建立环境管理体系后,废涂料、废油墨分别降低了 16.7% 和 26.4%。

13.4.3 我国绿色认证存在的主要问题

近年来,我国政府对绿色认证及其制度建设相当重视,并一直将其视为实施可持续发展战略的重要步骤。但是,目前我国仍有不少企业对绿色认证的重要性缺乏认识,ISO14000 认证企业所占的比例比较低,主要原因是我国相当多的企业缺乏绿色营销战略意识和战略眼光,消费者的绿色需求相对不足,以及环境保护法律体系不健全、环保技术标准落后、执法不力、监督不严等原因,致使我国企业绿色化进程还存在着一些亟待解决和完善的问题。

(1)部分企业仍未确立绿色理念。目前,我国绝大多数中小型企业的生产经营仍是在一味追求近期和微观效益的理念下进行,对长远利益考虑得较少;不少企业对消费者绿色需求导致的消费需求的变化、绿色问题引起企业竞争能力的差异、环境问题导致开拓新市场的机会等缺乏应有认识;有的企业尽管意识到绿色战略的重要性,但由于需化费较大的成本、存在着一定的风险而不敢卓越然行事;另一些企业由于长期亏损,连生存都成了问题,更顾不上花较高的代价实施绿色战略。

(2)绿色产品尚未成为消费者的首选产品。在许多国家,绿色产品是最好销的产品,是消费者的首选产品。但绿色产品由于相对而言成本高,从而价格较高,因此在我国,由于收入的原因和环保观念淡薄,大多数消费者,尤其是中小城镇与广大农村地区的消费者仍愿意购买价格便宜的非绿色产品。

(3)绿色认证制度尚未引起企业的足够重视。绿色认证包括 ISO14001 环境管理体系认证、中国环境标志认证等。企业如果获得绿色认证,不仅能够提高其在本国市场的竞争力,还能为其突破绿色壁垒、进入国际市场取得有效"通行证"。追溯至 2001 年 6 月 30 日,全球共有 30181 家企业获得 ISO14000 认证。其中认证企业数量居前 5 位的国家分别为日本、英国、德国、瑞典和美国,我国位于第 14 位,我国获得 ISO14000 环境管理体系认证的企业共 749 家,仅为日本的 11.27%,全球的 2.48%。目前,我国获得 ISO14000 环境管理体系认证的企业数量与发达国家的差距正在逐步缩小,但企业数在全国所占的比例还是不高,因此企业实施 ISO14000 认证的力度仍有待进一步加强。

(4)政府没有制定足够多的政策来支持企业的绿色发展。绿色战略作为一种全新的战略思想,对协调企业、消费者、社会利益具有重要作用,但它需要政府的支持。我国政府尽管也制定了一些有利于环保的法律法规以及促进绿色运动开展的措施,但是与一些发达国家政府相比,还是远远不够的。

13.4.4　发展我国绿色认证事业的对策与建议

(1)尽快出台和完善我国环境保护法律法规,加强政府对企业绿色认证的引导及政策支持。当前,我国政府应参考和借鉴欧美的做法,制定和出台一些有利于环保的法律法规,使企业充分意识到通过绿色认证促使其在内部资源的消耗和外部贸易的竞争力等方面发挥的重要作用。政府在加强引导的同时,应重点对那些积极参与绿色认证,并获得一定环境和经济效益的企业给予表彰和奖励;此外,针对环保意识薄弱的企业需加强引导,对一些有绿色竞争潜力但急缺资金的企业还应给予必要的补助和政策支持。

(2)加强和完善我国绿色认证标准体系,并逐步向国际标准靠拢。加强完善我国的绿色认证制度,密切关注国际标准化组织有关绿色管理标准的制定和推广过程,并加以认真研究,将已经颁布的标准结合我国国情尽快转化为我国国家标准,尽快与发达国家的绿色认证制度接轨,为我国国际贸易和国际营销活动创造良好的条件。进一步加强我国绿色认证机构建设,提高认证机构作为独立的第三方认证主体的服务功能,扩大认证范围,提高认证工作在国内外的影响力和权威性,实现国际互认。

(3)通过绿色认证方式,树立企业良好形象,促使企业不断创新、提高。加强国内生产企业对绿色认证的意识,要求企业积极推行ISO14000系列标准,在生产过程中抓好环境管理,建立合理的环境管理体系,争取ISO14001环境管理体系认证和"环境标志产品"的产品认证,以此目的促进企业环保管理和技术的升级,提升产品在国内外市场的综合竞争力。

(4)营造氛围,提倡绿色生活方式。加强媒体、网络等媒介对倡导民生绿色生活的宣传力度,引导公众改变传统的大量消耗资源能源、不关心环境的生活方式,引导和鼓励消费对人体健康和环境污染影响小的绿色标志产品,使绿色贸易真正融入到每一个人的生活中去。

13.4.5　绿色装备认证途径和方法

绿色装备认证是装备发展的必然趋势,针对现状,开展绿色装备认证的途径和方法主要有:

(1)树立绿色理念。装备发展应该用战略的眼光看待环境保护问题,实行绿色装备研制、生产、管理和保障,国家、军队和企业要运用绿色理念来指导规划和调整绿色装备科研、生产体系,并切实制订"绿色装备发展规划",实施"绿色工程",制定"绿色标准":①装备发展应树立绿色理念,充分认识装备制造和使用对环境影响的重要性,将军队使命、装备运用同保护环境的社会责任全面地统一起来,制定绿色装备发展战略;②装备全寿命周期各阶段的工程技术人员要不断学习新的环境技术,不断提高自己的环境知识和技能,从设计与制造方面减少或消除污染,并从污染控制转向清洁生产,提高装备生产效率;③对生产第一线的员工,要培育"绿色装备""绿色制造"和珍爱人类生存环境的意识,使"环保、生态、绿色"的理念深入人心。

(2)开展绿色设计。开展绿色设计,在设计装备时优先考虑环境保护的需要,对使用过程的设计性能满足延期、安全、耐用、易用、节能、环保及人性化的统一等。使装备设计时具备原料的先进性、生产过程的安全性和设计的合理性,在使用过程中及使用后,不含危害人体健康和生态环境的因素,且易于回收、重复使用和再生,同时应具有合理的使用功能,包括节能、节水、降低噪声的功能。

(3)进行绿色生产。装备在生产中遵循"低耗高效的循环性能",绿色装备生产要使用绿色资源,即无公害、环保型的新能源、新资源,而且要求采用新技术、新设备,综合利用边角余料及废旧物资,提高资源利用率,减少对地球资源的耗用,通过对资源的综合利用、对短缺资源的替代以及采取节能、省料、节水等措施,确保产品的生产制造过程不与环境保护相冲突。

(4)实行绿色包装。实行绿色包装,就是要在保证产品洁净、安全的前提下,采用节料少废包装,还应选择无毒性、可回收循环使用、能自然分解或易分解处理的包装材料;包装材料还应尽可能单纯化,避免过度包装;包装图案要具有浓厚的生态气息和美化环境之类的题材,突出绿色因素;还要有对消费者使用和处理包装物的宣传及处理方法加以说明。欧美等国的消费者具有较高的环保意识,在挑选和购买商品时较多地考虑产品包装对环境的污染,对产品包装的观念已由追求豪华、精美转向简明、实用和环境的保护。

(5)申请绿色标志。绿色标志表明该装备不仅质量、功能符合要求,而且从生产到使用以及回收的整个过程对环境均无危害。目前,发达国家都已建立了绿色环境标志制度,如欧盟的"23"标志、德国的"蓝色天使"标志、加拿大的"环境选择"标志、日本的"生态标志"等。

(6)争取绿色认证。通过国际认证的装备或企业,意味着在国内外有良好的企业信誉,不仅可以使装备冲破绿色贸易壁垒,还可以为企业树立良好的绿色形象,从而极大地增强企业的整体竞争力。我国政府应积极引导企业进行绿色认证。同时,申请认证还能够推动企业的内部环境管理体系的建立,引导企业按照国际环保标准开发产品、改进生产工艺和生产过程,推动企业的管理走向标准化、规范化和国际化。

13.5　小结

当前,由于受制造技术等因素制约,绿色装备发展还存在不少问题。在全球化背景下和绿色环保思潮的压力下,绿色装备发展毫无疑问将成为未来世界军事强国研发的重点方向,并想方设法解决研发过程的技术难题。道路肯定不会一帆风顺,但随着时间推移,"绿色装备"发展必将逐步成为世界军事装备发展的主要趋势。

绿色装备建设有以下几个亟待解决资源瓶颈问题:①装备能耗结构不合理,

对化石能源的依赖程度高。一方面,在有限的时间内,世界化石能源供应将面临枯竭,而我国的化石能源可持续供应能力远低于世界平均水平;另一方面,目前,我军装备除了部分潜艇使用核能外,其余几乎全部是以石油作为能源,对即将枯竭的化石能源依赖程度很高。因此,必须未雨绸缪,实施能源储备战略,研发新能源和替代能源装备,改善装备能耗结构,才能挣脱装备发展的能源瓶颈。②对装备资源性论证的研究有待深入,重视程度需要提高。装备资源性论证是从装备寿命周期源头做好装备资源节约工作的重要手段,加强装备资源性论证将有利于改善装备能耗结构、提升装备资源使用效率,对于装备长远建设具有重要意义。目前,装备资源性的概念尚未成熟,需要进行深入研究,并高度重视装备资源性论证工作的实施。③装备资源节约工作长效机制尚不健全。装备系统尚缺乏完善的装备资源节约考评、奖惩、激励、监督、协调等工作机制,长效管理机制还没有完全形成,迫切需要结合装备工作实际,落实军队资源节约工作领导小组相关指示要求,建立完善装备系统的资源节约工作相关法规、办法、指标体系等,形成长效工作机制。

传统武器装备在制造、使用及销毁等过程中都会对环境及人类造成危害,将武器装备绿色化可以从源头上控制军事环境污染,提高武器装备的环境性能,节约能源,使资源得到最大化利用,节省军费开支,绿色设计是实现武器装备环境友好的有效途径。为减小武器系统在其生命周期内对人类及环境的影响,加强对武器装备绿色化的研究,促进国防事业的可持续发展,针对我国现有情况,建议如下:

(1)重视武器装备的绿色化。进一步认识武器装备在生命周期内对人类健康及自然生态环境的危害,研究武器在军事活动尤其在训练中对人员及环境的影响程度和范围,探讨武器绿色化的途径,促进军事 – 环境 – 经济的可持续发展。

(2)构建绿色武器装备持续健康发展的科研体系。通盘考虑,科学谋划,把绿色武器装备的创新发展植根于整个国防科技创新体系之中。促进有利于军民结合的武器绿色化发展机制的形成和完善,将民用绿色技术引入到武器装备的设计研究当中。加强武器绿色设计科研力量建设,充分调动和发挥军工集团、高等院校等力量参与武器先进设计的主动性。

(3)重点突破绿色设计关键技术。适应作战方式的变化和武器发展需求,以高新技术集成应用创新为途径,以满足战场需求和持续发展为目的,选择适用于武器的环境友好材料,重点探索性能优良、对自然环境危害小、来源充足且经济的绿色火炸药,同时考虑火炸药的废旧回收再利用问题。研究利于操作人员安全及健康的人性化设计,研究武器的可回收、可拆卸设计,充分利用废旧,实现资源价值的最大化。

（4）开展面向武器装备的生命周期评价。通过确定和定量化物质和能量利用及废弃物的环境排放，评估武器装备在整个生命周期内对环境造成的影响，确定武器装备的绿色度，并进而找出和确定改善其对环境影响的方法和机会。

（5）加强同外军的交流与合作，关注先进的武器绿色设计技术。国外在武器的绿色化研究方面已取得部分研究成果，且在使用中已显现出良好的作战性能和环境友好性。通过交流合作，借鉴外军发展绿色武器的先进理念、做法与经验，结合我国实际国情军情，发展武器绿色设计技术，积极推进我军现代化建设。

参 考 文 献

[1] 欧阳芳,魏力,鲁雅萍. 基于组织实现三赢的绿色采购体系构建研究[J]. 生态经济,2010(8):72－74.

[2] 王玉玲,等. 工程机械绿色设计与制造技术研究[J]. 工程机械,第38卷2007(1):P40－44.

[3] 胡建兵,等. 产品绿色认证模型的扩展研究[J]. 上海理工大学学报,第29卷2007(3):P45－51.

[4] 王燕铭,等. 国际绿色贸易壁垒及应对策略探析[J]. 国际商贸,2014(1):P156－157.

第14章 环境武器

环境不但会对装备的性能产生影响,而且其自身也可以作为武器来使用。能够作为武器的环境分为自然产生的和人为诱发的。在目前的实际中,运用较多的主要是"气象武器"。

从古至今,战场环境一直是决定战争成败的重要因素之一,它虽然是独立于交战双方并且与交战双方军事实力对比无关的客观存在,但只要运用得当,它也可以发挥出巨大的能量,有时甚至可以改变战局。如诸葛亮"巧借东风",助周瑜火烧赤壁。

根据《中国人民解放军军语》,环境战亦称地球物理战。为达成一定军事目的,运用科学技术手段影响自然环境的行动,包括人工控制或者制造云雾、风暴、雷电、暴雨、洪水、泥石流、山崩、地震、海啸等。气象战亦称天气战、气候战,是为达成一定军事目的,人工影响天气和气候的行动,是环境战的组成部分。要实施环境战或者气象战,就必须有环境武器或者气象武器可用。

14.1 环境(气象)武器

所谓"气象武器"是指运用现代科技手段,人为地制造地震、海啸、暴雨、山洪、雪崩、热高温、气雾等自然灾害,改造战场环境,以实现军事目的的一系列武器的总称。

自然环境对装备有很大影响,以往环境工程从未关注和提出有关"气象武器"所制造的类似于自然环境效应对装备的影响问题。这是一个全新的课题,有必要进行相应的分析和研究。

几种已实际运用的"气象武器"如下:

(1)温压弹。温压弹是美国国防部降低防务威胁局在2002年10月组织海军、空军、能源部和工业界专家,利用两个月时间突击研制的,并成功应用于阿富汗战场。温压弹爆炸时能产生持续的高温、高压,并大量消耗目标周围空气中的氧,打击洞穴和坑道目标效果显著。除此之外,美国海军陆战队还计划利用便携式温压弹打击城市设施,包括建筑物和沟道等。

(2)制寒武器。美军曾在距地面17km的高空试验引爆一颗甲烷或二氧化碳炮弹等制寒武器,爆炸后的炮弹碎片遮蔽阳光,天气骤然变得异常寒冷,这足以将热带丛林中的敌人活活冻死。

（3）高温武器。通过发射激光炮弹,使沙漠升温,空气上升,产生人造旋风,使敌人坦克在沙暴中无法行驶,最终不战自败。其钢制弹壳内装有易燃易爆的化学燃料,采用高分子聚合物粒状粉末,以便提高武器系统的威力和安全性;爆炸发生时会产生超压、高温等综合杀伤和破坏效应。这种炮弹既可用歼击机、直升机、火箭炮、大口径身管炮、近程导弹等投射,打击战役战术目标;又可用中远程弹道导弹、巡航导弹、远程作战飞机投射,打击战略目标。

（4）热压气雾武器。目前,英军正在研制一种利用热浪、压力和气雾打击目标的精确打击武器。这种武器运用的是先进的油气炸药原理。弹头里的炸药在撞击目标后以气雾形式扩散并燃烧,迅速形成一股高压爆炸波,摧毁目标。这种武器在撞击后弹体燃料会马上被点燃,从而产生大量的浓雾爆炸云团,通过热雾和压力摧毁建筑物内的目标,并且能够在很大范围内杀伤敌人,在目标区域内的敌人很快会被压力压死、气雾憋死。

（5）云雾炮弹。这种炮弹又叫燃料空气炸药炮弹,通常使用环氧乙烷、氧化丙烯等液体炸药,将其装填在炮弹内,通过火箭炮或迫击炮发射到目标上空。第一代云雾炮弹属于子母型,即在母炮弹内装 3 枚子炮弹。每枚子炮弹装填数十千克燃料空气炸药,并配有引信、雷管和伸展式探针传感器等。当母炮弹发射到目标上空后,经过 1~10s 的时间,引信引爆母炮弹,释放出挂有阻力伞的子炮弹,并缓缓地接近目标。在探针传感器的作用下,子炮弹在目标上空预定的高度进行第一次起爆,将液体炸药撒出。液体炸药在空中扩散并迅速与空气混合,形成直径约 15m、高约 2.4m 的云雾,将附近的地面覆盖住。经过 0.1s 的时间,子炮弹进行第二次引爆,使云雾发生大爆炸。

（6）人工消云、消雾武器。人工消云、消雾是指采用加热、加冷或播撒催化剂等方法,消除作战空域中的浓雾,以提高和改善空气中的能见度,保证己方目视观察、飞机起飞、着陆和舰艇航行等作战行动的安全。在第二次世界大战中,英军曾使用一种名为"斐多"的加热消雾装置,成功地保障了 2500 架次飞机在大雾中安全着陆。1968 年,美军为保障空军飞机安全着陆,曾使用过人工消雾武器。

（7）人工控制雷电。人工控制雷电,是指通过人工引雷、消雷的方法,使云中电荷中和、转移或提前释放,控制雷电的产生,以确保空中和地面军事行动的安全。人工控制雷电的方法有:利用对带电云团播撒冻结核,改变云体的动力学和微物理学过程,以影响雷电放电;采用播撒金属箔以增加云中电导率,使云中电场维持在雷电所需临界强度以下抑制雷电;人为触发雷电放电,使云体一小部分区域在限定的时间内放电。

(8) 太阳武器。这是一种利用太阳光来消灭敌方的武器。实际上利用太阳光作为武器,早被使用过。1994 年俄罗斯卫星曾在轨道上安放了一面镜片,镜片的反射光在夜间擦过地球。这说明目前的技术已经能够在 40000m 高空集中镜面反射光。据计算,聚焦的热源中心温度可达数千度,可以毁灭地球上的一切。这种武器也很有可能出现在新世纪的战争中。

(9) 化学雨。化学雨武器是从早先的气象武器演变过来的一种新型武器,在海战中的作战效能尤为明显。它主要由碘化银、干冰、食盐等能形成水滴、造成连续降雨的化学物质和能够造成人员伤亡或使武器装备加速老化的化学物质组成。该武器分为两大类:一类是永久性的,另一类是暂时性的。永久性的化学雨武器主要用隐身飞机或其他无人飞行器运载,偷偷飞临敌国上空撒布,使敌军武器加速腐蚀,进而丧失作战能力;暂时性的化学雨武器主要是使敌部队瞬间丧失抗击能力,它由高腐蚀性、高毒性、高酸性物质等组成。

(10) 海啸环境武器。海洋环境武器主要是利用海洋、岛屿、海岸以及相关环境中某些不稳定因素,如巨浪、海啸等,同时借助各种物理或化学方法,从这些不稳定因素中诱发出巨大的能量,使敌方的军舰、海洋和海岸军事设施,以及海空飞机丧失效能。目前,海洋环境武器还处于研究中,但其美妙的前景已令各海洋大国的军事科学家赞叹不已。

利用风能或海洋内部聚合能,使洋面表层与深层产生海浪和潜潮,从而造成敌水面舰船、水下潜艇,以及其他军事设施的倾覆和人员死亡。

在自然界中,海啸常常是由火山爆发或地震引起的。但是 1954 年夏天,美国在比基尼岛进行的核试验,在距炸中爆心 500m 的海域内骤然掀起了一个60m 高的海浪,在奔出 1500m 之后,高度仍在 15m 以上。科学家们深信,这种武器一旦投入战场,将能冲垮敌岸设施或造成大规模人员伤亡。提起海啸,人们无不为之胆颤心惊、毛骨悚然。未来的海啸武器如运用于海战,将会起到不可估量的作用。

(11) 巨浪。对于军舰和海洋设施以及登陆作战来说,风浪是一种不可小视的重要因素,巨大的风浪常常导致舰毁人亡,军事设施毁坏。因此,利用风浪和海洋内部聚合能使大洋表层和深层产生海洋潜潮,从而造成敌海军舰艇、水下潜艇,以及其他军事设施的倾颠和人员伤亡。军事科学家认为,巨浪武器还可用于封锁海岸,达到扼制敌军舰出海进攻的目的。

(12) 抑氧武器。一些动力机械的启动和运行离不开氧气。氧气一旦从自然界某一局部空间消失,其情景是惨烈的。基于这一点,军事科学家设想,制造一种能吸收局部空间的氧气,进而使人员死亡和一些需要氧气的机械停止运转的武器。它用于海上战场,将会造成人员无声无息地死去,舰船莫明其妙地停止运转,飞机将沉入大海。这种武器很简单,主要是在普通弹药中掺合吸收大量氧气的化学药物,弹药发射出去,会使攻击目标附近空间产生局部暂时的缺氧,导致人员死亡与武器失控。它的作用效果比任何常规爆炸物都更强劲、持久。1975年4月,美军在越南春禄地区使用CBU-55B型炸弹,曾使茂密的热带丛林和农作物因缺氧而枯萎,迫使以丛林为隐蔽物的北越游击队员出逃。在打击塔利班的战争中,美军又试验了一种新型的激光制导BLU-82燃料空气弹,也称为云爆弹、气浪弹、窒息弹或吸氧武器。该炸弹在目标区爆炸后顷刻间就会产生滚滚的燃烧雾体,立即就可将目标区内的氧气全部吸收掉,使得躲藏在隐蔽处的武装人员窒息身亡。

(13)海幕武器。这是一种消极被动式武器,它主要运用人工方法制造出一种能保护舰船和军事设施的防护幕,使敌舰船、飞机以及岸基雷达无法发现目标,以达到神出鬼没、隐蔽出击的目的。

(14)臭氧武器。运用物理或化学方法,使敌占区上空的臭氧层出现"洞穴",从而使强烈的紫外线毫无遮挡地直身敌国的地面、海面,使该区域的人员死于非命。

14.2 环境(气象)武器示例

地球物理武器,即环境武器之类的,如人为产生地震、海啸、暴风雨等。实际上,许多环境效应可能用来产生等同于传统大规模毁灭和大规模影响的武器(WMD/E)的大规模效应。

1. 美军环境武器研发

麦金利气候实验室是世界上最大的人工气候实验室,承担了美军大部分的装备环境试验鉴定和考核试验任务。同时,开发环境武器也是麦金利气候实验室的主要任务之一,美军目前所使用的90%以上的环境武器都是经它研制成功并使用于现代战争战场的。由于环境武器具有作战效益高、威力大、隐蔽性好的特点,从而被各国的军事专家形成共识,并逐渐发展为系统开发和利用。

美国环境武器开发是20世纪60年代以后的事情,主要是利用云和大气中微粒的不稳定性的特点,向云层、潮湿的空气中播撒有关的化学物质或利用物理手段人为地改变气候、天象条件,有针对性地制造不同状态的战场环境来达到预期的作战目的。如播撒碘化银、干冰等催化剂,形成降雨、降雪,还可以在此基础上,增加云团的对流,使云团中的冰粒在上下对流过程中不断增大,进而形成冰雹。

通过播撒气溶胶或燃烧红磷的方法,制造雾或人工造云、消云;通过物理方法在云体中、两块云体间或云体与大地之间,制造、诱发闪电或改变闪电的强度。

通过开辟"紫外线窗口",即对大气层中臭氧层的破坏,改变大气中臭氧的浓度,将臭氧层"贯穿",使太阳的紫外线直接照射到地面,形成干旱或沙漠。

此外,还可以利用大地本身的不稳定性,用物理或化学方法激发大量的能量,产生人造海啸、雪崩、改变河道或航道、引爆火山、改变高层大气物理结构等。如1971年初,美军在越南战场为掐断北越的运输供给线,利用西南季风的有利条件,在局部战场大量投放碘化银,实施大规模的人工降雨,造成每小时降雨量达80mm的特大暴雨,导致著名的补给长廊"胡志明小道"受损极大。在未实施人工降雨时,补给线通常每周可通过9000辆汽车,运送大约35000t的战备物资,而在实施人工降雨后,每周只能通过900辆汽车,物资运送降到2000t左右,使越南军队的战争保障受到严重打击。

2. 美军气象站经典战例——制造暴雨的"凸眼计划"

1967年3月20日—1972年7月5日,美军在东南亚地区大规模地使用了气象武器,历时7年。据统计,美国空军总共飞行了2602架次执行这项代号为"凸眼计划"的气象站,撒布了47409个碘化铅和碘化银装置,共耗资2610万美元,为的是增大该地区的降雨量。

"凸眼计划"其实早在1966年10月起就已开始实施,美军首先在老挝进行了人工降雨试验。1967年2月,美国参谋长联席会议向约翰逊总统建议,将该项试验转入实战阶段。这项建议很快就得到了白宫的批准,并于3月20日正式实施,直到1972年7月5日才结束。美军进行这次气象战主要有四个目的:

(1)为在越南的突击队和谍报队进入北方提供云雨掩护;

(2)给北越军队和南方游击队的行动制造障碍;

(3)改变越南南部和老挝的降水分布,使之有利于美空军执行轰炸任务;

(4)迫使北越军队从作战部队中抽出人员去克服泥泞道路,削减其战场战斗力。

实施人工降雨计划的范围,开始是在老挝的潘汉德拉地区,随后向北扩展,包括越南北方的部分地区。到1971年,为破坏越南北方对南方的渗透和支援,美军的人工降雨活动主要集中在柬埔寨北部越柬边境的"胡志明小道"一带。美军使用WC-130气象侦察机和RF-4C侦察机投放40mm催化弹,每批208枚,通过催化冷云,造成大雨滂沱、山洪泛滥,冲垮了铁路、桥梁、堤坝等,使许多道路泥泞不堪,交通被迫中断,给北越军队的军事行动造成了巨大的困难。

　　美国中央情报局的官员后来还透露，当时还曾研制过一种催化弹，它能使云层催化后降下酸雨，"以使越共用来引导地空导弹的雷达设备不能正常工作。"美军方认为，"凸眼计划"产生了显著的效果，1971 年 6 月 16 日—6 月 23 日，在这段人工降雨活动最频繁的时间内，越共运输物资的车辆大为减少。美国国防部情报局也估计，小范围人工降雨可增加 30% 的降雨量。

附　录

附录 A　国外装备环境工程发展

A1　国外环境试验发展概况

1839 年,英国在世界上首次开展了自然环境试验,美国则始于 1905 年。美国从 1916 年起开始对 260 种钢材进行长期暴露试验。

第二次世界大战中暴露的诸多装备环境适应性问题,使美、苏等工业发达国家逐渐认识到武器装备环境适应性的重要性,为达到各自的目的,争先恐后地在本国和世界各地建立了大量的环境试验站(网),覆盖了全世界各种典型的自然环境条件。

美军建立了寒带、热带和沙漠环境试验中心,标志着军用自然环境试验站网的形成。美军沙漠环境试验中心随时都可进行大约 100 种试验。例如,"沙漠风暴"行动所配备到沙特阿拉伯的所有主要地面武器系统都可以在此进行详尽彻底的试验。美军寒冷环境试验中心位于阿拉斯加中心地带,是国防部首要的寒冷气候测试场所,实际上集合了冬季野战条件,拥有森林、平原、沼泽、山脉、冻土地带、冰河、湖泊和湿地等各种可能遇到的环境条件,以及漫长的寒冷季节和足够的寒冷环境,确保了充分而彻底的试验条件,可为所有用户提供世界级的各种试验服务。美军热带环境试验中心执行的热带气候试验包括两个不同类型的试验计划:技术性试验为材料研制和采办周期提供决策所用的数据,长期监视与暴露试验项目则用来支持存储性装备的可靠性计划和材料研究计划。

美国阿特拉斯气候服务集团在世界范围内有 18 个重点网站,拥有佛罗里达和亚利桑那两个世界上最大的暴晒场,见图 A－1 和图 A－2。

图 A-1 ATLAS 佛罗里达试验场　　　　　图 A-2 ATLAS 沙漠试验场
（迈阿密,美国佛罗里达州）　　　　　（凤凰城,美国亚利桑那州）

　　美军不但在典型自然环境试验站开展材料及构件的环境试验,而且在部分
装备上开展使用环境试验。例如,美

国海军在航空母舰上开展铝合金等
新材料的使用环境试验（图 A-3）；
在海军陆战队的战术车辆上开展车
辆状况的跟踪研究,以量化海军陆战
队车辆的腐蚀环境；在 C-141 和 C-
130 飞机上开展环境腐蚀监测研究。
　　气候实验室是装备考核、定型、
鉴定的重要设施。中小型的环境实
验室一般称为环境试验箱,如盐雾试
验箱、光老化试验箱、湿热试验箱等。

图 A-3 美海军在航母上开展
新材料环境暴露试验

大型气候实验室可对大型装备和整机进行试验。

　　在国外,从 20 世纪 40 年代,尤其是 50 年代以后,为适应航空产品的发展,
先后建立了各种类型和不同规模的环境试验设施设备,如:美国麦金利
(Mckinley)气候环境实验室、波音飞机公司高空试验舱、美国格鲁门飞机高空试
验室、法国图鲁兹航空研究中心高空模拟设备、英国加利特-诺马利尔公司高空
试验室等。

　　目前,世界上最大、最著名的人工实验设施是隶属于美国空军系统司令部
的麦金利气候实验室（图 A-4）,主要承担大型武器装备的气候环境试验任
务（图 A-5）。能够模拟出地球上出现的几乎所有气候环境条件,可以制造高
低温、高低湿、太阳辐射、雨、雪、沙尘暴、冷冻、烘烤、大雨冲洗、雪封、风吹、雾罩
和湿化试验。可以试验所有各种类型的装备乃至人员。实验室已经接纳了美国

陆军、海军、空军和海军陆战队 400 余架各类飞机、70 多个导弹系统、2600 多种军事装备的气候条件适应性试验,为不断改良和提高武器装备的各种性能提供丰富的科学数据。

实际上,美军麦金利气候实验室不但进行装备的环境试验考核,同时也承担人员耐严酷严寒环境耐受力的考核训练任务。

图 A-4　麦金利气候实验室全貌

图 A-5　对 F-22 联合攻击机进行的冷冻和雪封试验

美国根据全球战略的需要,将装备的试验范围拓展到全球的各个典型气候地区。例如热带环境有巴拿马、澳大利亚、菲律宾;沙漠地区有索马里、科威特;北极气候有阿拉斯加;海洋环境有马绍尔群岛、巴哈马群岛等。

美军十分重视实际环境下装备环境适应性的考核,例如美军对各种舰艇在世界不同海域,进行了弹药和导弹的实船贮存和暴露试验。美军还十分重视在实战中(海湾战争、科索沃战争、阿富汗战争、伊拉克战争)考核武器装备对战场环境的适应性。

装备如果不经过环境试验或环境试验不充分,就可能存在影响装备战技性能正常发挥的隐患。例如海湾战争和科索沃战争中,在正常使用的环境范围内,出现了环境影响装备作战效能的严重后果,出现了大量的装备维修问题,使预定1 周的空中打击延长为 4 周,对于每天耗资 15 亿美元的战争,这是非常严重的问题。而原因是定型验收环境试验不充分或者没有覆盖正常使用的环境范围,所以没有发现实战中出现的环境影响问题。为此,必须进行环境影响模拟研究,即将环境影响定量化,解决环境试验的充分性和覆盖度问题,确定正常使用的环境参数阈值,从而确知实际环境下装备的作战效能。为此,美军研制了"环境影响决策辅助系统"来解决类似问题。

美国经过多年的环境试验积累了大量的环境试验数据,并在此基础上出版数据手册和规范,如 MIL – HDBK – 17《复合材料军用手册》、DOT/FAA/AR – MMPDS – 01《金属材料性能研发规范(MMPDS)》(2003 年替代 MIL – HDBK – 5)。在这些标准和规范中,都明确规定必须考虑由于材料和构件暴露于大气、应力、温度、腐蚀介质等环境条件下而引起的材料和构件失效和故障。

目前,美国已把环境试验作为鉴定军用产品的重要手段,对于每项新定型的军用设备,首先要通过模拟环境试验,然后再分别送往北极、沙漠和热带三个环境试验中心按有关规定进行其余的试验,并明文规定:军用设备不经过环境试验的考核,不准定型和生产。

20 世纪 80 年代以后,美国更加重视环境试验,环境试验发生了里程碑性的变化,各种试验方法和标准日益完善。美国在环境试验中引进了"剪裁原理",并逐步形成环境工程的概念,开始用系统工程的方法对装备的全寿命进行环境适应性的控制工作,使环境试验进入了一个新的发展阶段。在 90 年代后期,美国已把环境工程的完整概念写入 810F 标准中,在武器装备的采办中全面实行环境工程。英国发布的《环境工程的控制与管理》、北约发布的《国防装备环境指南》中都提出了环境工程和控制。

A2 国外环境工程标准发展情况

A2.1 概况

环境试验标准是规范和指导环境试验,可以保证试验的可操作性、规范性以及数据的可靠性和准确性,是确保环境适应性指标正确、合理和进行有效验证的重要手段,是环境试验工作开展必不可少的保障基础。因此,各国都积极制定、完善环境试验标准,拓展试验方法,以满足不同产品、不同使用环境的试验要求。

1952 年,美国国防部设立了电子设备可靠性顾问组(AGREE),1955 年成立了"环境工程学会",1956 年组织了"环境工程师协会",1959 年将上述有关组织合并为"环境科学学会",每年召开一次年会,开展环境工程方面的学术交流活动,并在广泛研究的基础上制定环境试验标准。1953 年制定出 MIL – STD – 202 "电子元器件环境试验方法"标准。1957 年,美国空军和海军的一些研究单位对军事装备经历的环境条件进行了初步调研,随后美军以 MIL 标准为中心制定了一系列规范和手册。

1973 年,美军颁布了 MIL – STD – 210B《军用设备气候极值》标准,提出了时间风险率和工作极值、再现风险率和承受极值等概念,使得环境参数阈值的确定初步走上了定量的、科学的轨道。随着武器装备性能的提高和费用消耗的剧增,选择与美军全球战略相适应的一套全球环境参数阈值的做法,非常难以实现和承受。到了1987年,美军在 MIL - STD - 210C 中将全球分为5个气候区分别设计武器装备,使情况得到了好转。1997年美军发布 MIL - HDBK - 310《研制军用产品用的全球气候数据》,取代 MIL - STD - 210C。另外,还制定了美军条例 AR 70 - 38《极端的气候条件下的材料研究、开发、试验与评价》。

1962年以前,美国陆军、空军和海军有各自的环境试验标准和规范,而没有比较完整统一的军用环境试验标准文件。各种试验标准和规范中的试验条件、试验程序不尽相同,甚至相互矛盾,使军工产品制造单位无所适从。MIL - STD - 810标准就是为了解决这一问题而制定的,制定后作为美国三军文件发布,成为三军和工业部门都能接受的环境试验标准。1962 - 1975年,该标准进行了3次修订,分别是810A、810B 和810C 版本。

1978年对 MIL - STD - 810C 存在的菜单式标准造成过试验和应用目的及阶段不明确的问题进行修订。810D 开始引入剪裁的概念,提出军用产品环境剪裁过程图和军用硬件寿命期历程图。剪裁过程明确了确定环境(适应性)设计要求和环境试验要求的途径。

2001年修改为 MIL - STD - 810F,标准内容从环境试验扩大到环境工程,并提供了环境工程工作指南,明确了环境工程涉及项目主任、环境工程专家和设计/试验工程师等3类人员的主要任务,强调了环境工程剪裁和环境工程师的任务、地位和作用。810F 的内容和格式与810D/E 大不相同,它将标准分成环境工程管理和实验室环境试验两大部分,规定了项目主任,环境工程专家,设计工程师、试验工程师和试验操作人员的职责。

2008年,美国发布 MIL - STD - 810G《环境工程考虑与实验室实验》,与以往版本相比,新增了"第三部分 世界气候区指南"。该部分参考了陆军条例 AR 70 - 38"研究、开发、测试和评价装备极端气候条件",机降战场环境管理(ALBE)委员会(1987)装备设计组的环境标准"大气屏蔽、气候和地形的环境因素和标准",MIL - HDBK - 310 的《军用产品研制用的全球气候数据》的全部或部分条款。

MIL - HDBK - 310 是按照 MIL - STD - 810 进行气候试验评价的信息资源,两者的关系如图 A - 6 所示。

早在1962年和1970年,英国就制定了环境试验标准 2G100(1962)和3G100(1970)《飞机设备通用要求》,1975年了制定国防标准 DEF - 07 - 55《军用装备环境试验》。2006年9月,发布了国防标准 DEF 00 - 35《国防装备环境手册》(第四版),手册包括了"控制和管理""环境试验程序设计与评价方法"

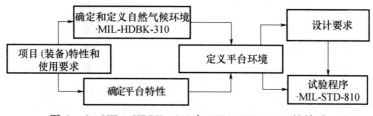

图 A - 6 MIL - HDBK - 310 与 MIL - STD - 810 的关系

"环境试验方法""自然环境""诱发机械环境"和"诱发气候、化学与生物环境"等六大部分,纳入了武器装备寿命期内会遇到的环境条件信息,装备设计、研制和鉴定时使用的各种环境试验方法以及对整个环境工程任务的控制与管理要求等内容。其中第二部分"环境试验程序设计与评价方法"是首次颁布。第四版与第三版及第三版的修订版相比,在英国国防部原来的手册规划中预定的第二部分名称为"环境工程原理",而颁布时却改为"环境试验程序设计与评价方法",说明英军方更加重视标准的可操作性、规范性和可比性。

1998 年,北约发布联盟环境条件和试验出版物 STANAG 4370《环境试验》,其 AECTP - 100《国防装备环境指南》中明确规定了项目主任和环境工程专家的责任和任务,要求制定一个总的环境管理计划,考虑寿命期环境剖面、环境设计准则、环境试验计划等环境工程工作内容。2006 年,发布 STANAG 4370《环境试验》(第三版),其目的是在规划和执行环境任务中指导项目经理、项目工程师和环境工程专家。AECTP - 100 的重要作用是为项目经理在应用 AECTP - 200"环境条件"、AECTP - 300"气候环境试验"、AECTP - 400"机械环境试验"、AECTP - 500"电气/电磁环境试验"、AECTP - 600"十步法评价装备满足长寿命要求、任务及部署变化能力"时提供指导。

法国 NF C20 环境及环境试验系列标准,其中包括环境条件、环境条件分类、环境试验程序等。澳大利亚国防部 2009 年发布 DEF(AUST)5168 (第 2 版)"气候和环境条件对军事装备设计的影响"。

国外先进发达国家不但重视环境试验标准的制定,同时也极其重视相关标准的修订。他们认为,随着科技的飞速发展,相关标准必定过时,从而不能满足新装备试验考核的需要。标准也必须与时俱进,充分吸收相关技术领域的先进成果,同时借鉴其他国家或组织的先进理念,对标准及时进行修订。如 MIL - STD - 810 系列标准从 1962 年 12 月发布,到 2008 年 11 月发布 810G,平均每 7 ~ 8 年修订一次;而英国国防标准 DEF - 00 - 35《国防装备环境手册》从 1986 年发布第一版到 2006 年发布第四版,平均每 5 年就修订一次。特别是这两套标准都是在相互借鉴的基础上不断完善的,更是代表了当时环境试验的最新成果。

日本工业标准协会(JIS)为了与国际标准接轨,将两份重要的产业环境试验标准直接用国际标准的编号——JIS – C – 60068 系列"Environmental Testing"及 JIS – C – 61000 系列"Electromagnetic Compatibility (EMC)"。

目前,国外最具影响力的环境试验标准是美军 MIL – STD – 810F/G《环境工程考虑和实验室试验》、英军 DEF STAN 00 – 35《国防装备环境手册》、北约(NATO)联盟环境条件和试验出版物 STANAG 4370《环境试验》。其他有关标准从本质上讲,都可看作是对 MIL – STD – 810、DEF STAN 00 – 35 和 STANAG 4370 标准的补充和完善。

A2.2　国外环境工程标准发展历程

国外环境工程专业标准发展迅速,经历了由环境试验向环境工程大概念发展的过程,主要分 3 个阶段:

第一阶段:环境试验为主的阶段

20 世纪 80 年代以前,无论是美国的标准还是英法等国的标准,如美国的军用标准 810A/B/C/D 版、英国军用标准 DEF 04 – 55《军用装备环境试验》、IEC 68 号出版物等,均主要是试验方法标准,从未将其内容拓宽到环境工程。英国和美国只出版一些自然环境数据标准和装备设计用气候环境条件和设计准则,如美国的 MIL – STD – 210C、美国陆军试验操作规程 AR – 70 – 38《在极端气候条件下所用装备的研究、发展、试验与鉴定》。由于我国环境标准当初等效采用了国外标准,因此环境标准也就局限于试验标准。

第二阶段:提出环境工程概念和初步应用阶段

20 世纪 80 年代开始,国外对环境工程的认识有了提高,在 1989 年发布的世界最权威的环境标准 MIL – STD – 810E 中开始提出要制定环境管理计划,以更好地使用 810E 试验方法标准。环境管理计划中开始提及环境工程任务,虽然其概念已向环境分析和环境管理扩展,但没有明确提出环境工程基本内涵及其工作内容。810E 仍是一个试验方法标准,只是更强调剪裁。然而一些西方国家的公司却开始将环境工程理念用于武器装备的研制。以色列在其 ADA 项目中全面开展环境工程工作,在项目研制的一开始就制定环境工程管理大纲,在实施过程中进行监督控制和不断改进,并设立试验评委会对环境工作实施结果进行评审。瑞典 ABBOFRS 公司在一些大项目系统的研制中都纳入环境工程活动,包括环境分析预计、环境剖面、环境实测、制定环境规范和环境试验计划,开展各种环境试验。这些公司开展的环境工程活动使其收到很大的成效,也促进了世界各国对环境工程和重视。

第三阶段：环境工程纳入标准阶段

20 世纪 90 年代后期，国外开始将环境工程的概念及其内容纳入军用标准，这首先体现在美国军标 810E 的修订中。经过 8 年多的工作，810E 修订后的 810F 于 2000 年 1 月正式发布，题目改为《环境工程考虑和实验室试验方法》，把环境工程工作指南作为第Ⅰ部分，实验室试验方法作为第Ⅱ部分，从而成为一个混合型的标准。标准内容从环境试验扩大到了环境工程，并提供了环境工程工作指南图，明确了环境工程涉及项目主任、环境工程专家和设计/试验工程师三类人员及其主要任务，强调了环境工程剪裁和环境工程专家的任务、地位和作用。810F 标准主导思想工作和环境工程具体内容促进了国外环境工程的发展，也推进了我国 GJB 4239《装备环境工程通用要求》标准的制定工作。近年来通过对 810F 的修订，2008 年底，美国又出版了 810G。810G 对 810F 进行了修改，不仅包含了 810F 的内容、延续了 810F 的主导思想，还新增加了 5 个实验室环境的试验方法，增加了世界气候区域指导作为第Ⅲ部分。世界气候区域的内容可以指导确定世界各地不同气候区域武器装备寿命周期内的气候条件。

此外，1999 年 5 月发布的英国国防装备环境手册第一部分《环境工程的控制与管理》和 1998 年北约发布的 STANAG 4370 协议的附件 AECTP – 100《国防装备环境指南》中都提出了环境工程和控制。这三个重大军用标准或协议纳入环境工程内容，表明了环境工程是武器装备研制生产必须考虑的一项重要工作，推行环境工程是武器装备研制技术发展的必然结果。

1997 年，环境试验发生了里程碑性的转变，美国军标 810F（草案）中提出环境工程和开展环境工程剪裁，从根本上改变了 810A/B/C/D/E 的性质，使其成为一个由环境工程管理和实验室试验方法组成的混合型标准。标准的第 1 部分《环境工程工作指南》明确地规定了环境适应性和环境工程的定义，确定了环境工程包括环境工程管理、环境分析、环境适应性设计、环境试验与评价四部分内容，并提供了《环境工程工作指南》框图，提出了环境工程管理工作贯穿在整个装备环境工程工作实施过程中，并将其作为项目经理的工作任务之一，要求把环境工程工作纳入装备采办全过程，还提出一些其它新的概念和思路。这充分表明了原来单一的环境试验工作范围已转变为环境工程工作。

810F 于 2000 年 1 月正式颁布。之前，英国于 1999 年颁布了《国防装备环境手册》第 1 部分，该部分从原来描述环境试验的通用要求改为《环境工程的控制和管理》，明确规定了全面的环境工程任务，并为如何控制和管理这些任务提供指南，表明了英国军用部门对环境工作的认识也从环境试验走向了环境工程；1998 年北约标准化协议 NATO 4370《环境试验》的附件 1《国防装备环境指南》中，同样规定了许多环境工程项目及其管理的内容。

2006 年 9 月,英国国防部颁布了国防标准第四版《国防装备环境手册》,纳入了武器装备寿命期内会遇到的环境条件信息,装备设计、研制和鉴定时使用的各种环境试验方法以及对整个环境工程任务的控制与管理要求等内容。

美国环境专家 Michelle L Lindsley 在其《环境与可靠性规范和标准的未来方向》中精辟地指出:"将产品研制过程必要的各种环境任务综合考虑的一个方法是制定一系列的军用标准和提供为特定人或产品特定研制阶段服务的各种手段。军用标准中包括产品研制过程中每个环境任务纳入合同的数据项目,手册将为完成这些环境任务提供指导"。她建议制定以下手册:

(1)环境管理手册:为整个产品研制过程纳入各种环境任务提供指导。

(2)环境分析和设计工作手册:为制定寿命期环境剖面、将环境剖面转化为设计要求、进行相关分析和研制试验活动提供指导。

(3)环境试验手册:为实施具体环境试验,不管是工程研制试验、产品鉴定试验,还是制造中的试验提供指导。

(4)环境现场实测手册:为收集现场数据提供指导。

显然,上述意见和建议对于设计环境工程标准体系很有参考价值。环境标准体系的设计应当以环境工程任务为基础,环境工程的主要任务包括日常的基础工作和型号研制过程中各个阶段的环境工作及环境管理工作。应当针对各种任务制定相应标准和规范来指导军用装备研制生产过程中各种环境工程活动,而不仅仅限于环境试验范围。

A3　外军装备环境工程管理

美军军用装备的环境工程是依据美国国防部指示"DoDD 5000.1 国防采办系统"及国防部指令"DODI 5000.2 国防采办系统运行"而进行的。

国外环境工程管理,以美、英等发达国家为代表,重视和强调从顶层开始推进环境工程管理工作。在装备研制生产中,不仅限于按标准试验方法来考核装备的环境适应性,而是从环境工程的高度,以环境工程控制与管理手段对装备研制生产的全周期实施环境工程管理,强调以最小资源和最佳方法满足装备的环境适应性要求。

美军装备的环境工程管理思路,主要体现在美军标 MIL - STD - 810 系列中,主要包括:环境工程大纲指南,描述环境工程涉及的各项工作任务、相关人员扮演的角色与作用以及管理等方面的内容;各种实验室环境试验方法。

英国国防标准 DEF - 00 - 35《国防装备环境手册》(第四版)的第 1 部分"控制与管理"对整个标准的使用作了总的介绍,并对整个环境工程任务的控制与管理提供指南。指南的重点是适用于各种采购政策的程序和一系列试验类型，包括类型审批试验、安全试验和可靠性试验。该部分指南是作为处理装备的环境工程问题的依据，专用于制定执行环境工程任务的控制与管理方法。第 2 部分"环境试验程序设计与评价方法"系首次颁布，为装备定型试验或评价计划使用的环境试验程序设计提供指南，旨在证实装备的环境适应性。论述了关于设计连续性试验程序的方法，说明了设计连续性试验时所必需的工程原理，涉及环境评价、程序设计和实验室输入等。同时也提出了一系列理想的常用使用剖面，以及评价装备贮存、运输和使用要求的环境信息，这些剖面和评价要求的数据主要起一个基础作用，使设计具体环境工程项目时能够最大程度地减少重复，有利于确定用户要求的文件和系统要求的文件。该部分相关程序是确定服役使用剖面和试验顺序的依据，还为评价装备满足延长寿命需求的能力提供了相关方法。该部分在英国国防部原《国防装备环境手册》规划中预定的名称为"环境工程原理"，而现在颁布时却改为"环境试验程序设计与评价方法"，表明英国军方更加重视标准的可操作性、规范性和可比性。

英国国防标准 DEF 00 -35 标准由联合技术需求委员会（JTRC）以国防装备标准委员会（DMSC）的名义出版，为现役国防装备的环境要求提供指导。联合技术需求委员会由国防部和工业部门的代表组成。环境分委员会的主要技术成员是来自于以下组织的专家：英国宇航系统、CAe SST、国防兵器安全组织（DOSG）、INSYS 公司（英国洛克希德·马丁）、肯特工程服务集团（KES）、MBDA公司（史蒂芬艾治）、环境检测中心（QinetiQ）、装备环境试验（MET）办公室、OB、军用包装办公室（DefPkg）（防务后勤机构）和教育发展参谋部（SDE）。该标准包含的指南和信息由覆盖有关国防装备全寿命期的环境条件组成，即：从装备离开制造现场直至部队使用终止或报废。

北约环境工程管理思路，主要体现在联盟环境条件和试验出版物北约协议4370 之 AECTP -100《国防装备环境指南》，其目的是在规划和执行环境任务中指导项目经理、项目工程师和环境工程专家。

由于装备环境适应性系统试验耗资巨大，美国通过对典型装备开展系统的试验研究，推动同类装备的试验研究。例如：美国对"民兵"导弹的贮存可靠性和延寿技术进行了长达30 多年的长期跟踪研究，大大提高了"民兵"导弹的贮存可靠性和寿命，同时取得了经验，极大地推动了其他导弹的环境适应性研究。

美国等发达国家非常重视各种数据资源积累，注重数据库的建设和共享，从而为研究、设计和技术改进提供了科学依据，避免了设计的盲目性。例如：美空军后勤中心建立的空军导弹及火炸药数据库、海军武器中心和海军军械站建立的海军弹药和导弹数据库、雷神公司在红石兵工厂建立的导弹零部件及系统的数据库等。在此基础上,美军制定了一大批设计手册、试验方法、评定方法以及相关的军事标准、规范和手册,指导弹箭的研制、生产、运输、贮存和使用过程,使美军的导弹和弹药的贮存可靠性得到了很大的提高。

另外,美国国家标准局就拥有数十个数据库,其中材料数据库占有很大比例,如材料腐蚀数据库、力学性能数据库等;德国 Karl – Wimacker 研究所建立了腐蚀数据库、材料性能库和腐蚀文献摘要库;日本金属研究所、日本金属学会建有金属和复合材料力学性能数据库,包括腐蚀、疲劳、断裂等数据。

国外发达国家非常重视环境对武器装备的影响,国外总体上在武器装备研制生产中,不仅按标准试验方法来考核武器装备的环境适应性,同时将提高产品环境适应性作为一项系统工程来实施,把环境分析、环境适应性设计、环境试验与评价、环境工程管理、环境影响防护纳入了武器装备研制全过程,以工程控制与管理手段对武器装备研制生产的整个周期实施环境工程管理,强调以最小资源和最佳方法满足武器装备的环境适应性要求。

国外通过不但深化和扩展装备环境工程的内涵和外延,有力地规范和促进了装备环境工程的发展,提高了装备适应全球乃至外太空环境的环境适应性。

A4　欧盟环境工程专家组

欧盟为了改进欧盟国防工业的效率和增强竞争力,2007 年 2 月,欧盟委员会要求欧盟标准化委员会设立了标准化工作组即第 10 工作组。该组是国防采办标准组,目标是延伸扩展评估欧盟国防采办手册的适用性。由专家组向欧盟标准化委员会第 10 工作组提交欧盟国防采办手册。该手册计划用作有关欧盟国防采办的工具。该手册的主要用户是:

(1) 国防部制定采办规范和提出招标建议的参谋;

(2) 对这些要求给出响应的军工公司经理。

第 10 工作组的第 8 专家小组为环境工程组(表 A – 1),设立于 2004 年,成员包括由洛克希德·马丁英国公司的 Mr. RICHARDS,Dave 作为召集人,另有 6 位法国人、1 位德国人以及 2 位秘书。第 8 专家组被指派评审所有的环境工程以及与国防装备采办有关的测试标准,包括与装备环境适应性有关的所有方面的环境工程管理和测试战略。环境工程考虑了所有的国防材料和装备的相关过程。第 8 专家组的工作之外的电磁环境和核、生、化武器方面的工作,由其他专家组负责。第 8 专家组也不直接负责国防空间环境。第 8 专家评审环境要求、试验程序、试验严酷度以及控制环境验证过程所需的方法论。专家组确定最佳实践的环境试验程序、严酷度和方法。

表 A-1 欧盟标准化委员会第 8 专家组构成

国别	单位		姓名
英国	Lockheed Martin UK	组长	RICHARDS, Dave
法国	Nexter Group	成员	COLIN, Bruno
法国	Sopemea		COLOMIES, Bernard
法国	MBDA Dynamics		COTTIN, Xavier
法国	Nexter Group		FORICHON, Nicole
法国	HG Consultant		GRZESKOWIAK, Henri
法国	DGA		LELAN, Pascal
德国	BWB		ZERWAS, Maria
	AFNOR	秘书	RAAD, Elie
	AFNOR		TROCHU, Florent

第 8 专家小组于 2010 年 3 月发布了装备环境工程专业领域的专题研究报告。本报告提供了装备订购合同中最佳实践标准所采用的最佳的建议和基本原理。本报告分别评述了采取的环境管理方法、环境试验程序和环境试验严酷度,提供了 250 个单独的试验程序可供选择进入 45 个不同类型的试验的比较。

为了有助于选择环境工程程序,第 8 专家小组区分分类了可利用的标准的这些展示程序部分和展示了这些试验方法,如表 A-2 所示。

表 A-2 环境管理程序方法矩阵

比较内容	北约 STANAG	国际 EN IEC	英国 DEF STAN	法国 GAM 和 CIN	美国 MIL-STD
环境工程程序	STANAG 4370 AECTP 100	无标准	DEF STAN 00-35 第 1 部分	CIN-EG 01	MIL-STD 810 第 1 部分
环境条件(关系装备周期寿命或其他)	STANAG 4370 AECTP 200(STANAG 2895, 2914, 4242 现在并入 AECTP 200)	EN IEC 60721-2(仅有自然环境)EN IEC 60721-3	DEF STAN 00-35 第 4、5、6 部分	GAM EG 13 附录的环境数据(ASTE-PR-01-02 没有出版为标准)	MIL-STD 810 第 1、2 部分 MIL-HDBK 310(气候)
推导试验剖面(剪裁)的准则	STANAG 4370 AECTP 200	无标准	DEF STAN 00-35 第 4、5、6 部分	机械 PR-NORM DEF 01-01 气候(ASTE-PR-01-02 没有出版为标准)	MIL-STD 810(一些要素不在试验程序内)

比较内容	北约 STANAG	国际 EN IEC	英国 DEF STAN	法国 GAM 和 CIN	美国 MIL – STD
默认或"退化"的试验严酷度	STANAG 4370 AECTP 300 和 400	EN IEC 60721 – 4 合理的严酷度在 EN IEC 60721 – 3 和 EN IEC 60068 第 2 部分	DEF STAN 00 – 35 第 3 部分	特殊用途指导文件（GAM EG 13 A，B，C，D 和 E）	MIL – STD 810 第 2 部分

第 8 专家小组提出了开展环境工程最佳实践的建议（表 A – 3），包括 3 个方面：环境管理程序、试验程序和环境试验严酷度。对各个建议，分别从 3 个方面进行了阐述。同时，专家小组在附录 A 中详细陈述了建议获得的基本原理。自 20 世纪 80 年代以来，国防装备环境适应性考虑成为装备设计过程的一个重要部分。在采办合同中定义（详细说明）的环境因素的种类将取决于采用的采办策略。策略常常因为不同类别的装备和地域的不同而不同。

表 A – 3　第 8 专家组对环境管理和严酷度程序建议摘要

	北约 STANAG	国际 EN / IEC	英国 DEF	美国 MIL STD	法国 GAM & CIN
环境管理方法	目前，没有出版能够被推荐适合作为欧盟国防工业的标准。建议结合英国国防标准和法国标准 GAM – EG 方法步骤制定适合欧盟国防工业的方法				
	来自工业部门输入所制定的未经试验的推导的程序方法	没有等效的方法	建议与 GAM EG 13 结合	第 1 部分提出了欧盟国防工业的不足	建议与 DEF STAN 00 – 35 结合
环境条件	机械环境				
	STANAG 4370 AECTP 200	EN IEC 600721 第 3 部分有少量信息	DEF STAN 00 – 35 第 5 部分包含最新的平台的详细信息	MIL STD 810 中包含少量环境信息	
	气候环境				
	STANAG 4370 AECTP 200 （和早期的 STANAG 2895） 是依据 DEF STAN 00 – 35 第 4 部分	EN IEC 60721 第 2 部分包含自然环境信息	DEF STAN 00 – 35 第 4 部分	810 反映了 00 – 35 第 4 部分的数据，也包含 MIL – STD – 330 的气候信息	

用于推导试验剖面(剪裁)的指导方针	目前,没有可推荐适用于欧盟国防工业的标准			
	STANAG 4370 AECTP 200 是一个不太令人满意的标准	无程序	DEF STAN 00-35 第 5 部分包含最新的平台的详细信息	无程序	PR-NORM DEF 01-01 和 ASTE-PR-01-02(没有出版标准)
退化试验严酷度	为个别环境推荐的退化试验严酷度列于分表中			
	STANAG 4370 AECTP 300 和 400	退化严酷度存在于所有标准中,其中一些可能比 STANAG 4370 的更适用		

专家组认为环境管理和确认有 5 个不同的方面:①方法自身和怎样要求装备供应商采用不同标准来验证装备的耐环境能力。②考虑在不同的标准中规定环境定义的范围和程度。这些环境说明常常用于采办时开始对合同的要求,作为使用或环境条件的要求。③从测量的数据引出试验严酷度的指导方针。指导方针要求装备供应商在开始的采办合同中当实际条件未知时,确保装备供应商定义和验证环境适应性。④环境试验程序及其采用的试验严酷度自身。⑤称为退化试验严酷度,它是当采购不能满足试验要求时使用,上述所有这些方法步骤可以用于任何特殊明确的采办合同中。

（1）环境管理。目前欧盟国防工业环境管理的现有标准是英国 00-35 和法国 CIN-EG-1。同时,NATO STANAG 4370 的 AECTP 100 提供了与实际情况不太符合的方法,它明显倾向于美国的方法。它是专家组发现没有出版适合欧盟的广大的国防采购标准的主要原因。应当产生这样的方法,不同于当前的NATO STANAG。

（2）定义环境条件。环境程度和范围的定义,包含在现有标准中,分为气候和机械方面、污染。

（3）从实测数据推导试验严酷度。

（4）退化试验严酷度。当购买简单装备时,可能需要。专家组对各个单独的试验类型考虑退化严酷度。退化严酷度可以节省不必要的费用。

环境控制和管理的目标是可以采用任意的任务作业控制和管理方法程序,其程序方法如下:

（1）确保定义出简明的要求;

（2）确保承诺的任务是适当的;

（3）确保任务作业被充分控制和管理;

（4）确保方法步骤满足验证与要求的适应性。

这些目标被解读和开发用于构成基本的程序方法要素。要素描述如下：

（1）建立装备的环境要求；

（2）阐明适合于验证装备耐环境要求的程度的策略；

（3）定义环境任务和实现策略所允许的必需的程序；

（4）保证定义的环境任务直到工作程序被批准；

（5）通过由环境任务产生的信息报告的评估，验证装备满足环境要求。

环境控制和管理程序通常由一系列的文件来支持。程序及其文件应当与全部设计确认过程互相直接配合。特殊情况下，环境控制和管理程序的输入直接来自设计要求程序的要求。而且，来自环境控制和管理程序的输出直接结合进入评价装备与服役使用的设计确认程序。

专家小组考虑了 45 种不同试验类型各自的退化严酷度，从 5 个不同的标准组各自给出了建议。

专家小组的结论：第 8 专家小组考虑了总计 45 种不同类型的环境试验，大约 250 个单独的试验方法。专家小组对 45 种不同的环境试验类型分别给出了建议。专家小组认为，目前的环境工程主要的参考标准仍然是 00 - 35 的第 1 和第 2 部分。在技术方面，00 - 35 和法国 CIN EG01 相差较大，从这个角度来看，似乎两者针对的是不同的人员的需要。从本质上讲，两种程序实际上没有差别，它们都是基于确保国防系统能够在服役环境中的使用，通过建立需求的系统阶段，明确叙述策略、定义任务和工作程序，保证任务和验证适合性。

第 7 专家小组是电磁环境效应组，该专家组成员包括 3 名法国人、4 名英国人、4 名瑞典人、北约 1 人、2 名意大利人、2 名德国人、2 名荷兰人、2 名波兰人、3 名芬兰人。2005 年 4 月发布了电磁环境专题报告。专家小组主要清理、比较了相关的标准。在第 10 工作组同时也设有可靠性专家组，可靠性测试和环境试验常常是有关联的。可靠性评定程序通常可能利用到环境试验和设计验证程序的信息。

A5 美军《工程设计手册（环境分册）》

美军国防部委托若干研究机构、大学和军事工程单位于 20 世纪 70 年代编辑出版了一套篇幅巨大的《环境因素手册》，作为《工程设计手册》的一个主要组成部分，并根据 1973 年 9 月美军方的一项指令陆续公开发表，提供给工程技术界使用。

《工程设计手册（环境分册）》是一部重要的环境工程工具书。书中汇集了极其丰富的环境工程基础知识和实用性很强的各种，共 5 册：第一册是基本概念,全面系统地说明了环境的重要性,定性地描述了各种环境因素、环境分类、环境定量概念和各种各样的环境影响等。第二册(自然环境因素)和第三册(诱发环境因素)分别详细地介绍了13个自然气候因素和8个诱发机械、电磁等环境因素对武器装备的影响及相应的测量方法与预防措施。第四册是装备是寿命期环境,重点介绍了人员和设备使用中遇到的真实的综合环境,强调了实际环境的复杂性和开展综合环境试验的重要性,提供了有助于弄清楚某一特定环境的大量参考资料。第五册是环境名词术语,内容涉及材料保护、产品设计、试验验证、使用维修和可靠性等质量保证方面的许多技术领域。该手册不只是各类环境条件的汇总,而且是有关环境条件和环境试验专业各方面情报知识的全面而系统的概括和总结,内容丰富,章节分明,叙述详尽,附有大量具有实用价值的数据、表格、图片和参考文献。在这套手册中,仅《自然环境因素》分册一本的篇幅即有900页左右,足可见其整个篇幅之大。这套手册对贯彻各项标准和实施环境工程工作具有重要的作用,对世界各国的环境工程研究也产生了重要影响。

《自然环境因素》分册主要是阐述工程设计人员应该了解的自然现象类属及自然现象对装备产生的效应,分别详述了13种自然因素,即:地貌、温度、湿度、气压、阳光辐照、雨、固体降落物(如雪)、雾和白障、风、盐雾和盐水、臭氧、巨生物和微生物,都是设计工程师最需要掌握的。除去最后两章(巨生物和微生物)以外,该分册前11章的内容均可大致分为三大组成部分:

(1)该环境因素定性及定量的描述,其测量方法、测量仪器及具有代表意义的实测值;

(2)该环境因素对装备的影响(包括表现形式及作用机理)以及避免或降低其有害影响的技术措施和设计程序;

(3)用来验证设计是否可靠的环境试验方法及试验设备。

《自然环境因素》分册中阐述的各自然环境因素是就其本质是"自然的"而言,并非绝对地都完全是自然的。这是因为,许多自然环境因素不可避免地已被人类活动所加强、变性或甚至完全受控于人类活动。例如,在都市区域,地貌的影响几乎完全被人为地消除了,在建筑物内温度、湿度和气压可能是受到控制的,雾的发生也会受到人类活动的影响;设备所放出的臭氧,其作用往往和自然产生的臭氧的作用程度相同。但是,尽管各种自然环境因素都可能被人类为了某一目的而变性或改变,但这13种环境因素本质上仍是自然的。

本手册中收录了有关13种基本自然环境因素的现今已经公开的一切情报,但并非没有重点平铺直叙,而是有所侧重。侧重点是那些对装备的影响比较广泛的因素。例如,考虑到温度和湿度的影响较大,这方面的叙述就比较详尽。另外,在报导不多的雪害影响方面,手册中也收录了美军寒带研究和工程实验室的成果。对那些作用不是很突出的因素,如气压、雾、臭氧等,则相对地较少叙述。对巨生物和微生物的作用,由于往往无法给出定量性的数据,因而进行了较多的文字叙述。

本质上不属于自然环境的 8 种诱导环境因素是:大气污染、沙和尘、振动、冲击、加速度、噪声、电磁辐射和核辐射。它们也受到自然环境因素的影响,但不能归属于自然环境。

各种环境因素不是孤立地、单一地,而是复合地、协同地产生作用的。因此,近年来对多种环境因素复合影响的研究,成为许多研究部门的重要课题。本手册中也汇集了有关这方面的若干较新的情报,例如温度和其它环境因素(湿度、日照、冲击、振动、低气压、霉菌、加速度、盐雾、沙和尘、爆炸气氛、臭氧等)的协同作用。类似的材料在已知的文献中报导甚少,因而参考价值较大。就其广度和深度看,本手册均不失为现今环境条件和环境试验专业领域中一本难得的权威性的情报资料。特别是因为这本手册不是局限于某一技术领域(如电工、电子或航空)编写的,而是面向整个工程技术界,因而对民用和军工的广大工程设计人员均有参考价值。

掌握了这些情报,设计工程师们就可以比较有把握地研制出在应用过程中不致遭受环境因素影响而严重破坏其性能的"满意"的装备。所谓"满意",指装备的用户满意,而用户的满意与否,则牵涉到该装备的实用性、可靠性、维修性、效率和价格。环境因素则影响到所有这些互相关联着的特性。例如,载重汽车在深雪、烂泥或沙地中可能动弹不得;电子装置在潮湿环境中可能故障频繁;航空着陆系统在浓雾中可能失效等。这些例子都可以说明,环境因素可在很大程度上限制某种装备本来可以得到的用户满意和信任。设计人员必须充分掌握这些因素才能设计出更好的产品。本手册的编印目的就是要把有关这一方面的情报知识汇集成便于查阅使用的手册。从已经问世的"手册"来看,编者的这一目的应该说是比较好地达到了。

英国出版的国防标准手册 00 - 35《国防装备环境手册》和北约出版的联盟出版物 4370《环境试验及条件》,包括 AECTP100 ~ 600,在部分内容上与美军的《工程设计手册(环境分册)》相似。

A6　环境监测保障

战争中发现,经过环境适应性论证和按要求定型的武器装备,仍然存在对环境影响的敏感性,存在对环境的不适应。这是因为高技术的应用,使武器装备可使用的环境范围大大扩大,环境适应性论证时确定的环境没有覆盖装备使用的全部环境,特别是飞机、航天器、远程弹药和导弹类武器,在空中飞行阶段更是会遭遇大量无法预测的环境的影响。

环境数据的监检测需要长期坚持,通过积累才能获得相关的变化规律,特别是环境极值对装备的环境适应性指标设计是极其重要的。例如,MIL - STD - 810G 中介绍了:世界上最高的环境气温记录为 58℃,发生于 1922 年 9 月 13 号利比亚萨尔瓦多。该站至少有 30 年的观测数据可用;除了南极,一般公认的世界最低记录温度是 -68℃,它于 1982 年 2 月 5 - 7 日在苏联 Verkhoyansk(海拔 105m)和 1933 年 2 月 6 日苏联 Ojmjakon(海拔 660m)被记录。

信息化战争要求重视环境对信息获取、传输的定量化影响,以及对环境适应性提出定量估计或者计算环境对于武器装备作战性能或者效益的影响。

高技术作战中,军事与气象的关系更加密切,且相互作用、相互影响,并且提出了气候极值面积风险率的概念。

环境影响机制指环境影响的物理、化学、生物等过程,如热胀冷缩、共振、腐蚀、侵蚀、大气折射、散射、吸收、热晕、湍流、风速切等。环境影响机制分析,有助于借鉴环境影响定量化模型、不遗漏环境因素等。

美国国防部曾通过不同的合同项目,资助开展了为期 10 年(1998 - 2007)的有关全世界的军事作战环境条件下的腐蚀监检测,并发表了 290 页的研究成果报告。该项监检测工作中,美军在包括夏威夷、南美、百慕大群岛、中国台湾、日本、伊拉克、韩国等全球(103 - 231、197 个地点进行了投样),包括 8 个美国本土的海岸警卫队所在地、6 个陆军基地、1 个空军基地、12 个海军基地。在该项研究工作中,腐蚀监检测包安装在 4 个海军舰船(包括部署在太平洋海域的 2 艘航空母舰(图 A - 7)、部署在大西洋海岸的 2 艘较小的直升机运输船)和 2 艘海岸警卫队舰船上(舰船在从美国大西洋海岸到加勒比海)。该项目还开展了在飞机上的腐蚀监测,包括将环境试验样品粘贴在 C - 141 和 C - 130 飞机的外部。

对环境严酷度进行网格化处理和分类,有利于对环境数据的管理。应当积累常年数据,在年代际或年代尺度上进行相关分析。

美军开展了空军作战环境的环境腐蚀监测工作,腐蚀监检测行动由美国空军老龄飞机计划、空军腐蚀计划办公室

图 A - 7 美军在航空母舰上开展环境及环境腐蚀监测
(白色结构物为气象站)

以及国防部腐蚀计划办公室资助。该工作的目标之一是依据按照腐蚀性严酷度术语描述世界范围内的军事作战环境。该工作的最初是支持维修行动,例如飞机清洗周期的管理。该项工作主要是向世界范围内的军事基地的户外环境投放腐蚀监检测包。通过不同金属的腐蚀率建立数据库,来确定军事基地的环境严酷度指数值。

美国有计划地开展各种平台(如飞机、导弹)环境实测,建立环境条件数据库,并研究任务环境回归一体化技术(MERIT),以根据装备寿命期任务剖面数据和已有的数据库数据,应用回归技术,预计装备寿命期各阶段的环境,为确定耐环境设计和各种环境试验用的环境条件提供依据,从而使试验条件更准确,有效降低研制和试验费用。美军通过建立环境条件数据库、材料和产品环境适应性数据库等诸多数据库,并逐步发展到专家系统,可有效指导武器装备的设计和试验鉴定等工作。

随着新军事革命的孕育和发展,美军在环境对精确制导等高技术武器装备的定量化影响方面,进行了一系列研究,取得了大气中辐射传输模式、电光武器系统环境影响决策辅助系统等成果。

目前装备的发展,甚至提出了由环境影响效益确定武器型号系列的必要性和可操作性,评价环境适应性的方法由确定环境参数阈值,发展为建立在计算机打靶基础上的定量评估。在此基础上,实现环境影响辅助决策,使环境成为可供开发利用的国防环境资源。影响高技术武器装备打击精度的因素主要来自环境影响,因此海湾战争中多国部队指挥员沙利文将军提出"高技术战争指挥员要拥有天气"。因此,环境工程技术和管理人员需要具备丰富的大气环境知识和环境影响知识,如大气层结构、风速廓线,及其与温度、湿度、气压的配合等。这些因素与天气形势、天气系统以及地区、月份的差别有关。美军的做法是在研制武器装备的同时,研制环境影响决策辅助系统。

通过对环境的长期监测积累常年数据,进而对环境年代际或年代尺度上进行相关分析,最终实现对环境严酷度进行网格化处理和分类,为装备的研制和服役提供环境数据支撑和保障。

A7　环境保障基础研究

未来战争中,为了提高武器装备的生存能力,如何使装备适应战场环境是一个非常重要的问题,需要开展许多课题研究。环境保障理论与应用研究主要包括基本理论研究、保障方法与技术研究、保障管理研究、保障系统建设研究和其他方面。其中战场环境与环境科学基础研究是一个重要方面。

美国有计划地开展各种平台（如飞机、导弹）环境实测,建立环境条件数据库,并研究任务环境回归一体化技术(MERIT),以根据装备寿命期任务剖面数据和已有的数据库数据,应用回归技术,预计装备寿命期各阶段的环境,为确定耐环境设计和各种环境试验用的环境条件提供依据,从而使试验条件更准确,有效降低研制和试验费用。美军通过建立环境条件数据库、材料和产品环境适应性数据库等诸多数据库,并逐步发展到专家系统,可有效指导武器装备的设计和试验鉴定等工作。

国外非常重视环境基础科学应用研究,并从国家安全战略的顶层设计开始考虑问题。例如,美国国防部现行的国防科技战略规划就是依据"国家安全战略"和"2020年联合构想"制定的,而后又具体细化为基础研究规划、国防技术领域规划和联合作战科技规划以及国防科技目标等各个方面。

美国现行国防基础研究规划(BRP)资助那些与国防应用紧密相关的基础研究规划(代号6.1),涉及11类基础学科,划分为6大战略研究领域。其中第7类学科(陆地和海洋科学)和第8类学科(大气和空间科学)统称"环境科学",一并划归为6大战略研究领域之一的信息技术领域,其中大气和空间科学方面,三军投资关注的焦点如表A-4所示。

表A-4 美军基础研究规划中大气和空间科学的三军投资关注点

子领域	陆军	海军	空军
气象学	大陆边界层、输送扩散、视障、化学/生物防御	海洋边界、海洋与海岸气象学、异源流、强风暴、天气-中尺度模拟、气溶胶模型	无
	共同关注:气溶胶效应、相干结构、次网格尺度参数化、大涡流仿真、大气透射、辐射能传输、全尺度嵌套模式、表面能量平衡、云的形成与过程、对比度传输、4维数据同化		无
遥感	边界层内炮火分辨率、风、温度、湿度场,化学/生物毒剂检测	海洋大气边界层折射率廓线	无
	共同关注:大气温度、湿度、风、气溶胶浓度廓线		
空间科学	无	精确定时、天基太阳观测、波-粒子相互作用、天文测量	地基太阳观测、高能太阳事件、电离层结构和输送、光学特性

美国现行国防技术领域规划(DTAP)中共有12个主要技术领域,所资助的项目有两种类型:应用研究(代号6.2)和先期技术发展研究(代号6.3)。战场环境为第12技术领域,包括4个子领域,研究目的在于提供实现联合作战能力

目标的战场环境关键技术(表 A-5)。在 12 个技术领域中,战场环境技术领域的投资强度为技术领域总投资强度的 1%,每年约 2 亿美元。

表 A-5 美军战场环境与联合作战能力目标

战场环境子领域	实现 JV 联合作战能力									
	信息优势	精确打击	战斗目标识别	联合战区导弹防御	都市地形军事行动	联合战备与后勤和战略系统维持	军力部署与制敌机动	电子战	化学生物战防御与大规模杀伤武器对抗	反恐
陆地环境	●	●	○	○	●	●	◎	○		◎
海洋环境	●	●	●	○	◎	●	●		◎	
底层大气环境	●	●	○	●	●	●	●	○	●	
空间/高层大气环境	●	●	●	●	●	●	●		◎	○

注:●重要支持;◎一般支持;○弱支持。

国防技术目标(DTOS)体现了美国国防部联合需求审查委员会(JROC)之联合作战能力目标对国防科学技术发展的最终顶层需求,是国防技术领域规划和联合作战科技规划的具体发展目标,如表 A-6 所示。近年来,美国国防部将"智能传感器网"确立为国防科技重点投资的五大技术冲刺技术领域之一,其核心理念是"从传感器到射手",并明确指出"天气网是其中的一部分。在 2025 联合构想(Joint Vision 2025)中,提炼和提出了基于"从传感器到射手"的"战场环境态势感知"新理念。

表 A-6 战场环境相关的国防技术目标

子领域	代号	名称
海洋环境	BE. 01	高分辨率沿海海流波浪预报
	BE. 02	自动化海洋取样网,海洋制图
低层大气环境	BE. 03	天气/大气对传感器系统的影响
	BE. 04	临场天气探测和预报能力
陆地环境	BE. 08	地形可视化快速制图技术
	SE. 67	超光谱应用技术(地形和目标分类)
空间环境	BE. 06	卫星红外监视系统背景
	A. 13	卫星 C^3I/导航信号传播技术

384

1995 年,美国国家科学技术委员会发表的"国家环境技术战略"中,对环境技术作了如下定义:环境技术是指可以减少人类或生态风险,提高成本效益,改进变化过程效率,创造有利于环境或对环境友好的产品或工艺的技术。这种技术范畴包括:减少环境危害,控制现存问题,修补或恢复过去的损失,监测及评估环境状态。

2013 年,ESA(欧空局)启用一个新的太空天气协作中心,收集与太阳相关的最新信息。该中心位于布鲁塞尔,包括首个欧洲太空气象服务台,通过服务台可实现快速访问太阳气象、电离层气象、地磁环境,以及轨道辐射环境等专业知识。新的太空态势感知太空气象协作中心(SSCC)将作为集中网站点,向客户提供欧洲太空气象专业知识,用户包括卫星运营商、工业部门、政府机构、研究机构。SSCC 是一个专门的控制室,这里的工作人员监测太阳、太空环境、地球环境,提前探测太空气象对重大基础设施和活动产生的影响。SSCC 的四个参与机构是比利时皇家天文台、比利时太空高层大气物理研究所、比利时太空应用服务公司、比利时航天有限公司(Spacebe1)。比利时皇家天文台将代表欧洲航天局运行并发展 SSCC。欧洲航天局在 2013 年 5 月启动了意大利新的近地物体数据中心。

A8 环境模拟仿真

1990 年,美国国防部成立了国防模拟仿真局(DMSO),专门负责与武器系统研制及采购、作战计划、作战使用和评估相关的各种数值仿真模式、试验和技术发展等方面的协调与研发管理。

1992 年,美军将大气环境影响数值研究正式列入"美国国防部 1992 - 2005 年关键技术计划",将模拟试验作为今后的主要研究手段。1993 年,美国国防部特别强调了对大气环境影响问题的关注,提出了未来作战要"拥有天气"的重要概念。

1995 年,美国国防部颁布了"国防部建模仿真计划",该计划评估了国防部计算机建模仿真的现状,提出了国防部建模仿真的基本战略和基本设想,以及要努力实现的六大目标。其中,第二大目标就是"提供自然环境的及时和权威的表达"。计划中所指的自然环境,涵盖了地面、海洋、大气,直至太空的广阔空间。

1996 年,美军在模式模拟执行委员会(EXCIMS)设立"多军种模式模拟处",作为业务依托机构,负责为不同部门和各军种提供标准的大气环境模式、算法和资料。模拟研究计划由美国国防模拟仿真局提出,整个大气环境影响研究计划由陆军大气科学实验室(ASL)和空军菲利普实验室地球物理处(PL/GP)分工实施。

20世纪90年代末,美军利用数值仿真手段专门研究了天气对一场涉及5000个目标的局部冲突的影响。结果表明,掌握天气及其对装备影响仅精确弹药一项就可节约3.1亿美元。后来,美军将大气环境影响数值仿真广泛应用于新型武器系统评估、作战辅助决策和网上合成模拟军演等诸多方面。例如,2000年美军提出的气象计划(METPLAN),首次将大气环境影响数值仿真直接应用于"战斧"巡航导弹的任务规划系统,取得较好效果。

环境仿真实验室主要是用来进行环境对武器装备和军事行动的影响模拟研究,验证武器装备环境适应性指标满足要求的程度,实现环境影响在高技术条件下所具有的战斗力研究,为武器装备发展决策提供咨询。

要实现和提高武器装备和军事行动在真实环境下的战斗力,就要实施对环境、武器装备、作战方案等进行全方位模拟,就要充分开发利用国防环境资源。国防环境资源,就是利用各种环境保障途径所获取的环境数据,并建立的各类数据库,如图A-8所示。环境保障数据库是进行环境仿真试验的基础数据。

目前,国际上环境工程领域开始对环境模拟仿真试验方法进行研究。美国

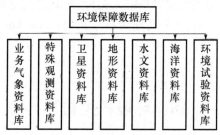

图A-8　环境保障数据库

军用标准MIL-STD-810F《环境工程考虑和实验室试验》指出:研制试验中,可以利用仿真试验减少生产物理样机的费用。

由于腐蚀的成因极其复杂,诸如环境、材料、涂覆层、结构和用途等都会影响腐蚀过程,从而导致其不确定性和多值性。随着技术的发展,越来越先进的人工智能和统计方法等工具对腐蚀过程定量化提供了技术支撑。例如美军最新开发了全尺寸车辆腐蚀模拟仿真和建模工具,称为加速腐蚀专家模拟仿真器(ACES)系统,它与实际加速腐蚀耐久性试验(ACDT)数据高度相关。该系统工具包括解释程序、设计评审咨询程序和健壮知识采集程序。目前,ACES能够对陆军资产腐蚀级数进行预测预报。ACES本质上是通用的,可用于评估和分析大多数资产(例如地面车辆、航空器和设施)的腐蚀状况。美军开发的可与车辆实际加速腐蚀耐久性试验数据高度相关的模拟仿真加速腐蚀试验技术,能够对车辆耐腐蚀设计提供直接反馈,将取代许多实际的腐蚀试验,同时减少对冗长和昂贵的车辆腐蚀试验的要求。

环境仿真实验室主要是用来进行环境对武器装备和军事行动的影响模拟研

究,验证武器装备环境适应性指标满足要求的程度,实现环境影响在高技术条件下所具有的战斗力研究,为武器装备发展决策提供咨询。

基于仿真的环境试验方法是建立在现代计算机技术、现代数值计算技术(有限元 FEA 及计算流体力学 CFD)以及故障物理的研究成果基础上的一门新兴科学。由于是对原本针对物理样机的环境试验的数字化仿真,可以在产品设计阶段不具备物理样机的情况下,和产品的性能设计并行协同,随着产品设计阶段的推进,环境仿真试验通过与产品设计主流程反复迭代,一方面使环境仿真试验分析更趋实际和准确;另一方面,环境仿真试验结果可以及时地为环境适应性设计改进提供建议,为物理的环境试验验证方案设计等提供依据,还可以避免高昂的试验费用和过长的试验周期,从而满足研制中对产品环境适应性评价的要求。国内一些产品研制单位已开展了基于环境应力的建模仿真分析和数学模拟方法的研究及工程实践,例如开展了基于故障物理的航空电子产品环境仿真试验技术研究,在某些主要环境应力(如温度和振动)的环境适应性仿真技术上取得了进展,为型号的设计和研制工作提供了有力的支持。

A9　复杂电磁环境

战场电磁环境,是指战场空间内对作战有重大影响的电磁活动和现象,它是与陆海空天并列的"第五维战场"——电磁空间战场。由于电磁活动构成了对陆海空天各维空间的全面渗透,空域上纵横交错。电磁环境事实上已经上升为信息化战场上最复杂的环境要素。信息化战场上,来自陆海空天不同作战平台上的电磁辐射,交织作用于敌对双方展开激战的区域,形成了重叠交叉的电磁辐射态势,无论该区域的哪一个角落,都无法摆脱多种电磁辐射,时域上持续不断。利用电磁实施的侦察与反侦察、干扰与反干扰、摧毁与反摧毁持续进行,使得作战双方的电磁辐射活动从未间歇,时而密集,时而相对静默,导致战场电磁环境始终处于剧烈的动态变化中。

自海湾战争和科索沃战争以来,随着"电磁优势"在现代高科技战争中地位作用的不断增强,电磁环境信息已成为与气象水文、地理信息同样重要的战场环境保障信息,世界各军事强国都在不断加强电磁环境信息保障领域的建设,其中以美军在相关领域的技术优势最为突出。

美军从 20 世纪后期开始,就制定了相关的标准和规程,主要包括"装备频率分配应用程序(DD Form 1494)""系统电磁环境效应需求(MIL – STD – 464)""军事行动电磁环境剖面(MIL – HDBK – 235)""采办过程中的电磁环境效应和频谱支持指南(MIL – HDBK – 237)""电磁战场联合行动(CJCSM 3320. 01)"等,在电子信息装备和武器装备的全寿命周期中严格执行电磁环境效应和频谱管理要求。美军研制的战场电磁环境模拟器(Combat Electromagnetic Environment SIMulator,CEESIM),可模拟多场景的战场复杂电磁环境,用于支持各类电子信息系统的设计、性能测试和性能评估。

国际上还对短波、超短波、微波等频段的背景电磁噪声环境按乡村、郊区、城市居民区、商业区、工业区等环境分类进行了广泛的监测和研究。

在美国国防部制定的"国防关键技术计划"中,列为国防关键技术的"环境效应"中就包括了有关电波传播环境的内容。"国防技术计划"和"国防技术领域计划"中,也都涉及了电波环境的有关内容。美国国防部和联合参谋部发布的"联合战斗科学技术和国防技术领域计划国防技术目标",在"传感器、电子和战场环境国防技术目标"部分,提出了低层大气中电磁和光电传播、C^3I战场环境现报(主要为电离层现报)、沿海战场作战支持(包括沿海环境下电波传播环境的内容,典型海域包括黄海海域)等的技术发展目标。

随着现代战争从以武器平台为中心向以信息平台为中心的转变,复杂电磁环境成为制约基于信息系统的体系作战能力的关键因素。复杂电磁环境是各种用频装备发射的电磁信号、自然和人为辐射的无线电噪声信号以及电磁信号与环境相互作用形成的复杂电磁背景环境,主要由三部分组成:

(1)信息系统使用所处的各种电磁信号环境,包括合法用户无线电系统发射的电磁信号和非法用户发射的电磁干扰信号。

(2)影响电磁信号传输的电波环境,一方面由于对电波散射和折射等传播机理引起系统的电磁干扰,恶化电磁环境;另一方面,衰减和闪烁等各种传播效应直接影响信息系统的电磁信号的传输。

(3)引起信息系统信噪比恶化的各种电磁噪声环境,包括自然噪声和人为噪声。自然噪声包括雷电引起的大气无线电噪声,大气分子、云雨和地表辐射的无线电噪声及宇宙无线电噪声等;人为噪声包括电机和内燃机点火、电器、电子设备等产生的无线电噪声。

电磁发射信号和噪声信号一部分由信息系统所在的本地源产生,直接作用于信息系统;另一部分由远方的源产生,这些信号和系统所需的有用信号一样受电波环境影响后作用于信息系统,对信息系统的性能产生严重影响。复杂电磁环境的组成和相互关系如图 A –9 所示。

图 A–9　复杂电磁环境的组成和相互关系

未来的信息化战场是以电子技术和信息技术为基础在信息领域的对抗。各种电子设备的大量使用,使战场的电磁环境十分复杂,而复杂电磁环境反过来又会对参与其中的电子装备和武器装备效能产生影响,能否充分有效地利用电磁环境、控制电磁环境、夺取并保持电磁优势,是打赢信息化战争的重要前提和至关重要因素。因此,各国都广泛开展了电磁环境及其效应的研究。

　　从无线电设备开始使用以来,美国军方开展电磁环境和电磁环境效应的研究就逐步展开。早期从 20 世纪 60 年代,主要考虑射频干扰(Radio Frequency Interference,RFI),这时美国国防部把电磁兼容(EMC)作为集成指标应用于武器装备设计、开发、采购和保存等各环节;后来扩大到电磁效应(Electromagnetic Effects),根据电磁环境的概念,1997 年开始美军把电磁环境效应作为顶层标准体系,建立了一系列的军用标准,即 MIL – STD – 464 系统电磁环境效应需求。这个标准的目的是为空基、海基、天基和陆基系统(包括相关的武器)建立电磁环境效应的认证标准和接口需求,适用于所有的新建设备和改造设备系统。系统在实际电磁环境中应用以前必须先进行该环境的安全功能认证。接口需求包括 14 个方面,并给出了具体的指标或相应的支撑标准。俄罗斯也十分重视各种电子设备的电磁兼容性,从 20 世纪 90 年代开始就重新制定国家标准和条例,并在各种法规和部门条例中规范了贯彻执行国家和军队电磁兼容性标准的程序。

　　针对联合作战条件下的军事训练,美军制定了一系列标准化文件,例如,参谋长联席会议文件《联合训练政策和指南 CJCSI 3500. 01C》《联合训练计划 CJCSI 3500. 02C》等,这些文件涉及部门和人员职责、训练大纲、联合训练系统、联合训练信息管理系统、数据交换、任务训练评估大纲等内容,从不同层次、不同角度阐述了联军训练、美军训练、联合训练、电子战训练、陆军训练的一般性要求、训练原则、组织实施与考核方法、训练设备和器材管理等。

　　1998 年 10 月,美国参谋长联席会议批准颁发《联合信息战条令》,成为美军复杂电磁环境下针对性训练的指导方针。该条令规范了信息与电磁频谱作战的内容,以及信息与电磁频谱作战的训练、演习、示范及模拟的方式和方法,牵引美军探索电磁对抗针对性训练。为构建真实的电磁环境,美军先后开发了"信息网络""仿真模拟""导控检测"三大技术平台,形成了一个以信息共享、互操作、网络化和任务预演为特征的动态一体化训练环境,全面模拟信息作战的电磁环境和资源保障。同时,美军还建立多种训练基地和场所,对实战环境中可能碰到的友方、敌方和民用信号进行模拟仿真,让部队在逼真的战场电磁环境中开展训练。

为加强对频谱管理的统一领导,美国于2006年4月成立了一个"一站式"国防频谱机构,并制定频谱管理法规,先后颁布了《联合作战电子战条令》《陆军野战手册 PM24 – 2 频谱管理》等法规,对电磁频谱形成了一整套管理规章。俄罗斯为了加强战场频谱管控,建立了完善的法律法规体系,规范协调国家、军队和社会的通信行为和利益。俄罗斯还制定了《俄联邦2010年前无线电频谱使用管控构想》,明确了电磁兼容性保障的措施和方法。2004年,俄联邦政府进行了行政体制改革,重新整合电信领域的管理机构,成立了俄联邦信息技术和通信部,并将国家频谱委员会并入,实现了对电磁频谱的集中管控。

从最初的射频干扰到电磁干扰、电磁兼容,再到电磁效应,直到现在的电磁环境效应。初期的研究主要从电子设备内部及其设备间的电磁干扰问题展开,研究的目的是确保设备及其元器件正常工作时相互影响在容许的范围内。随着科技的发展,各种军用电磁辐射体如雷达、通信等辐射源的功率越来越大,数量成倍增加,频谱越来越宽,使得电磁环境趋于复杂和恶化。电磁环境的性质发生了变化,能量由弱变强,频谱由窄变宽,效应由干扰变成了毁伤。而现代电子装备的电磁敏感度却越来越高,复杂电磁环境能使其性能降低、损伤甚至爆炸。因此,根据不同的电磁环境量化和细分电磁环境效应的各项指标,并针对不同指标研究电磁环境效应及其分析方法,是外军提高电子装备在复杂电磁环境中的适应和生存能力的主要思路。

从上述发展过程可以看出,外军对复杂电磁环境的认识随着战场电磁环境的日趋复杂和联合作战形式的不断成熟,经历了从单纯考虑武器装备的电磁兼容性,到检验武器装备的电磁环境效应,最终走向战场电磁频谱的集中管控。研究复杂电磁环境的目的就是为了研究复杂电磁环境与电子设备以及武器装备的相互作用关系,尤其是复杂电磁环境对电子设备和武器装备的作用机理和作用效果。美军电磁环境效应的一系列标准正是把电磁环境效应作为顶级标准统领电磁环境的研究和工业标准化。

面向海、陆、空、战略火箭军等各军兵种,以信息化战争条件下的战场复杂电磁环境为研究对象,以作战训练中的战场电磁环境模拟构建为核心,系统集成训练组织实施与效果评估、电磁环境监测与导调控制、设备器材与信息系统研制生产、训练场地设置与建设,建立了覆盖复杂电磁环境基础理论技术、复杂电磁环境构建与应用、复杂电磁环境下训练组织等全要素、全过程的复杂电磁环境标准体系。从掌握的国外有关标准和资料来看,尚未发现有如此全面系统的关于复杂电磁环境建设的标准体系(与美军和北约标准化文件对比情况,见表 A – 7)。

表 A−7 与外军复杂电磁环境技术和相关标准情况比较

内容	外军情况	我军情况
总体	关于军事训练的有关文件较为完整,例如,《联合训练政策和指南》《联合训练计划》《美国陆军联合训练手册》《作战训练中心大纲》《美军联合部队训练战略》等,但未见到针对复杂电磁环境建设和训练的顶层文件和标准	建立了包括51项标准在内的完整的标准体系
标准体系	未见到外军有相应的标准体系	建立了覆盖术语概念、分类分级、环境构建、信息交换、态势标绘、监测导调、装备器材、训练评估,系统完整的标准体系结构
概念定义	MIL−STD−463《电磁兼容性术语》,只包括了部分电磁环境方面的术语	完整全面地定义了战场电磁环境概念体系,覆盖了电磁环境和训练组织以及二者结合等三方面的术语定义
分类分级	美军《未来海军训练环境》等文件将训练场划分为五类:海军靶场、空军靶场、陆军靶场、海军陆战队靶场、海岸警卫队靶场等,没有具体规定电磁环境复杂度等级	定义了频谱占用度、时间占有度、空间覆盖率及计算方法,定量划分了复杂度等级
环境构建	STANAG 1307《北约海军作战电磁环境》、STANAG 1063《盟军海军通信演习》等文件仅规定了环境的一般要求,没有系统性的复杂电磁环境构建方法和要求	详细规定了各军兵种训练环境和各类基本信号环境参数指标、模拟设备布设要求、信号生成方法,可使复杂电磁环境构建量化可复现
监测导调	MIL−STD−460 等系列标准规定电磁兼容控制方法、设备及系统性能要求、危害及防护等方面内容,不涉及复杂电磁环境监测和控制	全面给出了各种信号的监测要求和方法,并规定了复杂电磁环境数据元、数据采集及信息传输要求
训练评估	美军参联会文件 CJCSI3500《联合训练计划》《作战训练中心大纲》等只给出了训练和考核的一般性要求,没有考虑复杂电磁环境因素,对复杂电磁环境下的训练评估可操作性不强	详细规定了各军兵种训练效果评估的指标体系、量化指标、评估模型和方法等,具有很强的针对性和可操作性

　　随着我国军事和经济利益的不断深化和扩展,武器装备的活动范围不断扩展,所经受的各种环境也在不断扩展。可以说,环境无处不在,呈现出"全领域、

全空间、全方位、全特性、全系统"等的特点,我们可以称为"大环境"。这个"大环境"有别于我们过去所研究的局部环境,例如自然环境、实验室环境、电波环境等。

美国等军事强国十分重视环境对武器装备的影响。《美国国防部核心技术计划》中,就将"环境影响"作为第11项核心技术,充分考虑了其对武器系统产生的全面影响。

联合战役中网电一体化贯穿战役始终。电子战在现代战争的运用越来越广泛,作用更加突出,而网络战也早已步入现代战争。谁掌握了制电磁权,谁就掌握了制信息权,同时也掌握了战场上的主动权。1998年的科索沃战争中,美英联军大量出动EA-6B"徘徊者"电子战飞机,向南联盟地区投放强电磁脉冲弹,爆炸后的电磁脉冲波,对方圆数十千米范围内的各种电子设备造成严重物理破坏,使南军以计算机和雷达为主构成的信息系统失去正常功能。伊拉克战争开始,美军采用强电磁打击与战略空袭相结合,对伊军的战场识别系统和信息系统实施瘫痪性打击,很快掌握了战场上的制信息权。这些无疑都对联合战役战场环境信息系统提出了新的挑战。

总之,应从多维或立体的角度重新认识环境,将环境类型进行大幅度的扩展和分类。过去,环境工程没有考虑作战环境永远是在不停变化的。因此,问题界定必须也要与时俱进。认识到当一次行动或者计划没有取得预期的进展时,就需要进行重新界定。在任务执行过程中,当理想的条件发生改变,或者无法实现,或者通过目前作战方法不能保持时,指挥官需要进行重新界定。在作战过程中条件将不断地发生变化;由于作战环境中相关主体的交互与关系,这种变化是不可避免的。尽管军事组织通常在行动失败后具有更强的动机来反思与重新界定,但是行动成功后的重新界定同样重要。成功改变了作战环境,并创造了未曾预料到的可以充分利用主动权的机会。认识与预测变化对于设计与不断地学习是非常重要的。

自海湾战争和科索沃战争以来,随着"电磁优势"在现代高科技战争中地位作用的不断增强,电磁环境信息已成为与气象水文、地理信息同样重要的战场环境保障信息,世界各军事强国都在不断加强电磁环境信息保障领域的建设,其中以美军在相关领域的技术优势最为突出。

早在20世纪初,国外就开始研究电磁干扰问题。美国《工程设计手册(环境部分)》中对有关成果进行归纳后指出:电磁干扰能产生干扰通信设备、雷达设备和其他靠接收电磁信号而工作的电子设备的信号。此外,强电磁干扰的存在能在诸如计算机之类的不依靠在自由空间中传播电磁能而工作的电子设备和控制设备内感应损害电压。

A10　空间电波环境

电波环境观测与研究是国外主要国家和地区一贯关注的重要内容,美国、俄罗斯、日本、澳大利亚、英国、法国等国都建有专门的电波环境观测和研究机构。在美国国防部制定的"国防技术计划"和"国防技术领域计划"中,都涉及了与电波环境的有关内容。美国国防部和联合参谋部发布的"联合战斗科学技术和国防技术领域计划国防技术目标",在"传感器、电子和战场环境国防技术目标"部分中,提出了低层大气中电磁和光电传播、C^3I 战场环境现报、沿海战场作战支持(包括沿海的电波传播环境)等的技术发展目标。

美国为了提高电波环境对信息化作战的保障作用,在全球范围内建立了天地一体化的电波环境监测网,并开发了多种电波环境监测反演、现报预报和效应评估软件。在其观测数据和研究成果的支持下,建立了从电磁环境监测、分析、评估、预报到信息发布为一体的电磁环境保障体系,研制了各种电磁环境信息发布和对信息系统性能影响的评估系统。如:美军研制并装备海军使用的高级大气折射效应预报系统 AREPS(Advanced Refractive Effects Prediction System) ,于 2008 年升级为 RFPAS 系统。该系统利用多种手段获得实时电波环境数据,实时预报电波的传播环境,并根据电波环境数据和预报结果对信息系统的作战性能进行评估预测,除提供探测概率、探测盲区、传输损耗、传播因子和信噪比等参数预测评估外,还提供电子攻防预案、预警机位置、电子监视措施、HF/VHF/UHF 通信辅助决策和硬件维护故障辅助诊断等等多种辅助决策功能,为其信息化作战提供作用盲区、探测概率、预警探测雷达最佳部设高度、突防高度、最佳干扰效能、中断原因的判定等辅助决策分析,该系统正在进一步升级为"射频"系统性能评估系统 RF(Performance Assessment System) 。

为了给重大军事活动中的信息化武器平台提供可靠的环境信息保障服务,美军研制了闪烁网判定系统(SCINDA)、通信/导航中断预报系统(C/NOFS)(图 A - 10)、空间环境网络发布系统(OpSEND)和空间环境影响融合系统(SEEFS)(如图 A - 11 所示)等借助其天地一体化的监测数据,具备了对全球范围的电离层环境预报和对信息系统影响实时评估能力、短期预报和灾害性事件的警报能力,并对电离层扰动引起的卫星导航定位误差、卫星通信衰落区域、短波通信覆盖范围等进行评估,并将这些影响及评估分发到相关用户,为美军信息化作战提供重要信息保障。

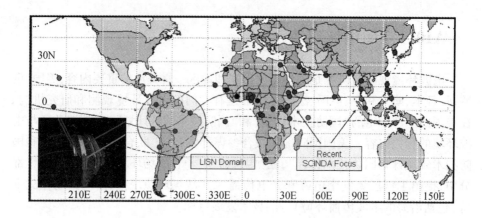

已有站   待建站   加盟站

图 A – 10   美国 C/NOFS 系统的地面监测网

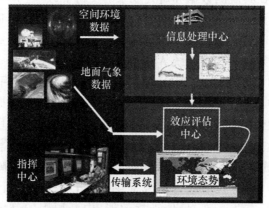

图 A – 11   美国的空间环境效应融合系统(SEEFS)工作流程

A11   美军装备环境腐蚀与控制

    装备在研制、试验、运输、贮存、使用与保障中出现的许多事故和重大质量问题,从本质上讲都可归因于或者可以追溯到所经受的环境效应或者影响,因此,由于环境造成的人员伤亡、经济损失是非常巨大的,而且有越来越大的趋势。根据美国国防部有关报道,仅仅由于腐蚀这一项所造成的装备直接经济损失每年多达 100 ~ 200 亿美元。环境腐蚀不但造成巨大的经济损失,同时也增加了后勤维修负担,降低了战备完好性。因此,美国国防部制定了腐蚀防护与控制国家战略,并启动了 27 项腐蚀控制与减缓行动试点项目,取得了较好的效果。

2002 年 12 月 2 日,美国总统签署了公共法 107 - 314《2003 年度 BOB STUMP 国防授权法案》,要求总审计局对国防部的腐蚀问题进行监控。美国国会要求国防部:指定相应的负责人和机构;研发长期腐蚀控制策略。其中包括:进一步加强腐蚀控制;在通用装备、基础设施和作战团体中使用的新腐蚀控制技术使用统一试验和鉴定的要求;在国防部内部实施腐蚀控制信息的采集和共享项目;设立腐蚀控制专项以及各种专题研究项目。总审计局(GAO)和国防科学委员会(DSB)提出详细的有关建议。根据上述公共法律,国防部建立腐蚀控制的相关管理机构并发布腐蚀控制的法规,如成立腐蚀控制管理和执行的顶层管理机构——腐蚀政策和监督办公室,为装备制定可靠的预防、控制和减少腐蚀的政策。同时要求各军兵种也成立相应的机构,分别制定和实施各部门的腐蚀控制和减缓战略。三军相应制定腐蚀控制措施,如陆军制定 AR750 - 59《陆军腐蚀与防护控制大纲》等。国防部 2003 年 12 月向国会提交了《减少腐蚀及其对国防部军用装备和基础设施影响长期战略报告》,2004 年 11 月,国防部发布了《预防和减缓腐蚀战略计划》。2005 年 5 月又提交了题为《减少腐蚀及其对国防部军用装备和基础设施影响新进展》的报告。美国高层的频繁互动充分说明美国高层对军用装备及其基础设施的腐蚀控制问题的高度重视。

美国国防部采取的对策和措施主要有:

1. 成立腐蚀控制的管理和执行机构

根据国会及公共法案的要求,听取总审计局和国防科技局的有关建议,国防部迅速采取了一系列的装备腐蚀控制措施。首先是在国防部成立了腐蚀政策和监督办公室,由 3 位资深专家组成特遣队。这一特遣队负责用长远的眼光审视腐蚀的影响并制定腐蚀控制战略。这一战略将强调捆绑腐蚀费用的要求,建立度量标准以测量有效性,为军用装备和基础设施制定可靠的预防、控制和减少腐蚀的政策。

目前腐蚀论坛的使命已经完成,正式的 CPCIPT 已经成立。

2. 制定并发布《预防和减缓腐蚀战略计划》和《腐蚀预防和控制计划指导书》

2004 年 11 月,美国国防部腐蚀政策和监督办公室发布了《预防和减缓腐蚀战略计划》,提出了以下战略计划。

(1) 加速现代化(用更快的速度更换旧设备)。

(2) 关闭边际设备(减少利用率低下的基础设施的维修负担)。

(3) 使用迅速、高效的基于网络的战略以交流和共享最好的经验。

(4) 把实施腐蚀控制计划作为基于性能的采办和基于性能的后勤的明确

部分。

（5）使规范、标准和认证过程流线化和标准化。

（6）创建一个正式的延伸到国防采办局的评审构架，以评价腐蚀控制计划及其实施。

（7）组织不同级别的，能够提出问题并解决问题的腐蚀预防和控制组及集成产品组。

（8）评审和更新所有与采办有关的命令和文件，以反映有关腐蚀预防和控制的政策和要求。

（9）研制用于采集和分析与腐蚀相关的费用、战备和安全的标准方法。

（10）制定清晰定义的目标、面向结果的目的和工作指标，以测量针对目的所取得的进步（包括防腐工程的投资回报率和已实现的净节约）。

（11）鉴别为了实现目标和目的所需的资源水平。

（12）建立机制以协调和监督军种间和军种内部范围的腐蚀预防和减缓项目。

（13）配合国防科技局（DSB）的腐蚀控制特遣队对国防部现行腐蚀控制努力的评估工作。

3. 制定、整理和修订相关法规和标准

《预防和减缓腐蚀战略计划》的全面实施，需要相关的法规和标准的支持。从法规上讲，美国国会的公共法是腐蚀控制最顶层的法律。根据公共法和《腐蚀预防和减缓战略计划》的要求，国防部已开始制定、整理和修订相关法规和标准。这些法规涉及面较广，包括 DOD 5000 系列，以及各军种的有关法规，如AR750—59《陆军腐蚀预防与控制大纲》、AR70 系列条例等。

4. 建立集成的基于互联网的腐蚀控制信息交换平台

优化对装备腐蚀控制知识库的访问，加强信息共享和交换，是全面实施装备腐蚀控制战略的重要手段。因此，《预防和减缓腐蚀战略计划》中提出"使用迅速、高效的基于网络的战略以交流和共享最好的经验"。

美国国防部、能源部、运输部、商业部和国家航空航天局等许多政府机构过去资助了腐蚀研究。为了确定美国政府腐蚀知识库的范围，美国先进材料和工艺信息分析中心（AMPTIAC）和非破坏性测试信息分析中心（Non‑destructive Testing Information Analysis Center）进行了一系列的文献调查，以获得对现有资料信息数量的正确评价。结果发现，国家航空航天局数据库中与腐蚀有关的报告超过 27000 份，能源部差不多有 43000 份，运输部超过 4000 份，商业部则差不多有 7000 份。AMPTIAC 包含有大约 23000 份技术报告，国防技术信息中心（DTIC）的国防研究发展测试与评价在线系统（DROLS）差不多有 38000 份参考文献。说明美国武器装备及其基础设施的腐蚀与防护的资料十分丰富。但是，对于没有系统的腐蚀知识的项目管理人员和武器系统的设计人员来说，要获得并利用这一宝贵资源存在诸多困难。为了更好地应用这一宝贵资源，国防部要求对这些信息进行整合。

2003 年，由国防部负责，委托相关机构建立了基于互联网的信息共享平台（www. dodcorrosionexchange. org），从该平台上可以看到所有有关装备腐蚀控制的重大事件、相关文献、国家及军队的法规和条例、历次有关国防腐蚀控制会议的基本情况、腐蚀控制基本知识、以及相关的腐蚀控制产品、国防部以外的腐蚀控制资源等。

5. 强化材料和工艺试验

验证和鉴定在国会的要求和《预防和减缓腐蚀战略计划》中都有具体的体现，在《腐蚀预防和控制计划指导书》也有明确具体的指导。总的要求是所有的材料和工艺都必须有可靠的耐环境腐蚀数据，并且只有通过充分试验和验证的材料和工艺，才能进入数据库以推广和应用。

6. 做好人员培训

人员培训是实施《腐蚀预防和减缓战略计划》不可缺少的重要部分，国防部在实施这一计划中专门指定 CPCIPT 机构负责人员培训工作。在国防部的腐蚀交换网络平台上也有相关的培训信息。

2014 年 1 月，美国国防部腐蚀方针和监督办公室发布了新的《腐蚀预防与控制计划》(2014 版)。2014 年 2 月 4 日，美国国防部腐蚀方针和监督办公室发布了《军事系统和装备腐蚀预防与控制计划指南》(第四版)，该指南是依据联邦法律 10 U. S. C. 2228 与 10 U. S. C. 2366(b)，以及国防部 DODD 5000. 01、DODI 5000. 02、DODI 5000. 67 而制定的。该指南认为，国防部的各类资产正越来越老化陈旧，希望延长其服役寿命，为此，国防部必须培养、应对和支撑其系统和装备在地球上的所有环境，包括在地球上的某些最严酷的腐蚀环境。要求采取各种措施，将环境的影响最小化。

装备的进步，在信息化战争的立体性、可控性、精确性、信息对抗性条件下，要求充分发挥武器装备的性能和效应，使环境对装备的影响更加突出，从而使装备的环境适应性发展到更深入的层次，即要求评价环境对装备性能和效益的定量化影响程度。美军在环境对精确制导等高技术装备的定量化影响方面进行了一系列研究，取得了大气中辐射传输模式、电光武器系统环境影响决策辅助系统等成果。

美国国防部 DOD 5002 - R 指令明文规定，军火承包商的质量管理工作必须包括如下几项关键活动：

（1）确定合适的工作程序；

（2）对关键的工作程序及生产变化进行监控；

（3）确立生产过程的质量反馈机制；

（4）建立有效的质量问题成因分析及校正系统；

（5）进行质量创新，不断改进质量管理方法。

此前，美军并未将工作过程质量与质量管理方法的持续改进作为质量管理工作的重点。事实上，也正是工作过程的质量决定着最终产品与服务的质量，这一点已成为目前国际质量管理界的共识。

国外发达国家非常重视环境对武器装备的影响，将提高产品环境适应性作为一项系统工程来实施，把环境分析、环境适应性设计、环境试验与评价、环境工程管理、环境影响防护纳入了武器装备研制全过程。

为了调动和促进各个部门和阶层人士广泛地投入到装备环境工程的研究中，外军借助多个会议的组织召开，促进了相关技术的发展。

国外总体上在武器装备研制生产中，不再仅限于按标准试验方法来考核武器装备的环境适应性，而是从环境工程的高度，以工程控制与管理手段对武器装备研制生产的整个周期实施环境工程管理，强调以最小资源和最佳方法满足武器装备的环境适应性要求。国外通过不断深化和扩展装备环境工程的内涵和外延，有力地规范和促进了装备环境工程的发展，提高了装备适应全球乃至外太空环境的环境适应性。

美国等发达国家非常重视各种数据资源积累，注重数据库的建设和共享，从而为研究、设计和技术改进提供了科学依据，避免了设计的盲目性。例如美国国家标准局就拥有数十个数据库，其中材料数据库占有很大比例，如材料腐蚀数据库、力学性能数据库等；德国 Karl‐Wimacker 研究所建立了腐蚀数据库、材料性能库和腐蚀文献摘要库；日本金属研究所、日本金属学会建有金属和复合材料力学性能数据库，包括腐蚀、疲劳、断裂等数据。

美国国防部、能源部、运输部、商业部和国家航空航天局等许多政府机构在腐蚀预防和控制领域进行了大量的投资，这些工作包括材料在腐蚀环境的加速试验和自然暴露试验。各个机构也建立了信息库，如美国先进材料和加工工艺信息分析中心（AMPTIAC）有一个很大的与材料有关的包含有 220000 技术报告、期刊杂志论文和相关的 1000 种左右书籍的技术库，在这些文献中与腐蚀密切有关的有 23000 份报告。

另外，美国国防部组织各军兵种建立了基于互联网的信息共享平台（www. Dodcorrosionexchange. org），平台上提供有关装备腐蚀控制的重大事件、相关文献、国家及军队的法规和条例、历次有关国防腐蚀控制会议情况、腐蚀控制基础知识、以及相关的腐蚀控制产品、国防部以外的腐蚀控制资源等。美国国防部通过建立该在线腐蚀交换信息系统,极大地加快了文献资源的共享和传播速度,提高了各部门资源的利用率,取得了显著的成效。

A12　环境对人员的影响

说到环境,人们都对所经历的环境深有感触,不过能够完整说清楚所经受的全部环境却是非常困难的。人们在日常生活中,人的身体能够感受的环境包括风吹日晒等"自然或人造显环境",对周围隐藏的其它"自然或人造隐环境",例如电磁环境、辐射环境等,却感受不到或感觉迟钝,因为这些环境"看不见、摸不着",但"隐环境"同样会对身体造成影响,有的甚至会造成严重伤害。

目前人—机—环境系统工程的概念指出:在人—机—环境系统中,人是系统的主体,是机的操纵者和控制者;环境则是人和机所处的场所,是人生存和工作的基本条件。因此,在系统中,人体必然受到各种环境因素的影响,同时在完成各种任务过程中,人也必然通过各种方式影响环境。在这种情况下,为了保证人的健康、操作使用安全和提高工作效率,必须对不良的环境采取措施,以保证人体不受恶劣环境因素的伤害。如装甲车辆必须采取安装空调系统、降噪,单兵装备需要减重,战斗机需安装供养、调压系统。

20 世纪 60 年代,美军出版的《工程设计手册(环境部分)》中,就环境对人的影响问题进行了系统论述,提出了武器装备研制时应考虑环境对人的影响问题。书中写道:"环境除影响器材外,对人也有影响。虽然本手册着重论述环境对器材的影响,然而当人员受到环境因素影响时,通常必然要提出新的或修正的器材要求。就这些要求而论,设计工程师必须是机敏而博学的。"能见度和机动性影响的讨论中指出,"当人需要使用视力才能进行有效操作时,种种环境因素能妨碍人的工作效率,同时也妨碍人操作的器材的工作效率。"参战人员要在一定的环境中操作使用武器装备,也必须要能够适应当时当地的环境。为此,除了提高人的基本素质外,从装备方面也要采取措施:①要求装备工作过程中产生的诱发环境不能超过一定限度;②为操作人员采取环境防护措施;③为操作方便、准确。

大气环境中的低气压、气压波动、氧环境(低氧、高氧)、热环境(高温、低温),力学环境中的超重、失重、冲击、振动,声环境中的噪声、次声、超声,辐射环境中的电离辐射、非电离辐射(光辐射、射频辐射),化学环境中的大气化学环境、水化学环境,航空环境中高空缺氧、低气压、超重,空间环境中的失重、微重力、空间孤独、宇宙辐射、封闭环境,航海环境中的海风、波浪、噪声、舰船振动、电磁场与微波、封闭环境污染,水下环境等都会对人体的健康以及对装备的操作能力产生一定的影响,从而间接影响装备性能的发挥。

环境工程开展环境对人的影响的研究,早在20世纪60年代就开始了。随着研究的深入和认识的深化,内容也不断丰富和完善。

美军的麦金利气候实验室,不但进行装备的耐寒冷气候的环境适应性考核,同时也进行人员耐严酷严寒环境耐受力的考核训练任务。这是基于部分装备是由人员操作或操控的,如单兵武器、侦察装备即使本身环境适应性很好或很高,但如果人员不能适应或无法操控,也是没有用的。因此大环境工程工作中,应当考虑人—机—环系统工程。

A13 美军环境技术计划项目

美国国防部的方针要求战略建议(对策)以便应对由于全球气候改变和气候可变性引起的挑战。2010年2月,美国四年防务评论认为气候变化将在两个方面影响国防部:①气候变化将形成国防部采取的工作环境、角色和使命任务;②国防部将需要适应气候变化对其设施和军事能力的影响。

当气候变化发展时,国防部将必须维持在新的和正在改变的环境中的战备完好性和运转。美国的环境研讨会重点讨论了海岸环境、寒冷地区环境和内陆环境,特别是干旱环境。海岸环境是对气候变化最敏感的环境,使海平面上升、潜在增加风暴活动、生态系统改变、盐水侵入地下水补给。国防部的许多场所都位于海滨地区,它们提供了重要的军事行动、训练、试验场地,战略地位十分重要。寒冷地区是重要的训练场地和测试场地,气候变化可能影响国防部的军事准备和军事行动。目前的温室效应,可能影响寒冷地区的永久冻土层,造成其融化。

为了解决军事活动对环境的影响,美国制定和发布了《国防部研究和发展有关气候变化的计划纲要》,要求在武器采办/研发过程中,研究如何建立气候变化融入决策。气候变化将在未来国防部履行其任务使命的能力方面扮演重要的角色。它将影响自然和人工基础设施,进而影响军事斗争准备,以及美国数千设施的环境管理责任。

美国、芬兰、瑞典联合发布了《军事行动环境指南》。

美国国防部制定了"战略环境研究和发展计划"(SERDP)和"环境安全技术验证计划"(ESTCP),陆军则制定了"陆军环境质量技术计划"。这3个计划资助了大量的基础和应用研究。

2007年8月7-8日,美军组织召开了"SERDP和ESTCP技术交流会"。

2011 年 7 月 19 - 21 日,美军组织召开了"国防部和气候变化:启动和对话 在国防部研究机构内部的和研究与政策机构之间信息协调"研讨会,制定了联邦气候变化研究、发展、响应程序及网络。

在"战略环境研究和发展计划"和"环境安全技术验证计划"这 2 个计划项目中,重点关注的是军事方面的行为对环境和社会、人的影响,而不是环境对装备的影响。即从本质上讲,应当归为环保的范畴,而不是我们所讲的环境工程的范畴。但是,对环境变化的立法和相关规定,又促使装备在研制、生产、维护中采用更先进、环保的技术和工艺,反过来又持续提高了装备的质量。

2008 年 7 月美国发布《国防部环境技术计划 研究和发展需求评论》报告。报告披露了美军陆海空三军梳理出的环境要求的明细表,其中美国空军提出了136 项需求,陆军提出 46 项,海军提出 56 项,同时给出了解决的优先程度,分为高、中、低级。

2012 年 9 月 15《参考消息》:世界气象组织 13 日宣布确认 1913 年 7 月 10 日在美国加利福尼亚州东南部的"死谷"国家公园测得的 56.7℃为全球目前地表最高气温纪录。

美国航天局 2013 年 12 月 9 说,卫星观测数据表明,地球上最冷的地方在南极大陆东部一条无人涉足的冰脊附近,这里有数个位置的地表温度在冬夜可降至 - 92℃以下,最低纪录是 - 93.2℃。

美国航天局当天发表声明称,这条冰脊绵延 1000km,位于阿格斯冰穹与富士冰穹之间,最寒冷的地方并非位于冰脊最高处,而是冰脊坡上几个 2 ~ 4m 深、10km 长、5km 宽的凹陷处。2010 年 8 月 10 日,轨道卫星在探测上述某个凹陷地点时,记录到是 - 93.2℃的地表温度,打破了 1983 年俄罗斯在南极的东方科考站记录到的 - 89.2℃的最低地表温度纪录。

附录B 全世界和分地区气候极值

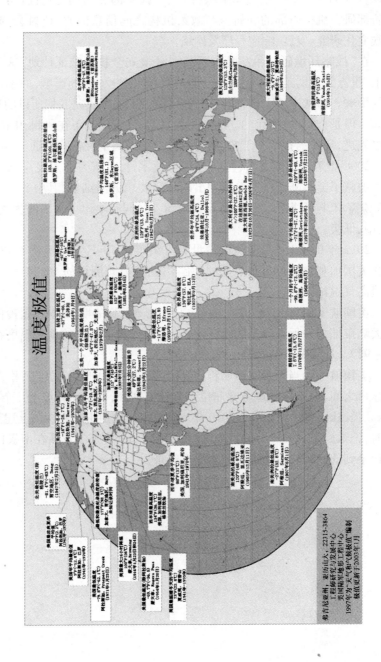

温度极值

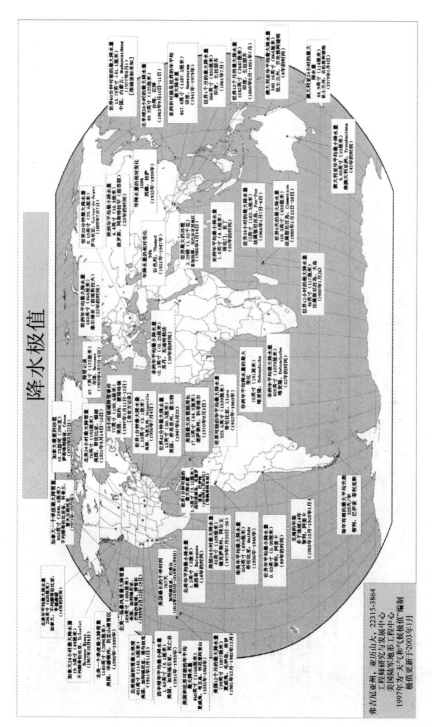

降水极值

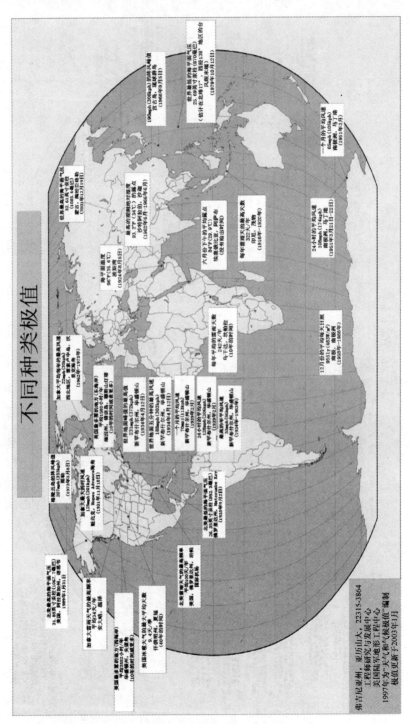

404

附录 C 环境条件对装备或作战人员的影响

环境条件对装备或作战人员的影响主要表现在以下方面。

C1 气象的影响

气象条件对作战双方的作战行动既可造成有利条件,也可造成不利条件。

气象条件对作战行动的具体影响是:云层、风、雨、雪、雾、尘土、光线条件和严寒酷暑结合在一起,将影响人的工作效率,限制武器和装备的使用。例如,海湾战争中,伊军点燃了 300 多个油井,浓烟遮盖了科威特上空,致使联军飞机不能投入正常作战。

气象条件可降低装备和武器系统的作用。如云层厚,会影响飞机作战,会降低机载侦察器材的灵敏性,影响末端制导武器的制导;风和雨会影响核、化武器的性能,加大下风方向的危害范围;雨可降低化学战剂的作用。

季节性的暴雨、大雪和严寒的冬季,可影响大部队作战行动和战斗支援行动。例如,车辆机动性能下降,燃料消耗增大,维修量增加等。

能见度不良将会缩短大部分武器的射程。例如,核火力使人失明的效应夜间比昼间强。通常情况下,能见度低对攻方有利,守方的观察受到限制,陆基武器和空中支援的有效性也会下降等。

恶劣气象,特别是能见度低的条件下,对部队、士兵控制困难,阵地和战斗队形的安全也难保持。通常情况下,恶劣气象有利于攻方隐蔽地进行机动,但会削弱双方空中支援的有效性,影响部队运动速度,防御部队也容易放松警惕。

C2 地形的影响

地形要素的主要因素是:

(1)观察和射界。美军 1986 年《作战纲要》中指出,"在能见度受到限制的情况下,直瞄兵器的射击效果不佳,但部队运动遇到的危险较小。大片森林、丛林、居民地和起伏地能限制观察和射击的效果"。视界和射界因武器性能不同而异,山间或楼顶适应于设置观察所或雷达,但不可作为直瞄兵器的阵地。坦克、导弹和机枪必须配置在最能发挥其效力而死角又最小的地方。同时,还要注意地形对空中观察和射击的影响。

（2）掩蔽或隐蔽。掩蔽就是保护部队免遭敌观察和射击,就是要利用斜坡、褶皱和洼地的掩蔽条件来保存部队的实力。隐蔽就是保护部队免遭敌军观察,利用地形和地物的掩蔽条件来配置部队和设施,要限制部队电子发射和热能辐射的活动,要加强人员和装备的伪装等。隐蔽是战术上的有利条件。守方可以利用这种条件,诱敌深入到既定歼敌地区。攻方也可利用这种条件接近敌防御阵地并突然发起攻击。在使用核武器的情况下,城市地区、农场建筑物和其它人工建筑物都可作为指挥所、炮兵部队、后勤设施的配置地域。

（3）保障和运动。道路、山脊、河谷和平原有利于部队快速机动和发展胜利;沼泽、密林、沙地和隘路可减缓部队运动;不便运动的地形,可使守方节省兵力,集中力量防守危险的接近路;铁路线、小溪和道路沿线的村庄对于徒步作战没有重大影响,但影响乘车作战和装甲部队的行动。

（4）关键地形。关键地形是指可使控制它的一方获得明显的有利条件的任何地物、地域或地区。关键地形通常是:部署兵力初期,多为重要机场和港口地域;部队机动时,多为交通枢纽和重要桥梁与隘路地区。

（5）城市化地形。由于工业经济的发展,形成了广阔的城市地带。在城市化地形上作战,其特点是:作战的距离较远,地形千差万别,建筑物可提供观察、射界和掩蔽与隐蔽条件,下水道可供小分队机动使用,多层坚固建筑物可用于防御等。

城市地区的地形条件在战术上有利于守方。防守部队可利用城建设施和城郊村庄减缓和迟滞进攻部队的机动,并为己方提供可向城周实施机动和反击的抵抗中心。

城市化地形对攻方不利因素较多。如装甲部队和机械化部队作战行动受到限制;攻城行动需要投入大量资源(兵力、兵器、物资),进攻速度较慢,而且耗费时间长等。

C3 特殊环境的影响

特殊环境主要是指山地、丛林地、沙漠地和寒区,它们对作战行动有重要影响。

山地地形对作战行动的影响主要表现在以下几个方面:

（1）山地地形岩石峭壁林立、地势起伏较大,虽有良好的天然隐蔽条件,但对发挥人力有一定的限制作用。只有空中火力和一些野战火炮(特别是迫击炮）以及榴弹发射器之类的高射角武器才能发挥应有的效力,因此,它们的重要作用在山地得到了提高。

（2）山地地形复杂,交通十分不便,现成的大道和小路一般极少,这样就给地面部队的大规模机动带来很大困难。因此,在山地作战时,要充分发挥空中优势,特别是使用直升机部队来实施运送部队和装备、侦察和实施指挥与控制,以及支援地面部队的作战行动。

（3）山地没有平原或丘陵地作战时所特有的统一性和完整性,而是各地区相互分隔,这一特性对指挥与控制有很大影响。特别是对一些山垭口的孤立战斗难以控制。

（4）山地地形为守方提供了很好的观察和射击阵地;崎岖的地形,天然障碍物较多,再加上人工障碍物的大量出现,可以有效地阻滞对方的进攻,限制对方的作战行动;

丛林地的主要特点是:植被茂密;持续高温;雨量多;湿度大。这些特点限制了部队的观察、射界、通信、战场监视和目标搜索,但也为部队提供了良好的掩蔽和隐蔽条件。丛林地作战,运动困难,纵队之间难以保持联络,作战行动比较孤立。因此,在丛林地作战时必须实施积极的侦察、细致的情报搜索和周密的组织协调。大部队应沿大道或天然运动通道实施作战。为支援大部队行动,还要通过空中和设伏行动对敌实施纵深遮断。丛林地区视界和射界短,作战双方难以保持接触。这样就减少了间瞄火力的效力,并使丛林地作战主要是在步兵部队之间进行,而且多以小规模交战来实施。

沙漠地土质多种多样,地势起伏不平,多属不毛之地,气象条件变化急剧。沙漠地区对军事行动的主要影响是:

（1）水源缺乏,人员饮水困难;

（2）地形平坦,视界开阔,有利于大部队运动,但隐蔽困难;

（3）沙漠缺少明显的地物,陆上识别方向困难;

（4）沙漠地区表面上的小凹地和小褶皱较多,可为小部队和单独的车辆提供隐蔽条件;但也限制大部队机动;

（5）沙漠天然掩蔽条件较差,构筑工事困难。

寒区气候特别恶劣,温度较低,对作战行动具有很大影响,具体表现在:

（1）封冻的地面和水面能够改善通行性,但车辆需要进行特别保养才能保持运行。

（2）严寒地区地形条件差异很大,应根据战区的具体条件对战术进行相应的调整。

（3）冬季环境大大增加了在野外完成各项任务所需的时间。通常,在严寒条件下,构筑战斗阵地、设置障碍、实施保养任务和部队徒步运动所需的时间比正常情况下多 4 倍。

C4 核武器和化学武器的影响

"在同拥有核武器和化学武器的敌人作战时,核或化学武器随时都有可能使用。"

核武器威力大,毁伤效能大。它主要是靠冲击波、热辐射、初始核辐射和电磁脉冲来对人员和物资器材造成重大损失。核武器瞬间就可炸倒树木,破坏城市,引起火灾,造成放射性污染。

C5 烟幕的影响

烟幕可以提高己方部队的作战效果,也可减小己方易遭攻击性。烟幕在作战中可起到如下作用:

(1)不使敌人获得情报;

(2)降低敌方传感器、测距仪和目标指示器的效率;

(3)限制敌机实施掠地飞行和地形跟踪飞行的通道;

(4)打乱敌军的运动、作战和指挥与控制;

(5)为出敌不意打击敌人创造条件;

(6)掩盖使用化学武器的行动;

(7)欺骗敌军。

C6 战场电磁环境的影响

战场电磁环境是指战场空间内对作战有重大影响的电磁活动和现象,它是与陆海空天并列的"第五维战场"——电磁空间战场。由于电磁活动构成了对陆海空天各维空间的全面渗透,电磁环境事实上已经上升为信息化战场上最复杂的环境要素。空域上纵横交错。信息化战场上,来自陆海空天不同作战平台上的电磁辐射,交织作用于敌对双方展开激战的区域,形成了重叠交叉的电磁辐射态势,无论该区域的哪一个角落,都无法摆脱多种电磁辐射。时域上持续不断。利用电磁实施的侦察与反侦察、干扰与反干扰、摧毁与反摧毁持续进行,使得作战双方的电磁辐射活动从未间歇,时而密集,时而相对静默,导致战场电磁环境始终处于剧烈的动态变化中。

附录 D　美军环境技术计划项目

全球气候变化所引起的环境的物理改变包括：① 温度升高和海平面上升；②暴雨和干旱范围增加；③ 永久冻土地带融化；④ 促进季节改变；⑤海洋、江河、湖泊的无冰季延长；⑥ 更多的融雪水；⑦ 改变江河溪流的流动。

海岸环境是对气候变化最敏感的环境，使海平面上升、风暴活动增加、生态系统改变、盐水侵入地下水。美国国防部的许多设施都位于海滨地区，包括重要的军事行动、训练和试验设施，战略地位十分重要。寒冷地区是重要的训练和试验设施，气候变化可能影响国防部的军事准备和军事行动，而目前日益严重的温室效应，可能影响寒冷地区的永久冻土层，造成其融化。

气候变化将影响自然和人工基础设施，特别是美国数千个军事设施的安全。当气候发生变化时，美国国防部必须维持在新的和正在改变的环境中的战备完好性和设施运转。

2010 年 2 月，美国四年防务评论认为气候变化将在两个方面影响国防部：
① 气候变化将影响国防部的作战环境、角色和使命任务；
② 国防部需要适应气候变化对其设施和军事能力的影响。

为此，美国国防部必须制定应对全球气候变化的战略对策。

为解决军事活动对环境的影响，美国制定和发布了《国防部气候变化研究和发展计划纲要》，要求在武器采办/研发过程中，研究如何将气候变化融入决策中。气候变化在未来国防部履行其任务使命的能力方面将扮演重要的角色。

美国国防部制定了"战略环境研究与发展计划"（SERDP）和"环境安全技术验证计划"（ESTCP），陆军则制定了"陆军环境质量技术计划"（EQT）。美军借助这 3 个计划资助了一大批相关基础和应用研究项目。

SERDP 和 ESTCP 是美国国防部环境研究计划，为改善国防部的环境性能、减少费用、提升和维持任务的能力等开发最新技术。该项目对所有军兵种共同的环境技术的需求做出回答。SERDP 和 ESTCP 致力于提升在学术界、工业部门、军兵种和其他联邦部门之间的合作关系和协助。

美国国会在 1990 年确定设立 SERDP 来解决国防部的环境问题。SERDP 由美国国防部环境科学和技术计划，国防部、能源部、环保署以及众多其他联邦或非联邦组织参与计划和执行。SERDP 的投资跨越了基础研究和应用研究以及预研范畴。SERDP 关注交叉服役需求和从事国防部环境挑战的解决方案。研发和应用创新的环境技术将减少费用、降低环境风险、缩短解决环境问题所需时间;同时,提供和维持战备完好性。

SERDP 由美国国防部资助,其监督和指导方针由来自国防部、能源部和环保署组成的 SERDP 理事会负责,SERDP 常务理事、执行主任、项目经理领导项目的日常活动。SERDP 管理架构如图 D−1 所示,理事会成员组成如表 D−1 所示,执行工作组成员如表 D−2 所示。

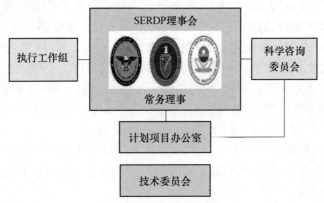

图 D−1　SERDP 管理架构

表 D−1　SERDP 理事会成员

部门	
国防部	国防部副部长办公室(设施和环境)
	国防部助理部长办公室,研究和工程——研究主管
空军	空军部长办公室/设施、环境和后勤
	助理副部长(能源、环境、安全和职业卫生)
陆军	陆军部助理部长办公室(采办、后勤和技术)
海岸警卫队	工程和工业支持
海军	海军研究办公室,常务主任
参谋长联席会议	副主席
能源部	科学办公室主任
	环境管理办公室,地下水和土壤恢复办公室主任
	能源部国家核安全管理部国防计划办公室副主任
环保署	助理署长

410

表 D-2 SERDP 执行工作组成员

部门	
国防部	国防部副部长办公室(设施和环境),主任(环境管理)
	国防部助理部长(研究和工程),副主任(环境科学)
空军	空军研究室,副主任(材料和制造部)
陆军	陆军部副助理部长办公室,联络官(研究和技术)
海岸警卫队	海岸警卫队航空后勤中心,工程和工业支持
海军	海军研究室,海军材料部
参谋长联席会议	J-4 后勤,总工程师,联合参谋
能源部	科学办公室,气候和环境科学部
	国家核安全管理部门,项目主管
环保署	研究和发展办公室,国家风险管理研究实验室

SERDP 理事会是一个多重代理体,通过在军事机构、能源部、环保署和其他联邦部门以及地方政府之间信息的最大化交流、合作,实现最大程度地避免环境研究行动的重复。理事会成员按照 SERDP 章程指定指派。SERDP 理事会拥有唯一的资金批准权利。

SERDP 科学咨询委员会(SAB)依据 SERDP 章程设立,确保计划的技术质量,是正式的联邦咨询委员会,有权向 SERDP 理事会做出有关技术、研究、方案、计划项目、行动和资金方面的建议。科学咨询委员会有 6~14 位成员,由国防部长、能源部长与环保署长协商联合指派。为确保 SERDP 目标与管理目标一致,科学咨询委员会依据章程委任 2 位成员——总统科学顾问和国家海洋与大气管理部门官员,或者其指派人。同样,为确保地区和地球环境问题解决,SERDP 也要进行某些恰当的工作,至少有 1 位成员应代表州政府的利益、1 位成员应代表公共环境利益集团。

SERDP 技术委员会依靠由多个部门提供的工艺技术对项目研发、方案选择、项目控制和技术转化等技术方面的援助。对于符合 5 个技术项目范围的每个项目,SERDP 技术委员会帮助确定题目征求、评审技术建议、规划和年度项目计划建议。各个委员会也进行在研项目的技术评审,推动依照其用户实际的需要进行技术转化。SERDP 技术委员会的成员由理事会提出,由部队和部门挑选。他们会带来其了解的其所在单位的大量实际需求,以及有关的研究工作的知识。这些知识有助于 SERDP 避免重复的工作,并推动计划资金的合作。

ESTCP 是美国国防部环境技术示范和验证项目计划,设立于 1995 年,是为了促进创新技术的转化,已成功确定了在现场或产品上使用的概念试验。ES-TCP示范收集费用和性能数据以克服成员创新技术的障碍,因为涉及技术或规划风险,即所谓的"死谷"。其目标是确定和示范验证最有希望的创新及有成本效益的技术和方法,解决国防部高优先级的环境要求。计划在国防部的设施上进行正式验证,通过操作设置来证明和验证改进的性能和节省的费用。ESTCP要求每个方案开发正式的试验和评价计划,验证结果要经过严格的技术评审以确保结论正确和有数据的良好支撑。为确保验证的技术有实际的效果,在每个验证项目的研发和完成的全过程中,ESTCP与最终用户进行协作。

ESTCP主任和经理——ESTCP由一名主任和副主任,5名项目经理和一名财务官员管理。

ESTCP技术委员会——ESTCP依靠由多个部门提供的工艺技术对项目研发、方案选择、项目控制和技术转化等技术方面的援助。

ESTCP项目范围——ESTCP计划涉及5个领域:能源和水;环境恢复;弹药反应;资源节省和气候变化;武器系统和平台。

SERDP和ESTCP是互相独立的计划,由国防部副部长办公室(设施和环境)共同管理。联合办公室位于美国弗吉尼亚州的Alexandria,两个计划项目的主任、副主任、5个项目经理和财务官员在这个联合办公室,如图D-2所示。在该联合项目架构中,管理参谋洞察联合环境问题的科学和技术问题的整个范围,从基础研究问题到具体执行情,如表D-3所示。

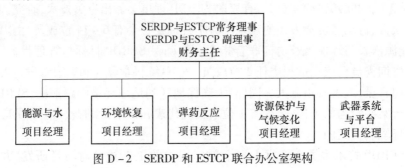

图D-2 SERDP和ESTCP联合办公室架构

表D-3 SERDP和ESTCP管理的领域范围

领域范围		说　明
能源与水		工艺技术改进能源效率,增加可再生能源的使用,在国防部设施中提高节水效率

领域范围		说　明
环境恢复		对土壤、沉积物和水的污染的表征、风险评价、纠正、管理的研究和工艺技术
弹药反应		对美国陆地和水上的军用弹药的探测、分类分级和纠正补救工艺技术
资源保护与气候变化		研究提升国防部自然和文化资源的管理，改进对气候变化影响的了解
武器系统与平台		减少、控制和了解在生产、维持和武器系统及平台使用中的废物和散发源的研究和工艺技术

　　SERDP 技术委员会的许多成员也是 ESTCP 技术委员会的成员，目的在于鼓励计划和促进技术转化之间的信息传递与交流。

　　在 SERDP 和 ESTCP 这两个计划中，重点关注的是军事行动对环境、社会和人的影响，而不是环境对装备的影响。即从本质上讲，应当归为环境保护范畴，而不是环境工程的范畴。但是，对环境变化的立法和相关规定，又促使装备在研制、生产、维护中采用更先进、环保的技术和工艺，反过来又持续提高了装备的质量。

　　ESTCP 和 SERDP 都发布来自联邦政府、学术界、工业部门建议，邀请参与竞争选择程序来确保 SERDP 资金的高效使用和项目研究质量。

　　2007 年 8 月，美军组织召开了"SERDP 和 ESTCP 技术交流会"。2011 年 7 月，美军组织召开了"国防部和气候变化：启动与对话　国防部研究机构内部和研究与政策机构之间信息协调"研讨会，制定了联邦气候变化研究、发展、响应程序，如图 D - 3 所示。

　　2008 年 3 月，美国、芬兰、瑞典联合发布了《军事行动环境指南》(ENVIRON-MENTAL GUIDEBOOK FOR MILITARY OPERATIONS)。

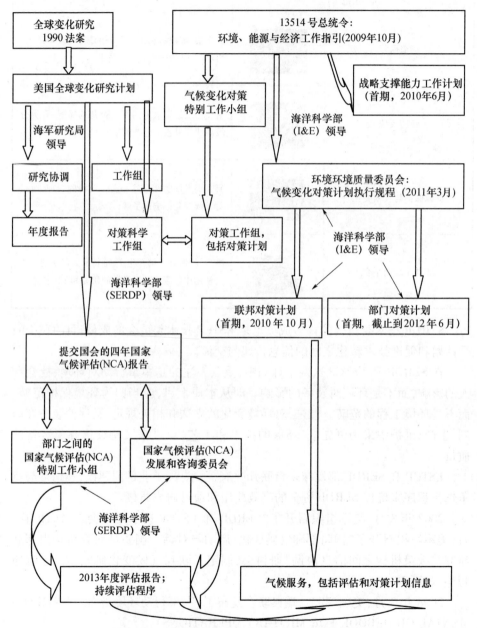

图 D-3 美国联邦气候变化研究、发展、响应程序

414

附录 E 军事行动对环境的影响

军事和环境之间具有一种内在的关联,和平时期的军事训练和战时的军事行动都要凭借一定的自然条件。但"战争必然破坏持久发展",尤其是现代科学技术的发展,一方面提高了军事战斗力,另一方面又增强了战争对环境破坏力,如核战争、生物战、化学战和生态战可造成资源破坏和环境恶化。

环境问题全球化、多样化、复杂化、长期化及影响日益深远,使环境安全逐渐成为国际社会广泛关注的热点,美国等已经将此理念应用到外交、军事活动中。

环境条件包括水资源短缺、污染、气候变化等。美国在装备研制中非常重视环境对装备的影响问题,而在作战环境中所考虑的环境问题,则更多关心的环境变化对社会、人口等的影响,较少考虑环境变化对装备性能的影响,这是非常重要的一点。他们考虑的是各种社会、资源、经济、技术、文化、气候、污染、健康、人口、信仰等的改变及其发展趋势及其应对策略或措施。

在学术界、非政府组织和各级政府的共同努力下,世界各国日益重视环境保护和环境安全,可持续发展观逐渐深入人心。中国自 2002 年召开环境安全与可持续发展研讨会后,学术界对环境安全进行了大量研究,党中央于 2003 年提出了科学发展观,反映了中国政府和人民对此问题的高度重视。在此背景下,武器开发列装、军事训练、军事演习和战争等军事活动对环境安全的影响更加引人瞩目。

在和平年代,装备的消耗,特别是是弹药的消耗,主要是部队在日常训练中的少量使用,以及在长期贮存报废后的销毁,以及辅助类装备的维护和维修过程中的材料消耗。通常,这些消耗基本上都是在各国本土上进行,这些行动对环境的影响,即军事环境安全问题值得重视。这就要求装备在研制、生产、维护维修、使用、销毁的整个周期过程中,应当采用绿色环保的材料,尽可能减少对环境的影响,特别是要减少环境恢复的成本费用,以及对装备操作和使用人员的身体健康的损害。

最近十几年来,虽然美国、英国和北约仍然非常重视装备环境工程,并仍在持续修订相关标准,如 2008 年修订发布 MIL - STD - 810G,2006 年修订发布 00 - 35《国防装备环境手册》(第 4 版)、北约联盟出版物《国防装备环境指南》AECTP100 - 600。其目的仍然是为了解决环境对装备的影响。

随着各种工业活动对环境影响的加剧，以及人们环保意识的加强，国家和国际社会对环保的要求也越来越严格，在噪声、废物排放、热排放、水资源的污染、能源和资源的节约、废气废水、空气污染、土壤污染等的限制加强，排放标准提高等。这些要求不但是针对各种生产、生活活动，同时也影响和要求在军事活动、设施建设、装备生产维护等方面提出了要求，同样也有这些环保要求。从大的方面来讲，美国目前已经从原来考虑环境对装备及军事活动的影响，改变到装备和军事活动对环境的影响上来。

附录 F 军事环境安全

军事环境安全的安全主体,是军事系统与其所处的自然环境形成的复合主体,其中军事系统是核心主体,在复合主体中居于优势主导地位;自然环境是相对主体,在复合主体中处于劣势被支配地位,但能根据自身发展规律对核心主体产生功能性反作用。

军事环境安全面临的威胁有3类:①军事活动过度消耗资源、严重破坏生态及污染环境,如现代战争带来的综合性环境危害;②敌方军事干预或控制资源环境因素,即敌方军事干预我方涉外资源环境问题或为实现军事意图而控制利用环境因素,如武力干预我方海上资源运输、操纵气象、制造环境武器等;③环境条件恶化或自然条件恶劣对军事系统构成破坏或威胁,如粗放式发展导致的生态破坏、环境污染、资源紧缺等环境安全问题使军事发展的环境条件趋于恶化,以及极端干湿、高寒缺氧等恶劣自然条件,都严重破坏军队的生存力和防护力。

军事环境安全追求的目标,是确保己方军事系统能持续生存和有序发展,并有效履行维护国家安全和国家利益的各项职能。军事环境安全采用的手段,是积极调整军事发展模式和活动方式,有效克服或避免上述3类威胁。从本质上讲,维护军事环境安全,就是要解决军事发展所面临的若干现实环境安全问题,努力促成军事活动与环境安全相协调,从而实现军事系统可持续发展的"本质安全",归根结底是为了维护军事的发展安全。因此,军事环境安全在本质上是军事的发展安全。

附录 G　美军军事环境管理

军事环境保护是指避免由于军队不当的军事活动和日常训练等因素造成环境破坏,进而威胁社会经济发展和人类健康的一类活动的总和。军事环境保护是国家环境保护的重要组成部分,直接影响国家安全和部队的战斗力。进入 21 世纪,世界主要军事国家如美国等都开始重视军事环境保护工作,将国防环境安全视为其国家安全战略的一部分,从组织管理、科研、装备保障、宣传培训等多方面加强军队环保工作。

G1　美军军事环境管理工作概况

美军十分强调军队在环境保护中发挥重要作用,重视军队的环境保护工作。除了在国防部以下建立相关机构,完善组织体系和法律法规外,还注重应用先进的环境治理技术,并在发展战略、计划、装备等诸多领域开展工作。美军认为,军事环境工作对国家长远的安全起到非常重要的作用,一是增强其军事行动的可靠性;二是可以减少费用成本;三是可以提高作战能力。

美军在日常事务中,环境是必须考虑的一个重要部分。"提高生命质量,减少对环境的危害"是美军军事环保的口号。美国国防部历来强调环境安全对国家安全的重要意义,美国国家环境安全战略从一开始就与其军事行动与防务政策以及全球发展战略紧密联系在一起,军方在环境安全战略的实施中一直处于领导地位。

美国国防部强调:"首先,我们的国家安全必须包括保护环境,对环境的考虑必须融入我们的整体防卫政策;其次,要保护我们的国家必须有强大的经济为后盾,保护环境和经济增长必须携手同行"。美国国防部认为,对环境保护的研究必须包括 6 个方面的内容:

(1) 确保军事单位在任何情况下采取的行动都是对环境负责的;

(2) 确保有充分的权力使用土地、空域和水资源以便从事军事防务任务;

(3) 保护国防部的战争资源(人员、装备、设施等);

(4) 理解在什么情况下环境状况会成为不稳定因素,在什么情况下环境问题会被列入到战争与和平的平衡中;

(5) 将与防务有关的环境问题纳入到国家安全发展计划中;

(6) 研究在美国的全球环境政策中,军事组织和军事资源如何作为工具加以利用。

美国国防部管理着世界上最复杂最庞大的环境项目,每年投入环保的预算资金约为 40 亿美元,约占整个军费开支的 1.5%。此外,上至国防部,下到各军兵种,环保组织体系完善、职责分工明确;各项环保法令法规健全;环保科研硕果累累,国防部拥有许多知名的环境实验室,专职环境技术军官和文职人员达 10000 多人,其中不乏世界级知名专家。同时国防部也十分注重对所属人员进行环境方面的技术教育和培训,不断提供各种有利条件,确保所属人员跟上环保技术发展的步伐。美国国防部的环境发展战略始终把国家利益放在第一位,以保障部队执行任务为目的,强调部队要在环境保护中发挥重要作用。

G2 美军环保组织管理机构

美国国防部十分重视环境保护的日常管理工作,美军的环保工作由国防部环境安全事务副国防部长帮办首席助理及其办公室、各军种总部、战区以及部队环保部门等机构分工合作,共同负责。美军环保组织管理机构层次分明,各级管理机构职责明确。

1. 美军国防部环保组织管理机构(图 G-1、图 G-2)

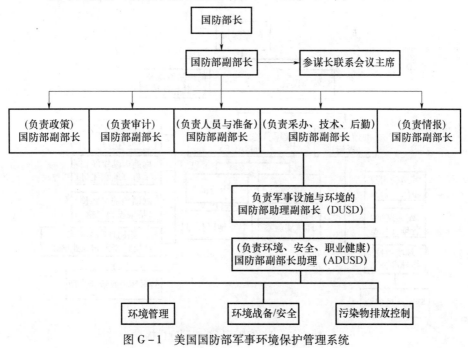

图 G-1 美国国防部军事环境保护管理系统

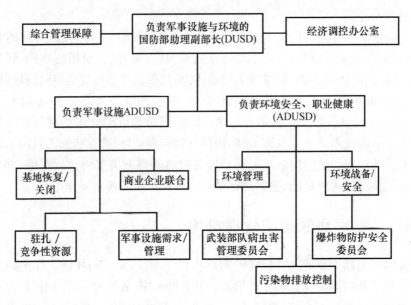

图 G-2　美国国防部军事环境保护管理业务部门

2. 陆军部环境组织管理机构(图 G-3)

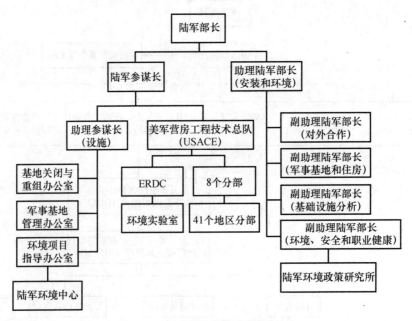

图 G-3　陆军部环境组织管理机构

3. 海军部环境组织管理机构(图 G-4)

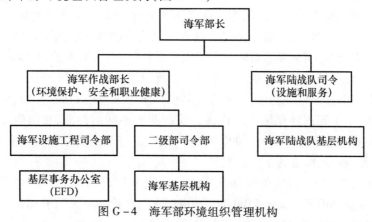

图 G-4　海军部环境组织管理机构

4. 空军部环境组织管理机构(图 G-5)

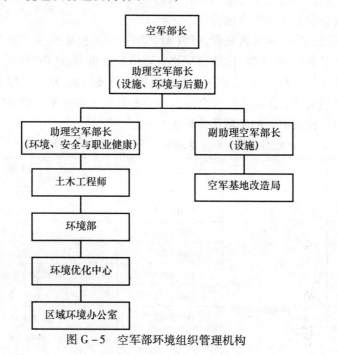

图 G-5　空军部环境组织管理机构

G3　美军军事环保法规

美国国防部十分重视环保法规条令的制定。各种相关的法规相当完善,并适时修改与更新,各项法规内容详细,涉及环保的方方面面。

制定的所有法规命令都是建立在遵守国家、联邦的环保法律基础之上,如美国法典、国家环境政策法案等是美军制定环保法规的基石。美军部队力争做环保工作的先行者,强调部队对环境保护的重要作用,力求军事活动与环境之间达成一种协调,尽量减少或避免因军事活动对环境造成的影响和冲击。此外,由于美军还有许多海外军事基地,针对这些基地还制定了专门的法令,如《国防部海外环境法》。美军的环保法令国内国外实行两套不同的标准,在国内任何军事行动首先要考虑到对环境产生的影响并广泛征求公众意见,所有行动必须遵守国家、联邦、各州、部落的法律法规。

1996 年 2 月 24 日发布的 DoD Directive 4715.1"环境安全",取代 1973 年 5 月 24 日发布 DoD Directive 5100.50"环境安全的保护和增强",并据此在国防部内建立确定环境安全方针政策,并设立:

(1)国防环境安全会议(DESC);环境安全和职业健康政策部(ESOHPB);国防环境安全会议委员会机构。

(2)陆海空三军有害物管理部(AFPMB),该部由陆海空三军有害物管理部会议和委员会机构、主管、国防有害物管理信息分析中心(DPMIAC)组成。

而在国外,则首先以达成军事行动目标为首要目的,在此基础上考虑基地所在国的环境法规。国防部以及各军兵种根据各自的特点都分别制定了相应的法规及手册。比较重要的环境法规见表 G-1。

表 G-1　美国防部及海陆空军部分环保法规

序号	部门	命令号	文件名
1	国防部	DoD 4715.1	环境安全
2		DoD 4715.2	国防部地区环境协调
3		DoD 4715.3	环境保护
4		DoD 4715.4	污染防治
5		DoD 4715.5	海外装置环境遵守
6		DoD 4715.6	环境遵守
7		DoD 4715.7	环境恢复项目
8		DoD 4715.8	国防部海外活动环境恢复
9		DoD 4715.9	环境规划和分析
10		DoD 4715.10	环境教育和培训
11		DoD 4715.11	本土内国防部活动区或非活动区环境和爆炸物安全管理

序号	部门	命令号	文件名
12	国防部	DoD 4715.12	国土之外国防部活动区或非活动区环境和爆炸物安全管理
13		DoD 6050.7	国防部海外主要活动环境影响
14		DoD 4715.5-G	国防部海外环境基线指导文件
15		DoD 4150.7	国防部害虫管理培训和认证
16			环境标准操作规章
17			国防部海外环境法
18			环境恢复手册
19	陆军部	FM-3	军事活动中的环境考虑
20		R200-1	环境保护和提高
21		R200-2	军队活动对环境的影响
22		R200-3	自然资源法
23		R200-4	文化资源管理
24		R200-5	害虫防治
25			陆军部靶场环境和爆炸物安全管理
26			基地重组和关闭环境恢复管理手册
27	空军部	P5090.2A	环境恢复和保护手册
28		32-7042	固体和废弃物遵守
29		32-7080	污染防治
30		32-30	爆炸军火处理
31			环境定义和环境影响分析指导
32			土木工程环境质量
33			污染防治合同执行
34			空军资源恢复和回收指导
35			空军环境恢复项目管理指导
36	海军部	5090.6	海军部环境影响评估
37		5090.1	海军保障系统司令部环境管理项目
38			环境质量评估
39			海军环境恢复手册
40			海军指挥官环境遵守指导
41			海军环境要求指导手册

G4 美军环保科研工作

美军环境科研的指导方针是"节约、及时、高效、低风险"。美军中设立许多与环境有关的实验室和研究机构,这些研发部门致力于国家及军队在环境科学和工程发展方面的研究,系统地解决环境问题,具有明显的多学科联合攻关的特征。在技术的研发过程中,各研究机构之间基本相互开放,相互合作,课题研究与部队建设互动,科研与军事需求紧密结合,定期举办各种学术研讨会,并积极参加国际间的学术交流。美军注重将高技术科技运用到环保之中去。强调科技不仅仅是保卫国家,也是环保的重要武器。如运用 GIS、RS、GPS 等高科技手段进行模拟、仿真,同时,对采集的有关数据都建立相应的数据库系统,自动化程度相当高。美军环境研究的许多课题均是结合部队营区、军事基地、靶场、部队训练和污染现场开展的,这就使其成果能直接解决部队的实际问题,为部队所用。美军许多实验机构承担美国关于环境方面的重大课题项目,并且在这一领域具有国际先进水平。相关环境技术主要服务于部队和国防部,同时也为联邦机构、各州当地政府、私人团体、国外政府、公司提供服务。

G4.1 与环境有关的几个重点实验室与环境技术中心

目前,在美军中与环境保护等方面有关的实验室、科研中心很多,陆海空根据自身的特点都建有相应的重点实验室,其主要任务是解决部队及国家在环境工程研究发展方面的问题,并在环境系统发展上提供技术支持及为军队和地方培训相应的环境方面的技术人员。美军的军事环保特别注重理论联系实际,注重将科技成果转化为实际运用,注重经济效益,努力降低环保成本,提供最好的技术支持和管理,不断研发新型环保技术。为此,海陆空三军都分别设立了专门的环境服务和技术转让中心,如陆军的环境中心、海军的设施工程服务中心、空军的环境优化中心。这些技术转让中心加强同地方的联系交流合作,为军地提供环境技术服务。重点实验室与技术转让中心及其主要环保研究领域见表 G - 2。

表 G - 2 美军环境重点实验室与环境技术服务与
转让中心及其主要环保研究领域

陆 军	
实验室	有关环保研究领域
美军营房工程技术总队环境实验室	1. 国内民用环境工作任务
	2. 自然和文化资源管理
	3. 军需品和军火清理指导
	4. 站点描述和监测

陆　军		
建筑工程研究实验室	1. 国防部领导下的环境保存	
	2. 陆军领导下的环境遵守和设施污染防治	
寒区研究和工程实验室	1. 寒冷科学与工程	
	2. 基地设计	
	3. 建筑和军事行动	
	4. 环境条件模型	
研究、发展和工程中心	1. 陆军采购全寿命环境支持	
	2. 国防环境优化中心项目管理	
	3. 陆军物资司令部污染防治	
陆军环境中心	环境技术服务与转让	
海　军		
海军司令部控制和海洋监控中心	1. 海洋评估	
	2. 海洋哺乳动物	
	3. 海河口岸环境遵守	
海军水面作战中心	1. 舰队污染控制	
	2. 船只废弃物管理	
海军水面作战中心	烟火消除	
海军水面作战中心	1. 军火制造	
	2. 发射喷射物消除	
	3. 污染防治	
海军航空作战中心 Warminster 部	舰队机械和原料工程环境	
海军设施工程服务中心（NFESC）	技术服务与转让	
空　军		
阿姆斯壮实验室	1. 国防部领导下的燃料和溶剂处理技术	
	2. 空气污染控制	
	3. 工业废水处理	
赖特实验室	1. 空军领导的污染防治	
	2. 臭氧衰竭物质	
	3. 有害材料	
	4. 有害废弃物	
	5. 有机挥发混合物	
空军环境优化中心	环境技术服务与转让	

G4.2　美军军事环境研究的热点

美军的环境保护技术研发涉及与军事活动相关的所有领域,涌现出了一些新的研究热点或前沿性的课题,如环境管理、环境修复、有害废弃物处置、新技术(地理信息系统(GIS)和全球定位系统(GPS))等的应用、军事基地和靶场的生态平衡等。

1. 环境管理

美国国防部致力于环境管理系统(ESM)的研究,引入了 ISO 14001 和 ISO 9002 等管理体系,在国防部建立一个良好的环境方针和环境管理基础,国防部实施环境管理体系将有助于组织系统化地处理环境问题,使环境保护成为日常运行和远期战略的一个部分。例如,执行环境管理系统的管理效益;空气计划信息管理系统;国防环境管理系统的实施;环境的可持续性管理与国家安全;空军环境管理系统地执行;多种设施条件下的有害废弃物管理等。

2. 环境修复

美国国防部每年投入大量的资金进行污染站点的环境清理与恢复,不断研发各种新技术,力图快速、高效、节省地消除对环境、健康、安全造成危害。对已存在的危险性进行检查,并制定补救措施。调整和重新确定技术研发方向,使环境清理技术更有效、更具针对性。如:受污染土壤的移除措施;低温热解技术降解珊瑚礁岛上受污染的土壤;加强现场调查技术,用三维模型进行修复;优化现有设备能力处理放射性地带的污染;水土保持方法等。

3. 创新技术和方法

美国国防部认为,环境修复和环境遵守是浪费财力、物力和时间的事情,最有效的方法是环境技术和方法的革新。国防部鼓励环保技术的不断创新,制定了面向未来的污染防治战略,近年来大量环保新技术不断出现,如 GIS 和 GPS 的应用,不断改进环境的评估方法,对各类环境问题进行仿真和建模,提高了环境保护的效益。

4. 绿色(环保)军购和军需品概念,倡导军事绿色环保消费

(1) 建立绿色采购计划,将环保因素嵌入武器系统采购过程中。

(2) 研制绿色军需品,如倡导的绿色子弹、绿色炸弹、绿色飞机、舰船等项目。

5. 生态靶场训练场、军事基地环境管理

探索生态射击靶场管理;建立一批生态化军事基地;靶场的可持续性发展的地球空间工具的开发;满足靶场持续性条件的集成系统;空对地靶场的创新性管理方法等。

附录 H 环境问题与美国国家安全战略

环境问题是一项全球性的问题,包括全球性气候变暖、臭氧层耗损、土地资源和水资源状况的恶化、森林面积的减少、生物物种多样性的减少等。这些问题又因为人口的持续增长而更加严重。这些全球性环境问题通过产生不良的政治、经济和健康问题对国际安全造成威胁,而美国并不能因其强大的经济、政治和军事实力而免于这些威胁。

环境问题是与军事威胁交叉的,战时或和平时期的军事活动也可能对环境产生有害的影响。首先,环境破坏可能被用作一种作战的方法。伊拉克在海湾战争期间,点燃并破坏了732处科威特的油井,并蓄意倾倒了几百万桶科威特的石油,使其泄入海湾,不但对环境造成严重损害,而且给美国军队造成新的战略威胁。这种极端恶意的对环境的破坏,也被称为"环境恐怖主义"。

环境问题不如军事入侵或恐怖袭击那样容易被确定为安全问题,一个重要的原因是环境问题具有安全的"潜在性",它对国家造成的威胁,需要经历一个相对长的演化和被识别的过程。环境专家诺曼·迈尔斯曾经指出:"如果世界环境问题像心脏病突发那样危害我们,我们就会高度重视生态系统并努力使之恢复。相反,环境问题像癌症那样静静地在暗地里侵害我们的肌体,不易察觉,也没有抵制,直到它们深层的损害非常明显时才最终爆发出来。"

1989年,杰西卡·马修斯发表了她的后来被广泛引用的论文《重新定义安全》。在文中,她明确地主张:"扩展国家安全的定义,使其包括资源、环境和人口问题。"

美国在国际层面上参加了一系列的国际环境机制。例如,冷战时期,美国签署了《禁止细菌(生物)及毒素武器的发展、生产及贮存以及销毁这类武器的公约》《禁止为军事或任何其他敌对目的使用环境改变技术公约》等。冷战结束后,美国参加了更多的国际环境安全机制,在分阶段削减耗损臭氧层物质和禁止向海洋倾倒低辐射废物方面起到了示范作用。

1997年底,美国国务院还召开专门会议讨论如何进一步遵守国际环境协定。在国家层面上,美国在环境安全的实践方面比较突出,尤其是冷战结束后,已经把环境问题纳入国家安全战略。1991年,美国公布的《国家安全战略》首次将环境视为国家安全利益。该战略称:"我们必须运用保护增长的潜力和当代及后代人的机会的方法来管理地球的自然资源,……对全球环境的关注是没有国界的。这些环境挑战带来的压力正成为政治冲突的一个原因"。克林顿政府把环境安全作为美国国家安全的重要组成部分。

1994年美国公布的参与和扩展的国家安全战略中,明确指出:"并不是所有的安全威胁都是军事性质的。跨越国界的问题,例如恐怖主义、毒品贩卖、环境退化、人口的迅速增长以及难民潮对当前和长期的美国政策来说都具有安全的含义。此外,正在出现的一系列跨越国界的环境问题正在日益影响到国际稳定并且作为结果将会给美国的战略带来新的挑战……"。

1996年的《美国国家安全战略》重申:"一度被认为是非常遥远的许多跨越国界的问题,例如环境恶化、自然资源的耗竭、迅速的人口增长以及难民潮,现在对我们的繁荣构成了威胁并且对目前和长期的美国政策都具有安全含义。"可以看出,美国政府在主观判断上已经把环境问题视为对国家安全的威胁。

在克林顿政府时期,美国国内在环境安全问题上实现了相关政府部门的合作,环境安全被列入有关政府部门的议事日程之中,其地位较以前的历届政府有所上升。1995年6月,克林顿政府组织了首届关于"环境安全和国家安全"会议,以确定与环境安全有关的政府机构的作用,并加强情报部门、国防部和其他机构的合作与协调。从1997年的世界地球日开始,国务院每年发布关于全球环境挑战的报告,作为环境外交的基本工具,对全球环境趋势、国际政策发展和美国在来年的优先事项作出评估。

美国的防务环境安全在国防部的议事日程上具有较高的地位。环境安全已成为美国国防部和防务的基本组成部分。

国防部环境安全规划执行四个首要的和相互联系的目标:①遵守相关法律;②通过确保持续的使用训练和实验所需的空气、土地和水来支持美国武装力量的军事准备状态;③提高军事人员及其家庭成员的生活质量,这通过保护他们免于环境、安全和健康伤害以及保持军事设施质量来实现;④促使武器系统具有改善的性能,更低的成本和更好的环境特征。

从客观和主观的角度,或者从理论和实践的层面来说,环境安全已经成为美国国家安全的组成部分。冷战结束后,尤其是在克林顿政府执政时期,美国已经形成完整的环境安全战略。它的目标是在总体的国家安全战略中给予环境问题的解决以更多的优先性,基本途径是在国际层面和国内各机构间进行合作,基本的手段是政治和经济的。

1996年7月3日,美国国防部、能源部和环保署签署了《谅解备忘录》,其目的是在三个部门间建立合作框架以协调加强美国环境安全的努力,并且承认环境问题和国家安全事务的联系。《谅解备忘录》规定,各部门应该开发和进行与环境安全的国际层面相关的合作活动,并且使之与美国的外交政策和各部门的职责一致。合作活动在有助于提高环境安全的领域进行,包括信息交换、研究和开发、监测、风险评估、紧急反应、污染预防与补救,以及其他与放射性和非放射性污染相关的活动等。

1993 年五角大楼设立了负责环境安全的副国防部长助理办公室,其职能是把对环境问题的关切整合进国家防务政策,以确保在国内进行负责任的军事行动,慑止由于缺乏资源或不能获得资源而引发的地区性冲突,减轻可能导致国际不稳定或全球环境退化的环境威胁。

环境恶化带来的威胁不同于传统的军事威胁,但是由于全球性环境问题并不区分国界,所以美国并不能在跨越国界的环境问题造成的威胁中脱离厄运。对美国国家安全造成威胁的环境问题,根据问题的规模可以分为以下几类:

(1)全球性环境问题,包括全球性气候变暖、臭氧层耗损、土地资源和水资源状况的恶化、森林面积的减少、生物物种多样性的减少等。这些问题又因为人口的持续增长而更加严重。这些全球性环境问题通过产生不良的政治、经济和健康问题对国际安全造成威胁,而美国并不能因其强大的经济、政治和军事实力而免于这些威胁。

(2)对美国利益重要的地区性和跨界的环境问题。这些问题会影响到美国的外交政策利益。

(3)其他国家内部的环境问题,可能引起难民潮。据报道,至少有 100 万海地人因为国内的严重环境恶化而离开海地,其中大多数非法进入其他加勒比国家。在 1981 年,有 12.2 万移民去了美国。大量的环境难民涌入,不仅加剧原来国家的动荡,而会传播迫使他们离开家园的环境问题,给涌入国带来压力和不安定因素。

(4)与军事威胁交叉的环境问题。战时或和平时期的军事活动也可能对环境产生有害的影响。环境破坏可能被用作一种作战的方法。而和平时期的军事活动,例如军事训练和演习、设立或撤出军事基地等也会给当地环境造成破坏。

伊拉克在海湾战争期间,点燃并破坏了 732 处科威特的油井,并蓄意倾倒了几百万桶科威特的石油,使其泄入海湾,不但对环境造成严重损害,而且给美国军队造成新的战略威胁。

环境问题本身并不必然引起冲突,但是它与政治、经济和社会因素互动,就有可能引起不稳定和冲突。环境问题不如军事入侵或恐怖袭击那样容易被确定为安全问题，一个重要的原因是环境问题具有安全的/潜在性，它对国家造成的威胁，需要经历一个相对长的演化和被识别的过程。全球气候变化和臭氧层耗损等全球性环境问题在短期内不会成为各国首要的安全问题，但在长期内具有重大的安全意义，而等到那时，它作为安全问题将比传统的军事威胁更加难以解决。

附录 I 美军 AR 70 – 38 和
MIL – HDBK – 310 的比较

I1 背景

AR 70 – 38 和 MIL – HDBK –310 分别是和美国国防部的文件,通过修整进程为设计标准的发展提供了环境信息和数据。这两份文件在许多方面类似。两种出版物都反映了一种人生观,即在极端天气时期接受一个小小的失败风险。在暴露于极端条件结束后,它们还需要一个完整的恢复操作。但是,MIL – HDBK – 310只考虑发生自然极限的可能性,而 AR 70 – 38 认为在运输和贮存时,许多产品都暴露于诱导条件下。这种差异意味着军队材料必须能够经受比 MIL – HDBK – 310 中高得多的大气温度,尽管使用高温是相同的。AR 和 MIL – HDBK 之间的主要不同是:

(1) MIL – HDBK 只有有限的气候信息(除了风沙和尘埃,就是土壤和气候条件的结合),而 AR 还对地形因素和与大气红外干扰弹相关的天气提供了额外指导。

(2) MIL – HDBK 为全球和区域的应用提供数据和指导,而 AR 将世界的陆地区域分成不同的设计类型,其中有些再细分为多个日常天气循环。在 1987 年版本之前,在 MIL – STD – 210 中没有给出区域类型。版本 C 的区域类型源于 1979 年版的 AR 70 –38。虽然 AR 没有特别规定全球的实用性,但它们可以通过使用最极端的实用性得到每个气候因素最极端的日常天气循环(炎热和严寒)。

(3) MIL – HDBK 为沿海/海洋条件和高空条件提供了指导和数据,这些在 AR 中没有涉及。按照惯例,海洋和高空是海军、空军和陆军的主要关注区域,需要这些信息的用户应查阅 MIL – STD – 310(它的前身 MIL – STD – 210,是由美国空军系统司令部的地球物理学实验室制定的)。

(4) 在一个稍微不同的方面 MIL – HDBK 比 AR 更适合。前者不为贮存/运输条件提供实用性,而在这方面的一些指导在军队方法中是必要的。AR 对使用条件提供了一个水平的风险,对贮存/运输条件提供了一个次要水平的风险。

MIL - STD 对使用条件提供了几个水平的风险,对被称为经受条件提供了另一水平的风险。这些不同的风险水平在 MIL - STD 中如下描述:

① 数值的发生频率。这些用在大多数使用环境中,并且在最严重的地区发生最差的一个月出现了之 1.0%,5.0%,10.0% 和 20.0%(或其他,如果使用)的风险水平。

② 长期极端气候。对于大多数的气候因素,在材料暴露大约 10 年、30 年或 60 年期间,预期的数值至少出现一次,这是很短的持续时间(不到 3h)。这些和上述有用信息的发生频率相比,是非常罕见的事件。其使用应限于特定条件,材料必须能够承受,但不是它预期使用的条件。这些都是通过极值统计分析普遍得出。

③ 绝对极值。有记载的最极端数值(曾经发生的不一定是最极端的)也提供了每个要素。当决定材料应该被设计在任何时候都可能遇到的最严峻的(假定在技术能力范围内)条件下使用时,这些数值都可以使用。一般来说,这种情况只有在灾难性的后果发生时,才会导致使用失效。

当需要更详细的修整过程时,建议 AR 70 - 38 的使用者在 MIL - HDBK - 310 中寻找相应的气候要素,MIL - HDBK - 310 将在不同风险水平的设计应用上提供更广泛的实用性。

I2 风险策略

在地面环境部分,MIL - HDBK - 310 包含了每个气候因素的单一全球价值,这些因素在材料使用设计中应该加以考虑。对于大多数气候因素,设计参数的选择不超过那些因素在平均每年最极端的月份里时间的 1% 的值。(在低温时,选定的水平是时间的 20%,在降雨时,选定水平是时间的 0.5%)。这些参数已经被称为"1 个百分点设计值"。当被共同采用时,它们往往被称为"一个百分点的风险策略"。尽管这是一个为了方便而短期的指定,但对那些不知道一个百分点风险策略的人来说,可能是一个误导。事实上,材料将在任何时候遇到某个环境因素的极端,就没有办法对这种可能性与任何准确度进行量化。

在 MIL - HDBK - 310 中使用的指定一个百分点的风险策略非常保守,这可以确定地规定。例如,在全年的基础上,遇到有选择的因素设计水平的风险接近一个百分点的 1/12(除了在最极端的月份,也有发生的可能性)。此外,对于多数气候因素,设计参数仅适用在全球最严重的地区。因此,材料遇到这种极端情况的风险可能非常小,特别是如果最严重地区的参数代表的只是世界的很小区域或者世界偏远的地区。

上述原因导致在 AR 70-38 中正在使用的系统被采用。它为不再全球使用的产品提供替代设计参数。因此,在温度的基础上,世界被划分为四类。设计温度在这四类中的划分是任意的。然而,基本设计类型包含的地理区域包括了世界上大多数人口和陆地。一般情况下,包括在一个设计类型中按照划定的区域是在最严重的平均超过设计温度的月份中一个百分点的时间为基础上制定的。

需要注意的是,这一标准只是在分界线上适用。例如,如果在一个特定的地方最冷月份的1%时间里温度低于 -46℃(-50°F),这个地方所代表的区域被认为是严寒气候设计类型的一部分。然而,在几乎不可能发生温度低于 -51℃(-60°F)的位置,对于此位置的类型就要降低设计参数。另一方面,在严寒设计类型所在区域的一些站点,最冷月份 20% 的时间里温度低于 -51℃(-60°F)。这种区域内的变化只有通过划分大量的小区域消除,这一程序使得这种划分过于复杂。

I3 附加指南

像本书这样的一般性论述不可能详细地表述所有材料的环境条件。因此,鼓励使用者从建议的代理商处寻找附加的或更具体的指南。

备注:1 AR 70-38 是一个军用规则,它的基本内容包括介绍世界各地的气候条件与包括在 MIL-HDBK-310 和 NATO STANAG 4370,AECTP 200,目录 230,2311 章节中的气候条件的比较。

附录 J　国外环试标准体系

J1　发达国家建立了较为完善的环试标准体系

国外最具影响力的环试标准是美军 MIL－STD－810《环境工程考虑和实验室试验》、英军 DEF STAN 00－35《国防装备环境手册》、北约 AECTP－100《国防装备环境指南》。其他有关标准从本质上讲,都可看作是对 MIL－STD－810、DEF STAN 00－35 和 AECTP－100 标准的补充和完善。

美国的环试标准体系以 MIL－STD－810 为核心,包括 MIL－HDBK－310(替代 MIL－STD－210)、MIL－STD－1540、《美国陆军装备试验操作规程》和 MIL－STD－785B 等标准。其标准体系较完整,包含了管理标准、试验评价方法标准、产品规范、和基础标准。在环境条件方面,美军分门别类地(寒带、热带、沙漠等)研究了全球气候的特点、规律以及极值情况,成果反映在 MIL－HDBK－310 "研制军用产品用的全球气候数据"中。

在试验方法及设备方面,美军制定了统一的环境试验标准 MIL－STD－810 和《美国陆军装备试验操作规程》,标准数量近千个,涉及范围广,对大到火箭、飞机,小到元器件、军需给养等都有明确要求。《美国陆军装备试验操作规程》按装备类别和环境类型交叉分类,制定了一系列大气自然环境试验标准,如 TOP1－2－616《热带暴露试验》、MTP3－4－001《兵器和单兵武器的沙漠环境试验》、MTP3－4－003《兵器和单兵武器的热带环境试验》等。

英国国防部 2006 年颁布了国防标准 00－35《国防装备环境手册》(第四版),纳入了武器装备寿命期内会遇到的环境条件信息,装备设计、研制和鉴定时使用的各种环境试验方法以及对整个环境工程任务的控制与管理要求等内容,其体系结构如图 J－1 所示。

2009 年,北约 NATO 发布联盟环境条件和试验出版物 4370《环境试验》(第四版),其目的是在规划和执行环境任务中指导项目经理、项目工程师和环境试验专家。该系列标准包括 AECTP－100"国防装备环境指南"、AECTP－200"环境条件"、AECTP－300"气候环境试验"、AECTP－400"机械环境试验"、AECTP－500 "电气/电磁环境试验"、AECTP－600"十步法评价装备满足长寿命要求、任务及部署变化能力",其体系结构如图 J-2 所示。

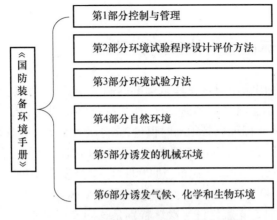

图 J-1　英国《国防装备环境手册》标准体系

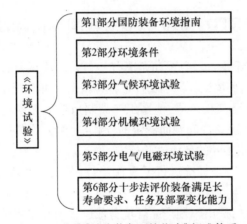

图 J-2　北约《国防装备环境指南》标准体系

J2　制定了与环试标准体系配套的有关法规

　　发达国家除建立了完善的环试专业标准体系,还制定了与环试标准体系配套的有关法规,从而确保武器装备环境试验的强制性和严肃性。如美军为了满足其全球战略需要,已把环境试验作为鉴定军用装备的重要手段,对于每项新定型的军用装备,首先要通过模拟环境试验,然后再分别送往美军沙漠环境试验中心、陆军寒冷地区测试中心、陆军热带地区试验中心等三个自然环境试验中心按有关规定进行其余的试验,并明文规定:军用装备不经过环境试验的考核,不准定型和生产。

J3　国外环试标准体系更新及时

国外先进发达国家不但重视环试标准的制定,同时也极其重视相关标准的修订。他们认为,随着科技的飞速发展,相关标准必定过时,从而不能满足新装备试验考核的需要。标准也必须与时俱进,充分吸收相关技术领域的先进成果,同时借鉴其他国家或组织的先进理念,对标准及时进行修订。如 MIL – STD –810 系列标准从 1962 年 12 月发布,到 2008 年 11 月发布 810G,平均每 7 ~ 8 年修订一次;而英国 00 – 35《国防装备环境手册》从 1986 年发布第一版到 2006 年发布第四版,平均每 5 年就修订一次。特别是这两套标准都是在相互借鉴的基础上不断完善的,代表了当时环境试验的最新成果。

J4　MIL – STD –810 标准对我国环试标准影响深远

1962 年以前,美国陆军、空军和海军有各自的环境试验标准和规范,而没有比较完整统一的军用环境试验标准文件。各种试验标准和规范中的试验条件、试验程序不尽相同,甚至互相矛盾,使军工产品制造单位无所适从。MIL – STD –810 标准就是为了解决这一问题而制定的,制定后作为美国三军文件发布,成为三军和工业部门都能接受的环境试验标准。

1962 年 – 1975 年,该标准进行了 3 次修订,分别是 810A、810B 和 810C 版本。1975 年 – 1993 年,该标准进行了 2 次修订,得到 810D 和 810E 版本。810D 开始引入剪裁的概念,提出军用产品环境剪裁过程图和军用硬件寿命期历程图。剪裁过程明确了确定环境(适应性)设计要求和环境试验要求的途径。

1993 年 – 2000 年,810E 修订后成为 810F。810F 的内容和格式与 810D/E 大不相同,它将标准分成环境工程管理和实验室环境试验两大部分,规定了项目主任、环境工程专家、设计工程师、试验工程师和试验操作人员的职责。

2000 年 – 2008 年,810F 修订为 810G,新增加了第Ⅲ部分《世界气候区指南》。

附录 K   英国装备环境工程标准发展历程

自然环境试验始于 1839 年,一位名叫 R·Mallet 的英国科研人员在河流入海处的水上和岸上进行了金属样品的挂片试验,他采用垂直挂片方法,暴露时间为 2 年。经过近 170 年的不断改进和发展,自然环境试验已经发展成为一门以材料和产品环境适应性研究为基础,涉及多种学科和技术的交叉学科,是获取材料和产品环境适应性结果的最真实可靠的方法。

英国早在 1962 年和 1970 年就制定了环境试验标准 2G100(1962)和 3G100(1970)《飞机设备通用要求》。追溯英国装备采用的环境试验标准历史,可以看出英国军用环境试验标准的发展经历了一个漫长的完善过程,具体如下:

(1) 1963 年,DEF -133   勤务装备气候、冲击和振动试验;

(2) 1966 年,AvP35   制导武器环境手册;

(3) 1969 年,QSTAG 200   影响北约军队地面使用的装备设计的气候环境条件;

(4) 1969 年,Def Stan 00 -1(第一版)影响北约军队地面使用的装备设计的气候环境条件;

(5) 1975 年 2 月 10 日,Def Stan 07 -55《军用装备环境试验》第一部分,勤务装备环境试验第一部分 一般要求;

(6) 1975 年,Def Stan 07 -55《军用装备环境试验》第二部分,第一到第六章,勤务装备环境试验第二部分试验,第一章机械试验,第二章气候试验,第三章生物化学试验,第四章渗透和浸泡试验,第五章辐射试验,第六章射击和爆炸试验;

(7) 1977 年,STANAG 2831   影响北约军队地面使用的装备设计的气候环境条件;

(8) 1977 年,Def Stan 00 -1(第二版),影响北约军队地面使用的装备设计的气候环境条件;

(9) 1986 年,Def Stan 00 -35(第一版),第一到第四部分,国防装备环境手册,第一部分 一般要求,第二部分 使用环境规范,第三部分 环境试验,第四部分 自然环境;

(10) 1996 年 3 月 29 日,Def Stan 00 -35(第二版),国防装备环境手册;

（11）1999 年 7 月 5 日，Def Stan 00 – 35（第三版），国防装备环境手册，第一部分 "控制和管理"；第二部分 "环境工程原理"（待颁布）；第三部分 "环境试验方法"；第四部分 "自然环境"；第五部分 "诱发的机械环境"；第六部分为 "诱发的核生化环境"（待颁布）；

（12）2000 年 4 月，Def Stan 00 – 35（第三版修订再版），国防装备环境手册，第一部分 "控制与管理"；第二部分 "环境工程原理"（待颁布）；第三部分 "环境试验方法"；第四部分 "自然环境"；第五部分 "诱发的机械环境"；第六部分为 "诱发气候、化学和生物环境"；

（13）2006 年 9 月 18 日，Def Stan 00 – 35（第四版），国防装备环境手册，第一部分 "控制和管理"；第二部分 "环境程序设计评价方法"；第三部分 "环境试验方法"；第四部分 "自然环境"；第五部分 "诱发的机械环境"；第六部分 "诱发气候、化学和生物环境"。

第四版个部分主要内容简介如下：

第 1 部分 "控制与管理"——对整个标准的使用作了总的介绍，并对整个环境工程任务的控制与管理提供指南。指南的重点是适用于各种采购政策的程序和一系列试验类型，包括类型审批试验、安全试验和可靠性试验。

本部分指南是作为处理装备的环境工程问题的依据，专用于制定执行环境工程任务的控制与管理方法。本部分还对支撑这个控制与管理过程的文件的内容与编排作了解释。本部分内容尽量采用英国各种标准以及国际认同的标准资料，特别是有关环境试验方面的资料。本部分用于设计、签订合同和订货等，并可用于已有设计、合同和订货的修改补充。

第 2 部分 "环境试验程序设计与评价方法"——系首次颁布，为装备定型试验或评价计划使用的环境试验程序设计提供指南，旨在证实装备的环境适应性。论述了关于设计连续性试验程序的方法，说明了设计连续性试验时所必需的工程原理，涉及环境评价、程序设计和实验室输入等。同时也提出了一系列理想的常用使用剖面，以及评价装备贮存、运输和使用要求的环境信息，这些剖面和评价要求的数据主要起一个基础作用，使设计具体环境工程项目时能够最大程度地减少重复，有利于确定用户要求的文件和系统要求的文件。

本部分相关程序是确定服役使用剖面和试验顺序的依据，还为评价装备满足延长寿命需求的能力提供了相关方法。本部分在英国国防部原《国防装备环境手册》规划中预定的名称为 "环境工程原理"，而颁布时却改为 "环境试验程序设计与评价方法"，表明英国军方更加重视标准的可操作性、规范性和可比性。

第 3 部分 "环境试验方法"——提供国防装备设计、研制和鉴定时使用的各种环境试验方法，分章介绍机械环境、气候环境、化学和生物环境以及意外和敌对环境下的试验方法。试验方法以强制规定的形式提出,所以,本标准会被用户迅速采用。

本部分主要目的是介绍一系列试验方法,并与评价方法相结合,提供评价装备适应特殊环境能力的方法。但需要说明的是,这些试验方法仅是再现相应环境的作用,不是要复制完全相同的环境条件。这些试验方法按通常遇到的环境分成几组。尽量使用环境试验严酷度的数据,尤其是在复杂或安全临界条件下。这些试验适用于装备(包装或不包装的),但某些方法也适用于包装或材料。更新的部分包括机械和气候试验严酷度,也包括本标准以前版本中第 5 部分的相关内容,但被完全校正并加入了新的试验程序。另外,还添加了夹具、固定设备的振动和冲击控制以及失效模型的导则,以及加入了名词术语表。

第 4 部分"自然环境"——为装备使用中预计要使用的自然气候环境规范向装备采购部门提供指导。它还为处理自然发生的气候条件提供一般信息和指导,即:那些因自然力量而产生的条件,如温度、湿度、气压、雨水以及砂尘。

本部分对使用中预计的自然气候环境规范提供指南。同时,提供自然发生的气候条件的总说明和指南,即:自然作用产生的气候条件。收录信息尽可能是国际认同的,并已发布于诸如 AECTP 200 2311(STANAG 4370)北约文件中的。本部分增加了第 3 版中没有介绍的各种自然环境因素相应的效应,描述了国防装备在地球大气中可能遇到的气象和生物环境以及各种环境对国防装备的影响。

本部分采用了 STANAG 2895 标准第一版。前两节描述了各种气候类型以及各类气候温度、湿度和太阳辐射的昼夜循环。第 3 部分中的数种试验方法使用了这些循环。本部分指南作为确定装备生存和使用所处自然气候环境因素的依据,也是确定装备处于运输、贮存、部署和使用条件下其自然环境及诱发环境的特性和限制条件的依据。此外,本部分可用于从第 3 部分选择最适用的试验方法及相关的试验严酷度。

第 5 部分"诱发机械环境"——描述国防装备可能遇到的一系列诱发机械环境。这些诱发机械环境是按照寿命周期中各阶段予以描述的,即:从出产地一直到预期使用地或报废地之间各阶段,国防装备因为本身的结构型式、工作条件等而遇到的机械环境,主要是振动等。本部分还着重说明了关于试验方法的选择以及试验严酷度的推导。

第 6 部分"诱发气候、化学与生物环境"——论述国防装备在正常使用条件下,可能遇到的一系列诱发气候、化学与生物环境。这些诱发气候、化学与生物环境的特点是按照装备寿命周期中各阶段以及使用平台类型予以描述的,即:从出产地一直到预期使用地或报废地之间各阶段,国防装备因为本身的结构型式、工作条件以及使用平台如车辆、飞机、舰船、潜艇、弹药等而遇到的环境。本部分还着重说明了关于模拟各种气候、化学和生物环境的试验方法的选择以及试验严酷度的推导。

英国国防标准 00－35《国防装备环境手册》(第四版)，纳入了武器装备寿命期内会遇到的环境条件信息，装备设计、研制和鉴定时使用的各种环境试验方法以及对整个环境工程任务的控制与管理要求等内容。该标准适用性强，内容编排合理、科学。《国防装备环境手册》(第四版)的翻译出版，对我军制定相关标准，研制、采购和使用军用装备，都有重要的参考价值，可供装备研制、使用和采购部门及相关单位的有关人员参考。

附录 L 美军基于模拟仿真的 加速腐蚀系统简介

腐蚀不仅影响装备战技性能、战备完好性和安全性,而且会造成巨大的经济损失。调查表明,美军装备和基础设施因腐蚀而导致的直接腐蚀费用每年达200亿美元,其中陆军车辆腐蚀的总费用为20亿美元。美国国会通过立法要求国防部优先解决腐蚀问题。在陆军目前的车辆中,M1A1 和 M1A2 主战坦克、战术载运卡车和装甲"陶式"武器通用载运卡车(Armored TOW Carrier Utility Truck)的总腐蚀费用和每车费用排前四位。为此,美军开发了全尺寸车辆腐蚀模拟仿真和建模工具,并将其应用于车辆腐蚀状况的预测预报。

L1 加速腐蚀专家模拟仿真器(ACES) 系统

按照美国国防部的要求,军用车辆加速试验1年要能够模拟22年的实际使用情况。在美国陆军阿伯丁试验场,军用车辆加速腐蚀试验费用为140万美元/辆/年。图 L−1 所示为模拟实际现场使用的加速腐蚀耐久性试验(ACDT),包括在车辆表面喷洒腐蚀性电解质、强化温度和湿度等因素以加速车辆腐蚀过程。最近的试验证明对陆军中型战术车辆车族(FMTV)和海军陆战队中型战术车辆替代型(MTVR)是非常宝贵的,因为根据试验结果确定了 60 多个改进措施以减少车辆全寿命周期费用。对于 FMTV,加速腐蚀试验结果帮助项目经理确定在39 个部件上有超过 200 个零件可能需要被加固,其投资为 2550 美元/辆,而投资回报率为1∶6.3,对于全部 FMTV,可以节约超过 5 亿美元的资金。

由于腐蚀的成因极其复杂,诸如环境、材料、涂覆层、结构和用途等都会影响腐蚀过程,从而导致其不确定性和多值性,因此要采用通用的基于物理或者电化学模型等方法来等效模拟复杂系统的腐蚀和劣化都是非常困难的,并且需要花费大量的时间和经费。但随着技术的发展,越来越先进的人工智能(AI)和统计方法等工具对腐蚀过程定量化提供了最佳的希望。

美国陆军坦克及机动车辆司令部委托 GCAS 有限公司开发了全尺寸车辆腐蚀模拟仿真和建模工具,称为加速腐蚀专家模拟仿真器(ACES) 系统,它与实际ACDT 数据高度相关。系统运用现有的 3D CAD/CAE 模型,经过功能扩展来支

图 L-1　加速腐蚀耐久性试验(ACDT)

持腐蚀预测。系统为了通过比较以前的加速试验与其他腐蚀试验和观测结果并显示热点以预测腐蚀,同时补充了所需的几何详图。

系统包括一个健壮知识采集程序,该程序结合学习算法,获得了为改进预测算法的新的试验或现场数据时用来半自动更新系统知识库;系统还包括适合各种涂层的老化以及在泥浆包裹区域加速的电偶腐蚀和缝隙腐蚀等的预测算法。目前,ACES 能够对陆军资产腐蚀级数进行预测预报,因此许多陆军项目例如未来作战系统等都要求获得腐蚀预测及控制方面的信息。ACES 本质上是通用的,可用于评估和分析大多数资产(例如地面车辆、航空器和设施)的腐蚀状况。

ACES 将由车辆项目办公室的腐蚀工程师、测试小组和原始设备制造商(OEM)使用。OEM 正在为快速评价腐蚀薄弱点寻求工具,以协助设计腐蚀试验和评价新技术。ACES 对终端用户机构的一个关键吸引点是能够更新知识库。ACES 中的 AI 的特点是允许 ACES 继续学习并变得更加聪慧,其方法是通过采用所学课程、现场经验以及试验数据验证来哺育和更新知识库。美军期望在 10 年之内,将利用较多的知识将 ACES 发展进化成为永不退休的专家工具。

L2　ACES 系统的技术体系

ACES 系统的一般技术体系结构(图 L-2),由以下模块组成:

(1)推理模块包含人工智能解答工具组件,例如基于规则的产品系统("专家系统")、模糊逻辑、贝叶斯网络工具、马尔可夫链接、神经网络、回归方法(时间序列分析)、再生算法、回归检索技术等,它可用于描述腐蚀过程的不同模型。

442

（2）长期知识库包含规则、解决方案、腐蚀模型以及用户输入与所研究的几何结构之间的关系。

（3）知识采集程序知识库在人类主题专家（SME）帮助下，以数据挖掘方法提取现场和实验性腐蚀数据。

（4）学习模块用来转换收集的新知识，按照适当的属性和相互关系正确地填充 ACES 知识库。该学习模块将是"半自动"的，因为以前从现场和试验数据库获取的模型和相互关系已经建立，其信息将被最新的信息自动更新。

（5）工作存储器容纳事件或证据例如环境和工作剖面的整体数据库的工作，并采用推理机输入几何结构。

（6）基本算法建立在推理模块内，它要依据工作存储器内的"事实"或目标与实际输入相匹配，直到获得令人满意的合适人工智能解决方案。

（7）推理机依据输入的事实和车辆几何结构判断令人满意的相互关系，把正确的"规则"区分出来，处理所有存在于与知识库系列规则的任何冲突，利用最高优先权的适当解决方案得到的相互关系，选择"最佳"人工智能解答方案并执行。

（8）CAD/CAE 系统接口适合于转换 3D 全几何结构数据文件，例如 HMMWV 车辆的 3D BRL – CAD 弱点模型。这些非常详细的模型将可能被编辑以删除多余的信息，并更新细节缺乏的区域（例如描述搭接缝）。

（9）几何结构分析程序采用单独的基于规则的产品系统以确定某些与几何结构有关的事实，例如阳极与阴极面积的比率、缝隙、泥浆包埋、集水/不正确的排水区。

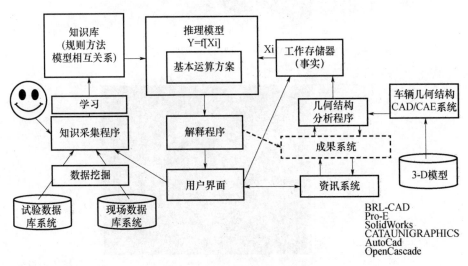

图 L – 2   ACES 技术体系结构

（10）作为专家系统的解释程序向用户描述推理。

（11）应用来自系统解释程序和几何结构分析程序信息的咨询系统提出建议的对策,使用户能采取避免腐蚀的行动。

（12）用户界面用于用户与专家系统的沟通。具体来说,它是一个基于 Java 的图形用户界面。

L3　车辆几何结构

为了模拟车辆随时间的腐蚀,建立 3D CAD/CAE 模型文件并输入 ACES。图 L‑3 是一个包含290 万基本要素(186MB 文件大小)的中等大小 STEP(产品型号数据交换标准)模型例。陆军和车辆生产商使用的模型是非常详细的,如图 L‑4 所示为中等大小 STEP‑HMMWV 模型门铰链放大图。

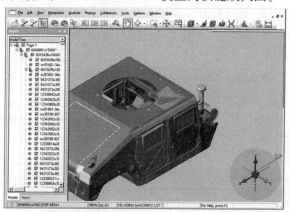

图 L‑3　中等大小 HMMWV 模型(以 STEP‑AP214 格式输入)

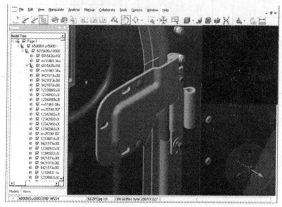

图 L‑4　中等大小 STEP‑HMMWV 模型门铰链放大图

对输入的模型进行综合检查以确定所有必需的基本信息(例如材料性能)是否包括在输入模型中;如果没有,则要说明异常情况,并且向用户提示缺失或需要转化的信息。软件向导通过补充所缺失的几何结构信息例如紧固件和连接件(焊接、铆接等)以及涂层系统细节来指导用户,以便以半自动化方式输入到模型中。

L4 几何结构分析

一旦装配了令人满意的几何结构图,ACES 就要确定所有空隙、泥浆包裹区域和排水有问题的部位。已经确定的自动特征识别的两种补充方法都与基础几何学和拓扑学有关。

第一种方法采用例如外表面总数(TNOF)、边缘总数(TNOE)、外表面类型(TOF)、凸起或凹陷(P/D)、法向矢量(NV)和外部通道取向(EAD)参量等信息判定是否包括在特征之内。该方法能辨认盲孔、通孔、槽、通槽、凸台、凸台、楔子、T 形槽、台阶、槽口、局部柱面和扇形面等特点(图 L-5(a)~(c))。ACES 特征识别算法从采用的预测模型几何结构中提取适当的参量,更困难的则是交叉特征的识别(图 L-5(d))。

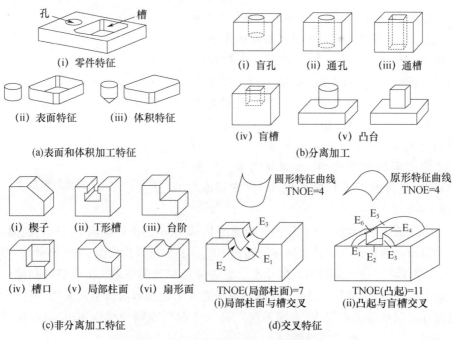

图 L-5 基于特征识别方法的属性

基于考虑立体边界(边缘连通性、平面性、凸起或者凹陷)及其凸度或凹度的第二种方法,可确定特征和发现组合特征。

还有一些其他方法可用于描述特征和提取边缘,例如神经网络、立体端点转换、边缘和外形图和基于参量分类的学习算法等。然而,目前的研究表明上述两种是最易理解和编码的方法。

对几何结构特征模型例如有利于腐蚀的缝隙的询问,就是进行大量计算。要加快这个过程,这些算法将被编码以适合并行处理,使其可以在高性能计算机(HPC)或图形处理器(GPU)上执行。选定的几何结构特征然后依据腐蚀/涂层老化算法按其重要程度被加权/筛选以便采用。

L5　腐蚀预测模型

理解和接受非程序的人工智能方法的最佳方式是进行参数分析,图 L-6 即为一个简化的人工智能分析方法。Y_j 为期望的输出,是假设的 n 个独立输入自变量 X_i 的函数,表达式为

$$Y_j = f_k(X_1, X_2, X_3, \cdots, X_n)$$

输入自变量 X_i 代表客观"证据"或"事实"而被交付给系统,如所研究系统的车辆几何细节、材料、环境、工作用途等。在数据挖掘术语中,未知输出 Y_j 称"度量",而已知输入变量 X_i 称"维"。用于描述 X_i 和 Y_j 之间关系的函数式 $f_k(\ )$,由一组"k"人工智能模型以及相互关系、归因于所用模型要求而定义的人工智能解决程序提供,例如规则组。汇集的模型、支持的关系和属性统称为"知识库"(图 L-2)。

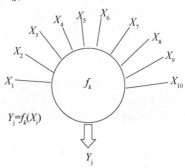

图 L-6　人工智能分析方法

合适的人工智能解决程序被安装在图 L-2 所示的推理模块中以执行运算,包含模型、规则、相互关系和属性的知识库组合了来自分析模型、测试结果、故障数据、课程学习设计规则和现场专家意见等信息和观测结果。按照腐蚀和涂层失效机理分析,有多种与这些"k"模型关联的人工智能解决方案被采用,解决方案的方法包括基于规则的"专家系统"、适合于模糊规则的模糊逻辑、贝叶斯网络、马尔可夫链和神经网络等。

L5.1 数据维 X_i 分类

在采用上述任何一种构建具体解答方案的模型中,第一步是确定随其严酷度而影响腐蚀的关键因素以及随时间的演变。这些因素可以作为输入 X_i,是腐蚀预测 Y_i 的基础。关键因素被分为七类:几何结构与设计、环境、维护活动、材料种类、材料常规性能、金属材料附加性能和涂覆层材料附加性能。

1. 几何结构与设计

在几何结构与设计范畴,确定了 12 个因素作为输入到腐蚀模型的数据:搭接、焊接、紧固件、缝隙、泥浆包埋区、浸水、排水区、防护层、密封(特别是保护电子设备)、电耦合(面积比)、取向 、屏蔽(电解质、碎渣和磨蚀)。

由于与几何结构相关的结合处非常重要,一些基本问题如对粘合剂与密封剂的细节需要非常详细的描述,它是影响缝隙腐蚀、泥浆包裹、甚至排水问题的关键因素。ACES 几何结构分析程序通过确定连接区域、缝隙,并对各个连接运用适当的风险因素进行分析并提出其所冒风险的大小。尽管密封剂和粘合剂正变得越来越受欢迎,但金属通常使用紧固件或焊接进行连接,以这种方式进行表面连接的关键问题是金属材料、涂层老化、可涂饰性以及裂缝的存在。

同样重要的是通常没有被输入几何结构文件的焊缝影响腐蚀敏感性的问题,包括表面处理的描述(如富锌)只在绘图说明中标示出来,以及焊缝是连续焊接或跳焊。连续焊接比跳焊更耐腐蚀,但焊缝方式没有包括在 3D 模型中。

另一个类似的几何建模问题是紧固件详图,包括装配次序、是否为湿连接和是否存在垫片。紧固件故障模式包括由于不同金属引起的电偶腐蚀、缝隙腐蚀和微振磨损。

通常不会在几何模型中确定的最后一个问题是绝缘,这在轮式车辆上大量存在。影响腐蚀的绝缘性能包括:绝缘化学(浸出和附加的表面张力);附着力,几何结构(开孔与闭孔泡沫);固定方式(紧固件、粘合剂、紧配合);边缘处理(密封边缘);毛细现象;疏水性/亲水性;水吸附等。

在分析中需要特别注意的组装部件是电子/电气系统,影响其腐蚀的几何结构问题是:线束路径陷阱水分;电子仪器所处位置(引擎盖下、驾驶室内部和外部);电子仪器外壳等。最有效的腐蚀控制措施是遵循"最佳生产质量管理规范",采用密封、绝缘油脂、纯净硅树脂和仿形涂层等。

装配/制造次序也影响腐蚀敏感性,包括确定在不同制造步骤(如连接、切割、成型等)前后应用什么涂层或密封剂,实际很难从设计包中提取这些信息。然而,制造商的"最佳做法"是以低腐蚀风险来规定腐蚀控制结果。用户可以通过 ACES 界面输入装配/制造"最佳做法"。这些清单被编码作为 ACES 知识库中相应的规则,并在预测过程中采用。该清单包括涂料系统(预涂/表面处理/底漆/面漆)、绝缘层(隔离层)、紧固件和润滑剂等处理工艺。这些信息大部分来自美国国防部采购合同对制造商的腐蚀预防和控制计划要求。

2. 环境

在环境方面,确定了 16 个因素:湿度、盐雾、泥浆、涉渡、干燥、温度、紫外线暴露(阳光)、振动、冲击、石头啄击、行驶里程、行驶地形、流体(油、冷却剂、制动液、蓄电池酸液、燃料)、酸沉积(雨、雪、雾、凝露、干沉积物)、磨蚀(沙尘暴)、相对运动(微振磨损、振动和冲击)等。

ACES 几何结构分析程序提出水滞留区、石冲击/保护区。对于水滞留,计算流体力学技术可用来预测水流。基于规则的补码则用来分析确定密封剂效果和老化,以及已浸透的垫片。同样,基于物理性质的模型用于评估遭受石冲击/防护效果的几何结构区域,以及随后的腐蚀。

关注的水滞留特征包括几何结构取向、进水点,以及是否直接、间接、导管或毛细作用的形式到达该部位。流体的排水路径,包括重力效应的分析,也必须予以考虑。其设计评价包括:①不能冲刷沉积物的排水孔尺寸(大于 10mm)、位置和排水距离;②包括影响冷凝和干燥时间的滞留区气流/干燥;③辅助系统聚集水,例如制动器衬套、液压装置衬套、电气线管等。

3. 维护活动

在维护活动方面,确定了 8 个因素:清洗、干燥、润滑(当需要维护操作性时)、连接、去污、喷涂、修饰、液体更换。

4. 材料种类

材料种类是指材料族(例如非金属)和与腐蚀预测有关的具体材料种类(例如塑料),它并不涉及模型中的变量。相反,它建议 ACES 由多个模型组成,至少每个腐蚀模式一个模型。也可能,在各个材料族内的每个特定的材料种类需要每个腐蚀模式的专用模型。材料可分为五大类:金属和合金;金属陶瓷(陶瓷基金属复合物 – 例如金属陶瓷联接和密封、刹车、离合器、电子设备);非金属(塑料、橡胶、玻璃、复合材料);涂层系统(有机、无机、陶瓷、金属)。

5. 材料的常规性能

材料的常规性能提供了在预测模型中使用的另一套数据输入,确定的相关要素包括厚度、硬度、强度、延展性、耐磨性、耐温性、电阻、电化学性能(钝态、腐蚀电位)等。

6. 金属和合金材料的附加性能

金属和合金材料的附加性能可提供其特有的补充输入参数,包括:制造方法(铸造、辊轧、锻造、锻制、烧结等);热处理工艺等。

7. 涂覆层系统材料的附加性能

涂覆层系统是防腐蚀的第一道防线,每种涂料其性能是特定的,同时也与联合使用的预处理层诸如转化膜、前处理、密封剂、钝化层和陶瓷涂层等有很大关系。

涂覆层系统材料的附加性能可提供其特有的补充输入参数,因此可测量的涂覆层性能对为 ACES 预测的涂覆层体系老化建模至关重要。可测量的涂覆层性能见表 L – 1。

表 L – 1　可测量的涂覆层性能

涂覆层类型	可测量的性能
金属涂层	牺牲性、抗磨强度、润滑/摩擦系数、耐热性、电性能、耐冲击性
有机涂层	热性能(耐热/冷)、表面张力、强度、渗透性(湿气/离子)、附着力、完整性(表面缺陷、孔隙率、边缘覆盖率)、硬度、耐冲击性、耐石啄、耐紫外线、耐剥离(耐凹陷性、渗透起泡、丝状腐蚀)、耐龟裂、耐化学品稳定性、耐失光和褪色
转化涂层	附着力、耐腐蚀性、表面张力、热性能、电性能
前处理	形态(晶体大小和结构)
密封剂	表面张力
钝态层	耐磨强度、耐腐蚀性、厚度、脆性、耐冲击性、电导率、剥离性
陶瓷涂层	断裂韧性、脆性、耐温性、耐磨强度、附着力、表面张力

L5.2　腐蚀/失效模式

图 L – 7 的方法 f_k 提出了分析腐蚀类型数,或者腐蚀/失效模式的解决方案算法。这些腐蚀/失效模式被分成 5 组,以利于材料和下述相关腐蚀模式间的匹配:

(1)金属和合金(按照 ISO 和 ASTM 标准进行大气暴露)。全面/均匀腐蚀、电偶腐蚀、点蚀、缝隙腐蚀、脱合金成分腐蚀、应力开裂(SCC、疲劳)、侵蚀(气蚀、磨蚀)、晶间腐蚀(剥落)、微生物诱发腐蚀、氢脆。

(2)涂层系统。锈穿(针尖、不规则表面)、分层(凹陷/涂层下腐蚀、渗透起泡、剥落)、装饰性缺陷(颜色变化、失光、嵌入污垢或污点)、侵蚀或磨蚀(厚度损失、结构变化)。

(3)紧固件和五金零件。电偶腐蚀、缝隙腐蚀、镀层/涂层变薄/损坏、绝缘垫圈或密封胶失效、材料冶金、与强度有关的失效(螺纹破损)、顶托、磨损、应力(增加腐蚀敏感性)、微振磨损。

(4)电子零件。外部插接件腐蚀或失效、电子仪器腐蚀或失效(如果密闭地密封则可大大减缓)。

(5)电气零件。暴露的插接件腐蚀或失效(通过涂覆润滑油可减缓)。

有一些特定的材料性能,是各类模型需要的关键性能指标。表 L-2 列出其中的一些性能/参数,包括作为金属和合金预测模型中间节点的参数。

表 L-2 作为腐蚀模型关键性能变量的材料性质

腐蚀模式	影响的材料性质
全面/均匀腐蚀	表面缺陷、同质性、钝态
电偶腐蚀	电化学电位、电导率、活性/钝性
点蚀	表面缺陷、同质性、钝态、夹杂物
缝隙腐蚀	钝态
脱合金成分腐蚀	合金组成、冶金/同质性
应力开裂(SCC、疲劳)	临界应力水平、氢敏感性、应力生长速率、延展性、断裂韧度、硬度
侵蚀(气蚀,磨蚀)	硬度、同质性、钝化膜、耐磨蚀层
晶间腐蚀(剥落)	冶金、断裂韧度
微生物诱发腐蚀	铁酸盐量
氢脆	硬度、成分(Mn,Cr,Mo,C)、原子氢含量、铜合金的铜含量

ACES 包括随时间变化的涂层系统失效的单独模型。具体来说,该模型模拟涂层老化和出现的腐蚀,如图 L-7 所示的两个阶段。分层过程产生引发涂层失效与基体损害的裂缝,而影响涂层破裂的关键参数是环境(电解质的存在)、循环干湿事件和润湿程度。缝隙的几何结构(滞流点、取向、距边缘距离和泥浆包埋)都显著影响老化速率。

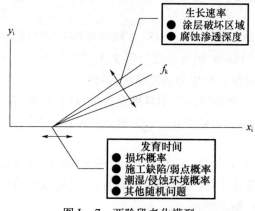

图 L-7 两阶段老化模型

450

上述方法在图 L-2 用 f_k 表示,提供从输入变量 X_i 变换到输出变量或度量 Y_j。也就是说,每个 f_k 或方法提供一个模型。在 f_k 中下标 k 确定每一个不同的模型,可能包括多个解决方案的方法和算法。

如上所述,有可能每一种材料族,甚至对每一种材料都需要一组特定的模型。因此,小标 k 将由 k_1 和 k_2 两部分组成;即 $k = (k_1, k_2)$。这里,k_1 确定在建模之下的具体腐蚀模型/失效模式,而 k_2 确定对具体的材料族或材料类型哪个模型是正确有效的。

上列方法提供了在上面确定的材料和可用腐蚀模型或失效模式之间的局部映射,表 L-3 为金属和合金以及涂层系统提供了腐蚀模型或失效模式的具体清单,也考虑了其他材料和腐蚀模型/失效模式。

表 L-3 在材料和腐蚀模型/失效模式之间的映射

腐蚀模型/失效模式 材料		金属和合金	涂层系统	紧固件和五金件	电子元器件	电气零件
金属和合金		√		√	√	√
金属基复合材料						
金属陶瓷				√	√	
非金属	塑料			√		
	橡胶			√		
	玻璃					
	陶瓷			√		
	复合材料					
涂层系统	有机		√			
	无机		√			
	陶瓷		√			

如表 L-3 所示,紧固件和五金件腐蚀模型/失效模式可用于金属和合金、金属陶瓷、陶瓷、橡胶和塑料。金属陶瓷还映射到电子元器件,因为它们被用作电阻器、电容器和其他电子元件,可能受到高温的影响。表 L-3 显示金属基复合材料、玻璃和复合材料的腐蚀模型/失效模式尚未确定。为了填补这一空白,首先,假设复合材料受分层的振动、冲击或反复循环应力。此外,压缩可能会导致压缩轴向屈曲。张力也可能因下列之一的原因而失效:①零件部分故障;②在微观尺度上复合材料老化,在该尺度受到基体的拉力而使复合材料失效分为一层或多层;③在基体和纤维之间的粘结剂失效。

通过 ACES,表 L-3 中的映射被用来选择并建立相应的风险评估和预测模型。相互关系取决于正在调查中的材料和所关心的具体腐蚀模型/失效模式。例如,在分析金属紧固件时,将强调电偶腐蚀,从而采用特殊的紧固件和五金件模型,而不是采用所有金属和合金都有效的通用模型。

L5.3　输出度量

图 L-6 中的度量对 Y_j 的指示,说明来自模型的每一个所希望的输出。该系统将运行恰当的一个或多个腐蚀/失效模式,或按照用户要求对所调查的组件中感兴趣的部件选择性地分析这些模型。对各个模型的运行和感兴趣的部件期望的输出为:

（1）对腐蚀或失效可能性的整体风险评估表示为:①低风险（优良状况——绿灯）;②可接受的风险（可接受的状况,但建议改善——黄灯）;③高风险（恶劣状况,必须进行改善——红灯）。

（2）时间函数（即:风险评估如何随时间演变,或者及时描述其对用户的价值）。

（3）对输入参量的腐蚀/失效敏感性进行风险评估。

另外,也可以选择车辆的一个特定部件或者区域,并显现其腐蚀风险随时间的变化,如图 L-8 所示。

上述结果将通过图形接口显示,例如通过图 L-9 所示的随时间变化而改变颜色和成长的全尺寸车辆的影像来识别腐蚀"热点"。

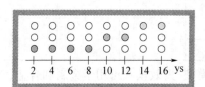

图 L-8　选择的部件腐蚀风险
随时间的变化

图 L-9　在选择时间点的 HMMWV
几何结构模型的腐蚀健康状况瞬态图

值得注意的是,其他输出度量（或成效）可能以适当的算法计算,例如对结构完整性、战备完好性、人员安全和费用损失等进行定义和计算。这些高阶"结果"需要开发适当的附加模型。图 L-10 示出了其分析架构。

特别令人感兴趣的是,作为腐蚀结果的结构完整性损失的确定。目前的ACES 只在几何结构上显示腐蚀的可能性。通过用 ACES 量化计算位置和指标是必须的第一步。为了将该模式扩展到包括结构完整性的损失,例如应力腐蚀开裂(SCC)和腐蚀疲劳,这些热点必须按照有限元模型的代码进行量化以便应用。腐蚀会在两个方面影响结构,首先是明显减少金属壁厚。

实际上,维护要求是基于因发生腐蚀而造成的"损耗"量(金属损失)。其次是一个更敏感的影响,即:在材料性质上的变化,或者更恰当的讲,在疲劳和裂纹萌生位置材料状态变化。当在有限元分析中具体表现腐蚀影响时,

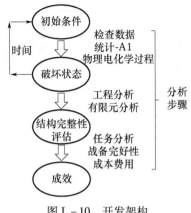

图 L-10 开发架构

该项工作通常不考虑。这个扩展可以通过采用目前用来显示腐蚀倾向发展的相同的人工智能统计技术来完成。

腐蚀发展在金属失重和裂纹萌生敏感性方面对结构的损害,可能类似于使用按主题专家提供的物理和电化学条件的模拟。在任何时间点,既定的条件/状况(金属厚度和裂纹萌生位置),可以采用有限元分析和/或其他程序性工程分析进行结构评估。随着结构完整性状况的确定,其他各种"成效"问题可能得到解决,如腐蚀对任务战备完好性、人员安全风险和维修/翻新费用等影响。

L6 校准和验证

ACES 预测算法将采用专家知识、课程学习、现场检查数据、实验室和现场模拟 ACDT 数据来校准。选定了四种具体的陆军和海军陆战队车辆用作校准和验证:FMTV、MTVR、HMMWV 和 LVSR(后勤车辆系统替代型)。

L7 结论

美军基于模拟仿真的加速腐蚀系统是基于人工智能技术的统计架构,其中包括采用学习算法使 ACES 随时间的推移而成长并变得更加准确的知识获取程序,输出结果则是预计的腐蚀和车辆随时间而劣化的概率。目前,美军仍在持续进行研发以完善该技术,计划在 2010 年底发布测试第二版。未来的计划则包括对评估车辆结构完整性所需的金属损失和裂纹萌生位置的联合预测。

美军开发的可与车辆实际加速腐蚀耐久性试验数据高度相关的模拟仿真加

速腐蚀试验技术,能够对车辆耐腐蚀设计提供直接反馈,将取代许多实际的腐蚀试验,并且减少对冗长和昂贵的车辆腐蚀试验的要求。该技术在装备腐蚀控制设计上的广泛应用,不但能够提高装备的战备完好性、安全性,而且能够大幅缩短装备研制与鉴定试验时间、节省试验经费以及降低装备全寿命周期费用。